Adriano Oprandi

Differentialgleichungen in der Fluiddynamik

De Gruyter Studium

Weitere empfehlenswerte Titel

Anwendungsorientierte Differentialgleichungen
Adriano Oprandi, 2024

Differentialgleichungen in der Theoretische Ökologie
Räuber-Beute-Modelle zur Dynamik von Populationen
ISBN 978-3-11-134482-9, e-ISBN (PDF) 978-3-11-134526-0

Differentialgleichungen in der Festigkeits- und Verformungslehre
Elastostatik, Balkentheorie, Impulsanregung, Pendel
ISBN 978-3-11-134483-6, e-ISBN (PDF) 978-3-11-134581-9

Differentialgleichungen in der Baudynamik
Modalanalyse, Schwingungstilger, Knickfälle
ISBN 978-3-11-134487-4, e-ISBN (PDF) 978-3-11-134585-7

Differentialgleichungen für Wärmeübertragung
Stationäre und Instationäre Wärmeleitung und Wärmestrahlung
ISBN 978-3-11-134492-8, e-ISBN (PDF) 978-3-11-134583-3

Differentialgleichungen in der Strömungslehre
Hydraulik, Stromfadentheorie, Wellentheorie, Gasdynamik
ISBN 978-3-11-134494-2, e-ISBN (PDF) 978-3-11-134586-4

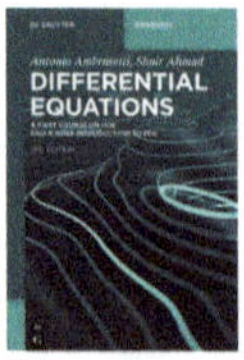

Differential Equations
A First Course on ODE and a Brief Introduction to PDE
Antonio Ambrosetti, Shair Ahmad, 2024
ISBN 978-3-11-118524-8, e-ISBN (PDF) 978-3-11-118567-5

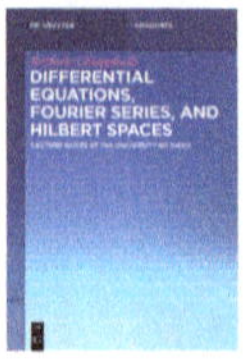

Differential Equations, Fourier Series, and Hilbert Spaces
Lecture Notes at the University of Siena
Raffaele Chiappinelli, 2023
ISBN 978-3-11-129485-8, e-ISBN (PDF) 978-3-11-130252-2

Adriano Oprandi

Differentialgleichungen in der Fluiddynamik

Grenzschichttheorie, Stabilitätstheorie, Turbulente Strömungen

2. Auflage

DE GRUYTER
OLDENBOURG

Mathematics Subject Classification 2020
65L10

Autor
Adriano Oprandi
Bartenheimerstr. 10
4055 Basel
Schweiz
spideradri@bluewin.ch

ISBN 978-3-11-134505-5
e-ISBN (PDF) 978-3-11-134587-1
e-ISBN (EPUB) 978-3-11-134594-9

Library of Congress Control Number: 2024943326

Bibliografische Information der Deutschen Nationalbibliothek
Die Deutsche Nationalbibliothek verzeichnet diese Publikation in der Deutschen Nationalbibliografie; detaillierte bibliografische Daten sind im Internet über
http://dnb.dnb.de abrufbar.

Coverabbildung: artishokcs / iStock / Getty Images Plus
Satz: VTeX UAB, Lithuania

www.degruyter.com

Vorwort zur 2. Auflage

Die Differentialgleichung (DG) stellt ein unverzichtbares Werkzeug der mathematischen Modellierung in den Naturwissenschaften dar. Sie wird hinzugezogen, wenn man die Änderung physikalischer Größen in Relation zueinander oder zu anderen Größen setzen kann. Viele Naturgesetze werden über eine DG formuliert und führen erst über Rand- und Anfangsbedingungen zu speziellen Lösungen oder Formeln. Die Entscheidung darüber, ob man die Änderung einer Größe oder die Größe selbst betrachtet, wird über die Mess- oder Nichtmessbarkeit dieser Größe gefällt. Beispielsweise ist die Anzahl radioaktiver Kerne in einem Präparat schwer zu bestimmen, weshalb man die zeitliche Änderung der Aktivität misst, um auf diese Weise auf die Änderung der radioaktiven Kernanzahl zu schließen. Bei der Vermehrung von Bakterien hingegen wäre die Messung der Bakterienzahl direkt möglich, was aber nicht ausschließt, ihre Zu- oder Abnahme mithilfe einer DG zu beschreiben.

In den Naturwissenschaften ist man mit dem generellen didaktischen Problem konfrontiert, wie ein Sachverhalt zuerst in Worten der natürlichen Sprache formuliert und danach derart in die formale Sprache der Mathematik oder Informatik übersetzt werden soll, dass dieser Prozess nachvollziehbar und verständlich bleibt. Es gilt, eine Brücke zwischen diesen beiden Sprachen zu schlagen. Ein möglicher Ansatz besteht darin, eine zielführende Frage zu stellen. Beispielsweise werden Optimierungsfragen der Mathematik wegweisend mit der Frage, welche Größe extremal werden soll, beantwortet. In der Kombinatorik wiederum sind zwei Fragen entscheidend: Ist die Reihenfolge wesentlich und sind Wiederholungen gestattet? Bei magnetischen Phänomenen drängt sich als Eingangsfrage womöglich die Suche nach den magnetischen Polen auf usw. Betrachtet man nun eine DG, so mag Einigen die Struktur derselben, bestehend aus infinitesimalen Größen, nur eine lästige Etappe auf dem Weg zum Ziel, nämlich der Lösung dieser DG, darstellen. Schließlich drückt die Lösung oder die Formel die Abhängigkeit der in ihr enthaltenen Größen aus, und ist, was die Anwendung betrifft, das Maßgebende. Meine Überzeugung ist es hingegen, dass eine solche, reduzierte Sichtweise das Hauptsächliche unterschlägt, nämlich die Frage, welche Annahmen dem ermittelten Gesetz überhaupt vorangingen und unter welchen Voraussetzungen es Gültigkeit besitzt. Unter diesem Blickwinkel wird man also, nicht nur aus praktischen Gründen, unweigerlich auf die zugehörige DG, insbesondere deren Ausgangspunkt, die Bilanzgleichung zurückgeworfen. Eine solche Bilanz kann beispielsweise eine Längen-, Massen-, Stoffmengen-, Impuls-, Kräfte-, Energie-, Drehmoment-, Leistungsbilanz usw. darstellen. Dabei kann die Bilanz selber an einem infinitesimal kleinen Element oder in einem gedachten Kontrollbereich stattfinden. In dieser Bilanz steckt aber genau das Wesentliche: Man erkennt das verwendete Modell (z. B. ideales oder reales Gas), das zugrunde liegende System (offen, geschlossen oder abgeschlossen), die Vernachlässigung einer Größe gegenüber einer anderen (z. B. Reibungskraft gegenüber Gewichtskraft), die Vereinfachung einer Größe (z. B. konstante Dichte) oder Ähnliches.

https://doi.org/10.1515/9783111345871-201

Eine DG ist eine Gleichung und somit eine Bilanz. Deshalb rücken wir die folgende Leitfrage in den Fokus: „Die Änderung welcher Größe soll mithilfe einer DG am infinitesimalen Element bilanziert werden?“. Auf diese Weise wird die Rolle der DG als Bilanz neu definiert: Sie bildet den Ausgangspunkt zur Erfassung des Sachverhalts und hat zum Ziel, Theorie und Praxis als eine Einheit zu begreifen, um auf diese Weise ein tieferes Verständnis für das gestellte Problem zu erlangen. Nicht zuletzt sollte der wiederholte Umgang mit DGen dem Leser und der Leserin die zentrale, Themen übergreifende Bedeutung dieser Gleichungen bei der Beschreibung von Naturvorgängen zuteilwerden lassen. Es ist deshalb zwingend, dass auf die Herleitungen besonderen Wert gelegt werden muss, weil diese mit den angesprochenen Bilanzen einhergehen. Leider wird vom Autor immer wieder beobachtet, dass Lehrmittel bei der Herleitung die Voraussetzungen und getroffenen Vereinfachungen nicht klar und ersichtlich herausschälen, was es für die Studentin und den Studenten erschwert, das Ergebnis zu relativieren und dessen Anwendungsbereich klar abzustecken und einzugrenzen.

Aus diesem Grund verfolgt diese 2. Auflage ein klares Ziel und verfährt diesbezüglich nach einem einheitlichen und nachvollziehbaren Muster, indem konsequent jeder Herleitung zuerst allfällige Idealisierungen und Einschränkungen inklusive Begründung oder Zulässigkeit vorangestellt werden. Damit ist sich die Leserin und der Leser immer im Klaren darüber, unter welchen Voraussetzungen die Bilanz geführt wird.

Verglichen mit der 1. Auflage sind sämtliche erst am Schluss des Buches der 1. Auflage aufgeführten Übungen zu den bestehenden in den Fließtext übernommen worden. Diese werden als Aufgabe mit konkreten Fragestellungen formuliert und jede Teilaufgabe wird in nachvollziehbaren Schritten vollständig durchgerechnet. Insgesamt enthält dieser Band 82 Beispiele und 57 Abbildungen.

Obwohl Anwendungspakete existieren, die das numerische Lösen von DGen als Werkzeug beinhalten, ist es der Anspruch dieser Bandreihe, sämtliche notwendigen Programme für eine Simulation mit einem TI-Nspire CX CAS niederzuschreiben. Dabei soll allein das Eulerverfahren zum Einsatz kommen (Kap. 2), damit die Rekursionsvorschriften nachvollziehbar bleiben. Die Leserin und der Leser möge bei Interesse die Programme und deren Ergebnisse mit der eigenen Software vergleichen.

Beim Verlag Walter de Gruyter möchte ich mich herzlich für die bisherige Zusammenarbeit und die Möglichkeit einer Zweitauflage bedanken.

Basel, Juli 2024 Adriano Oprandi

Inhalt

1 Einleitung

Didaktik

Ein besonderes Augenmerk soll in diesem Band auf den didaktischen Unterbau einschließlich der Lerninhalte, der Methodik und der angestrebten Lernziele gelegt werden. Es ist ein Anliegen des Autors, dass die Leserin und der Leser die immer wieder verwendeten Bausteine beim Erstellen einer DG kennt, und lernt, sie zu gebrauchen. Auf die Herleitungen wird besonderen Wert gelegt. Sie enthalten die angesprochene Vielzahl an Bilanzen und bilden das Kernstück der Methodik.

A. Lerninhalte

Die wichtigste DG des gesamten Bands, die Navier-Stokes-Gleichung, folgt geradewegs zu Beginn (Kap. 3). Diese Gleichung beschreibt laminare Strömungen inklusive eines Dissipationsterms aufgrund der Viskosität.

Nach den analytischen Lösungen der Navier-Stokes-Gleichung beschränken wir uns auf rein stationäre Strömungen, und es folgen daraus die Grenzschichtgleichungen (Kap. 4), mit deren Hilfe wir für zwei Geometrien das Geschwindigkeitsprofil bei einer erzwungenen Konvektionsströmung in der Grenzschicht, also in unmittelbarer Plattennähe herleiten werden, nämlich für die Platte und den Keil (Kap. 4.3 und Kap. 4.4).

Danach soll für die Platte alleine das Temperaturprofil ermittelt werden (Kap. 5.2–5.7).

In einem weiteren Schritt folgen wiederum nur für die Platte der Geschwindigkeits- als auch der Temperaturverlauf, nun aber im Falle einer freien Konvektionsströmung (Kap. 6).

In den Kapiteln 7 und 8 erweitern wir alle gewonnenen Ergebnisse auf turbulente Strömungen und Gerinneströmungen.

Mathematisch gesehen, werden sämtliche anstehenden Fragestellungen mithilfe partieller DGen beschrieben. In den meisten Fällen ist es unmöglich, eine analytische Lösung anzugeben, sodass numerische Methoden in diesem Band erforderlich sind.

B. Lernziele

Unter anderem beinhaltet jedes Kapitel:

i. die notwendigen Begriffe bereitstellen und erklären;
ii. ein praktisches Problem formalisieren, d. h. die Bedürfnisse und Forderungen in eine DG übersetzen;
iii. analytische und numerische Methoden zur Lösung einer DG verwenden;
iv. Berechnungen mithilfe von Formeln durchführen;
v. Programme zur numerischen Lösung von DGen verfassen.

https://doi.org/10.1515/9783111345871-001

C. Methoden

i. Problemstellung erfassen und Diskussion der Bedingungen;
ii. Aufstellen der das Problem beschreibenden DG;
iii. die Lösung der DG über einen vorher eingeübten Formalismus bestimmen;
iv. Ergebnis (Formel) diskutieren;
v. Anwendung der Ergebnisse auf die Praxis.

Details zur Methode iii.

Folgende Werkzeuge zur Lösung einfacher DGen werden vorausgesetzt: Dies sind die direkte Integration, die Variablentrennung, die Substitution und die Konstantenvariation. Diese Methoden werden wir bei der analytischen Lösung einer DG über den gesamten Band hinweg antreffen.

Die ersten beiden Methoden i. und ii. erfolgen mittels nachstehender Prinzipien:

I. Bilanzierung am infinitesimal kleinen Element;
II. Modellidealisierung und Vernachlässigung von Größen;
III. Lineare Approximation der Änderung einer Größe als Basis einer DG.

Details zu I.

Sämtliche Bilanzen müssen in diesem Band an einem das Fluid enthaltenden kleinen Strömungsabschnitt oder Kontrollbereich durchgeführt werden. Praktisch ausnahmslos entspricht die Bilanz der Impulserhaltung. Den Grundstein bildet dabei die Euler-Gleichung in differentieller Form.

Details zu II.

Als Idealisierung bezeichnen wir fortan sämtliche bewusst vernachlässigten Einflüsse eines Problems. Demgegenüber wollen wir die Spezialisierung eines allgemeinen Problems als Einschränkung unterscheiden. Betrachten wir beispielsweise die Bewegung eines Balkens. Vernachlässigen wir die Dämpfung, dann nennen wir dies eine Idealisierung, hingegen wollen wir, die Betrachtung auf vertikale Bewegungen allein als eine Einschränkung bezeichnen.

Details zu III.

Wir erläutern dieses grundlegende Prinzip anschließend.

Was ist eine Differentialgleichung?

Eine DG bezeichnet eine Gleichung für eine gesuchte Funktion y in einer oder mehrerer Variablen, die mindestens die erste Ableitung y' dieser Funktion enthält. Dabei beschreibt eine DG beispielsweise die Änderung einer Größe y bezüglich dem Ort x oder die Änderung einer Größe y im Vergleich zur Größe selber usw. Im Weiteren konzentrieren wir uns auf gewöhnliche DGen.

Einschränkung: Wir betrachten bis auf Weiteres DGen in einer Variablen (gewöhnliche DGen).

Beispiele sind $y'(x) = 3x^2 - 1$, $\dot{y}(t) = 2 \cdot \sin[y(t)] + t$ oder $y''(x) - 3 \cdot y'(x) \cdot y^2(x) = 0$. Dabei steht x meistens für den Ort und t für die Zeit. Für die Ableitung nach der Zeit wählt man einen Punkt anstelle des Strichs. Die drei genannten DGen sind allesamt von der Form $f(x, y(x), y'(x), y''(x), \ldots, y^{(n)}(x)) = 0$. Man nennt sie gewöhnlich, weil die Funktion y inklusive ihrer Ableitungen y', y'', nur von einer Variablen allein abhängig sind. Lässt man nur jeweils die 1. Potenz einer Ableitung zu und als Koeffizienten nur Funktionen in derselben Variablen, so erhält man die (gewöhnlichen) linearen DGen in der Form:

$$y^{(n)}(x) = a_{n-1}(x) \cdot y^{(n-1)}(x) + \cdots + a_1(x) \cdot y'(x) + a_0(x) \cdot y(x) + g(x).$$

Für $g(x) \equiv 0$ heißt die DG homogen, ansonsten inhomogen. Beispielsweise sind $y'(x) + x \cdot y(x) = e^x$ und $\ddot{y}(t) + t \cdot \dot{y}(t) + t^2 \cdot y(t) = 0$ linear, aber $y'(x) + y^2(x) = 0$ und $\ddot{y}(t) = t \cdot \ln[y(t)]$ nichtlinear.

Analytische und numerische Lösung

Das Grundproblem besteht natürlich darin, die DG zu lösen. Ist eine DG analytisch lösbar, dann geschieht dies immer mithilfe einer Art Umkehroperation, der Integration. Dabei kann die Lösung auch als unendliche Reihe geschrieben werden. Auch in diesem Fall geht eine Integration voraus. Viele DGen lassen sich nur näherungsweise mittels numerischer Verfahren lösen. Um die Eindeutigkeit der Lösung einer DG zu gewährleisten, benötigt man sogenannte Anfangswerte, Randwerte oder beides. Ein immer wiederkehrendes Prinzip bei der Herleitung von DGen, besteht darin, Funktionen in eine Taylorreihe zu entwickeln, diese nach dem linearen Term abzubrechen und die Funktionswertänderung für einen kleinen Orts- oder Zeitschritt als Differential zu schreiben (daher auch der Name Differentialrechnung).

Herleitung von (1.1)–(1.7)

Nehmen wir an, $y(x)$ sei eine auf dem Intervall $I \subset \mathbb{R}$ $(n+1)$-mal stetig differenzierbare Funktion. (Eigentlich braucht $y^{(n+1)}(x)$ selbst nicht mehr stetig zu sein.) Weiter sei $x_0, x \in I$. Dann gibt es ein ξ zwischen x_0 und x so, dass sich $y(x)$ in eine Taylorreihe um x_0 entwickeln lässt. Es gilt

$$y(x) = y(x_0) + y'(x_0) \cdot (x - x_0) + \frac{y''(x_0)}{2} \cdot (x - x_0)^2 + \cdots + \frac{y^{(n)}(x_0)}{n!} \cdot (x - x_0)^n + R_n(x)$$

mit der sogenannten Restfunktion

$$R_n(x) = \frac{y^{(n+1)}(\xi)}{(n+1)!} \cdot (x - x_0)^{n+1}. \tag{1.1}$$

Das Ergebnis (1.1) sagt noch nichts über die Konvergenz der Reihe für $n \to \infty$ aus. Dies liefert erst der nächste Satz. Diesmal ist $y(x)$ eine auf dem Intervall $I \subset \mathbb{R}$ unendlich oft stetig differenzierbare Funktion. Die Taylorreihe konvergiert genau dann gegen $y(x)$, wenn $\lim_{n\to\infty} R_n(x) = 0$. In diesem Fall hat man

$$y(x) = \sum_{n=0}^{\infty} \frac{y^{(n)}(x_0)}{n!} \cdot (x - x_0)^n. \tag{1.2}$$

Die Darstellungen (1.1) und (1.2) benutzt man, um den Funktionsverlauf in einer Umgebung von x_0 durch eine Polynomfunktion anzunähern. Dabei wird die Konvergenzumgebung der Gleichung (1.2) durch den Konvergenzradius bestimmt. Der hauptsächliche Verwendungszweck der Taylorreihe im Zusammenhang mit DGen ergibt sich, wenn man in (1.1) x durch $x + dx$ und x_0 durch x ersetzt, wobei $x, x + dx, \xi \in I$ sein muss.

Es folgt

$$y(x + dx) = y(x) + y'(x) \cdot dx + \frac{y''(x)}{2} \cdot dx^2 + \cdots + \frac{y^{(n)}(x)}{n!} \cdot dx^n + R_n(x)$$

mit der Restfunktion

$$R_n(x) = \frac{y^{(n+1)}(\xi)}{(n+1)!} \cdot dx^{n+1}. \tag{1.3}$$

Diese Darstellung ermöglicht es, bei Kenntnis der Werte $y(x), y'(x), y''(x), \ldots, y^{(n)}(x)$ den Wert $y(x + dx)$ mit beliebiger Genauigkeit vorauszusagen. Für die exakte Differenz zwischen $y(x + dx)$ und $y(x)$ aus (1.3) schreiben wir

$$y(x + dx) - y(x) =: \Delta y. \tag{1.4}$$

Brechen wir hingegen (1.3) nach dem linearen Term ab, so ergibt sich

$$y(x + dx) - y(x) \approx y'(x) \cdot dx =: dy. \tag{1.5}$$

Mit dy bezeichnen wir den linearen Anteil des Zuwachses der Größe y entlang der Strecke dx und nennen diesen Zuwachs „Differential von y“. Aus Abb. 1.1 wird der Unterschied zwischen dy und Δy sichtbar. Dabei nehmen wir der Einfachheit halber $\Delta x = dx$.

Gleichung (1.5) führt zu den bekannten Darstellungen

$$y'(x) \approx \frac{y(x + dx) - y(x)}{dx}, \tag{1.6}$$

$y'(x) = \frac{dy}{dx}$ oder die auf den ersten Blick etwas komisch anmutende Identität $dy = \frac{dy}{dx} \cdot dx$.

Auf dieselbe Weise folgen Ableitungen höherer Ordnung wie beispielsweise

$$\frac{d^2y}{dx^2} = \frac{d}{dx}\left(\frac{dy}{dx}\right) = y''(x) \approx \frac{y'(x + dx) - y'(x)}{dx} = \frac{\frac{dy}{dx}(x + dx) - \frac{dy}{dx}(x)}{dx}. \tag{1.7}$$

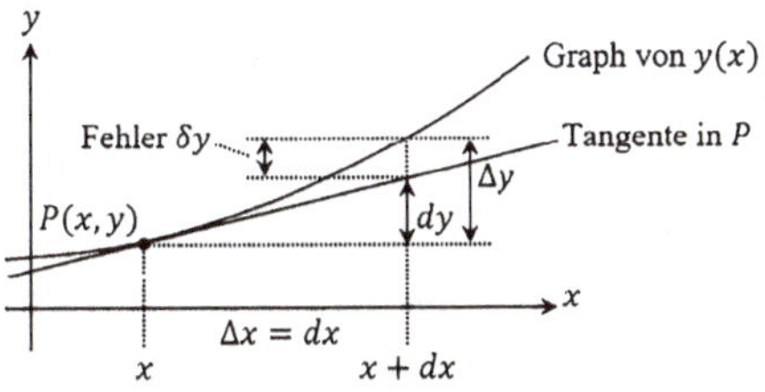

Abb. 1.1: Das Differential einer Größe y.

Es stellt sich nun die Frage, wie gut die Approximationen (1.6) und (1.7) für die weitere Verrechnung sind. Die Frage ist leicht zu beantworten, falls die mithilfe dieser Näherungen aufgestellte DG exakt lösbar ist. Man bildet in diesem Fall den Grenzwert $dx \to 0$, für (1.6) und (1.7) gilt dann das Gleichheitszeichen und schließlich führt eine Integration zur geschlossenen Lösung. Ungeachtet dessen, ob eine DG analytisch oder nur numerisch lösbar ist, soll Folgendes gelten:

III. Die Herleitung aller bevorstehenden DGen erfolgt grundsätzlich mithilfe der Ausdrücke (1.6) und (1.7) für y' bzw. y'' usw. Wir nennen dieses Prinzip die lineare Approximation oder 1. Näherung einer Grössenänderung.

Lässt eine DG nur eine numerische Lösung zu, so wählt man eine Schrittweite $dx > 0$ und approximiert die Ableitungen durch die Terme (1.6) und (1.7). Je größer man dx wählt, umso ungenauer wird die Punktfolge gegenüber der exakten Lösungskurve und je kleiner dx gewählt wird, umso genauer wird die Lösungskurve. Gleichzeitig erhöht sich aber die Schrittzahl und der zusätzliche Rechenaufwand wächst enorm.

Ergebnis. Eine DG mit Anfangsbedingung entspricht somit nichts anderem als der rekursiven Darstellung einer Punktfolge mit Startwert. Die Rekursionsvorschrift ist dabei die DG bzw. die DFG (Differenzengleichung), selbst. Die eindeutige Lösungskurve wird damit Punkt für Punkt konstruiert. Bei einer analytischen Lösung ist die Punktzahl unendlich, bei einer numerischen Lösung endlich.

Für die leistungsfähigen Rechner unserer Zeit stellt die numerische Berechnung mit großer Schrittzahl meistens kein Problem mehr dar und die Lösung kann bis zu einer gewünschten Genauigkeit erreicht werden. Noch vor wenigen Jahrzehnten konnte man nicht auf eine derart hohe Rechenkapazität zurückgreifen. Insbesondere musste der Wert $y(x + dx)$ aus der Kenntnis von $y(x)$ auf einem anderen Weg als über die Gleichung (1.5) erfolgen, um den Fehler zwischen dem exakten und dem numerisch bestimmten Wert $\delta y = |y_E(x) - y_N(x)|$ an einer Stelle x möglichst klein zu halten. Es wurden Verfahren entwickelt, die bei der Schrittweitenwahl dx den Fehler δy nicht nur um ein Vielfaches ($k \cdot dx, k \in \mathbb{R}^+$) sondern proportional zur Potenz der Schrittweite ($k \cdot dx^p, k \in \mathbb{R}^+, p > 1$, $p \in \mathbb{N}$) reduzieren, um so den Rechenaufwand auf dem Weg zu einer möglichst exakten Lösung zu verringern. Einige solcher Verfahren stellen wir in Kap. 2 vor.

Beispiel 1. Gegeben ist die DG $y'(x) = g(x)$ mit $y(0) = 0$, wobei $g(x) \neq y(x)$. Man kann die Gleichung durch eine Integration lösen. Aus $\frac{dy}{dx} = g(x)$ folgt $dy = g(x) \cdot dx$, $\int dy = \int g(x) \cdot dx$ und damit $y(x) = \int g(x) \cdot dx + C$. Nehmen wir speziell $g(x) = 2x$, dann erhalten wir $y(x) = x^2 + C$ und mit der Anfangsbedingung $y(0) = 0$ folgt $y(x) = x^2$.

Zum Vergleich nehmen wir an, dass die DG $y'(x) = 2x$ nur numerisch lösbar wäre.

Somit schreibt sich (1.6) in der Form $\frac{y(x+\Delta x)-y(x)}{\Delta x} \approx 2x$, woraus $y(x + \Delta x) \approx y(x) + 2x \cdot \Delta x$ mit $y(0) = 0$, eine sogenannte Differenzengleichung (DFG), entsteht. Für die numerische Berechnung ist es wichtig, y_i von $y(x_i)$ zu unterscheiden, auch wenn diese unter Umständen identisch sind. Daraus entsteht die Rekursionsvorschrift $y_{i+1} = y_i + 2x_i \cdot \Delta x$ und $y_0 = 0$ für $i \in \mathbb{N}_0$. Als Schrittlänge wählen wir $\Delta x = 0{,}5$, also recht grob, um einen klaren Unterschied zu den exakten Werten von $y(x) = x^2$ zu erhalten. Es folgt nacheinander:

$$\begin{aligned}
y_1 &= y_0 + 2x_0 \cdot \Delta x = 0 + 2 \cdot 0 \cdot 0{,}5 = 0, \\
y_2 &= y_1 + 2x_1 \cdot \Delta x = 0 + 2 \cdot 0{,}5 \cdot 0{,}5 = 0{,}5, \\
y_3 &= y_2 + 2x_2 \cdot \Delta x = 0{,}5 + 2 \cdot 1 \cdot 0{,}5 = 1{,}5, \\
y_4 &= 3 \quad \text{und} \quad y_5 = 5.
\end{aligned}$$

Allgemein ist $y_i = \frac{1}{4} i(i-1)$, $i \in \mathbb{N}_0$. Der Verlauf der exakten Lösung inklusive der Punktfolge bestehend aus den sechs numerisch bestimmten Werten entnimmt man Abb. 1.2 links.

Beispiel 2. Gegeben ist die DG $y'(x) = y(x)$ mit $y(0) = 1$. Aus $\frac{dy}{dx} = y(x)$ folgt durch Trennung der Variablen $\frac{dy}{y} = dx$, $\int \frac{dy}{y} = \int dx$ und damit $\ln|y| = x + C_1$. Aufgelöst ergibt sich $y(x) = e^{x+C_1} = e^{C_1} \cdot e^x = C \cdot e^x$. Mit $y(0) = 1$ folgt $C = 1$ und damit $y(x) = e^x$.

Zum Vergleich lösen wir die DG numerisch. Die Verwendung von (1.6) liefert $\frac{y(x+\Delta x)-y(x)}{\Delta x} \approx y(x)$, $y(x + \Delta x) \approx y(x) + y(x) \cdot \Delta x$ und $y(x + \Delta x) \approx (1 + \Delta x) \cdot y(x)$ mit $y(0) = 1$. Abermals sei die Schrittlänge $\Delta x = 0{,}5$ und man erhält die Rekursionsvorschrift $y_{i+1} = 1{,}5 \cdot y_i$ mit $y_0 = 1$ für $i \in \mathbb{N}_0$. Weiter ergibt sich nacheinander:

$$\begin{aligned}
y_1 &= 1{,}5 \cdot y_0 = 1{,}5 \cdot 1 = 1{,}5, \\
y_2 &= 1{,}5 \cdot y_1 = 1{,}5 \cdot 1{,}5 = 2{,}25, \\
y_3 &= 1{,}5 \cdot y_2 = 3{,}38, \quad y_4 = 5{,}06 \quad \text{und} \quad y_5 = 7{,}59.
\end{aligned}$$

Allgemein ist $y_i = 1{,}5^i$, $i \in \mathbb{N}_0$. Abb. 1.2 enthält den Verlauf der exakten Lösung sowie die numerisch bestimmten Werte der Punktfolge.

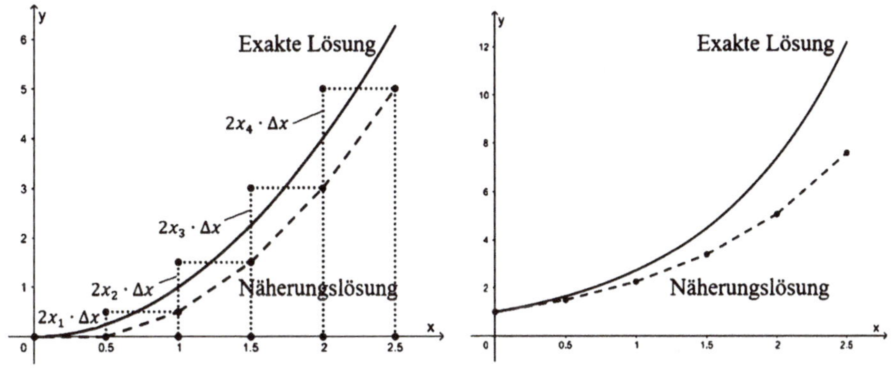

Abb. 1.2: Exakte und numerische Lösung der Beispiele 1 und 2.

2 Numerisches Lösen von Differentialgleichungen

Lassen sich DGen oder DG-Systeme nicht mehr analytisch lösen, dann benötigt man numerische Verfahren, um den Verlauf der Lösung zu bestimmen. Dazu wird die DG diskretisiert. Das wichtigste Verfahren stellen wir nun vor.

Das Euler-Verfahren

Ausgangspunkt ist die DG $y'(x) = f(x, y(x))$.

Herleitung von (2.1)

Die Lösung $y = y(x)$ soll durch einen Polygonzug der (äquidistanten) Schrittweite h angenähert werden. Je feiner h gewählt wird, umso besser entspricht der Polygonzug der Lösungskurve (Abb. 2.1). Im Folgenden bezeichnet $y(x_i)$ den exakten Funktionswert der Lösung und y_i den numerisch bestimmten Wert an der jeweiligen Stelle x_i. Sei x_0 der Startwert, dann gilt $y(x_0) = y_0$. Gehen wir zu einem Wert $x_1 = x_0 + h$ über, dann kann man $y(x_1)$ durch die Taylorreihe vom Grad 1 approximieren: $y(x_1) \approx y_0 + y'(x_0) \cdot h = y_0 + f(x_0, y_0) \cdot h := y_1$. Analog folgt $y(x_2) \approx y_1 + f(x_1, y_1) \cdot h := y_2$ usw. Daraus ergibt sich eine explizite Rekursionsformel für die Punkte des Polygonzugs (Euler-Verfahren):

$$\begin{aligned} x_{i+1} &= x_i + h, \\ y_{i+1} &= y_i + h \cdot f(x_i, y_i). \end{aligned} \tag{2.1}$$

Es gibt natürlich auch weitere verfeinerte numerische Verfahren. Mit der hohen zur Verfügung stehenden Rechenleistung genügt das Euler-Verfahren vollends, weil man für eine verbesserte Genauigkeit den Abstand h einfach verkleinern kann.

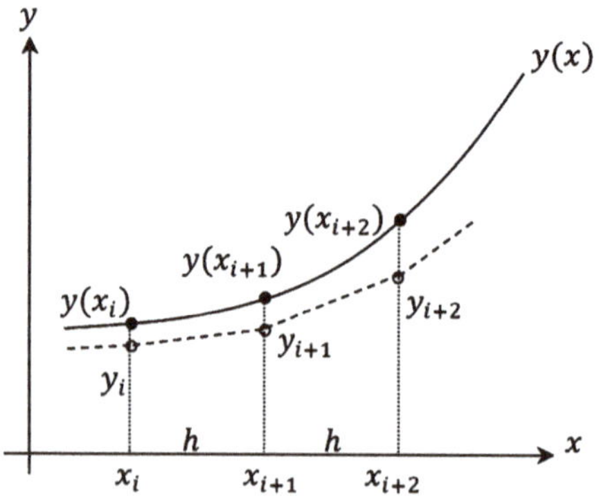

Abb. 2.1: Skizze zum Euler-Verfahren.

https://doi.org/10.1515/9783111345871-002

3 Die Navier-Stokes-Gleichung

Sämtliche im 5. Band behandelten Strömungen waren, bis auf die turbulente Gerinneströmung einschließlich ihrer Fließformeln, laminar. Die Art der Strömung wurde anfangs lediglich hinsichtlich der viskosen Reibung unterschieden. Zuerst behandelten wir ideale Flüssigkeiten, bei denen das Fluid reibungsfrei entlang einer Begrenzung oder um ein Hindernis herum strömt. Diese Fluide waren allesamt nicht viskos. Die Theorie der Potentialströmungen ging beispielsweise von einem idealen Fluid aus: Bei einer stationären Strömung bleiben die Teilchen auf ihren Stromlinien. Ein auftretendes Hindernis würde das Teilchen also nur senkrecht zu seiner Bewegungsrichtung ablenken, aber nicht so, dass es hinter ein anderes Teilchen fällt.

Allen Strömungen, die mithilfe des Stützkraftsatzes behandelt wurden, lag ebenfalls das Konzept einer reibungsfreien Strömung zugrunde. Die dabei auftauchende Mantelkraft bezeichnete keine Reibungskraft, sondern eine Antwortkraft des Rohrs auf die Druckkraft des Fluids.

Erst mit Berücksichtigung der Viskosität konnten wir reale laminare Rohrströmungen beschreiben. Das Schichtenmodell von Newton veranschaulichte die Wirkung der Reibung eines Fluids an einer Begrenzungsfläche auf die Fluidteilchen untereinander. Die (innere) Reibung wurde entweder über die dynamische Viskosität, die Rohrreibungszahl oder den de Chézy- bzw. Stricklerbeiwert wie bei den Gerinneströmungen erfasst.

Das Gesetz von Hagen-Poiseuille lieferte uns die Möglichkeit, das Geschwindigkeitsprofil einer laminaren Rohrströmung herzuleiten und für die turbulente Rohrströmung eine Näherung des Profils, vorerst ohne genauere Begründung, anzugeben. Für eine laminare Gerinneströmung gelang es uns ebenfalls, eine Geschwindigkeitsverteilung aus der Theorie abzuleiten. Bei einer turbulenten Gerinneströmung ist das zugehörige Geschwindigkeitsprofil noch ausstehend (siehe Kap. 8).

Die stationäre Form der Euler-Gleichungen, das Fundament zur Beschreibung aller bisherigen reibungsfreien Strömungen, führte zur Bernoulli-Gleichung. Diese musste mit einem Korrekturterm versehen werden, um den Einfluss der Reibung zu erfassen.

Weitreichender ist es nun, die instationäre Euler-Gleichung selbst um einen die Viskosität beschreibenden Term zu erweitern. Damit kann man nicht nur die bereits erwähnten Rohr- und Gerinneströmungen, sondern alle möglichen viskosen Strömungen beschreiben.

Die Gleichungen, die das leisten, heißen Navier-Stokes-Gleichungen und beinhalten den verlangten Reibungsterm. Bevor dies angegangen wird, stellen wir die hergeleiteten Bewegungsgleichungen den dafür infrage kommenden Strömungsformen in einer Tabelle gegenüber.

https://doi.org/10.1515/9783111345871-003

Beschreibende Gleichung	Nummer/Band	Strömungsart
Navier-Stokes-Gleichung (Reibung ≠ 0, Rotation ≠ 0)	(3.2), (3.4)	laminar, (in)stationär
Euler-Gleichung (Reibung = 0, Rotation ≠ 0)	Band 5	laminar, (in)stationär
Bernoulli-Gleichung (Reibung = 0, Rotation ≠ 0)	Band 5	laminar, (in)stationär
Bernoulli-Gleichung mit Druckverlust (Reibung ≠ 0, Rotation ≠ 0)	Band 5	turbulent, stationär
Potentialgleichung (Reibung = 0, Rotation = 0 bis auf Singularitäten, Bsp. Potentialwirbel)	Band 5	laminar, stationär

Herleitung von (3.1) und (3.2)

Die Euler-Gleichung soll um einen Viskositätsterm erweitert werden. Dazu betrachten wir die Kräfte aufgrund der viskosen Reibung an einem Volumenelement mit den Abmessungen dx, dy und dz im Strömungsfeld (Abb. 3.1 links).

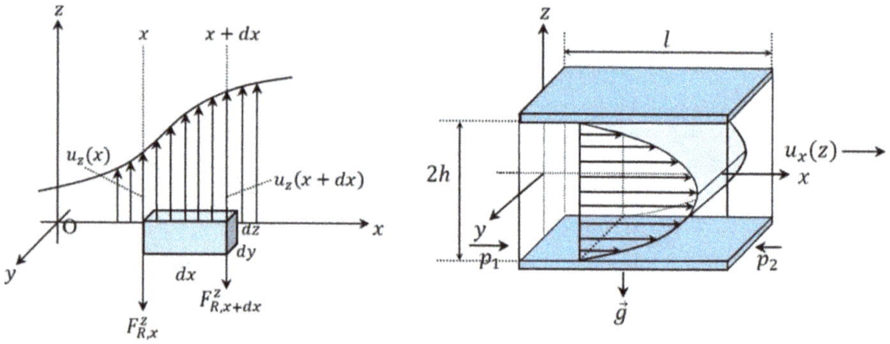

Abb. 3.1: Skizze zur Navier-Stokes-Gleichung und zu Bsp. 1.

Mit $u_z(x)$ bezeichnen wir die Geschwindigkeit in z-Richtung an der Stelle x. O. b. d. A sei das Strömungsfeld auf der gesamten Länge dx konvex, d. h. $u_z(x + dx) > u_z(x)$. An der Stelle $x + dx$ erfährt das Volumenelement damit gegenüber der Stelle x eine kleinere Kraft, weil die Strömungsgeschwindigkeit größer ist. Für ein Newton'sches Fluid gilt der Ansatz $F_R^z = \eta \cdot A \cdot \frac{du_z}{dx}$. Damit haben wir

$$F_R^z = F_{R,x+dx}^z - F_{R,x}^z = \eta \cdot dydz \cdot \left(\frac{du_z}{dx}\bigg|_{x+dx} - \frac{du_z}{dx}\bigg|_x \right)$$

$$= \eta \cdot dxdydz \cdot \frac{\frac{du_z}{dx}\big|_{x+dx} - \frac{du_z}{dx}\big|_x}{dx} = \eta \cdot dV \cdot \frac{d^2 u_z}{dx^2}.$$

Das Ergebnis stellt aber erst den Anteil in z-Richtung dar, der sich bei einer Änderung in x-Richtung ergibt. Berücksichtigt man die Veränderungen in y- und z-Richtung ebenfalls, dann erhält man

$$F_{R,\text{total}}^{z} = \eta \cdot dV \cdot \left(\frac{\partial^2 u_z}{\partial x^2} + \frac{\partial^2 u_z}{\partial y^2} + \frac{\partial^2 u_z}{\partial z^2} \right).$$

Analog ergibt sich

$$F_{R,\text{total}}^{x} = \eta \cdot dV \cdot \left(\frac{\partial^2 u_x}{\partial x^2} + \frac{\partial^2 u_x}{\partial y^2} + \frac{\partial^2 u_x}{\partial z^2} \right),$$

$$F_{R,\text{total}}^{y} = \eta \cdot dV \cdot \left(\frac{\partial^2 u_y}{\partial x^2} + \frac{\partial^2 u_y}{\partial y^2} + \frac{\partial^2 u_y}{\partial z^2} \right)$$

und schließlich für die gesamte Reibung

$$\boldsymbol{F}_R = \eta \cdot dV \cdot \Delta \boldsymbol{u} \quad \text{mit} \quad \boldsymbol{u} = (u_x, u_y, u_z) \quad \text{und} \quad \Delta = \frac{\partial^2}{\partial x^2} + \frac{\partial^2}{\partial y^2} + \frac{\partial^2}{\partial z^2}.$$

Die Euler-Gleichung aus Band 5 besaß, als Kraftbilanz an einem Massenelement dm formuliert, die Gestalt

$$dm \cdot \left[\frac{d\boldsymbol{u}}{dt} + (\boldsymbol{u} \cdot \nabla)\boldsymbol{u} \right] + dm \cdot \frac{\operatorname{grad} p}{\rho} - dm \cdot \boldsymbol{g} = 0.$$

Berücksichtigt man nun zusätzlich die Viskosität, so entsteht aus

$$dm \cdot \left(\frac{d\boldsymbol{u}}{dt} + (\boldsymbol{u} \cdot \nabla)\boldsymbol{u} \right) + dm \cdot \frac{\operatorname{grad} p}{\rho} - dm \cdot \boldsymbol{g} - \eta \cdot \frac{dm}{\rho} \cdot \Delta \boldsymbol{u} = 0$$

die Navier-Stokes-Gleichung:

$$\rho \cdot \left[\frac{d\boldsymbol{u}}{dt} + (\boldsymbol{u} \cdot \nabla)\boldsymbol{u} \right] + \operatorname{grad} p - \rho \boldsymbol{g} - \eta \cdot \Delta \boldsymbol{u} = 0. \tag{3.1}$$

Die fünf Terme bezeichnen in dieser Reihenfolge die lokale Geschwindigkeitsänderung, die Konvektion (diese enthält auch die Rotation), die Druckänderung, die Volumenkraft und die Viskosität oder Diffusion. Lokale und konvektive Beschleunigung fasst man zur sogenannten substantiellen Beschleunigung zusammen. Gleichung (3.1) ist eine Impulserhaltungsgleichung. Die Abhängigkeit der fünf genannten Größen fasst folgender Satz zusammen: Ein Teilchen ändert seine Geschwindigkeit [$\frac{d\boldsymbol{u}}{dt}$], wenn es in ein Gebiet mit anderer Geschwindigkeitsverteilung [$(\boldsymbol{u} \cdot \nabla)\boldsymbol{u}$] gelangt, in ein Gebiet anderer Druckverteilung kommt [$\operatorname{grad} p$], von gravitationeller, magnetischer oder auch elektrischer Kräfte beschleunigt [$\boldsymbol{g}$], oder von anderen Teilchen mitgerissen wird [$\Delta \boldsymbol{u}$]. Benutzt man die kinematische Viskosität $\nu = \frac{\eta}{\rho}$, so lauten die Navier-Stokes-Gleichung in Vektorform:

$$\rho\begin{pmatrix} \frac{\partial u_x}{\partial t}+u_x\frac{\partial u_x}{\partial x}+u_y\frac{\partial u_x}{\partial y}+u_z\frac{\partial u_x}{\partial z} \\ \frac{\partial u_y}{\partial t}+u_x\frac{\partial u_y}{\partial x}+u_y\frac{\partial u_y}{\partial y}+u_z\frac{\partial u_y}{\partial z} \\ \frac{\partial u_z}{\partial t}+u_x\frac{\partial u_z}{\partial x}+u_y\frac{\partial u_z}{\partial y}+u_z\frac{\partial u_z}{\partial z} \end{pmatrix}+\begin{pmatrix} \frac{\partial p}{\partial x} \\ \frac{\partial p}{\partial y} \\ \frac{\partial p}{\partial z} \end{pmatrix}-\rho\begin{pmatrix} g_x \\ g_y \\ g_z \end{pmatrix}$$
$$-\eta\begin{pmatrix} \frac{\partial^2 u_x}{\partial x^2}+\frac{\partial^2 u_x}{\partial y^2}+\frac{\partial^2 u_x}{\partial z^2} \\ \frac{\partial^2 u_y}{\partial x^2}+\frac{\partial^2 u_y}{\partial y^2}+\frac{\partial^2 u_y}{\partial z^2} \\ \frac{\partial^2 u_z}{\partial x^2}+\frac{\partial^2 u_z}{\partial y^2}+\frac{\partial^2 u_z}{\partial z^2} \end{pmatrix}=0. \tag{3.2}$$

Dazu gesellt sich die schon in Band 5 hergeleitete Kontinuitätsgleichung

$$\frac{\partial u_x}{\partial x}+\frac{\partial u_y}{\partial y}+\frac{\partial u_z}{\partial z}=0. \tag{3.3}$$

Viele Anwendungen beinhalten drehsymmetrische Strömungen. Deswegen ist es notwendig, dass die Kontinuitätsgleichung und die Navier-Stokes-Gleichung in Zylinderkoordinaten vorliegen. Die vollständige Herleitung verlegen wir in den Anhang. Das Ergebnis lautet:

$$\rho\begin{pmatrix} \frac{\partial u_r}{\partial t}+u_r\cdot\frac{\partial u_r}{\partial r}+\frac{u_\theta}{r}\cdot\frac{\partial u_r}{\partial \theta}-\frac{u_\theta^2}{r}+u_z\cdot\frac{\partial u_r}{\partial z} \\ \frac{\partial u_\theta}{\partial t}+u_r\cdot\frac{\partial u_\theta}{\partial r}+\frac{u_\theta}{r}\cdot\frac{\partial u_\theta}{\partial \theta}+\frac{u_r u_\theta}{r}+u_z\cdot\frac{\partial u_\theta}{\partial z} \\ \frac{\partial z}{\partial t}+u_r\cdot\frac{\partial u_z}{\partial r}+\frac{u_\theta}{r}\cdot\frac{\partial u_z}{\partial \theta}+u_z\cdot\frac{\partial u_z}{\partial z} \end{pmatrix}+\begin{pmatrix} \frac{\partial p}{\partial r} \\ \frac{1}{r}\cdot\frac{\partial p}{\partial \theta} \\ \frac{\partial p}{\partial z} \end{pmatrix}$$
$$-\rho\begin{pmatrix} g_r \\ g_\theta \\ g_z \end{pmatrix}-\eta\begin{pmatrix} \frac{1}{r}\cdot\frac{\partial}{\partial r}(r\cdot\frac{\partial u_r}{\partial r})+\frac{1}{r^2}\cdot\frac{\partial^2 u_r}{\partial \theta^2}-\frac{u_r}{r^2}-\frac{2}{r^2}\cdot\frac{\partial u_\theta}{\partial \theta}+\frac{\partial^2 u_r}{\partial z^2} \\ \frac{1}{r}\cdot\frac{\partial}{\partial r}(r\cdot\frac{\partial u_\theta}{\partial r})+\frac{1}{r^2}\cdot\frac{\partial^2 u_\theta}{\partial \theta^2}-\frac{u_\theta}{r^2}+\frac{2}{r^2}\cdot\frac{\partial u_r}{\partial \theta}+\frac{\partial^2 u_\theta}{\partial z^2} \\ \frac{1}{r}\cdot\frac{\partial}{\partial r}(r\cdot\frac{\partial u_z}{\partial r})+\frac{1}{r^2}\cdot\frac{\partial^2 u_z}{\partial \theta^2}+\frac{\partial^2 u_z}{\partial z^2} \end{pmatrix}=0 \tag{3.4}$$

Für die Kontinuitätsgleichung zeigen wir ebenfalls im Anhang:

$$\frac{1}{r}\cdot\frac{\partial(ru_r)}{\partial r}+\frac{1}{r}\cdot\frac{\partial u_\theta}{\partial \theta}+\frac{\partial u_z}{\partial z}=0.$$

Die Existenz und die Eindeutigkeit globaler Lösungen der Gleichungen (3.1) oder (3.2) ist eines der ungelösten Millenniumsprobleme. Es folgen viele Beispiele, die eine analytische Lösung gestatten.

3.1 Analytische Lösungen der Navier-Stokes-Gleichung

Beispiel 1. Eine viskose Flüssigkeit der Dicke $2h$ befindet sich zwischen zwei ruhenden parallelen Platten. Die Strömung wird durch einen Druckgradienten $\frac{\partial p}{\partial x}$ parallel zur x-Achse aufrechterhalten (Abb. 3.1 rechts). Die x-Achse selbst legen wir auf halber Höhe.

a) Gesucht ist das stationäre Geschwindigkeitsprofil innerhalb der Platten.

b) Ermitteln Sie die Druckverteilung $p(x, z)$.
c) Wie groß wird der Volumenstrom oder Durchfluss Q?

Lösung.

a) Als Erstes ist $\frac{d\boldsymbol{u}}{dt} = 0$ und $\frac{\partial p}{\partial y} = 0$. Weiter folgt $u_y = u_z = 0$ und damit $u_x = u_x(z)$. Der Konvektionsterm $(\boldsymbol{u} \cdot \nabla)\boldsymbol{u}$ reduziert sich zu $u_x \cdot \frac{\partial u_x}{\partial x}$. Die Kontinuitätsgleichung (3.3) für ein inkompressibles Fluid führt auf $\frac{\partial u_x}{\partial x} = 0$. Der Gravitationsvektor beträgt schließlich $\boldsymbol{g} = (0, 0, -g)$ Damit verbleibt von (3.2) das System

$$\frac{\partial p}{\partial x} - \eta \cdot \frac{\partial^2 u_x(z)}{\partial z^2} = 0, \tag{3.5}$$

$$\frac{dp}{dz} + \rho g = 0. \tag{3.6}$$

Aus (3.5) erhält man

$$u_x(z) = \frac{z^2}{2\eta} \cdot \frac{\partial p}{\partial x} + C_1 z + C_2.$$

Die vom Fluid erzeugte Scherspannung beträgt

$$\tau_{zx}(z) = \eta \frac{\partial u_x(z)}{\partial z} = \frac{\partial p}{\partial x} \cdot \frac{z}{\eta} + C_1$$

und ist somit linear. In der Mitte der Strömung, für $z = 0$, ist sie wirkungslos, was $C_1 = 0$ ergibt. Die RB $u_x(h) = 0$ führt zu $0 = \frac{h^2}{2\eta} \cdot \frac{\partial p}{\partial x} + C_2$ und dem parabelförmigen Profil

$$u_x(z) = -\frac{h^2}{2\eta} \cdot \frac{\partial p}{\partial x}\left[1 - \left(\frac{z}{h}\right)^2\right]. \tag{3.7}$$

b) Die Integration von (3.6) ergibt $p(z) = -\rho g z + f_1(x)$. Für einen entlang der Strecke l konstanten Druckgradienten kann man $\frac{\partial p}{\partial x} = \frac{\Delta p}{l}$ schreiben, der Druck $\frac{\partial p}{\partial x}$ lässt sich damit integrieren und es gilt $p(x) = \frac{p_2 - p_1}{l} x + p_1 + f_2(z)$. Da der Druck eine skalare Größe ist, lassen sich beide Druckfunktionen zu einer einzigen zusammensetzen und man erhält $p(x, z) = \frac{\Delta p}{l} x + p_1 - \rho g z + C$. Für die Konstante C wertet man den Druck in einem beliebigen Punkt der Strömungsröhre, beispielsweise für $x = 0$ und $z = h$, aus. In dieser Höhe besteht der Druck einzig aus dem treibenden p_1. Aus $p_1 = p_1 - \rho g h + C$ folgt $C = \rho g h$ und damit die Druckverteilung $p(x, z) = \frac{\Delta p}{l} x + p_1 + \rho g(h - z)$.

c) Für den Volumenstrom oder Durchfluss $Q = \dot{V} = \frac{dV}{dt}$ gilt $dQ = \frac{dz}{dt} dA = u_x(z) dA$ und damit $Q = \int_A u_x(z) dA$. In unserem Fall ist $dA = b \cdot dz$ mit einer Breite b. Man erhält

$$Q = 2b \int_0^h u_x(z) dz = -\frac{\partial p}{\partial x} \cdot \frac{bh^2}{\eta} \int_0^h \left[1 - \left(\frac{z}{h}\right)^2\right] dz$$

$$= -\frac{\partial p}{\partial x} \cdot \frac{bh^2}{\eta}\left(h - \frac{h}{3}\right) = -\frac{2}{3\eta} \cdot \frac{\partial p}{\partial x} \cdot bh^3.$$

Man kann auch zuerst die mittlere Geschwindigkeit $\overline{u}$ (auf der gesamten Breite konstant) bestimmen und diese mit b multiplizieren, um Q zu erhalten:

$$\overline{u} = -\frac{\partial p}{\partial x} \cdot \frac{h^2}{2\eta} \cdot \frac{1}{2h} \int_{-h}^{h} \left[1 - \left(\frac{z}{h}\right)^2\right] dz = -\frac{2}{3\eta} \cdot \frac{\partial p}{\partial x} \cdot h^2$$

und $Q = bh\overline{u}$.

Beispiel 2. Als Variante zu Beispiel 1 neigen wir die parallelen Platten um den Winkel α gegenüber der Vertikalen. Die Flüssigkeit fließt infolge der Gravitation allein, stationär bei gleichbleibender Dicke innerhalb der Platten hinab. Das Koordinatensystem wird ebenfalls um denselben Winkel gedreht und die x-Achse auf halber Höhe gelegt.
a) Bestimmen Sie das stationäre Geschwindigkeitsprofil.
b) Wie groß ist der Durchfluss Q für $\alpha = \frac{\pi}{2}$ auf einer Breite b?
c) Wie lautet die Druckfunktion $p(y)$?

Lösung.
a) Es gilt $\boldsymbol{g} = (-g\cos\alpha, g\sin\alpha)$ und das System (3.2) reduziert sich zu

$$-\rho g \sin\alpha - \eta \cdot \frac{\partial^2 u_x(z)}{\partial z^2} = 0, \tag{3.8}$$

$$\frac{dp}{dy} + \rho g \cos\alpha = 0. \tag{3.9}$$

Aus (3.8) folgt

$$u_x(z) = -\frac{\rho g}{\eta} \sin\alpha \cdot \frac{z^2}{2} + C_1 z + C_2.$$

Die beiden Bedingungen sind:
I. $u_x(h) = 0$ und II. $\tau_{zx}(0) = \eta \left.\frac{\partial u_x(z)}{\partial z}\right|_{z=0} = 0$.
Daraus erhält man $C_1 = 0$ und $C_2 = \frac{\rho g}{\eta} \sin\alpha \cdot \frac{h^2}{2}$. Insgesamt ist also

$$u_x(z) = -\frac{\rho g}{\eta} \sin\alpha \cdot \frac{z^2}{2} + \frac{\rho g}{\eta} \sin\alpha \cdot \frac{h^2}{2} = \frac{\rho g h^2}{2\eta} \sin\alpha \cdot \left[1 - \left(\frac{z}{h}\right)^2\right].$$

b) Speziell für $\alpha = \frac{\pi}{2}$ ergibt sich

$$u_x(z) = \frac{\rho g h^2}{2\eta} \cdot \left[1 - \left(\frac{z}{h}\right)^2\right]$$

und

$$Q = \int_A u_x(z) dA = 2b \int_0^h u_x(z) dz = \frac{\rho g b h^2}{\eta} \int_0^h \left[1 - \left(\frac{z}{h}\right)^2\right] dz$$
$$= \frac{\rho g b h^2}{\eta} \cdot \left(h - \frac{h}{3}\right) = \frac{2\rho g b h^3}{3\eta}.$$

c) Gleichung (3.9) liefert $p(y) = -\rho g y \cos \alpha + C$.
Mit $p(h) = 0$ folgt $C = \rho g h \cos \alpha$ und insgesamt $p(y) = \rho g \cos \alpha (h - y)$.

Beispiel 3. Das Fluid soll durch ein horizontales, kreisrundes Rohr der Länge l und dem Radius R hindurchfließen. Wir wählen zylindrische Koordinaten und legen nun die Strömungsrichtung in Richtung der z-Achse. (Abb. 3.2 links). Dann ist $\frac{\partial p}{\partial z} \neq 0$ der treibende Druck für die Strömung.

a) Wie lautet das stationäre Geschwindigkeitsprofil?
b) Ermitteln Sie die Druckverteilung $p(r, \theta, z)$.
c) Wie groß wird der Volumenstrom oder Durchfluss Q?

Lösung.

a) Es ist $\frac{d\boldsymbol{u}}{dt} = 0$ und $u_r = u_\theta = 0$, $u_z = u_z(r)$. Weiter erhalten wir für $(\boldsymbol{u} \cdot \nabla)\boldsymbol{u}$ lediglich $u_z \cdot \frac{\partial u_z}{\partial z}$ und finden über Gleichung (3.3) $\frac{\partial u_z}{\partial z} = 0$. Der Gravitationsvektor beträgt jetzt $\boldsymbol{g} = (0, -g, 0)$ in kartesischen oder $\boldsymbol{g} = (g_r, g_\theta, 0) = (-g \cdot \sin \theta, -g \cdot \cos \theta, 0)$ in Zylinderkoordinaten. Gleichung (3.4) besteht dann aus

$$\frac{\partial p}{\partial r} + \rho g \cdot \sin \theta = 0, \tag{3.10}$$

$$\frac{1}{r} \cdot \frac{\partial p}{\partial \theta} + \rho g \cdot \cos \theta = 0, \tag{3.11}$$

$$\frac{\partial p}{\partial z} - \frac{\eta}{r} \cdot \frac{\partial}{\partial r}\left(r \frac{\partial u_z(r)}{\partial r}\right) = 0. \tag{3.12}$$

Für das Geschwindigkeitsprofil aus (3.12) erhält man nacheinander:

$$\frac{r}{\eta} \cdot \frac{\partial p}{\partial z} = \frac{\partial}{\partial r}\left(r \frac{\partial u_z}{\partial r}\right),$$

$$\frac{r^2}{2\eta} \cdot \frac{\partial p}{\partial z} + C_1 = r \frac{\partial u_z}{\partial r},$$

$$\frac{r}{2\eta} \cdot \frac{\partial p}{\partial z} + \frac{C_1}{r} = \frac{\partial u_z}{\partial r} \quad \text{und}$$

$$u_z(r) = \frac{r^2}{4\eta} \cdot \frac{\partial p}{\partial z} + C_1 \ln r + C_2. \tag{3.13}$$

Da $u_z(0)$ endlich sein muss, folgt $C_1 = 0$. Die RB $u_z(R) = 0$ führt zu $C_2 = -\frac{R^2}{4\eta} \cdot \frac{\partial p}{\partial z}$ und damit zum Geschwindigkeitsprofil von Hagen-Poiseuille (vgl. Band 5)

$$u_z(r) = -\frac{R^2}{4\eta} \cdot \frac{\partial p}{\partial z} \cdot \left[1 - \left(\frac{r}{R}\right)^2\right]. \tag{3.14}$$

Auch in diesem Fall ist die Scherspannung linear:

$$\tau_{rz}(r) = \eta \frac{\partial u_z(r)}{\partial r} = \frac{\partial p}{\partial z} \cdot \frac{r}{2}.$$

b) Da keine seitlichen Geschwindigkeiten existieren, beschreiben (3.10) und (3.11) reine hydrostatische Druckverläufe in r- und θ-Richtung. Beide Gleichungen kann man sich auch nochmals plausibel machen: Bei einer Änderung des Radius um dr wächst die Höhe um $dr \cdot \sin\theta$ und der hydrostatische Druck fällt um $dp = -\rho g \cdot dr \cdot \sin\theta$, was (3.10) ergibt. Dreht man einen Punkt $T(r\cos\theta, r\sin\theta)$ um den Winkel $d\theta$ im Uhrzeigersinn, so vermindert sich die x-Koordinate um $rd\theta \cdot \sin\theta$ und die y-Koordinate wächst um $rd\theta \cdot \cos\theta$. Damit fällt der hydrostatische Druck um $dp = -\rho g \cdot rd\theta \cdot \cos\theta$, was zu (3.11) führt. Die Integration von (3.10) und (3.11) ergibt $p(r) = -\rho g r \cdot \sin\theta + f_1(\theta)$ respektive $p(\theta) = -\rho g r \cdot \sin\theta + f_2(r)$. Wieder setzen wir die Druckfunktionen zusammen zu

$$p(r, \theta) = -\rho g r \cdot \sin\theta + f(r, \theta). \tag{3.15}$$

Dieses Ergebnis hätte man freilich auch einfacher erhalten können. Ein Wechsel ins kartesische System liefert $\frac{\partial p}{\partial x} = 0$ aber $\frac{\partial p}{\partial y} + \rho g = 0$. Die Integration ergibt $p(y) = -\rho g y + f(x)$ und in Zylinderkoordinaten (3.15).
Nehmen wir weiter einen entlang der Strecke l konstanten Druckgradienten $\frac{\partial p}{\partial z} = \frac{\Delta p}{l}$ an, dann kann man $p(z) = \frac{p_2 - p_1}{l} z + p_1 + h(r, \theta)$ schreiben. Gesamthaft erhält man

$$p(r, \theta, z) = \frac{\Delta p}{l} z + p_1 - \rho g r \cdot \sin\theta + f(r, \theta).$$

Wir werten die Funktion in einem beliebigen Punkt T der Strömungsröhre, beispielsweise für $z = 0$, aus: $T(r\cos\theta, r\sin\theta, 0)$. In T herrscht zuerst einmal der Druck p_1. Zudem befindet sich über dem Punkt T eine Wassersäule der Höhe $h = \sqrt{R^2 - r^2\cos^2\theta} - r\sin\theta$. Damit erhält man

$$p_1 + \rho g(\sqrt{R^2 - r^2\cos^2\theta} - r\sin\theta) = p_1 - \rho g r \cdot \sin\theta + f(r, \theta)$$

und daraus $f(r, \theta) = \rho g \sqrt{R^2 - r^2\cos^2\theta}$.
Schließlich lautet die Druckfunktion

$$p(r, \theta, z) = \frac{\Delta p}{l} z + p_1 + \rho g(\sqrt{R^2 - r^2\cos^2\theta} - r \cdot \sin\theta).$$

c) Für den Durchfluss gilt $dA = 2\pi r \cdot dr$ (Kreisring) und man erhält (vgl. Band 5)

$$Q = \int_A u_z(r)dA = -\frac{\pi R^2}{2\eta} \cdot \frac{\partial p}{\partial z} \int_0^R \left[1 - \left(\frac{r}{R}\right)^2\right] rdr = -\frac{\pi}{8\eta} \cdot \frac{\partial p}{\partial z} \cdot R^4. \qquad (3.16)$$

Die mittlere Geschwindigkeit $\overline{u}$ folgt dann zu (vgl. Band 5)

$$\overline{u} = \frac{Q}{\pi R^2} = -\frac{R^2}{8\eta} \cdot \frac{\partial p}{\partial z}.$$

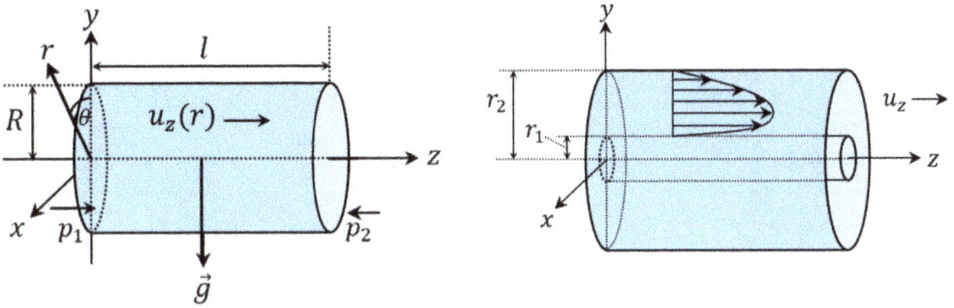

Abb. 3.2: Skizzen zu den Beispielen 3 und 4.

Beispiel 4. Dies ist eine Variante der Poiseuille-Strömung durch ein kreisrundes Rohr. Das Fluid strömt aufgrund eines Druckgradienten $\frac{\partial p}{\partial z}$ in z-Richtung durch einen Kreisring mit innerem Radius r_1 und äußerem Radius r_2 (Abb. 3.2 rechts).

a) Bestimmen Sie das stationäre Geschwindigkeitsprofil. Die Gravitation in y-Richtung ist wirkungslos.
b) Für welchen Radius r_* ist die Geschwindigkeit des Profils am größten?

Lösung.

a) Mit Gleichung (3.13) gilt

$$u_z(r) = \frac{r^2}{4\eta} \cdot \frac{\partial p}{\partial z} + C_1 \ln r + C_2.$$

In diesem Fall stellt $r = 0$ kein Problem dar, da $r_1, r_2 > 0$. Die RBen sind I. $u_z(r_1) = 0$ und II. $u_z(r_2) = 0$.
Daraus entsteht das Gleichungssystem:

$$\frac{r_1^2}{4\eta} \cdot \frac{\partial p}{\partial z} + C_1 \ln r_1 + C_2 = 0,$$
$$\frac{r_2^2}{4\eta} \cdot \frac{\partial p}{\partial z} + C_1 \ln r_2 + C_2 = 0$$

mit den Lösungen

$$C_1 = -\frac{1}{4\eta} \cdot \frac{\partial p}{\partial z} \cdot \frac{r_2^2 - r_1^2}{\ln(\frac{r_2}{r_1})} \quad \text{und} \quad C_2 = \frac{r_2^2}{4\eta} \cdot \frac{\partial p}{\partial z} \cdot \frac{\ln r_1}{\ln(\frac{r_2}{r_1})} - \frac{r_1^2}{4\eta} \cdot \frac{\partial p}{\partial z} \cdot \frac{\ln r_2}{\ln(\frac{r_2}{r_1})}.$$

Insgesamt erhält man

$$u_z(r) = \frac{1}{4\eta} \cdot \frac{\partial p}{\partial z}\left[r^2 - \frac{r_2^2 - r_1^2}{\ln(\frac{r_2}{r_1})} \cdot \ln r + r_2^2 \cdot \frac{\ln r_1}{\ln(\frac{r_2}{r_1})} - r_1^2 \cdot \frac{\ln r_2}{\ln(\frac{r_2}{r_1})}\right].$$

b) Dazu untersuchen wir $\frac{\partial u_z(r)}{\partial r} = 0$ und erhalten aus

$$2r - \frac{r_2^2 - r_1^2}{\ln(\frac{r_2}{r_1})} \cdot \frac{1}{r} = 0$$

die Lösung

$$r_* = \sqrt{\frac{r_2^2 - r_1^2}{2 \cdot \ln(\frac{r_2}{r_1})}}.$$

Beispiel 5. Eine Variante zu Beispiel 4 besteht darin, dass der Druckgradient $\frac{\partial p}{\partial z}$ entfällt, man aber die äußere Rohrumrandung gleichmäßig mit der Geschwindigkeit u_0 bewegt, wobei der innere Zylinder in Ruhe verharrt.

a) Bestimmen Sie das stationäre Geschwindigkeitsprofil im Innern der beiden Rohre.
b) Welche Strömung erhält man im Fall $r_1 \to 0$?
c) Für $r_1 \to r_2$ wird die Strömung immer weiter eingeengt. Zeigen Sie, dass für kleine Strömungshöhen $\Delta r = r_2 - r_1 \ll r_1, r_2$ das Profil einer ebenen Couette-Strömung gleichkommt. Verwenden Sie dabei $\ln(1 + x) \approx x$ für $x \ll 1$.

Lösung.

a) Gleichung (3.12) reduziert sich zu

$$-\frac{\eta}{r} \cdot \frac{\partial}{\partial r}\left(r\frac{\partial u_z(r)}{\partial r}\right) = 0.$$

Daraus folgt

$$u_z(r) = C_1 \ln r + C_2. \tag{3.17}$$

Die RBen lauten I. $u_z(r_1) = 0$ und II. $u_z(r_2) = u_0$. Das zugehörige Gleichungssystem $C_1 \ln r_1 + C_2 = 0$, $C_1 \ln r_2 + C_2 = u_0$ führt zu den Lösungen

$$C_1 = \frac{u_0}{\ln(\frac{r_2}{r_1})} \quad \text{und} \quad C_2 = -\frac{u_0}{\ln(\frac{r_2}{r_1})} \cdot \ln r_1.$$

Damit entsteht

$$u_z(r) = \frac{u_0}{\ln(\frac{r_2}{r_1})} \ln r - \frac{u_0}{\ln(\frac{r_2}{r_1})} \cdot \ln r_1 = u_0 \cdot \frac{\ln(\frac{r \cdot r_2}{r_2 \cdot r_1})}{\ln(\frac{r_2}{r_1})} = u_0 \cdot \frac{\ln(\frac{r}{r_2}) + \ln(\frac{r_2}{r_1})}{\ln(\frac{r_2}{r_1})}$$

und endlich

$$u_z(r) = u_0 \cdot \left[1 + \frac{\ln(\frac{r}{r_2})}{\ln(\frac{r_2}{r_1})}\right]. \tag{3.18}$$

b) Für den Fall, dass $r_1 \to 0$, erhält man aus (3.18) $u_z(r) \to u_0$. Im stationären Fall läuft dies somit auf eine gleichmäßige Bewegung der gesamten Flüssigkeit heraus.
c) Im Fall $r_1 \to r_2$ gehen wir nochmals zurück zu (3.17). Wir schreiben die Konstante C_2 als $C_2 = -C_1 \ln r_1 + C_3$ und erhalten

$$u_z(r) = C_1 \ln\left(\frac{r}{r_1}\right) + C_3. \tag{3.19}$$

Weiter ist

$$r = r_1 + r - r_1 \quad \text{und} \quad \frac{r}{r_1} = 1 + \frac{r - r_1}{r_1}. \tag{3.20}$$

Da $r_1 < r < r_2$, folgt $0 < r - r_1 < r_2 - r_1 = \Delta r$ und $\frac{r-r_1}{r_1} < \frac{\Delta r}{r_1} \ll 1$. Somit ergibt sich aus (3.20) unter Einbezug von $\ln(1 + x) \approx x$ für $x \ll 1$ die Näherung

$$\ln\left(\frac{r}{r_1}\right) = \ln\left(1 + \frac{r - r_1}{r_1}\right) \approx \frac{r - r_1}{r_1},$$

womit sich (3.19) schreiben lässt als $u_z(r) = C_1 \cdot \frac{r-r_1}{r_1} + C_3$. Der Übergang zu den neuen Konstanten $C_4 = \frac{C_1}{r_1}$, $C_5 = -C_1 + C_3$ führt auf $u_z(r) = C_4 \cdot r + C_5$ und somit einem rein linearen Verhalten.
Die beiden RBen sind wiederum I. $u_z(r_1) = 0$ und II. $u_z(r_2) = u_0$. Sie ergeben das System $C_4 r_1 + C_5 = 0, C_4 r_2 + C_5 = u_0$ mit den Konstanten $C_4 = \frac{u_0}{r_2 - r_1}$ und $C_5 = -\frac{u_0}{r_2 - r_1} \cdot r_1$. Das Profil lautet dann

$$u_z(r) = \frac{u_0}{r_2 - r_1} \cdot (r - r_1) \quad \text{oder} \quad u_z(r) = \frac{u_0}{\Delta r} \cdot (r - r_1).$$

Beispiel 6. Als weitere Variante zum 3. Beispiel neigen wir das Rohr um den Winkel α gegenüber der Vertikalen. Das Kooordinatensystem drehen wir ebenfalls um denselben Winkel (Abb. 3.3 links).
a) Ermitteln Sie das stationäre Geschwindigkeitsprofil.
b) Wie lautet die Druckverteilung $p(r, \theta, z)$?

Lösung.

a) Im Unterschied zu oben lautet der Gravitationsvektor nun kartesisch $\boldsymbol{g} = (0, -g \cdot \cos\alpha, g \cdot \sin\alpha)$ und zylindrisch $\boldsymbol{g} = (-g \cdot \sin\theta \cdot \cos\alpha, -g \cdot \cos\theta \cdot \cos\alpha, g \cdot \sin\alpha)$. Damit ergibt sich das System:

$$\frac{\partial p}{\partial r} + \rho g \cdot \sin\theta \cdot \cos\alpha = 0, \tag{3.21}$$

$$\frac{1}{r} \cdot \frac{\partial p}{\partial \theta} + \rho g \cdot \cos\theta \cdot \cos\alpha = 0, \tag{3.22}$$

$$\frac{\partial p}{\partial z} - \rho g \cdot \sin\alpha - \frac{\eta}{r} \cdot \frac{d}{dr}\left(r \frac{\partial u_z(r)}{\partial r}\right) = 0. \tag{3.23}$$

Führt man dieselben Integrationsschritte wie im 3. Beispiel durch, so erhält man aus (3.23)

$$u_z(r) = -\frac{R^2}{4\eta} \cdot \left(\frac{\partial p}{\partial z} - \rho g \cdot \sin\alpha\right) \cdot \left[1 - \left(\frac{r}{R}\right)^2\right].$$

b) Zur Druckberechnung mittels (3.21) und (3.22) findet man

$$p(r, \theta, z) = \left(\frac{dp}{l} - \rho g \cdot \sin\alpha\right) z + p_1 - r\rho g \cdot \sin\theta \cdot \cos\alpha + f(r, \theta) = 0.$$

Ein beliebiger Punkt innerhalb der Stromröhre für $z = 0$ besitzt infolge der Neigung die Koordinaten $T(r\cos\theta \cdot \cos\alpha, r\sin\theta \cdot \cos\alpha, 0)$. Wertet man den Druck in diesem Punkt aus, so entsteht

$$p_1 + \rho g(\sqrt{R^2 - r^2\cos^2\theta\cos^2\alpha} - r\sin\theta \cdot \cos\alpha) = p_1 - r\rho g \cdot \sin\theta \cdot \cos\alpha + f(r, \theta) = 0$$

und daraus

$$p(r, \theta, z) = \left(\frac{\Delta p}{l} - g\sin\alpha\right) z + p_1 + \rho g(\sqrt{R^2 - r^2\cos^2\theta\cos^2\alpha} - r\sin\theta\cos\alpha).$$

Beispiel 7. Eine viskose Flüssigkeit fließt aufgrund der Gravitation allein, stationär eine rechteckige Rinne mit gleichbleibender Höhe h hinab (Abb. 3.3 rechts). Dies entspricht einem Normalabfluss, wie wir es in Band 5 für eine Gerinneströmung formuliert haben. Wie im 2. Beispiel soll die Rinne um den Winkel α geneigt sein.

Idealisierung: Die Breite des Gerinnes wählen wir so groß, dass wir die Änderung der Geschwindigkeit u_x in y-Richtung hin zum Rand vernachlässigen können: $\frac{\partial u_x}{\partial y} \approx 0$.

a) Ermitteln Sie das stationäre Geschwindigkeitsprofil?

b) Wie lautet die Druckverteilung $p(z)$?

c) Bestimmen Sie den Durchfluss Q.

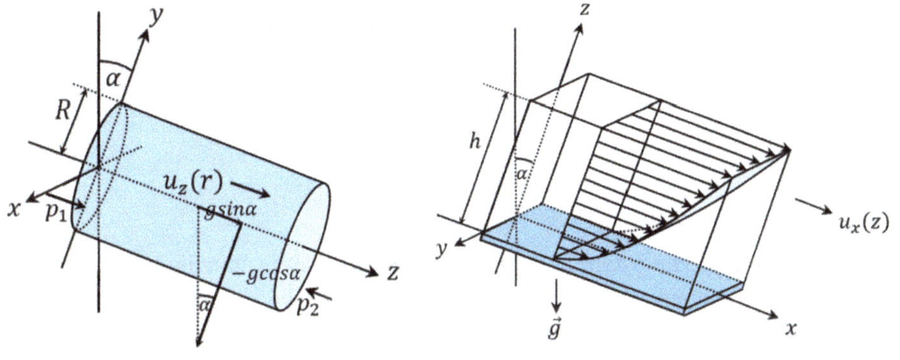

Abb. 3.3: Skizzen zu den Beispielen 6 und 7.

Lösung.

a) Folglich ist $u_x = u_x(z)$. Anders als bei der Rohrströmung existiert in keiner Richtung ein treibender Druck: $\frac{\partial p}{\partial x} = \frac{\partial p}{\partial y} = 0$. Der Gravitationsvektor ist in diesem Fall $\boldsymbol{g} = (0, -g \cdot \cos\alpha, g \cdot \sin\alpha)$ und Gleichung (3.2) führt zum System

$$-\rho g \cdot \sin\alpha - \eta \cdot \frac{\partial^2 u_x}{\partial z^2} = 0, \tag{3.24}$$

$$\frac{\partial p}{\partial z} + \rho g \cdot \cos\alpha = 0. \tag{3.25}$$

Eine zweimalige Integration von (3.24) ergibt

$$\frac{\partial u_x(z)}{\partial z} = -\rho g \frac{z}{\eta} \cdot \sin\alpha + C_1 \quad \text{und} \quad u_x(z) = -\rho g \frac{z^2}{2\eta} \cdot \sin\alpha + C_1 z + C_2.$$

Eine erste RB erwächst aus der Tatsache, dass die Geschwindigkeit am Boden null ist, $u_x(0) = 0$, was $C_2 = 0$ nach sich zieht. Weiter beachten wir, dass auf der Höhe $z = h$ die Scherspannung verschwindet: $\eta \cdot \frac{\partial u_x(z)}{\partial z}\Big|_{z=h} = 0$. Daraus gewinnt man $C_1 = \frac{\rho g}{\eta} h \cdot \sin\alpha$ und schließlich das parabolische Profil (vgl. Band 5)

$$u_x(z) = \frac{\rho g}{2\eta} \cdot \sin\alpha \cdot z(2h - z). \tag{3.26}$$

b) Integriert man (3.25), so folgt $p(z) = -\rho g z \cdot \cos\alpha + C$. In diesem Fall ist der Luftdruck am Gesamtdruck beteiligt. Als RB können wir auf der Höhe $z = h$ den Luftdruck p_0 ansetzen, was zu $C = p_0 + \rho g h \cdot \cos\alpha$ und $p(z) = p_0 + \rho g \cdot \cos\alpha(h - z)$ führt (vgl. Band 5). Die Druckverteilung ist damit rein hydrostatisch, wie schon bekannt.

c) Der Durchfluss auf einer Breite b berechnet sich in diesem Fall zu

$$Q = \int_A u_x(z) dA = \frac{\rho g b}{2\eta} \cdot \sin\alpha \int_0^h z(2h - z) dz = \frac{\rho g}{3\eta} \cdot \sin\alpha \cdot b h^3$$

bei einer mittleren Geschwindigkeit von $\overline{u} = \frac{\rho g}{3\eta} \cdot \sin\alpha \cdot h^2$ (vgl. Band 5). Speziell für eine senkrechte Platte beträgt der Fluss $Q = \frac{\rho g}{3\eta} \cdot bh^3$ und die mittlere Geschwindigkeit

$$\overline{u} = \frac{\rho g}{3\eta} h^2. \tag{3.27}$$

Beispiel 8. Eine Variante zum 7. Beispiel besteht darin, dass man die Platte durch einen langen Zylinder ersetzt, entlang dessen Mantelfläche die viskose Flüssigkeit hinabfließen soll. Für einen überall gleichmäßigen Abfluss stellen wir den Zylinder in eine vertikale Position (Abb. 3.4 links).

a) Gesucht ist das stationäre Geschwindigkeitsprofil.
b) Berechnen Sie den Fluss Q und daraus die mittlere Geschwindigkeit.

Lösung.

a) Man erhält aus (3.4)

$$\rho g - \frac{\eta}{r} \cdot \frac{d}{dr}\left(r \frac{\partial u_z(r)}{\partial r}\right) = 0.$$

Die zweimalige Integration führt zu

$$u_z(r) = \frac{\rho g}{4\eta} \cdot r^2 + C_1 \ln r + C_2.$$

Die RBen sind I. $\tau_{rz}(R+h) = \eta \frac{\partial u_z(r)}{\partial r}\Big|_{r=R+h} = 0$ und II. $u_z(R) = 0$. RB I. führt zu

$$\frac{\rho g}{2\eta} \cdot (R+h) + \frac{C_1}{R+h} = 0$$

und somit

$$C_1 = -\frac{\rho g}{2\eta} \cdot (R+h)^2.$$

Aus II. erhält man

$$C_2 = -\frac{\rho g}{4\eta} \cdot R^2 - C_1 \ln R = \frac{\rho g}{4\eta}\left[2(R+h)^2 \ln R - R^2\right].$$

Insgesamt lautet das Profil

$$u_z(r) = \frac{\rho g}{4\eta} \cdot \left[R^2 - r^2 + 2(R+h)^2 \ln\left(\frac{r}{R}\right)\right].$$

Im Gegensatz zur Platte enthält $u_z(r)$ nebst dem quadratischen Term noch einen logarithmischen Korrekturterm.

b) Man findet

$$Q = \int_R^{R+h} u_z(r) 2\pi r dr = \frac{\pi\rho g}{2\eta} \int_R^{R+h} \left[R^2 r - r^3 + 2(R+h)^2 \cdot r \cdot \ln\left(\frac{r}{R}\right)\right] dr$$

$$= \frac{\pi\rho g}{2\eta} R^3 \int_R^{R+h} \left[\frac{r}{R} - \left(\frac{r}{R}\right)^3 + 2\left(1 + \frac{h}{R}\right)^2 \frac{r}{R} \ln\left(\frac{r}{R}\right)\right] dr.$$

Mit $\rho = \frac{r}{R}$ und $\gamma = \frac{h}{R}$ folgt

$$Q = \frac{\pi\rho g}{2\eta} R^4 \int_1^{1+\gamma} [\rho - \rho^3 + 2(1+\gamma)^2 \rho \cdot \ln \rho] d\rho$$

$$= \frac{\pi\rho g}{8\eta} R^4 [4(1+\gamma)^4 \cdot \ln(1+\gamma) - (4\gamma + 14\gamma^2 + 12\gamma^3 + 3\gamma^4)].$$

Das wäre der genaue Wert für den Durchfluss.
Idealisierung: Den Durchfluss wollen wir für sehr dünne Schichten $\gamma \ll 1$ abschätzen und entwickeln dazu den Logarithmus in eine Taylorreihe, konsequenterweise bis zur 4. Potenz von γ.
Es gilt $\ln(1+\gamma) = \gamma - \frac{\gamma^2}{2} + \frac{\gamma^3}{3} - \frac{\gamma^4}{4} \pm \ldots$ und damit:

$$Q = \frac{\pi\rho g}{8\eta} R^4 \left[4(1+\gamma)^4 \cdot \left(\gamma - \frac{\gamma^2}{2} + \frac{\gamma^3}{3} - \frac{\gamma^4}{4} \pm \ldots\right) - (4\gamma + 14\gamma^2 + 12\gamma^3 + 3\gamma^4)\right]$$

$$= \frac{\pi\rho g}{8\eta} R^4 \left[4(1+\gamma)^4 \cdot \left(\gamma - \frac{\gamma^2}{2} + \frac{\gamma^3}{3} - \frac{\gamma^4}{4} \pm \ldots\right) - (4\gamma + 14\gamma^2 + 12\gamma^3 + 3\gamma^4)\right]$$

$$= \frac{\pi\rho g}{8\eta} R^4 \left[4\gamma + 14\gamma^2 + \frac{52}{3}\gamma^3 + \frac{25}{3}\gamma^4 \pm \cdots - (4\gamma + 14\gamma^2 + 12\gamma^3 + 3\gamma^4)\right]$$

$$= \frac{\pi\rho g}{8\eta} R^4 \left[\frac{16}{3}\gamma^3 + \frac{16}{3}\gamma^4 \pm \ldots\right].$$

Vernachlässigt man zusätzlich die 4. Potenz, so verbleibt die Näherung

$$Q \approx \frac{\pi\rho g}{8\eta} R^4 \cdot \frac{16}{3}\gamma^3 = \frac{\rho g}{3\eta}(2\pi R)h^3 \quad \text{und} \quad \bar{u} \approx \frac{Q}{2\pi R h} = \frac{\rho g}{3\eta} h^2$$

wie bei (3.27). Für dünne Schichten kann man die Strömung wie eine ebene Strömung behandeln und folglich auch das Geschwindigkeitsprofil durch (3.26),

$$u_z(r) \approx \frac{\rho g}{2\eta} \cdot r(2h - r),$$

ersetzen.

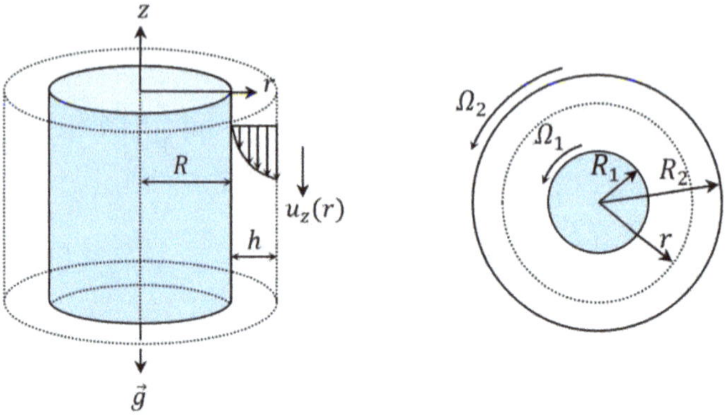

Abb. 3.4: Skizzen zu den Beispielen 8 und 9.

Beispiel 9. Es sollen stationäre drehsymmetrische Strömungen untersucht werden, die durch Rotation einer kreisringförmigen zylindrischen viskosen Flüssigkeitssäule der Länge l erzeugt werden. Die Strömung bewege sich zwischen einem inneren Zylinder mit Radius R_1 und einem äußeren mit Radius R_2 (Abb. 3.4 rechts). Dies nennt man die zylindrische Couette-Strömung. Die zugehörigen Stromlinien beschreiben somit konzentrische Kreise senkrecht zur Drehachse, die ihrerseits mit der z-Achse zusammenfallen soll.

a) Gesucht sind die Bahngeschwindigkeit $u_\theta(r)$, die Druckverteilung $p(r,z)$, die Scherspannung $\tau_{r\theta}$ und der Abfluss Q.
b) Untersuchen Sie die drei Spezialfälle 1. $\Omega_1 = \Omega_2 = \Omega$, 2. $\Omega_1 = 0$ und 3. $\Omega_2 = 0$.

Lösung.

a) Bei einer ausgebildeten Strömung ist damit $u_r = u_z = 0$ und $u_\theta \neq 0$. Soll die Strömung stationär sein, dann ändert sich die Kreisbahngeschwindigkeit nicht: $\frac{\partial u_\theta}{\partial \theta} = 0$. Die Kontinuitätsgleichung ist offensichtlich erfüllt. Von (3.4) verbleibt dann

$$-\rho \frac{u_\theta^2}{r} + \frac{\partial p}{\partial r} = 0, \tag{3.28}$$

$$\frac{1}{r} \cdot \frac{\partial}{\partial r}\left(r \cdot \frac{\partial u_\theta}{\partial r}\right) - \frac{u_\theta}{r^2} = 0, \tag{3.29}$$

$$\frac{\partial p}{\partial z} + \rho g = 0. \tag{3.30}$$

Die Gleichung (3.30) beschreibt die hydrostatische Druckänderung in vertikaler Richtung. Aus (3.28) erkennt man, dass der Druck auf ein Fluidteilchen in radialer Richtung von der Zentrifugalkraft herrührt. Mit (3.30) erhält man $p(r,z) = -\rho g z + f(r)$. Dann folgt aber, dass $\frac{\partial p}{\partial r}$ von z unabhängig ist und dass mit (3.28) u_θ eine Funktion von r alleine ist. Damit lässt sich u_θ direkt über (3.29) bestimmen, weil man die partiellen Ableitungen durch normale ersetzen kann. Die Gleichung (3.29) lässt sich auch als

$$\frac{d}{dr}\left[\frac{1}{r}\cdot\frac{d}{dr}(ru_\theta)\right]=0$$

schreiben. Dann folgt nacheinander

$$\frac{d}{dr}(ru_\theta)=Cr,\quad ru_\theta=C\frac{r^2}{2}+C_2\quad\text{und}\quad u_\theta(r)=C_1r+\frac{C_2}{r}.$$

Die Funktion $f(r)$ und damit die gesamte Druckfunktion bestimmt sich mithilfe von (3.28) zu

$$\begin{aligned}p(r,z)&=\rho\int\frac{1}{r}\left(C_1r+\frac{C_2}{r}\right)^2dr-\rho gz+C\\&=\rho\int\left(C_1^2r+\frac{2C_1C_2}{r}+\frac{C_2^2}{r^3}\right)dr-\rho gz+C\\&=\rho\left(C_1^2\frac{r^2}{2}+2C_1C_2\ln r-\frac{C_2^2}{2r^2}\right)-\rho gz+C.\end{aligned}$$

Weiter berechnet sich der Kreisfluss zu

$$Q=l\int_{R_1}^{R_2}u_\theta(r)dr=l\left[\frac{C_1}{2}(R_2^2-R_1^2)+C_2\ln\frac{R_2}{R_1}\right].$$

Schließlich soll noch die Scherspannung $\tau_{r\theta}$ zwischen zwei Zylinderschichten im Abstand Δr bestimmt werden. Auf der Kreisbahn mit Radius r betrage die Winkelgeschwindigkeit Ω und damit die Bahngeschwindigkeit $u_\theta = \Omega r$. Infolge der vorhandenen Viskosität wird sich die Winkelgeschwindigkeit auf einer Bahn mit Radius $r+\Delta r$ um $\Delta\Omega$ und die Bahngeschwindigkeit um $\Delta u_\theta = \Delta\Omega(r+\Delta r)$ ändern. Damit erhält man im Grenzfall mit dem Newton'schen Ansatz:

$$\begin{aligned}\tau_{r\theta}&=\lim_{\Delta r\to0}\eta\frac{\Delta u_\theta}{\Delta r}=\eta\cdot\lim_{\Delta r\to0}\frac{\Delta\Omega(r+\Delta r)}{\Delta r}=\eta\cdot\left(\lim_{\Delta r\to0}\frac{\Delta\Omega}{\Delta r}\cdot r+\lim_{\Delta r\to0}\Delta\Omega\right)\\&=\eta\cdot\left(r\cdot\frac{d\Omega}{dr}+0\right)=\eta\cdot\left(r\cdot\frac{d\Omega}{dr}\right)=\eta\cdot\left[r\cdot\frac{d}{dr}\left(\frac{u_\theta}{r}\right)\right].\end{aligned}$$

Angewandt auf unser Profil folgt

$$\tau_{r\theta}=\eta\cdot\left[r\cdot\frac{d}{dr}\left(C_1+\frac{C_2}{r^2}\right)\right]=\eta\cdot\left[r\cdot\left(-\frac{2C_2}{r^3}\right)\right]=-2\eta\frac{C_2}{r^2}.$$

Die beiden Zylinder mit Radius R_1 und R_2 sollen mit den konstanten Winkelgeschwindigkeiten Ω_1 und Ω_2 respekive rotieren. Die beiden RBen I. $u_\theta(R_1)=\Omega_1R_1$ und II. $u_\theta(R_2)=\Omega_2R_2$ führen zum Gleichungssystem

$$\Omega_1 R_1 = C_1 R_1 + \frac{C_2}{R_1} \quad \text{und} \quad \Omega_2 R_2 = C_1 R_2 + \frac{C_2}{R_2}$$

mit den Konstanten

$$C_1 = \frac{R_2^2\Omega_2 - R_1^2\Omega_1}{R_2^2 - R_1^2} \quad \text{und} \quad C_2 = -\frac{R_1^2R_2^2}{R_2^2 - R_1^2}(\Omega_2 - \Omega_1).$$

Damit liegen alle wesentlichen Größen vor:

$$u_\theta(r) = \frac{1}{R_2^2 - R_1^2}\left[(R_2^2\Omega_2 - R_1^2\Omega_1)r - R_1^2R_2^2(\Omega_2 - \Omega_1)\cdot\frac{1}{r}\right], \tag{3.31}$$

$$p(r,z) = \frac{\rho}{(R_2^2 - R_1^2)^2}\left[\frac{1}{2}(R_2^2\Omega_2 - R_1^2\Omega_1)^2 r^2 - 2R_1^2R_2^2(R_2^2\Omega_2 - R_1^2\Omega_1)(\Omega_2 - \Omega_1)\ln r\right.$$
$$\left. -\frac{1}{2}\cdot R_1^4R_2^4(\Omega_2 - \Omega_1)^2\cdot\frac{1}{r^2}\right] - \rho g z + C, \tag{3.32}$$

$$\tau_{r\theta} = 2\eta\frac{R_1^2R_2^2}{R_2^2 - R_1^2}(\Omega_2 - \Omega_1)\cdot\frac{1}{r^2} \tag{3.33}$$

und

$$Q = l\left[\frac{1}{2}\cdot(R_2^2\Omega_2 - R_1^2\Omega_1) - \frac{R_1^2R_2^2}{R_2^2 - R_1^2}(\Omega_2 - \Omega_1)\cdot\ln\frac{R_2}{R_1}\right].$$

b) Nun zu den drei Spezialfällen:
Fall 1: $\Omega_1 = \Omega_2 = \Omega$. Es gilt mit (3.31) $u_\theta(r) = \Omega r$, $\tau_{r\theta} = 0$ und mit (3.32) $p(r,z) = \frac{1}{2}\rho\Omega^2 r^2 - \rho g z + C$. Um die Konstante C zu bestimmen, überlegen wir uns, dass die freie Oberfläche der Flüssigkeit aufgrund der wirkenden Gravitation nicht eben bleiben wird. Auf irgendeiner Höhe z_0 erreicht die Flüssigkeit für $r = R_1$ ihren tiefsten Stand. Angenommen, entlang der Oberfläche sei der Druck konstant, beispielsweise gleich dem Luftdruck p_0, dann können wir $p(R_1, z_0)$ auswerten und erhalten $p_0 = \frac{1}{2}\rho\Omega^2R_1^2 - \rho g z_0 + C$, $C = p_0 - \frac{1}{2}\rho\Omega^2R_1^2 - \rho g z_0$ und damit

$$p(r,z) = \frac{1}{2}\rho\Omega^2(r^2 - R_1^2) - \rho g(z - z_0) + p_0.$$

Entlang der freien Oberfläche ist aber $p(r,z)$ für jedes Paar (r,z) gleich dem Luftdruck, was zu $p_0 = \frac{1}{2}\rho\Omega^2(r^2 - R_1^2) - \rho g(z - z_0) + p_0$ und schließlich zu einem parabolischen Profil führt:

$$z(r) = \frac{\Omega^2}{2g}(r^2 - R_1^2) + z_0. \tag{3.34}$$

Fehlt der innere Zylinder ganz, dann folgt $z(r) = \frac{\Omega^2}{2g}r^2 + z_0$.

Fall 2: $\Omega_1 = 0$. Der innere Zylinder ist in Ruhe. Man erhält mit (3.31) und (3.33)

$$u_\theta(r) = \frac{\Omega_2 R_2^2}{R_2^2 - R_1^2}\left[r - \frac{R_1^2}{r}\right],$$

$$p(r,z) = \frac{\rho\Omega_2^2 R_2^4}{(R_2^2 - R_1^2)^2}\left[\frac{1}{2}r^2 - 2R_1^2 \ln r - \frac{R_1^4}{2r^2}\right] - \rho g z + C \quad \text{und}$$

$$\tau_{r\theta} = 2\eta \frac{R_1^2 R_2^2}{R_2^2 - R_1^2} \cdot \frac{\Omega_2}{r^2}.$$

Speziell greift am inneren Zylinder die Spannung

$$\tau_{W1} = \tau_{r\theta}|_{r=R_1} = 2\eta \frac{R_2^2 \Omega_2}{R_2^2 - R_1^2}$$

an. Die Schubspannung an der inneren Zylinderwand des äußeren Zylinders hingegen beträgt

$$\tau_{W2} = -2\eta \frac{R_1^2 \Omega_2}{R_2^2 - R_1^2}.$$

Das Minuszeichen rührt daher, dass die Spannung entgegen der Drehrichtung wirkt. Mithilfe dieser Formel lässt sich die Viskosität über ein Rotationsviskosimeter experimentell bestimmen. Gemessen wird dabei das Drehmoment D entlang einer beliebigen Kreislinie der Zylindermantelfläche. Man misst dann also ein Drehmoment M pro Zylinderlänge l und es gilt

$$D = \frac{M}{l} = \frac{F \cdot R}{l} = \frac{A \cdot |\tau| \cdot R_2}{l} = \frac{2\pi R_2 l \cdot |\tau| \cdot R_2}{l} = 2\pi R_2^2 \cdot |\tau| = 4\pi\eta \frac{R_1^2 R_2^2 \Omega_2}{R_2^2 - R_1^2}.$$

Für die freie Oberfläche folgt analog zum Fall 1 aus $p(R_1, z_0) = p_0$ mit (3.32) die Konstante

$$C = -\frac{\rho\Omega_2^2 R_2^4}{(R_2^2 - R_1^2)^2}\left[\frac{1}{2}R_1^2 - 2R_1^2 \ln R_1 - \frac{R_1^4}{2r^2}\right] + \rho g z_0 + p_0$$

und daraus die Druckfunktion

$$p(r,z) = \frac{\rho\Omega_2^2 R_2^4}{(R_2^2 - R_1^2)^2}\left[\frac{1}{2}(r^2 - R_1^2) - 2R_1^2 \ln \frac{r}{R_1} - \frac{R_1^4}{2}\left(\frac{1}{r^2} - \frac{1}{R_1^2}\right)\right] - \rho g(z - z_0) + p_0.$$

Die freie Oberfläche ist

$$z(r) = \frac{\Omega_2^2 R_2^4}{g(R_2^2 - R_1^2)^2}\left[\frac{1}{2}(r^2 - R_1^2) - 2R_1^2 \ln \frac{r}{R_1} - \frac{R_1^4}{2}\left(\frac{1}{r^2} - \frac{1}{R_1^2}\right)\right] + z_0. \tag{3.35}$$

Man kann noch die Geschwindigkeit

$$u_\theta(r) = \frac{\Omega_2 R_2^2}{R_2^2 - R_1^2}\left[r - \frac{R_1^2}{r}\right]$$

für eine dünne Spaltströmung untersuchen.
Idealisierung: Es sei also $\Delta R = R_2 - R_1 \ll R_1$.
Dann hat man $\frac{\Delta R}{R_1} \ll 1$ und folglich erst recht $\frac{\Delta r}{R_1} \ll 1$ für $R_1 \le r \le R_2$. Den ersten Faktor von

$$\frac{R_2^2}{R_2^2 - R_1^2} = \frac{R_2}{R_2 + R_1} \cdot \frac{R_2}{R_2 - R_1}$$

kann man schreiben als

$$\frac{R_2}{R_2 + R_1} = \frac{1}{\frac{R_2 + R_2 - \Delta R}{R_2}} = \frac{1}{2 - \frac{\Delta R}{R_2}} \approx \frac{1}{2}.$$

Der Term $r - \frac{R_1^2}{r}$ wird zu

$$\frac{r^2 - R_1^2}{r} = \frac{(R_1 + \Delta r)^2 - R_1^2}{R_1 + \Delta r} = \frac{2R_1\Delta r + (\Delta r)^2}{R_1 + \Delta r} = \frac{2R_1 + \Delta r}{R_1 + \Delta r}\Delta r = \frac{2 + \frac{\Delta r}{R_1}}{1 + \frac{\Delta r}{R_1}}\Delta r \approx 2\Delta r.$$

Zusammen entsteht daraus

$$u_\theta(r) \approx \frac{1}{2}\frac{\Omega_2 R_2}{R_2 - R_1} 2\Delta r = \frac{\Omega_2 R_2}{\Delta R}\Delta r.$$

Dies entspricht einer ebenen Couette-Strömung mit der Geschwindigkeit $\Omega_2 R_2$ zwischen zwei parallelen Platten im Abstand ΔR.
Fall 3: $\Omega_2 = 0$. Der äußere Zylinder ist in Ruhe. In diesem Fall gilt mit (3.31) und (3.33)

$$u_\theta(r) = \frac{\Omega_1 R_1^2}{R_2^2 - R_1^2}\left[-r + \frac{R_2^2}{r}\right],$$

$$p(r,z) = \frac{\rho\Omega_1^2 R_1^4}{(R_2^2 - R_1^2)^2}\left[\frac{1}{2}r^2 - 2R_2^2 \ln r - \frac{R_2^4}{2r^2}\right] - \rho g z + C \quad \text{und}$$

$$\tau_{r\theta} = -2\eta\frac{R_1^2 R_2^2}{R_2^2 - R_1^2} \cdot \frac{\Omega_1}{r^2}.$$

Die Spannung auf die Innenseite des ruhenden äußeren Zylinders berechnet sich mittels

$$\tau_{W2} = \tau_{r\theta}|_{r=R_2} = 2\eta\frac{R_1^2\Omega_1}{R_2^2 - R_1^2}$$

und diejenige auf den inneren Zylinder

$$\tau_{W1} = -\,\tau_{r\theta}|_{r=R_1} = -2\eta \frac{R_2^2 \Omega_1}{R_2^2 - R_1^2}.$$

Die freie Oberfläche bestimmt sich nach bekanntem Muster. Es gilt $p(R_1, z_0) = p_0$ und daraus folgt mit (3.32)

$$C = -\frac{\rho \Omega_1^2 R_1^4}{(R_2^2 - R_1^2)^2} \left[\frac{1}{2} R_1^2 - 2R_2^2 \ln R_1 - \frac{R_2^4}{2R_1^2} \right] + \rho g z_0 + p_0,$$

$$p(r,z) = \frac{\rho \Omega_1^2 R_1^4}{(R_2^2 - R_1^2)^2} \left[\frac{1}{2}(r^2 - R_1^2) - 2R_2^2 \ln \frac{r}{R_1} - \frac{R_2^4}{2} \left(\frac{1}{r^2} - \frac{1}{R_1^2} \right) \right] - \rho g (z - z_0) + p_0$$

und

$$z(r) = \frac{\Omega_1^2 R_1^4}{g(R_2^2 - R_1^2)^2} \left[\frac{1}{2}(r^2 - R_1^2) - 2R_2^2 \ln \frac{r}{R_1} - \frac{R_2^4}{2} \left(\frac{1}{r^2} - \frac{1}{R_1^2} \right) \right] + z_0. \tag{3.36}$$

Idealisierung: Auch in diesem Fall entspricht das Geschwindigkeitsprofil für eine dünne Spaltströmung etwa einer ebenen Couette-Strömung.
Aus

$$u_\theta(r) = \frac{\Omega_1 R_1^2}{R_2^2 - R_1^2} \left[-r + \frac{R_2^2}{r} \right]$$

schreibt sich der 1. Faktor von

$$\frac{R_1^2}{R_2^2 - R_1^2} = \frac{R_1}{R_2 + R_1} \cdot \frac{R_1}{R_2 - R_1}$$

als

$$\frac{R_1}{R_2 + R_1} = \frac{1}{\frac{R_1 + R_1 + \Delta R}{R_1}} = \frac{1}{2 + \frac{\Delta R}{R_1}} \approx \frac{1}{2}.$$

Der Term $-r + \frac{R_2^2}{r}$ wird zu

$$-\frac{r^2 - R_2^2}{r} = \frac{(R_2 - \Delta r)^2 - R_2^2}{R_2 - \Delta r} = \frac{-2R_2 \Delta r + (\Delta r)^2}{R_2 - \Delta r} = \frac{-2R_2 + \Delta r}{R_2 - \Delta r} \Delta r = \frac{-2 + \frac{\Delta r}{R_2}}{1 - \frac{\Delta r}{R_2}} \Delta r \approx -2\Delta r$$

umgeformt. Zusammen entsteht

$$u_\theta(r) \approx \frac{1}{2} \frac{\Omega_1 R_1}{R_2 - R_1} 2\Delta r = \frac{\Omega_1 R_1}{\Delta R} \Delta r.$$

Fehlt der äußere Zylinder, und stellt man sich die Flüssigkeitssäule beliebig breit vor, so muss man zur weiteren Berechnung wieder zurück zum Profil $u_\theta(r) = C_1 r + \frac{C_2}{r}$. Da $u_\theta \to 0$ für $r \to \infty$ sein muss, folgt $C_1 = 0$. Weiter hat man $u_\theta(R_1) = \Omega_1 R_1$, woraus man $C_2 = \Omega_1 R_1^2$ entnimmt und damit $u_\theta(r) = \Omega_1 R_1^2 \frac{1}{r}$ entsteht. Die Spannung am inneren Zylinder beträgt dann

$$\tau_{W1} = -\left.\tau_{r\theta}\right|_{r=R_1} = -2\eta \left.\frac{C_2}{r^2}\right|_{r=R_1} = -2\eta\Omega_1 .$$

Die Druckfunktion lautet

$$p(r,z) = -\rho\frac{C_2^2}{2r^2} - \rho g z + C = -\frac{\rho\Omega_1^2 R_1^4}{2r^2} - \rho g z + C .$$

Wieder folgt mit $p(R_1, z_0) = p_0$ zuerst $C = \frac{\rho\Omega_1^2}{2} + \rho g z_0 + p_0$ und dann

$$p(r,z) = \frac{\rho\Omega_1^2}{2}\left(1 - \frac{R_1^4}{r^2}\right) - \rho g(z - z_0) + p_0 .$$

Die Funktion für die freie Oberfläche lautet damit

$$z(r) = \frac{\Omega_1^2}{2g}\left(1 - \frac{R_1^4}{r^2}\right) + z_0 . \tag{3.37}$$

Die Graphen von (3.34), (3.35), (3.36) und (3.37) sollen miteinander verglichen werden. Wir nummerieren sie neu von 1 bis 4. Dazu wählen wir $z_0 = 0, R_1 = 1, R_2 = 2$ und tragen

$$z_+(r) = \frac{z(r)}{\frac{\Omega^2}{g}}$$

gegenüber r auf. Dabei ist je nach Fall mit der jeweiligen die Strömung erzeugenden Winkelgeschwindigkeit Ω, Ω_1 oder Ω_2 zu normieren. Die vier freien Oberflächen gehen dann über in

$$z_{+1}(r) = \frac{1}{2}(r^2 - 1), \quad z_{+2}(r) = \frac{16}{9}\left(\frac{1}{2}r^2 - 2\ln r - \frac{1}{2r^2}\right),$$
$$z_{+3}(r) = \frac{1}{9}\left(\frac{1}{2}r^2 + 7{,}5 - 8\ln r - \frac{8}{r^2}\right) \quad \text{und} \quad z_{+4}(r) = \frac{1}{2}\left(1 - \frac{1}{r^2}\right).$$

Aus dem Verlauf der Graphen (Abb. 3.5 links) entnimmt man:

1. Dreht sich nur der äußere Zylinder, so fällt das Profil z_{+2} flacher gegenüber demjenigen Profil bei gemeinsamer Zylinderdrehung z_{+1} aus.
2. Dreht sich nur der innere Zylinder und vergrößert man den Abstand des äußeren Zylinders gegenüber dem inneren, so wird das anfängliche Profil z_{+3} steiler und entspricht im Grenzfall der Form z_{+4}.

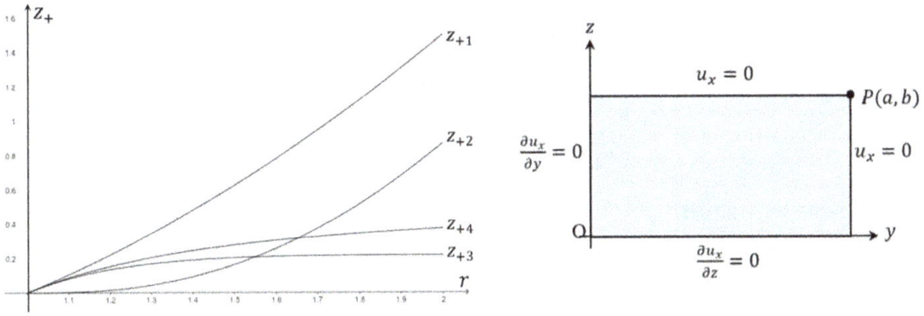

Abb. 3.5: Graphen von (3.34), (3.35), (3.36), (3.37) und Skizze zu Beispiel 11.

Beispiel 10. Wir betrachten die Couette-Strömung zweier konzentrischer Zylinder der Länge l für den Fall, dass beide Zylinder mit derselben Winkelgeschwindigkeit Ω die Flüssigkeit in Bewegung setzen, aber in entgegengesetzten Drehrichtungen. Zudem sei $R_2 = \lambda R_1$ mit $\lambda > 1$.

a) Bestimmen Sie das zugehörige stationäre Geschwindigkeitsprofil.
b) An welchen Stellen würden die Fluidteilchen regungslos bleiben?
c) Wie verhalten sich die Spannungen an den Zylinderwänden, falls die gesamte Rotation plötzlich eingestellt wird?
d) Welche Kraft pro Zylinderlänge l müsste man mindestens aufwenden, um danach die Zylinder in jeweils entgegengesetzter Richtung mit der Winkelgeschwindigkeit Ω wieder in Gang zu setzen?

Lösung.

a) Aus $\Omega_2 = \Omega$, $\Omega_1 = -\Omega$ und $R_2 = \lambda R_1$ folgt mit (3.31):

$$\begin{aligned} u_\theta(r) &= \frac{1}{\lambda^2 R_1^2 - R_1^2}\left[(\lambda^2 R_1^2 \Omega + R_1^2 \Omega) r - R_1^2 \lambda^2 R_1^2 (\Omega + \Omega) \cdot \frac{1}{r}\right] \\ &= \frac{\Omega}{\lambda^2 - 1}\left[(\lambda^2 + 1) r - 2\lambda^2 R_1^2 \cdot \frac{1}{r}\right]. \end{aligned}$$

b) Aus $(\lambda^2 + 1) r - 2\lambda^2 R_1^2 \cdot \frac{1}{r} = 0$ folgt

$$r_* = \frac{\sqrt{2} \cdot \lambda}{\sqrt{\lambda^2 + 1}} \cdot R_1.$$

Die Teilchen bleiben auf einem Kreis mit Radius r_*.

c) Gleichung (3.33) liefert

$$\tau_{r\theta} = 4\eta\Omega \frac{\lambda^2 R_1^2}{\lambda^2 - 1} \cdot \frac{1}{r^2}.$$

Daraus folgt

$$\tau_{r\theta}(R_1) = 4\eta\Omega\frac{\lambda^2 R_1^2}{\lambda^2 - 1} \cdot \frac{1}{R_1^2} = 4\eta\Omega\frac{\lambda^2}{\lambda^2 - 1} \quad \text{und}$$
$$\tau_{r\theta}(R_2) = 4\eta\Omega\frac{\lambda^2 R_1^2}{\lambda^2 - 1} \cdot \frac{1}{\lambda^2 R_1^2} = 4\eta\Omega \cdot \frac{1}{\lambda^2 - 1}$$

und das Verhältnis $\tau_{r\theta}(R_1) : \tau_{r\theta}(R_2) = \lambda^2 : 1$.

d) Man erhält

$$\frac{F_{R_1}}{l} = -2\pi R_1 \cdot \tau_{r\theta}(R_1) = -8\pi\eta\Omega\frac{\lambda^2}{\lambda^2 - 1} \cdot R_1 \quad \text{und}$$
$$\frac{F_{R_2}}{l} = -2\pi R_2 \cdot \tau_{r\theta}(R_2) = -8\pi\eta\Omega\frac{1}{\lambda^2 - 1} \cdot R_2.$$

Beispiel 11. Es soll das stationäre Geschwindigkeitsprofil einer Poiseuille-Strömung für ein rechteckförmiges Rohr der Breite $2a$ und der Höhe $2b$ bestimmt werden. Der treibende Druck wirke in Richtung der x-Achse und infolge der Symmetrie können wir uns auf den 1. Quadranten beschränken (Abb. 3.5 rechts).

Lösung. Die Gleichung (3.2) vereinfacht sich zu

$$\frac{\partial^2 u_x(y,z)}{\partial y^2} + \frac{\partial^2 u_x(y,z)}{\partial z^2} = \frac{1}{\eta} \cdot \frac{\partial p}{\partial x}. \tag{3.38}$$

Wäre das Rohr in y-Richtung beliebig ausgedehnt, dann entspräche das Problem dem 1. Beispiel mit der Lösung (3.9)

$$u_x(z) = -\frac{b^2}{2\eta} \cdot \frac{\partial p}{\partial x}\left[1 - \left(\frac{z}{b}\right)^2\right].$$

Deswegen erscheint es sinnvoll, $u_x(y,z)$ als Summe von (3.9) und einer Korrektur $v_x(y,z)$ anzusetzen, wobei wir zudem die Funktion $v_x(y,z)$ separieren:

$$u_x(y,z) = -\frac{b^2}{2\eta} \cdot \frac{\partial p}{\partial x}\left[1 - \left(\frac{z}{b}\right)^2\right] + v_x(y,z) = -\frac{b^2}{2\eta} \cdot \frac{\partial p}{\partial x}\left[1 - \left(\frac{z}{b}\right)^2\right] + r(y) \cdot s(z). \tag{3.39}$$

Den Ansatz (3.39) setzen wir in (3.38) ein und finden

$$r''s + \frac{1}{\eta} \cdot \frac{\partial p}{\partial x} + rs'' = \frac{1}{\eta} \cdot \frac{\partial p}{\partial x}, \quad \frac{r''}{r} + \frac{s''}{s} = 0$$

oder schließlich $\frac{r''}{r} = \mu^2$ und $\frac{s''}{s} = -\mu^2$ mit $\mu \in \mathbb{R}$.

Die erste DG wird durch $r(y) = Ae^{\mu y} + Be^{-\mu y}$ gelöst. Mithilfe der neuen Konstanten $A = \frac{1}{2}(C_1 + C_2)$ und $B = \frac{1}{2}(C_1 - C_2)$ folgt

$$r(y) = \frac{1}{2}[C_1 \cdot e^{\mu y} + C_1 \cdot e^{-\mu y} + C_2 \cdot e^{\mu y} - C_2 \cdot e^{-\mu y}] \quad \text{oder}$$
$$r(y) = C_1 \cosh(\mu y) + C_2 \sinh(\mu y).$$

Die Lösung der zweiten DG ist hingegen $s(z) = C_3 \cos(\mu y) + C_4 \sin(\mu z)$.

Vorerst erhalten wir

$$v_x(y,z) = [C_1 \cosh(\mu y) + C_2 \sinh(\mu y)] \cdot [C_3 \cos(\mu y) + C_4 \sin(\mu z)].$$

Wir benötigen vier RBen. Auf dem rechten bzw. oberen Rand ist die Geschwindigkeit null. Auf den Symmetrieachsen sind die Geschwindigkeitskomponenten maximal also die Änderung in jeweils senkrechter Richtung null (vgl. Abb. 3.5 rechts).

Das bedeutet:

I. $u_x = 0$ für $y = a$, II. $\frac{\partial u_x}{\partial y} = 0$ für $y = 0$, III. $u_x = 0$ für $z = b$ und IV. $\frac{\partial u_x}{\partial z} = 0$ für $z = 0$.

Damit folgt

$$u_x(y,z) = -\frac{b^2}{2\eta} \cdot \frac{\partial p}{\partial x}\left[1 - \left(\frac{z}{b}\right)^2\right] + [C_1 \cosh(\mu y) + C_2 \sinh(\mu y)] \cdot [C_3 \cos(\mu z) + C_4 \sin(\mu z)].$$

Die Bedingung IV. führt zu $C_4 = 0$. Mit Bedingung III. erhalten wir $\cos(\mu b) = 0$ oder $\mu_n = \frac{2n-1}{2b}\pi$ für $n \in \mathbb{N}$. Werten wir weiter II. aus, so folgt $C_2 = 0$. Schließlich liefert I. die Bestimmungsgleichung

$$0 = -\frac{b^2}{2\eta} \cdot \frac{\partial p}{\partial x}[1 - \xi^2] + \cosh\left(\frac{2n-1}{2b}\pi a\right) \cdot \sum_{n=1}^{\infty} a_n \cos\left(\frac{2n-1}{2}\pi\xi\right),$$

wenn man noch $\xi = \frac{z}{b}$ setzt. Die Orthogonalitätsrelation des Kosinus verwendet, führt zu

$$\frac{b^2}{2\eta} \cdot \frac{\partial p}{\partial x} \int_0^1 \left[(1 - \xi^2) \cdot \cos\left(\frac{2n-1}{2}\pi\xi\right)\right] d\xi = a_n \cdot \cosh\left(\frac{2n-1}{2b}\pi a\right) \int_0^1 \cos^2\left(\frac{2n-1}{2}\pi\xi\right) d\xi.$$

Das linke Integral beträgt

$$\frac{16(-1)^{n+1}}{(2n-1)^3\pi^3}$$

und das rechte $\frac{1}{2}$, was zu einem Koeffizienten von

$$a_n = \frac{b^2}{2\eta} \cdot \frac{\partial p}{\partial x} \cdot \frac{32(-1)^{n+1}}{(2n-1)^3\pi^3} \cdot \frac{1}{\cosh(\frac{2n-1}{2b}\pi a)}$$

führt.

Insgesamt lautet die Lösung damit

$$u_x(y,z) = -\frac{b^2}{2\eta}\cdot\frac{\partial p}{\partial x}\left\{\left[1-\left(\frac{z}{b}\right)^2\right]\right.$$
$$\left. -\frac{32}{\pi^3}\sum_{n=1}^{\infty}\frac{(-1)^{n+1}}{(2n-1)^3}\cdot\frac{\cosh(\frac{2n-1}{2b}\pi y)}{\cosh(\frac{2n-1}{2b}\pi a)}\cos\left(\frac{2n-1}{2b}\pi z\right)\right\}. \tag{3.40}$$

Die Gleichung (3.40) wird normiert und für eine Skizze tragen wir

$$u_+(y,z) = \frac{u_x(y,z)}{-\frac{b^2}{2\eta}\cdot\frac{\partial p}{\partial x}}$$

für $z = 0{,}1\cdot k$, $k = 1,2,\ldots,10$ auf. Dabei wählen wir einmal $a = b = 1$ (Quadrat, Abb. 3.6 links) und $a = 2$, $b = 1$ (Abb. 3.6 rechts). In den Darstellungen entsprechen die obersten Graphen $z = 0$ und die tiefsten Graphen $z = 1$.

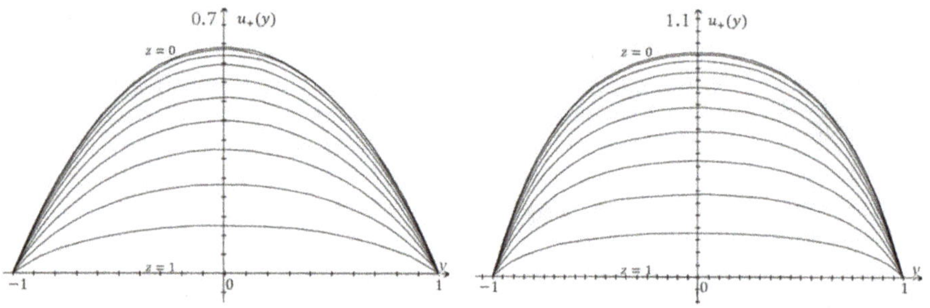

Abb. 3.6: Graphen von (3.40).

Die höchste normierte Geschwindigkeit wird dabei im Zentrum für $y = z = 0$ erreicht und beträgt $u_+ = 0{,}589$ für das Quadrat und $u_+ = 0{,}914$ für das Rechteck.

Für den Fluss durch ein Rechteckrohr berechnen wir $Q_+ = 4\int_0^a\int_0^b u_+(y,z)dydz$.

Die Integration von u_+ nach z ergibt

$$u_{+1}(y,z) = \left\{\left[z-\frac{z^3}{3b^2}\right]-\frac{64b}{\pi^4}\sum_{n=1}^{\infty}\frac{(-1)^{n+1}}{(2n-1)^4}\cdot\frac{\cosh(\frac{2n-1}{2b}\pi y)}{\cosh(\frac{2n-1}{2b}\pi a)}\cdot\sin\left(\frac{2n-1}{2b}\pi z\right)\right\}$$

und die Auswertung

$$u_{+1}(y) = \frac{2b}{3}-\frac{64b}{\pi^4}\sum_{n=1}^{\infty}\frac{1}{(2n-1)^4}\cdot\frac{\cosh(\frac{2n-1}{2b}\pi y)}{\cosh(\frac{2n-1}{2b}\pi a)}.$$

Die Integration nach y liefert

$$u_{+2}(y) = \frac{2b}{3}y - \frac{128b^2}{\pi^5}\sum_{n=1}^{\infty}\frac{1}{(2n-1)^5}\cdot\frac{\sinh(\frac{2n-1}{2b}\pi y)}{\cosh(\frac{2n-1}{2b}\pi a)}$$

und nach der Auswertung

$$u_{+2} = \frac{2ab}{3} - \frac{128b^2}{\pi^5}\sum_{n=1}^{\infty}\frac{\tanh(\frac{2n-1}{2b}\pi a)}{(2n-1)^5}.$$

Nimmt man noch den Faktor 4 hinzu und macht die Normierung rückgängig, so folgt

$$\begin{aligned} Q &= -\frac{4b^2}{2\eta}\cdot\frac{\partial p}{\partial x}\left[\frac{2ab}{3} - \frac{128b^2}{\pi^5}\sum_{n=1}^{\infty}\frac{\tanh(\frac{2n-1}{2b}\pi a)}{(2n-1)^5}\right] \\ &= -\frac{4ab^3}{3\eta}\cdot\frac{\partial p}{\partial x}\left[1 - \frac{192b}{\pi^5 a}\sum_{n=1}^{\infty}\frac{\tanh(\frac{2n-1}{2b}\pi a)}{(2n-1)^5}\right]. \end{aligned}$$

Speziell für ein quadratisches Rohr beträgt der Fluss

$$Q = -\frac{4a^4}{3\eta}\cdot\frac{\partial p}{\partial x}\cdot 0{,}422$$

und für das Kreisrohr gilt mit (3.16):

$$Q = -\frac{\pi}{8\eta}\cdot\frac{\partial p}{\partial x}\cdot R^4.$$

Bei gleichem Fluss ergibt sich $\frac{4a^4}{3}\cdot 0{,}422 = \frac{\pi}{8}\cdot R^4$ und daraus $R = 1{,}094\cdot a$. Der Durchmesser des Kreisrohrs müsste etwa 9.4 % größer als die Seitenlänge des Quadrats gewählt werden.

Beispiel 12. Wir betrachten eine quaderförmige viskose Flüssigkeit der Höhe h zwischen zwei parallelen ebenen Platten, wobei die obere Platte in Ruhe verharrt. Das Fluid soll durch die horizontale, periodische Bewegung der unteren Platte in Schwingung versetzt werden. (Die viskose Flüssigkeit haftet also an beiden Platten und löst sich nicht ab.) Treibende Drücke gibt es in dieser Fragestellung nicht. Die Gravitation ist für die horizontale Bewegung unerheblich.

Idealisierung: Weiter vernachlässigen wir seitliche Effekte und setzen $u_y = u_z = 0$.

Die Geschwindigkeit der Platte sei beispielsweise durch $u(z = 0, t) = u_0\cos(\omega t)$ gegeben. Gesucht wird das Geschwindigkeitsprofil des Fluids $u_x = u = u(z, t)$ als Funktion der Höhe und der Zeit im eingeschwungenen Zustand, wodurch eine AB entfällt.

Lösung. Aus der Kontinuitätsgleichung (3.3) wird $\frac{\partial u_x}{\partial x} = 0$ ersichtlich. Diese instationäre Aufgabe heißt auch Stokes-Problem. Die Gleichung (3.2) reduziert sich zu

$$\frac{\partial u}{\partial t} = \nu \cdot \frac{\partial^2 u}{\partial z^2}. \tag{3.41}$$

Auf der Höhe z wird das Fluid phasenverschoben zur Anregung schwingen. Außerdem nimmt die Amplitude mit steigender Höhe ab. Deshalb enthält unser Ansatz beide Winkelfunktionen und lautet $u(z,t) = u_0[f_1(z) \cdot \cos(\omega t) + f_2(z) \cdot \sin(\omega t)]$. Es ist weniger aufwendig mit komplexwertigen Funktionen zu rechnen. Nehmen wir als Ansatz $u(z,t) = u_0 \cdot f(z) \cdot e^{-i\omega t}$ mit $f(z) = f_1(z) + if_2(z)$ und bestimmen

$$\begin{aligned} f(z) \cdot e^{-i\omega t} &= [f_1(z) + if_2(z)] \cdot [\cos(\omega t) - i\sin(\omega t)] \\ &= f_1(z) \cdot \cos(\omega t) + f_2(z) \cdot \sin(\omega t) + i[f_2(z) \cdot \cos(\omega t) - f_1(z) \cdot \sin(\omega t)], \end{aligned}$$

so erkennt man, dass $u(z,t)$ als Realteil von $f(z) \cdot e^{-i\omega t}$ interpretiert werden kann, also

$$u(z,t) = \Re(u_0 \cdot f(z) \cdot e^{-i\omega t}). \tag{3.42}$$

Dieser Ansatz in (3.41) eingesetzt, erzeugt

$$-i\frac{\omega}{\nu} u_0 f \cdot e^{-i\omega t} = u_0 f'' \cdot e^{-i\omega t} \quad \text{oder} \quad -i\frac{\omega}{\nu} f(z) = f''(z).$$

Mit $f(z) = Ce^{\lambda z}$ entsteht die charakteristische Gleichung $\lambda^2 = -i\frac{\omega}{\nu}$, deren Lösung $\lambda = \pm\sqrt{-i\frac{\omega}{\nu}}$ beträgt. Die Zahl $\sqrt{-i}$ schreiben wir um als $\sqrt{-i} = a + ib$. Daraus folgt $-i = a^2 - b^2 + 2abi$, durch Vergleich $b = -a$ mit $a = \frac{1}{\sqrt{2}}$ und somit $\sqrt{-i} = \frac{1}{\sqrt{2}}(1 - i)$. Weiter definieren wir $k := \sqrt{\frac{\omega}{2\nu}}$ und erhalten $f(z) = A \cdot e^{(1-i)kz} + B \cdot e^{-(1-i)kz}$. Mithilfe der neuen Konstanten $A = \frac{1}{2}(C_1 + C_2)$ und $B = \frac{1}{2}(C_1 - C_2)$ folgt

$$f(z) = C_1 \cdot \cosh[(1-i)kz] + C_2 \cdot \sinh[(1-i)kz].$$

Eine RB unseres Problems lautet I. $u(0,t) = u_0 \cos(\omega t)$. Gleichbedeutend damit ist $f(0) = 1$, wie man (3.42) entnimmt. Genauer bedeutet I. eigentlich $f(0) = 1 + 0 \cdot i$, was $f_1(0) = 1$ und $f_2(0) = 0$ entspricht. Zudem gilt die Haftbedingung II. $f(h) = 0$. Daraus folgen $1 = C_1$ und $0 = \cosh[(1-i)kh] + C_2 \cdot \sinh[(1-i)kh]$.

Weiter verrechnet, ergibt sich $C_2 = -\frac{\cosh[(1-i)kh]}{\sinh[(1-i)kh]}$ und daraus nacheinander:

$$\begin{aligned} f(z) &= \cosh[(1-i)kz] - \frac{\cosh[(1-i)kh]}{\sinh[(1-i)kh]} \cdot \sinh[(1-i)kz] \\ &= \frac{\sinh[(1-i)kh] \cdot \cosh[(1-i)kz] - \cosh[(1-i)kh] \cdot \sinh[(1-i)kz]}{\sinh[(1-i)kh]} \\ &= \frac{\frac{1}{2}[e^{(1-i)kh} - e^{-(1-i)kh}] \cdot \frac{1}{2}[e^{(1-i)kz} + e^{-(1-i)kz}]}{\sinh[(1-i)kh]} \end{aligned}$$

$$- \frac{\frac{1}{2}[e^{(1-i)kh} + e^{-(1-i)kh}] \cdot \frac{1}{2}[e^{(1-i)kz} - e^{-(1-i)kz}]}{\sinh[(1-i)kh]}$$
$$= \frac{\frac{1}{4}[e^{(1-i)k(h+z)} + e^{(1-i)k(h-z)} - e^{-(1-i)k(h-z)} - e^{-(1-i)k(h+z)}]}{\sinh[(1-i)kh]}$$
$$- \frac{\frac{1}{4}[e^{(1-i)k(h+z)} - e^{(1-i)k(h-z)} + e^{-(1-i)k(h-z)} - e^{-(1-i)k(h+z)}]}{\sinh[(1-i)kh]}$$

und schließlich

$$f(z) = \frac{\frac{1}{4}[2e^{(1-i)k(h-z)} - 2e^{-(1-i)k(h-z)}]}{\sinh[(1-i)kh]} = \frac{\sinh[(1-i)k(h-z)]}{\sinh[(1-i)kh]} \tag{3.43}$$

oder

$$f(z) = \frac{e^{(1-i)k(h-z)} - e^{-(1-i)k(h-z)}}{e^{(1-i)kh} - e^{-(1-i)kh}}. \tag{3.44}$$

Wir erweitern die Gleichung (3.44) und berechnen weiter

$$f(z) = \frac{e^{(1-i)k(h-z)} - e^{-(1-i)k(h-z)}}{e^{(1-i)kh} - e^{-(1-i)kh}} \cdot \frac{e^{kh}e^{ikh} - e^{-kh}e^{-ikh}}{e^{kh}e^{ikh} - e^{-kh}e^{-ikh}}.$$

Den Nenner von (3.44) fasst man zusammen zu

$$e^{2kh} + e^{-2kh} - \left(e^{2ikh} + e^{-2ikh}\right) = 2\left[\cosh(2kh) - \cos(2kh)\right].$$

Der Zähler von (3.44) wird zu

$$\left[e^{kh-kz-ikh+ikz} - e^{-kh+kz+ikh-ikz}\right] \cdot \left[e^{kh}e^{ikh} - e^{-kh}e^{-ikh}\right]$$
$$= e^{2kh-kz+ikz} - e^{kz+2ikh-ikz} - e^{-kz-2ikh+ikz} + e^{-2kh+kz-ikz}.$$

Die Gleichung (3.42) verlangt noch die Multiplikation mit $e^{-i\omega t}$, was

$$e^{-i\omega t+2kh-kz+ikz} - e^{-i\omega t+kz+2ikh-ikz} - e^{-i\omega t-kz-2ikh+ikz} + e^{-i\omega t-2kh+kz-ikz}$$

ergibt.

Endlich können wir davon den Realteil entnehmen und erhalten gesamthaft

$$u(z,t) = \frac{u_0}{2[\cosh(2kh) - \cos(2kh)]} \left\{e^{-k(z-2h)}\left[\cos(\omega t - kz)\right] + e^{k(z-2h)}\left[\cos(\omega t + kz)\right]\right.$$
$$\left. -e^{-kz}\left[\cos(\omega t - kz + 2kh)\right] - e^{kz}\left[\cos(\omega t + kz - 2kh)\right]\right\}.$$

Die Gleichung (3.43) besagt, dass das Geschwindigkeitsprofil von den drei Größen ω, ν und h abhängig ist. Deswegen führt man die Womersley-Zahl $W = h\sqrt{\frac{\omega}{\nu}}$ ein. Bei Rohren wird h durch den halben Durchmesser d ersetzt. Die Zahl W enthält dieselben

Größen wie die Reynolds-Zahl: eine charakteristische Länge, eine spezifische Stoffgröße und die Geschwindigkeit (hier in Form der Frequenz). Man nennt deshalb W auch die Reynolds-Zahl für instationäre Strömungen.

Fall 1. Betrachten wir als ersten Spezialfall kleine Womersley-Zahlen $W \ll 1$. Zuerst verifizieren wir den Zusammenhang $W = \sqrt{2}kh$ und schreiben (3.43) als

$$f(z) = \frac{\sinh[(1-i)k(h-z)]}{\sinh[(1-i)kh]} = \frac{\sinh[(1-i)kh(1-\frac{z}{h})]}{\sinh[(1-i)kh]} = \frac{\sinh[(1-i)\frac{W}{\sqrt{2}}(1-\frac{z}{h})]}{\sinh[(1-i)\frac{W}{\sqrt{2}}]}$$
$$\approx \frac{(1-i)\frac{W}{\sqrt{2}}(1-\frac{z}{h})}{(1-i)\frac{W}{\sqrt{2}}} = 1 - \frac{z}{h}.$$

Dabei wurde die lineare Näherung des Sinus-Hyperbolicus für kleine Argumente benutzt. Insgesamt folgt $u(z,t) = u_0\cos(\omega t)(1-\frac{z}{h})$, was bedeutet, dass das Profil zu jeder Zeit praktisch linear ist und einer ebenen Couette-Strömung gleichkommt. In diesem Fall ist entweder die Frequenz oder die Höhe klein oder die Viskosität sehr groß.

Fall 2. Für große Womersley-Zahlen findet die Bewegung praktisch nur in der Nähe der bewegten Wand statt. In diesem Fall überwiegt die Trägheit gegenüber der Viskosität. Dazu dividieren wir Zähler und Nenner von (3.44) zuerst mit $e^{(1-i)kh}$ und erhalten

$$f(z) = \frac{e^{-(1-i)kz} - e^{-2(1-i)kh}e^{(1-i)kz}}{1 - e^{-2(1-i)kh}} = \frac{e^{-(1-i)kz} - e^{-\sqrt{2}(1-i)W}e^{(1-i)kz}}{1 - e^{-\sqrt{2}(1-i)W}}.$$

Es folgt $f(z) \approx e^{-(1-i)kz}$ und weiter

$$u(z,t) = u_0 \cdot f(z) \cdot e^{-i\omega t} = u_0 \cdot e^{-i\omega t}e^{-(1-i)kz} = u_0 \cdot e^{-i\omega t - kz + ikz}$$
$$= u_0 \cdot e^{-kz}e^{-i(\omega t - kz)} = u_0 \cdot e^{-kz}[\cos(\omega t - kz) - i\sin(\omega t - kz)]$$

und schließlich

$$u(z,t) = u_0 \cdot e^{-kz} \cdot \cos(\omega t - kz) \tag{3.45}$$

(von h unabhängig).

Für eine Skizze tragen wir $\frac{u}{u_0}$ nach z für die Zeiten $t = 0, \frac{1}{6}, \frac{1}{3}, \frac{1}{2}, \frac{2}{3}$ und $\frac{5}{6}$ auf und wählen als Frequenz $f = 1\,\text{Hz}$ und $\nu = 10^{-3}\,\frac{\text{m}^2}{\text{s}}$, ein typischer Wert für Gelatine oder Pudding (Abb. 3.7).

Die Abbildung enthält zudem, gestrichelt markiert, die alle Profile einhüllende Kurve

$$\left|\frac{u(z)}{u_0}\right| = e^{-\sqrt{\frac{\omega}{2\nu}}z}.$$

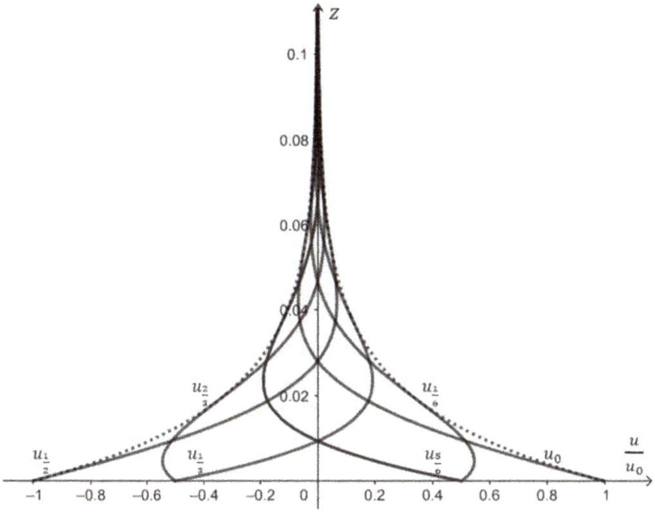

Abb. 3.7: Graph von (3.45).

Es gibt Schichten, die in Phase schwingen, dann nämlich, wenn $\sqrt{\frac{\omega}{2\nu}}z = 2n\pi$ gilt. Die zugehörigen Schichten befinden sich in einem Abstand von $d = 2\pi\sqrt{\frac{2\nu}{\omega}}$ und für unseren Pudding ergäbe das $d = \sqrt{\frac{\pi}{250}} \approx 11{,}2\,\mathrm{cm}$.

Beispiel 13. Eine viskose Flüssigkeit befindet sich zwischen zwei parallelen Platten. Die obere wird aus der Ruhe auf die konstante Geschwindigkeit u_0 beschleunigt, während die untere Platte in Ruhe verharrt (Abb. 3.8 links). Die entstehende Strömung nennt man ebene Couette-Strömung. Nach einiger Zeit wird sich das dargestellte stationäre lineare Geschwindigkeitsprofil ausbilden. Bestimmen Sie den stationären und instationären Geschwindigkeitsverlauf.

Lösung. Der Grund für das lineare Profil ergibt sich daraus, dass aufgrund des fehlenden Druckgradienten lediglich eine in z-Richtung sich verändernde Geschwindigkeit $u_x = u_x(z)$ und damit die Gleichung $\frac{\partial^2 u_x(z)}{\partial z^2} = 0$ von (3.2) verbleibt. Die zweimalige Integration liefert $u_x(z) = C_1 z + C_2$. Mit den RBen $u_x(0) = 0$ und $u_x(h) = u_0$ folgt $u_x(z) = \frac{u_0}{h} z$.

Nun lösen wir den instationären Fall. Die DG ist diejenige von (3.41): $\frac{\partial u}{\partial t} = \nu \cdot \frac{\partial^2 u}{\partial z^2}$. Wir knüpfen den Zusammenhang mit der Wärmeleitungsgleichung aus Band 4. Diese lautete

$$\frac{\partial T}{\partial t} = \beta^2 \cdot \frac{\partial^2 T}{\partial x^2}. \tag{3.46}$$

Im gleichen Band lösten wir (3.46) für drei verschiedene RBen: einer konstant gehaltenen Wandtemperatur, einer unveränderlichen Umgebungstemperatur und einen zugeführten, konstanten Wärmestrom. In den beiden ersten Fällen strebte der Temperaturausgleich mit der Zeit einer innerhalb der Wand konstanten Endtemperatur zu. Im letzten Fall hingegen näherte sich das Ausgleichstemperaturprofil schnell der Form einer gleichbleibenden Parabel. Die Temperaturverteilung für diesen letzten Fall bestimmten wir durch Superposition eines quasi-stationären und eines instationären Teils.

Im Fall der instationären Couette-Strömung wird das Profil mit der Zeit die lineare Form $u_x(z) = \frac{u_0}{h}z$ einnehmen. Deswegen setzen wir die Lösung von (3.41) als $u(z,t) = C_1 z + C_2 + s(z) \cdot w(t)$ an. Es wird sich unter anderem zeigen, dass $C_1 = \frac{u_0}{h}$, $C_2 = 0$, $\lim_{t\to\infty} T(t) = 0$ und damit $\lim_{t\to\infty} u(z,t) = \frac{u_0}{h}z$ ist. Setzen wir den Ansatz in (3.41) ein, so erhält man die übliche Separationsgleichung $s(z) \cdot \dot{w}(t) = \nu \cdot s''(z) \cdot w(t)$.

Nun führen wir dimensionslose Größen ein. Dies ist nicht zwingend, aber vereinfacht die Schreibweise. Es ist $\xi = \frac{z}{h}$, $u_* = \frac{u}{u_0}$ und $\tau = \frac{\nu}{h^2}t$ und wir berechnen nacheinander:

$$\begin{aligned}
\frac{\partial u_*}{\partial \tau} &= \frac{\partial u_*}{\partial t} \cdot \frac{\partial t}{\partial \tau} = \frac{1}{u_0} \cdot \frac{\partial u}{\partial t} \cdot \frac{h^2}{\nu} = \frac{\partial u}{\partial t} \cdot \frac{h^2}{u_0 \nu}, \\
\frac{\partial u_*}{\partial \xi} &= \frac{\partial u_*}{\partial z} \cdot \frac{\partial z}{\partial \xi} = \frac{1}{u_0} \cdot \frac{\partial u}{\partial z} \cdot h = \frac{\partial u}{\partial z} \cdot \frac{h}{u_0} \quad \text{und} \\
\frac{\partial^2 u_*}{\partial \xi^2} &= \frac{\partial}{\partial \xi}\left(\frac{\partial u}{\partial z} \cdot \frac{h}{u_0}\right) = \frac{h}{u_0} \cdot \frac{\partial^2 u}{\partial z^2} \cdot \frac{\partial z}{\partial \xi} = \frac{\partial^2 u}{\partial z^2} \cdot \frac{h^2}{u_0}.
\end{aligned}$$

Damit geht (3.41) über in

$$\frac{\partial u_*}{\partial \tau} \cdot \frac{u_0 \nu}{h^2} = \nu \cdot \frac{u_0}{h^2} \cdot \frac{\partial^2 u_*}{\partial \xi^2} \quad \text{oder} \quad \frac{\partial u_*}{\partial \tau} = \frac{\partial^2 u_*}{\partial \xi^2}$$

mit $u_*(\xi,\tau) = C_1 h\xi + C_2 + s(\xi) \cdot w(\tau)$.

Eingesetzt führt dies zu

$$\frac{\dot{w}(\tau)}{w(\tau)} = \frac{s''(\xi)}{s(\xi)} := -\mu^2 \quad \text{mit} \quad \mu \in \mathbb{R}$$

und den beiden Gleichungen $\dot{w}(\tau) + \mu^2 w(\tau) = 0$ und $s''(\xi) + \mu^2 s(\xi) = 0$. Die zugehörigen Lösungen sind $w(\tau) = Ae^{-\mu^2\tau}$ und $s(\xi) = B_1 \cdot \sin(\mu\xi) + B_2 \cdot \cos(\mu\xi)$ oder schließlich

$$u_*(\xi,\tau) = C_1 h\xi + C_2 + [C_3 \cdot \sin(\mu\xi) + C_4 \cdot \cos(\mu\xi)]e^{-\mu^2\tau}. \tag{3.47}$$

Nun gehen wir zu den Bedingungen über. Am Boden ist die Geschwindigkeit zu jeder Zeit null und auf der Höhe h beträgt sie u_0. Das führt zu den RBen I. $u_*(0,\tau) = 0$ und II. $u_*(1,\tau) = 1$ für beliebige τ. Zur Startzeit beträgt die Geschwindigkeit auf der gesamten Höhe null. Dies ist die AB III. $u_*(\xi,0) = 0$. Schließlich ergeben sich noch zwei Endbedingungen für $t \to \infty$: Am Boden bleibt die Geschwindigkeit null und auf der Höhe h beträgt ihr Wert u_0. Dies führt zu IV. $u_*(0,\tau\to\infty) = 0$ und V. $u_*(1,\tau\to\infty) = 1$.

Zuerst werten wir IV. und V. für (3.47) aus. Daraus folgt $C_2 = 0$ und $C_1 = \frac{1}{h}$ respektive.

Dies bestätigt die Vermutung, dass $C_1 h\xi + C_2 = \xi$ schlicht die stationäre Lösung in dimensionslosen Größen ergibt. Die Bedingungen I. und II. erzeugen $C_4 = 0$ und $\sin(k) = 0$, was $\mu = n\pi$ mit $n \in \mathbb{N}$ nach sich zieht. Damit erhält man insgesamt

$$u_*(\xi,\tau) = \xi + \sum_{n=1}^{\infty} a_n e^{-n^2\pi^2\tau} \sin(n\pi\xi).$$

Mithilfe der Startbedingung III. folgt

$$0 = \xi + \sum_{n=1}^{\infty} a_n \sin(n\pi\xi). \tag{3.48}$$

Daraus bestimmt man die Fourierkoeffizienten a_n. Dazu wird (3.47) mit $\sin(m\pi\xi)$ multipliziert und über das Intervall von null bis eins integriert. Mithilfe der aus Band 3 bekannten Orthogonalität der Sinusfunktion verbleibt nur im Fall von $m = n$ ein von Null verschiedener Beitrag. Es entsteht $-\int_0^1 \xi \cdot \sin(n\pi\xi)d\xi = a_n \int_0^1 \sin^2(n\pi\xi)d\xi$ und daraus $a_n = \frac{2(-1)^n}{n\pi}$. Schließlich erhält unsere gesuchte Lösung die Gestalt

$$u_*(\xi,\tau) = \xi + \frac{2}{\pi}\sum_{n=1}^{\infty} \frac{(-1)^n}{n} e^{-n^2\pi^2\tau} \sin(n\pi\xi). \tag{3.49}$$

Die Rücktransformation ergibt

$$\frac{u(z,t)}{u_0} = \frac{z}{h} + \frac{2}{\pi}\sum_{n=1}^{\infty} \frac{(-1)^n}{n} e^{-n^2\pi^2 \frac{\nu}{h^2} t} \sin\left(n\pi\frac{z}{h}\right).$$

Wir stellen (3.49) für die Zeiten $\tau = 0{,}001; 0{,}01; 0{,}05; 0{,}15; 1$ dar (Abb. 3.8 rechts). Die Achsen sind im Vergleich zu Abb. 3.8 rechts vertauscht!

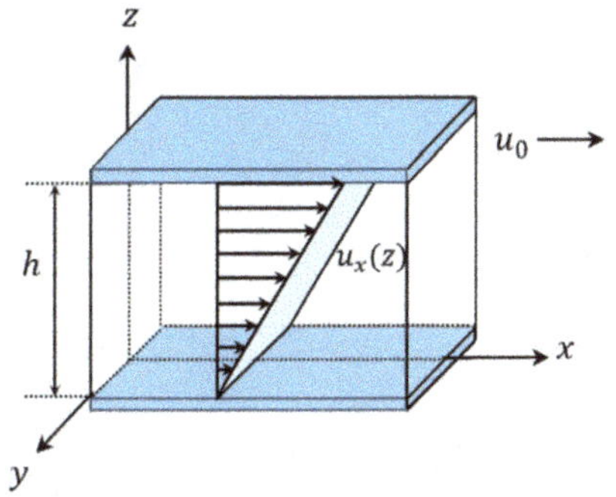

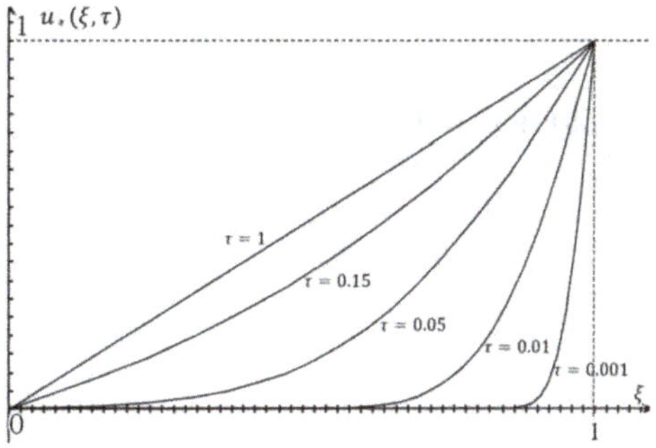

Abb. 3.8: Skizze zu Beispiel 13 und Graph von (3.49).

Beispiel 14. Die ebene Couette-Strömung aus Beispiel 13 soll mit einem konstanten Druckgradienten $\frac{\partial p}{\partial x}$ kombiniert werden. Die beiden Platten befinden sich in einem Abstand h und die obere Platte wird mit der konstanten Geschwindigkeit u_0 gegenüber der ruhenden Platte bewegt.

a) Bestimmen Sie das stationäre Geschwindigkeitsprofil $u_x(z)$ aus der x-Komponente der Navier-Stokes-Gleichung, falls die Strömungsrichtung in Richtung der x-Achse gelegt wird.
b) Schreiben Sie den Ausdruck für $u_x(z)$ mit den dimensionslosen Größen $\frac{z}{h}$, $\frac{u_x(z)}{u_0}$ und dem Faktor

$$P = -\frac{h^2}{2\eta u_0} \cdot \frac{\partial p}{\partial x}.$$

Man nennt P den dimensionslosen Druckgradienten.
c) Lösen Sie das entstehende quadratische Profil von b) nach $\frac{z}{h}$ auf. Wählen Sie nacheinander $P = -3, -2, -1, 0, 1, 2, 3$, stellen Sie $\frac{z}{h}$ gegenüber $\frac{u_x(z)}{u_0}$ dar und interpretieren Sie die Graphen.
d) Für welches Verhältnis $\frac{z}{h}$ in Abhängigkeit von P wird die Strömungsgeschwindigkeit am größten?

Lösung.

a) Die Gleichung (3.2) reduziert sich zu $\frac{\partial p}{\partial x} - \eta \frac{\partial^2 u_x(z)}{\partial z^2} = 0$. Die zweimalige Integration liefert

$$u_x(z) = \frac{z^2}{2\eta} \cdot \frac{\partial p}{\partial x} + C_1 z + C_2.$$

Die RBen sind I. $u_x(0) = 0$ und II. $u_x(h) = u_0$. Daraus erhält man $C_1 = \frac{u_0}{h} - \frac{\partial p}{\partial x} \cdot \frac{h}{2\eta}$, $C_2 = 0$ und somit

$$u_x(z) = \frac{u_0}{h} z - \frac{1}{2\eta} \cdot \frac{\partial p}{\partial x} z(h - z).$$

b) Es ergibt sich

$$\frac{u_x}{u_0} = \frac{z}{h} + P \cdot \frac{z}{h}\left(1 - \frac{z}{h}\right).$$

c) Aufgelöst ist

$$\frac{z}{h} = \frac{P + 1 \pm \sqrt{(P+1)^2 - 4P \cdot \frac{u_x}{u_0}}}{2P}. \tag{3.50}$$

Für die vorgegebenen Werte von P sind die Graphen in Abb. 3.9 links dargestellt. Ist $P < 0$, so ist $\frac{\partial p}{\partial x} > 0$ $(p_2 > p_1)$, also handelt es sich um einen Sog.

Für $P > 0$ ist $\frac{\partial p}{\partial x} < 0$ $(p_2 < p_1)$ und man hat einen treibenden Druck.

d) Die Gleichung

$$\frac{\partial(u_x/u_0)}{\partial(z/h)} = 1 + P - 2P \cdot \frac{z}{h} = 0$$

führt zu $\frac{z}{h} = \frac{P+1}{2P}$.

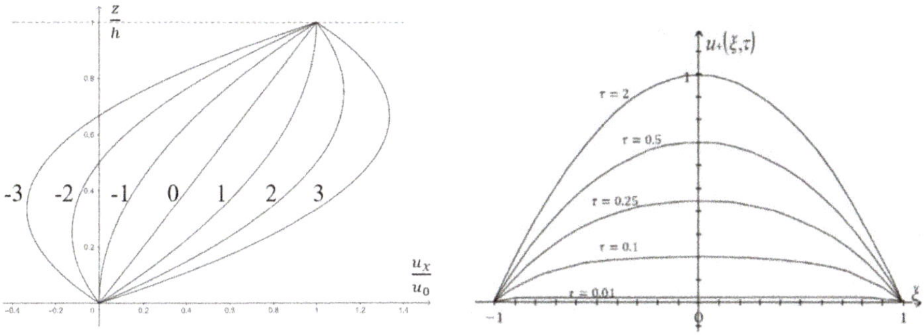

Abb. 3.9: Graphen von (3.50) und (3.52).

Beispiel 15. Wir betrachten die viskose Flüssigkeit der Dicke $2h$ zwischen zwei ruhenden parallelen Platten des 1. Beispiels. Der anfangs ruhenden Flüssigkeit wird ein Druckgradient $\frac{\partial p}{\partial x}$ parallel zur x-Achse angebracht. Es soll die Anlaufströmung bis zur ausgeprägten stationären Strömung bestimmt werden.

Lösung. Dazu wird die Gleichung (3.5) oder allgemein (3.2) um den instationären Term erweitert zu

$$\frac{\partial u_x(z)}{\partial t} = -\frac{1}{\rho} \cdot \frac{\partial p}{\partial x} + \nu \cdot \frac{\partial^2 u_x(z)}{\partial z^2}.$$

Die Transformationen sind dieselben wie im vorigen Beispiel: $\xi = \frac{z}{h}$, $u_* = \frac{u}{u_0}$, $\tau = \frac{\nu}{h^2} t$. Hinzu gesellt sich noch $\lambda = \frac{x}{h}$ und $p_* = \frac{h}{\eta u_0} p$. Mit

$$\frac{\partial p_*}{\partial \lambda} = \frac{\partial p_*}{\partial x} \cdot \frac{\partial x}{\partial \lambda} = \frac{\partial p}{\partial x} \cdot \frac{h^2}{\eta u_0}$$

folgt dann

$$\frac{\partial u_*}{\partial \tau} = -\frac{\partial p_*}{\partial \lambda} + \frac{\partial^2 u_*}{\partial \xi^2}. \tag{3.51}$$

Die stationäre Lösung (3.9),

$$u(z) = -\frac{\partial p}{\partial x} \cdot \frac{h^2}{2\eta}\left[1 - \left(\frac{z}{h}\right)^2\right],$$

erhält dann die Gestalt

$$u_*(\xi) = -\frac{1}{2} \cdot \frac{\partial p_*}{\partial \lambda}(1 - \xi^2).$$

In Anlehnung an das 13. Beispiel wird der Ansatz der instationären Lösung direkt als Summe der stationären und einem instationären Produktansatz zusammengesetzt:

$$u_*(\xi, \tau) = -\frac{1}{2} \cdot \frac{\partial p_*}{\partial \lambda}(1 - \xi^2) + s(\xi) \cdot w(\tau).$$

Fügt man den Ansatz in (3.51) ein, so entsteht daraus

$$s(\xi) \cdot \dot{w}(\tau) = -\frac{\partial p_*}{\partial \lambda} + \frac{\partial p_*}{\partial \lambda} + s''(\xi) \cdot w(\tau), \qquad \frac{\dot{w}(\tau)}{w(\tau)} = \frac{s''(\xi)}{s(\xi)} := -\mu^2$$

und entsprechend

$$u_*(\xi, \tau) = -\frac{\partial p_*}{\partial \lambda} \cdot \frac{1}{2}(1 - \xi^2) + [C_3 \cdot \sin(\mu\xi) + C_4 \cdot \cos(\mu\xi)]e^{-\mu^2\tau}.$$

Es genügen die zwei Endbedingungen und die AB in dimensionslosen Größen (vgl. 1. Bsp. und Abb. 3.1 rechts). Sie lauten I. $\frac{du_*}{d\xi}(0, \tau \to \infty) = 0$, II. $u_*(1, \tau \to \infty) = 0$ und III. $u_*(\xi, 0) = 0$. Wertet man I. aus, so folgt $C_3 = 0$ und die Bedingung II. führt zu $\cos(\mu) = 0$ und damit $\mu = \frac{(2n-1)}{2}\pi$. Schließlich erhält man mit III. die Bestimmungsgleichung für die Fourierkoeffizienten:

$$0 = -\frac{\partial p_*}{\partial \lambda} \cdot \frac{1}{2}(1 - \xi^2) + \sum_{n=1}^{\infty} a_n \cos\left[\frac{(2n-1)\pi}{2}\xi\right].$$

Die Multiplikation mit $\cos[\frac{(2m-1)\pi}{2}\xi]$ und die Benutzung der Orthogonalität des Kosinus führt zu

$$\frac{\partial p_*}{\partial \lambda} \cdot \frac{1}{2}(1 - \xi^2) \cdot \cos\left[\frac{(2n-1)\pi}{2}\xi\right] = a_n \cdot \cos\left[\frac{(2n-1)\pi}{2}\xi\right]^2$$

und endlich

$$a_n = \frac{\partial p_*}{\partial \lambda} \cdot \frac{(1 - \xi^2)\cos[\frac{(2n-1)\pi}{2}\xi]}{2 \cdot \cos[\frac{(2n-1)\pi}{2}\xi]^2} = \frac{\partial p_*}{\partial \lambda} \cdot \frac{16 \cdot (-1)^{n+1}}{(2n-1)^3\pi^3}.$$

Zusammen erhält man

$$u_*(\xi,\tau) = -\frac{1}{2}\cdot\frac{\partial p_*}{\partial\lambda}\cdot\left[1-\xi^2-\frac{32}{\pi^3}\sum_{n=1}^{\infty}\frac{(-1)^{n+1}}{(2n-1)^3}\cos\left[\frac{(2n-1)\pi}{2}\xi\right]e^{-(\frac{[2n-1]\pi}{2})^2\tau}\right] \tag{3.52}$$

oder

$$u(z,t) = -\frac{h^2}{2\eta}\cdot\frac{\partial p}{\partial x}\cdot\left[1-\left(\frac{z}{h}\right)^2-\frac{32}{\pi^3}\sum_{n=1}^{\infty}\frac{(-1)^{n+1}}{(2n-1)^3}\cos\left[\frac{(2n-1)\pi}{2}\cdot\frac{z}{h}\right]e^{-[\frac{(2n-1)\pi}{2}]^2\frac{\nu}{h^2}t}\right].$$

Wir normieren (3.52) und stellen

$$u_+(\xi,\tau) = \frac{u_*(\xi,\tau)}{-\frac{1}{2}\cdot\frac{\partial p_*}{\partial\lambda}}$$

für die Zeiten $\tau = 0{,}01; 0{,}1; 0{,}25; 0{,}5; 2$ dar (Abb. 3.9 rechts).

Beispiel 16. Nun untersuchen wir die instationäre Hagen-Poiseuille-Strömung in einem kreisrunden Rohr mit Radius R. Die dimensionslosen Größen lauten entsprechend $\xi = \frac{r}{R}$, $u_* = \frac{u}{u_0}$, $\tau = \frac{\nu}{R^2}t$, $\lambda = \frac{z}{R}$ und $p_* = \frac{R}{\eta u_0}p$. Bestimmen Sie zuerst das stationäre und danach das instationäre Geschwindigkeitsprofil.

Lösung. Die stationäre Lösung (3.14) schreibt sich zu

$$u_*(\xi) = -\frac{1}{4}\cdot\frac{\partial p_*}{\partial\lambda}(1-\xi^2)$$

und (3.12) erhält einen instationären Term:

$$\rho\frac{\partial u}{\partial t} = -\frac{\partial p}{\partial z}+\frac{\eta}{r}\cdot\frac{\partial}{\partial r}\left(r\frac{\partial u(r)}{\partial r}\right) \quad \text{oder} \quad \rho\frac{\partial u}{\partial t} = -\frac{\partial p}{\partial z}+\eta\left(\frac{\partial^2 u}{\partial r^2}+\frac{1}{r}\cdot\frac{\partial u}{\partial r}\right).$$

Mithilfe der Umrechnungen

$$\frac{\partial u_*}{\partial\tau} = \frac{\partial u}{\partial t}\cdot\frac{R^2}{u_0\nu},\quad \frac{\partial u_*}{\partial\xi} = \frac{\partial u}{\partial r}\cdot\frac{R}{u_0},\quad \frac{\partial^2 u_*}{\partial\xi^2} = \frac{\partial^2 u}{\partial r^2}\cdot\frac{R^2}{u_0} \quad \text{und} \quad \frac{\partial p_*}{\partial\lambda} = \frac{R^2}{\eta u_0}\cdot\frac{\partial p}{\partial z}$$

entsteht

$$\rho\frac{\partial u_*}{\partial\tau}\cdot\frac{u_0\nu}{R^2} = -\frac{\partial p_*}{\partial\lambda}\cdot\frac{\eta u_0}{R^2}+\eta\left(\frac{\partial^2 u_*}{\partial\xi^2}\cdot\frac{u_0}{R^2}+\frac{1}{R\xi}\cdot\frac{\partial u_*}{\partial\xi}\cdot\frac{u_0}{R}\right)$$

und daraus

$$\frac{\partial u_*}{\partial\tau} = -\frac{\partial p_*}{\partial\lambda}+\frac{\partial^2 u_*}{\partial\xi^2}+\frac{1}{\xi}\cdot\frac{\partial u_*}{\partial\xi}. \tag{3.53}$$

Dies ist eine Bessel'sche DG der Ordnung Null. Sie entspricht der instationären Wärmeleitung in einem Zylinder mit zusätzlicher innerer Wärmequelle (vgl. Band 4).

Unser bekannter Ansatz lautet

$$u_*(\xi,\tau) = -\frac{1}{4}\cdot\frac{\partial p_*}{\partial\lambda}(1-\xi^2) + s(\xi)\cdot w(\tau).$$

Den Ansatz in (3.53) eingesetzt führt zu

$$s(\xi)\cdot\dot{w}(\tau) = -\frac{\partial p_*}{\partial\lambda} + \frac{1}{2}\cdot\frac{\partial p_*}{\partial\lambda} + s''(\xi)\cdot w(\tau) + \frac{1}{\xi}\cdot\left[\frac{1}{2}\cdot\frac{\partial p_*}{\partial\lambda}\xi + s'(\xi)\cdot w(\tau)\right],$$

$$s(\xi)\cdot\dot{w}(\tau) = s''(\xi)\cdot w(\tau) + \frac{1}{\xi}s'(\xi)\cdot w(\tau)$$

und schließlich

$$\frac{\dot{w}(\tau)}{w(\tau)} = \frac{s''(\xi)}{s(\xi)} + \frac{1}{\xi}\cdot\frac{s'(\xi)}{s(\xi)} := -\mu^2.$$

Die Lösung des Zeitteils beträgt $w(\tau) = Ae^{-\mu^2\tau}$.

Die Lösung des örtlichen Teils wurde schon in Band 3 ausführlich diskutiert: Man schreibt die Gleichung als $\xi^2 s''(\xi) + \xi s'(\xi) + \mu^2\xi^2 s(\xi) = 0$, substituiert $y = \mu\cdot\xi$ und erhält mithilfe von

$$\frac{\partial s}{\partial y} = \frac{\partial s}{\partial\xi}\cdot\frac{1}{\mu} \quad\text{und}\quad \frac{\partial^2 s}{\partial y^2} = \frac{\partial^2 s}{\partial\xi^2}\cdot\frac{1}{\mu^2}$$

die Besselgleichung in ihrer charakteristischen Form

$$y^2 s'' + ys' + y^2 s = 0 \quad\text{oder}\quad \mu^2\xi^2 s''(\mu\xi) + \mu\xi s'(\mu\xi) + \mu^2\xi^2 s(\mu\xi) = 0.$$

Ihre Lösung erhält die Gestalt $s(\mu\xi) = B_1\cdot J_0(\mu\xi) + B_2\cdot N_0(\mu\xi)$. Dabei heißen J_0 und N_0 respektive die Bessel- und Neumannfunktion nullter Ordnung. Im 4. Band wurden die beiden Funktionen als unendliche Potenzreihen hergeleitet. Sie lauten

$$J_0(x) = \sum_{k=0}^{\infty}\frac{(-1)^k}{(k!)^2}\left(\frac{x}{2}\right)^{2k}$$

und

$$N_0(x) = \ln x\cdot\sum_{k=0}^{\infty}\frac{(-1)^k}{(k!)^2}\left(\frac{x}{2}\right)^{2k} + f(x)$$

mit

$$f(x) = \sum_{k=0}^{\infty}\frac{(-1)^k}{(k!)^2}\left(1+\frac{1}{2}+\frac{1}{3}+\cdots+\frac{1}{k+1}\right)\left(\frac{x}{2}\right)^{2k}.$$

Die Graphen beider Funktionen oszillieren um die y-Achse und besitzen demnach unendlich viele Nullstellen. Der Ansatz lautet somit

$$u_*(\xi,\tau) = -\frac{1}{4}\cdot\frac{\partial p_*}{\partial\lambda}(1-\xi^2) + [C_1\cdot J_0(\mu\xi) + C_2\cdot N_0(\mu\xi)]e^{-\mu^2\tau}.$$

Analog zum 15. Beispiel ergeben sich dieselben Bedingungen I. $\frac{du_*}{d\xi}(0,\tau\to\infty) = 0$, II. $u_*(1,\tau\to\infty) = 0$ und III. $u_*(\xi,0) = 0$.

Man kann anstelle von I. auch $u_*(0,\tau\to\infty) < \infty$ fordern, mit demselben Ergebnis.

Aus I. folgt $-\frac{1}{4}\cdot\frac{\partial p_*}{\partial\lambda} + C_2\cdot N_0(0) < \infty$. Dies kann nur für $C_2 = 0$ erfüllt werden. Die Bedingung II. ergibt $J_0(\mu) = 0$. Demnach sind die Nullstellen der Besselfunktion gesucht. Sie wurden schon in Band 3 ermittelt zu:

n	1	2	3	4	5	6	7	8	9	10
μ_n	2,405	5,520	8,654	11,792	14,931	18,071	21,212	24,352	27,493	30,634

Bis hierhin erhalten wir

$$u_*(\xi,\tau) = -\frac{1}{4}\cdot\frac{\partial p_*}{\partial\lambda}(1-\xi^2) + \sum_{n=1}^{\infty} a_n\cdot J_0(\mu_n\xi)\cdot e^{-\mu_n^2\tau}.$$

Die AB führt schließlich zu

$$0 = -\frac{1}{4}\cdot\frac{\partial p_*}{\partial\lambda}(1-\xi^2) + \sum_{n=1}^{\infty} a_n\cdot J_0(\mu_n\xi).$$

Multipliziert man die Gleichung mit $\xi\cdot J_0(\mu_m\xi)$, so folgt

$$\frac{1}{4}\cdot\frac{\partial p_*}{\partial\lambda}(1-\xi^2)\xi\cdot J_0(\mu_m\xi) = \sum_{n=1}^{\infty} a_n\cdot\xi\cdot J_0(\mu_n\xi)\cdot J_0(\mu_m\xi).$$

Die Orthogonalitätsrelation der Besselfunktion haben wir im 3. Band gezeigt. Insbesondere gilt

$$\int_0^1 \xi\cdot J_0^2(\mu_n\xi) = \frac{J_0'^2(\mu_n)}{2} = \frac{J_1^2(\mu_n)}{2},$$

falls alle μ_n Nullstellen von $J_0(x)$ sind. Damit lauten die Koeffizienten

$$a_n = \frac{\partial p_*}{\partial\lambda}\cdot\frac{\int_0^1 \xi(1-\xi^2)\cdot J_0(\mu_n\xi)d\xi}{2J_1^2(\mu_n)}. \tag{3.54}$$

Es gilt, noch das Integral des Zählers zu bestimmen. Es besteht aus zwei Teilintegralen. Beide wurden im 4. Band hergeleitet:

$$\int_0^1 \xi \cdot J_0(\mu_n \xi) d\xi = -\frac{J_0'(\mu_n)}{\mu_n} = \frac{J_1(\mu_n)}{\mu_n}$$

und

$$\int_0^1 \xi^3 \cdot J_0(\mu_n \xi) d\xi = -\frac{1}{\mu_n} \left\{ J_0'(\mu_n) - 2 \left[\frac{J_0(\mu_n)}{\mu_n} - \frac{2}{\mu_n} \int_0^1 \xi \cdot J_0(\mu_n \xi) \cdot d\xi \right] \right\}.$$

Mit $J_0(\mu_n) = 0$ vereinfacht sich dieser Ausdruck und es verbleibt im Zähler von (3.54)

$$\frac{J_1(\mu_n)}{\mu_n} + \frac{1}{\mu_n} \left\{ -J_1(\mu_n) + \frac{4}{\mu_n} \int_0^1 \xi \cdot J_0(\mu_n \xi) \cdot d\xi \right\}$$
$$= \frac{J_1(\mu_n)}{\mu_n} + \frac{1}{\mu_n} \left[-J_1(\mu_n) + \frac{4J_1(\mu_n)}{\mu_n^2} \right] = \frac{4J_1(\mu_n)}{\mu_n^3}.$$

Schließlich schreiben sich die Koeffizienten als $a_n = \frac{\partial p_*}{\partial \lambda} \cdot \frac{2}{\mu_n^3 \cdot J_1(\mu_n)}$ und die instationäre Lösung lautet

$$u_*(\xi, \tau) = -\frac{1}{4} \cdot \frac{\partial p_*}{\partial \lambda} \cdot \left[1 - \xi^2 - \sum_{n=1}^{\infty} \frac{8}{\mu_n^3 \cdot J_1(\mu_n)} \cdot J_0(\mu_n \xi) \cdot e^{-\mu_n^2 \tau} \right] \tag{3.55}$$

oder

$$u(r, t) = -\frac{R^2}{4\eta} \cdot \frac{\partial p}{\partial z} \cdot \left[1 - \left(\frac{r}{R} \right)^2 - \sum_{n=1}^{\infty} \frac{8}{\mu_n^3 \cdot J_1(\mu_n)} \cdot J_0\left(\mu_n \cdot \frac{r}{R} \right) \cdot e^{-\mu_n^2 \frac{\nu}{R^2} t} \right].$$

Die ersten fünf Koeffizienten $c_n = \frac{8}{\mu_n^3 \cdot J_1(\mu_n)}$ entnimmt man der nachstehenden Tabelle:

n	1	2	3	4	5
c_n	−1,108	0,140	−0,045	0,021	−0,012

Die Gleichung (3.55) wird normiert,

$$u_+(\xi, \tau) = \frac{u_*(\xi, \tau)}{-\frac{1}{4} \cdot \frac{\partial p_*}{\partial \lambda}}$$

und unter Hinzunahme der ersten fünf Koeffizienten c_n für die Zeiten $\tau = 0{,}01; 0{,}05; 0{,}1; 0{,}2; 1$ dargestellt (Abb. 3.10 links).

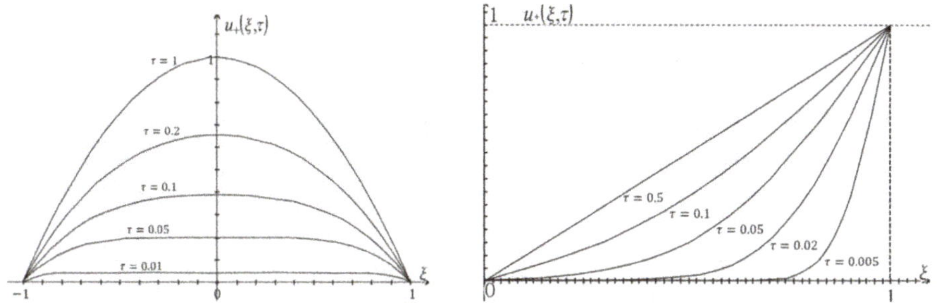

Abb. 3.10: Graphen von (3.55) und (3.58).

Verglichen mit der Platte wird das annähernd stationäre Profil etwa in halber Zeit erreicht. (Natürlich dauert es theoretisch in jedem Fall unendlich lange bis zum Erreichen des stationären Profils.) Wir können den Wert für ein hinreichend ausgebildetes normiertes stationäres Profil beispielsweise mit 0,99 ansetzen. Als Beispiel stellen wir uns ein Getränk mit der Viskosität $\nu = 10^{-6}\,\frac{\mathrm{m}^2}{\mathrm{s}}$ vor, das über einen Trinkhalm mit 0,5 cm Durchmesser aufgesogen wird. Die vorige Simulation liefert den Wert $u_+(\xi,\tau) = 0{,}99$ bei einer normierten Zeit von etwa $\tau = 0{,}085$. Damit ergibt sich die absolute Zeit zu $t = \frac{R^2}{\nu}\tau = 0{,}5\,\mathrm{s}$.

Beispiel 17. Wir betrachten die instationäre zylindrische Couette-Strömung für den fehlenden inneren Zylinder. Der äußere Zylinder mit Radius R soll aus der Ruhe auf die konstante Winkelgeschwindigkeit Ω gebracht werden. Gesucht sind das stationäre und danach das instationäre Geschwindigkeitsprofil.

Lösung. In diesem Fall erhält (3.29) einen zusätzlichen Zeitterm und besitzt die Gestalt

$$\rho\frac{\partial u_\theta}{\partial t} = \eta\left[\frac{1}{r}\cdot\frac{\partial}{\partial r}\left(r\cdot\frac{\partial u_\theta}{\partial r}\right) - \frac{u_\theta}{r^2}\right] \quad \text{oder} \quad \frac{\partial u_\theta}{\partial t} = \nu\left[\frac{\partial^2 u_\theta}{\partial r^2} + \frac{1}{r}\cdot\frac{\partial u_\theta}{\partial r} - \frac{u_\theta}{r^2}\right].$$

Die Transformationen lauten in diesem Fall $\xi = \frac{r}{R}$, $u_* = \frac{u_\theta}{u_0} = \frac{u_\theta}{\Omega R}$ und $\tau = \frac{\nu}{R^2}t$.

Im stationären Fall wird die gesamte Flüssigkeit wie ein starrer Körper rotieren und es gilt dann $u_\theta(r) = \Omega r$. Die Umrechnungen sind

$$\frac{\partial u_*}{\partial \tau} = \frac{\partial u_\theta}{\partial t}\cdot\frac{R^2}{u_0\nu} = \frac{\partial u_\theta}{\partial t}\cdot\frac{R}{\Omega\nu}, \qquad \frac{\partial u_*}{\partial \xi} = \frac{\partial u_\theta}{\partial r}\cdot\frac{R}{u_0} = \frac{\partial u_\theta}{\partial r}\cdot\frac{1}{\Omega} \quad \text{und}$$

$$\frac{\partial^2 u_*}{\partial \xi^2} = \frac{\partial^2 u_\theta}{\partial r^2}\cdot\frac{R^2}{u_0} = \frac{\partial^2 u_\theta}{\partial r^2}\cdot\frac{R}{\Omega}.$$

Daraus entsteht

$$\frac{\partial u_*}{\partial \tau} \cdot \frac{\Omega \nu}{R} = \nu \left[\frac{\partial^2 u_*}{\partial \xi^2} \cdot \frac{\Omega}{R} + \frac{\Omega}{R\xi} \cdot \frac{\partial u_*}{\partial \xi} - \frac{u_* \Omega R}{\xi^2 R^2} \right] \quad \text{oder}$$

$$\frac{\partial u_*}{\partial \tau} = \frac{\partial^2 u_*}{\partial \xi^2} + \frac{1}{\xi} \cdot \frac{\partial u_*}{\partial \xi} - \frac{u_*}{\xi^2}. \tag{3.56}$$

Den Separationsansatz $u_*(\xi, \tau) = \xi + s(\xi) \cdot w(\tau)$ setzen wir in (3.56) ein und erhalten

$$s(\xi) \cdot \dot{w}(\tau) = s''(\xi) \cdot w(\tau) + \frac{1 + s'(\xi) \cdot w(\tau)}{\xi} - \frac{\xi + s(\xi) \cdot w(\tau)}{\xi^2} \quad \text{oder}$$

$$\frac{\dot{w}(\tau)}{w(\tau)} = \frac{s''(\xi)}{s(\xi)} + \frac{1}{\xi} \cdot \frac{s'(\xi)}{s(\xi)} - \frac{1}{\xi^2} := -\mu^2.$$

Für den Zeitteil ergibt sich wie anhin $w(\tau) = Ae^{-\mu^2 \tau}$. Die Ortsfunktion schreibt sich als $\xi^2 s''(\xi) + \xi s'(\xi) + (\mu^2 \xi^2 - 1)s(\xi) = 0$. Dies ist die Bessel'sche DG 1. Ordnung. Substituiert man wieder $y = \mu \cdot \xi$, so lautet ihre übliche Form

$$\mu^2 \xi^2 s''(\mu\xi) + \mu\xi s'(\mu\xi) + (\mu^2 \xi^2 - 1) \cdot s(\mu\xi) = 0.$$

Wie schon im 3. Band besprochen, wird sie durch $J_1(\mu\xi) = -J_0'(\mu\xi)$ gelöst. Dabei ist

$$J_1(x) = \sum_{k=0}^{\infty} \frac{(-1)^k}{k!(k+1)!} \left(\frac{x}{2} \right)^{2k+1}.$$

Für die dimensionslose Geschwindigkeit erhält man somit vorerst

$$u_*(\xi, \tau) = \xi + [C_1 \cdot J_1(\mu\xi) + C_2 \cdot N_1(\mu\xi)] e^{-\mu^2 \tau}.$$

Zu jeder Zeit, insbesondere im stationären Zustand, muss die Geschwindigkeit der Flüssigkeit im Zentrum endlich bleiben und am Rand derjenigen des rotierenden Zylinders entsprechen. Zu Beginn ruht die gesamte Geschwindigkeit. In die Formelsprache übersetzt, erhalten wir die Bedingungen I. $u_*(0, \tau \to \infty) = 0$, II. $u_*(1, \tau \to \infty) = 1$ und III. $u_*(\xi, 0) = 0$.

Die Bedingung I. liefert $C_2 = 0$ und aus II. folgt $J_1(\mu) = 0$. Die ersten fünf Nullstellen von $J_1(x)$ entnimmt man Band 3. Schließlich liefert III. die Bestimmungsgleichung für die Fourierkoeffizienten. Aus $0 = \xi + \sum_{n=1}^{\infty} a_n \cdot J_1(\mu_n \xi)$ folgt

$$-\xi^2 \cdot J_1(\mu_m \xi) = \sum_{n=1}^{\infty} a_n \cdot \xi \cdot J_1(\mu_n \xi) \cdot J_1(\mu_m \xi).$$

Im 3. Band hatten wir die Orthogonalitätsrelation für eine Besselfunktion p-ter Ordnung J_p bewiesen. Damit folgt

$$a_n = -\frac{\int_0^1 \xi^2 \cdot J_1(\mu_n \xi) d\xi}{\int_0^1 \xi \cdot J_1^2(\mu_n \xi) d\xi}. \tag{3.57}$$

Zuerst soll der Zähler mithilfe partieller Integration bestimmt werden. Es gilt

$$\int_0^1 \xi^2 \cdot J_1(\mu_n \xi) d\xi = -\int_0^1 \xi^2 \cdot J_0'(\mu_n \xi) d\xi = -\left\{ \left[\xi^2 \frac{1}{\mu_n} J_0(\mu_n \xi) \right]_0^1 - \frac{2}{\mu_n} \int_0^1 \xi \cdot J_0(\mu_n \xi) d\xi \right\}.$$

Der Wert dieses neuen Integrals wurde schon im 16. Beispiel angegeben. Es folgt

$$\int_0^1 \xi^2 \cdot J_1(\mu_n \xi) d\xi = -\left\{ \frac{J_0(\mu_n)}{\mu_n} - \frac{2}{\mu_n} \cdot \left[\frac{J_1(\mu_n)}{\mu_n} \right] \right\} = -\frac{J_0(\mu_n)}{\mu_n}$$

da $J_1(\mu_n) = 0$.

Es fehlt noch das Integral im Nenner von (3.57). Dessen Berechnung kann man beispielsweise folgendermaßen bewältigen. Aus dem 3. Band sind drei Eigenschaften einer beliebigen Bessel-Funktion $J_p(x)$ der Ordnung p gezeigt worden:

1. $J_p'(x) = -J_{p+1}(x) + \frac{p}{x} \cdot J_p(x)$,
2. $J_p'(x) = J_{p-1}(x) - \frac{p}{x} \cdot J_p(x)$ und
3. $\int_0^1 \xi \cdot J_p^2(\mu_n \xi) d\xi = -\frac{J_{p-1}(\mu_n) \cdot J_{p+1}(\mu_n)}{2}$,

falls μ_n Nullstelle von $J_p(x)$ für alle n ist.

Aus 3. folgt speziell für $p = 1$, dass

$$\int_0^1 \xi \cdot J_1^2(\mu_n \xi) d\xi = -\frac{J_0(\mu_n) \cdot J_2(\mu_n)}{2}$$

gilt.

Aus 1. und 2. erhält man für $p = 1$ und $x = \mu_n$ sowohl $J_1'(\mu_n) = -J_2(\mu_n)$ als auch $J_1'(\mu_n) = J_0(\mu_n)$, falls $J_1(\mu_n)$. Somit ist $J_2(\mu_n) = -J_0(\mu_n)$ und das gesuchte Integral vereinfacht sich zu $\int_0^1 \xi \cdot J_1^2(\mu_n \xi) d\xi = \frac{J_0^2(\mu_n)}{2}$.

Der Koeffizient lautet dann

$$a_n = -\frac{-\frac{J_0(\mu_n)}{\mu_n}}{\frac{J_0^2(\mu_n)}{2}} = \frac{2}{\mu_n J_0(\mu_n)}$$

und man erhält schließlich

$$u_*(\xi, \tau) = \xi + \sum_{n=1}^{\infty} \frac{2}{\mu_n J_0(\mu_n)} \cdot J_1(\mu_n \xi) \cdot e^{-\mu_n^2 \tau} \tag{3.58}$$

oder

$$u_\theta(r,t) = \Omega r + \Omega R \cdot \sum_{n=1}^{\infty} \frac{2}{\mu_n J_0(\mu_n)} \cdot J_1\left(\mu_n \cdot \frac{r}{R}\right) \cdot e^{-\mu_n^2 \frac{\nu}{R^2} t}.$$

Die ersten zehn Koeffizienten sind in der nachstehenden Tabelle aufgeführt.

n	1	2	3	4	5	6	7	8	9	10
a_n	−1,296	0,950	−0,787	0,687	−0,618	0,566	−0,526	0,493	−0,460	0,452

Unter Einbezug der ersten zehn Koeffizienten c_n stellen wir (3.58) für die Zeiten $\tau = 0{,}005; 0{,}02; 0{,}05; 0{,}1; 0{,}5$ dar (Abb. 3.10 rechts).

Beispiel 18. Eine sehr breite Platte wird in einer ruhenden viskosen Flüssigkeit ruckartig von der Ruhelage auf die Geschwindigkeit u_0 beschleunigt und mit dieser Geschwindigkeit gleichförmig weiterbewegt (Abb. 3.11 links). Dieses instationäre Problem trägt auch den Namen „Rayleigh-Problem". Die in Gegenrichtung zeigenden Pfeile des Geschwindigkeitsprofils sind Relativgeschwindigkeiten zur Geschwindigkeit u_0. Die Gravitationseinwirkung wird vernachlässigt. Es soll die zugehörige Geschwindigkeitsverteilung ermittelt werden.

Lösung. Der gesamte Druckgradient ist null. Es gilt $u = u_x = u_x(z,t)$ und (3.2) besteht nur aus einer Gleichung: $\frac{du}{dt} = \nu \cdot \frac{\partial^2 u}{\partial z^2}$. Man könnte meinen, dass dies eine Art „Umkehrung" zum 13. Beispiel ist, da die Rollen der beiden Platten bloß vertauscht sind. Dem ist aber nicht so, denn im stationären Fall ist das Geschwindigkeitsprofil nicht linear, sondern konstant. Ein Separationsansatz muss deswegen scheitern. Dies zeigen wir kurz.

Beweis. Der Ansatz führt wiederum zu

$$u_+(\xi,\tau) = C_1 h\xi + C_2 + [C_3 \cdot \sin(k\xi) + C_4 \cdot \cos(k\xi)]e^{-k^2\tau}.$$

Die fünf Bedingungen lauten entsprechend I. $u_+(0,\tau) = 1$, II. $u_+(1,\tau) = 0$, III. $u_+(\xi,0) = 0$, IV. $u_+(0,\tau \to \infty) = 1$ und V. $u_+(1,\tau \to \infty) = 1$. IV. und V. ergeben $C_2 = 1$ und $C_1 = 0$. I. erzeugt $C_4 = 0$, aber Bedingung II. führt lediglich zu $C_3 \sin(k) = 1$, woraus nichts entnommen werden kann. q. e. d.

Zur Lösung dieses Problems müssen wir das zugehörige Ergebnis in Zusammenhang mit der Wärmeleitungsgleichung (3.46) bringen. Wir vergleichen die damals formulierten Bedingungen mit unserem jetzigen Problem. In unserem Fall schreibt sich die (Dirichlet)-RB als $u(z = 0,t) = 0$ relativ zur Bezugsgeschwindigkeit u_0 (bei der Wärmeleitung entsprach dies $T(x = 0,t) = T_{\text{Wand}}$). Als Anfangsbedingung hat man $u(z,t = 0) = -u_0$, d. h. anfangs bewegen sich alle Fluidteilchen entlang der Vertikalen mit der Geschwindigkeit u_0 von der Platte weg (bei der Wärmeleitung war $T(x,t = 0) = T_0$).

In großer Entfernung z zur Platte bleibt die Flüssigkeit von der Bewegung der Platte zu jeder Zeit praktisch unberührt, das heißt die Geschwindigkeit ist an dieser Stelle $-u_0$ (relativ zu u_0). Dafür schreibt man $\lim_{z\to\infty} u(z,t) = -u_0$ ($\lim_{x\to\infty} T(x,t) = T_0$ bei der Wärmeleitung) und als Lösung kann diejenige des halbunendlichen Körpers (siehe Band 4) herangezogen werden. Dabei hatten wir die dimensionslose Temperatur $\vartheta(\xi) = \frac{T(x,t)-T_W}{T_0-T_W}$ zusammen mit der Ähnlichkeitsvariablen

$$\xi = \frac{x}{2\sqrt{\beta^2 t}}$$

eingeführt. Als Lösung ergab sich $\vartheta(\xi) = \operatorname{erf}(\xi)$, die Gauss'sche Fehlerfunktion und somit

$$T(x,t) = \operatorname{erf}(\xi)(T_0 - T_W) + T_W.$$

Übertragen auf unser Problem lautet die Lösung

$$u(z,t) = \operatorname{erf}(\xi)(-u_0 - 0) + 0 = -u_0 \cdot \operatorname{erf}(\xi)$$

und in dimensionsloser Form

$$-\frac{u}{u_0} = \frac{2}{\sqrt{\pi}} \int_0^{\frac{z}{2\sqrt{\nu t}}} e^{-s^2} ds \quad \text{mit} \quad \xi = \frac{z}{2\sqrt{\nu t}}. \tag{3.59}$$

Aus $x = u_0 t$ gewinnt man auch $\xi = \frac{z}{2}\sqrt{\frac{u_0}{x\nu}}$. Diese Ähnlichkeitsvariable ist bis auf den Faktor zwei im Nenner identisch mit der derjenigen, die wir im Zusammenhang mit der Grenzschicht einer angeströmten Platte in einem späteren Kapitel antreffen werden. (Die Zwei ist bloß ein Zugeständnis, um die Lösung von (3.46) mithilfe der Fehlerfunktion elegant zu schreiben.)

In Abb. 3.11 rechts ist das dimensionslose Geschwindigkeitsprofil festgehalten. Dabei sind die Geschwindigkeitspfeile positiv abgetragen. Für eine Interpretation wählen wir einen beliebigen Zeitpunkt t_1. Dann ist

$$u_1(z_1) = \frac{u}{u_0}\left(\frac{z_1}{2\sqrt{\nu t_1}}\right),$$

also abhängig von $\frac{z_1}{2\sqrt{\nu t_1}}$. Nehmen wir hingegen $t_2 = 4t_1$, so erhalten wir

$$u_2(z_2) = \frac{u}{u_0}\left(\frac{z_2}{4\sqrt{\nu t_1}}\right).$$

Die Werte von $u_2(z_2)$ stimmen im Fall von $z_2 = 2z_1$ mit denjenigen von $u_1(z_1)$ überein. Die Folgerung ist, dass die Profile zu einer bestimmten Zeit und an einem bestimmten Ort mit der Zeit und mit größerer Entfernung zum Ursprung steiler werden und im stationären Fall auf der gesamten Höhe den Wert Eins annehmen. Die Bewegung der Platte beeinflusst die Geschwindigkeit des Fluids in einer wandnahen Schicht, der sogenannten Grenzschicht. Es ist dabei gleichbedeutend, ob eine Flüssigkeit eine ruhende Platte anströmt oder eine Platte in einer ruhenden Flüssigkeit bewegt wird. Tatsache ist, dass die Teilchen an der Wand stillstehen und ihre Geschwindigkeit bei wachsendem Abstand zur Platte zunimmt. Wir eilen der Theorie etwas voraus und bestimmen die Grenzschichtdicke δ der vorliegenden Strömung. Sie wird üblicherweise als diejenige Schicht bezeichnet, bei der $u = 0{,}99 u_0$ gilt (siehe Abb. 3.11 rechts). Aus

$$\left| \frac{u}{u_0} \right| = \frac{2}{\sqrt{\pi}} \int\limits_0^{\frac{\delta}{2\sqrt{\nu t}}} e^{-s^2}\, ds = 0{,}99$$

erhält man etwa

$$1{,}82 = \frac{\delta}{2\sqrt{\nu t}}, \quad \delta = 3{,}64\sqrt{\nu t} \quad \text{oder} \quad \delta(x) = 3{,}64\sqrt{\frac{\nu x}{u_0}}. \tag{3.60}$$

Man erkennt das Anwachsen der Grenzschicht mit der „Lauflänge“: $\delta(x) \sim \sqrt{x}$. Weiter kann man

$$\delta(x) = 3{,}64 \frac{x}{\sqrt{\frac{x u_0}{\nu}}}$$

bilden, woraus

$$\frac{\delta(x)}{x} = \frac{3{,}64}{\sqrt{\mathrm{Re}_x}} \tag{3.61}$$

folgt. Dabei bezeichnet Re_x die mit der Lauflänge gebildete Reynolds-Zahl. Die Grenzschichtdicke wächst somit im Verhältnis zur Lauflänge proportional zu $\frac{1}{\sqrt{\mathrm{Re}_x}}$. Die grundlegende Annahme der folgenden Grenzschichttheorie ist nun, dass man die charakteristische Länge l, beispielsweise einer angeströmten Platte, als viel größer gegenüber der Grenzschichtdicke voraussetzt: $\delta \ll l$. Daraus folgt aber mit (3.61)

$$\frac{\delta}{l} \sim \frac{1}{\sqrt{\mathrm{Re}_l}} \ll 1. \tag{3.62}$$

Die letzte Gleichung bedeutet, dass wir es innerhalb der Grenzschicht mit großen Reynolds-Zahlen zu tun haben, eine Tatsache, die es uns ermöglichen wird, die Navier-Stokes-Gleichungen für die Grenzschicht zu vereinfachen.

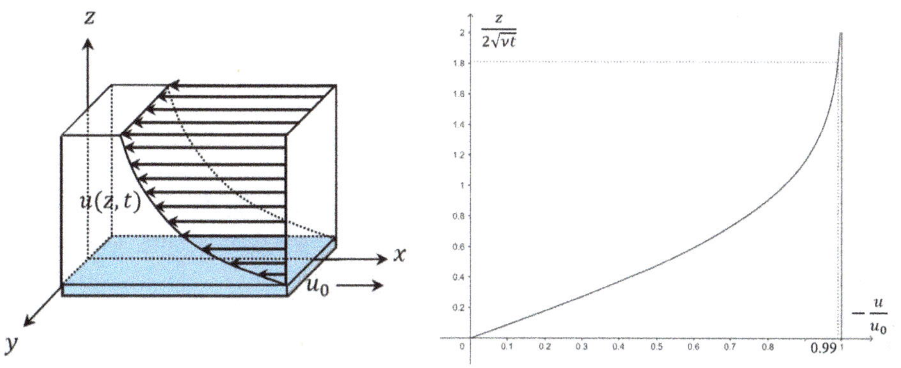

Abb. 3.11: Skizze zu Beispiel 18 und Graph von (3.59).

4 Die Grenzschichtgleichungen

In der Potentialtheorie haben wir die Umströmung von Körpern mithilfe von Stromlinien beschrieben. Da in diesem Modell kein Reibungswiderstand existiert, findet auch kein Energieverlust statt und das Fluid strömt widerstandsfrei am Körper vorbei. Deswegen liefert die Theorie auch Geschwindigkeiten, die außer in den Staupunkten auf der gesamten Körperoberfläche von null verschieden sind. Das Gegenteil ist aber der Fall, wenn an der Oberfläche die Fluidteilchen haften.

Eine weitere Eigenheit der Potentialströmung ist das Paradoxon von D'Alembert. Infolge der fehlenden Reibung kann die Strömung jeder beliebigen Kontur folgen, ohne sich von der Oberfläche abzulösen. Deshalb kompensieren sich die Druckkräfte insofern, dass der Körper zwar senkrecht zur Strömungsrichtung eine Kraft aber nicht in Strömungsrichtung selbst erfährt. Der Körper setzt der Strömung somit (nebst dem fehlenden Reibungswiderstand) auch keinen Druckwiderstand entgegen. Ein Flugzeug würde in einer solchen Strömung nicht abgebremst werden. Der Ursprung des Paradoxons liegt in der Annahme der Rotationsfreiheit einer Potentialströmung: Wirbel und die daraus entstehenden Reibungskräfte sind unmöglich.

In einer realen, reibungsbehafteten Strömung wird jeder Körper der Strömung einen Reibungswiderstand F_R und einen Druckwiderstand F_D entgegensetzen. Die folgende Tabelle gibt Aufschluss über die prozentualen Anteile der beiden Widerstandskräfte.

Körper	F_R	F_D
Längs angeströmte Platte	100 %	0 %
Tragfläche	90 %	10 %
Flugzeug	50 %	50 %
Ellipse	40 %	60 %
Zylinder quer, Kugel	10 %	90 %
PKW	10 %	90 %
Quer angeströmte Platte	0 %	100 %

Man erkennt, dass der Druckwiderstandsanteil über die Körperform beeinflusst wird.

Wir werden sehen, dass man den Reibungsanteil am Gesamtwiderstand über die Strömungsart (laminar oder turbulent) steuern kann, indem der Umschlag verhindert oder nach hinten verschoben wird. Generell wird sich zudem aussagen lassen: Bei laminarer Strömung ist der Reibungswiderstand am kleinsten und bei turbulenter Strömung sinkt der Druckwiderstand auf ein Minimum. Wir unterscheiden drei Fälle:

I. Die Strömung verläuft durchwegs laminar. Die zugehörige Geschwindigkeit ist relativ klein. Der Gesamtwiderstand setzt sich aus dem Reibungswiderstand $F_{R,\text{lam}}$ und dem Druckwiderstand F_D zusammen.

https://doi.org/10.1515/9783111345871-004

II. Die vorerst laminare Strömung löst sich nach einer Lauflänge l_{lam} auf der Körperkontur ab und wird turbulent. Die turbulente Strömung ihrerseits folgt der restlichen Kontur l_{tur}, ohne abzulösen. Für den Gesamtwiderstand erhält man $F = F_{R,\text{lam}} + F_{R,\text{tur}} + F_D$.
III. Im Allgemeinen folgt einer kurzen laminar verlaufenden Strömung eine turbulente Strömung, die ihrerseits die Körperkontur verlässt. Zwischen der Körperoberfläche und der abgelösten Strömung bilden sich Wirbel aus, die sich im sogenannten Totwassergebiet auf der Rückseite des Körpers sammeln. Der Reibungswiderstand $F_{R,\text{Abl}}$ ab dem Ablösepunkt ist je nach Körperform größer oder kleiner als der Druckwiderstand F_D, der sich aufgrund des kleineren statischen Drucks im Totwassergebiet gegenüber der Frontseite einstellt.

Herleitung von (4.1)

Zur Beschreibung des Druckwiderstands benutzen wir die Bernoulli-Gleichung mit Druckverlust und vergleichen die Drücke im Punkt S des Staupunkts und im „Punkt" T des Totwassergebiets. Letzteres lässt sich nicht auf einen bestimmten Punkt reduzieren. Deswegen betrachten wir die Drücke entlang der Projektionsfläche A in Strömungsrichtung und nehmen den jeweiligen Druck als konstant an.

Der Druck im Punkt S setzt sich aus dem Umgebungsdruck p_0 und einem Überdruck zusammen: $p_S = p_0 + \Delta p$. Der Überdruck entsteht durch den Staudruck. Dieser ist entlang der Kontur aber nicht konstant, deswegen stellen wir dem Überdruck einen Korrekturfaktor c_1 vor und schreiben direkt die wirkende Kraft $F_{S,A}$ auf die Fläche auf: $F_{S,A} = p_0 A + c_S \Delta p A$.

Die Geschwindigkeitsverteilung im Totwassergebiet ist unbekannt. Wir setzen die Quadrate der Geschwindigkeiten als Vielfaches von u_∞^2 und die daraus resultierende Druckkraft auf die Fläche A als $F_{T,A} = p_0 A + \frac{1}{2} c_T \rho A u_\infty^2$ mit einem weiteren Korrekturfaktor c_T an. Der Vergleich liefert

$$\Delta p A = \frac{1}{2} \cdot \frac{c_T}{c_S} \cdot \rho A u_\infty^2 .$$

Definiert man $\frac{c_T}{c_S} =: c_D$, so lautet der Druckwiderstand

$$F_D = \frac{1}{2} \cdot c_D \cdot \rho A u_\infty^2 . \tag{4.1}$$

Man nennt c_D den Druckwiderstandsbeiwert. Dieser hängt von der Größe des Totwassergebiets und somit von der Körperform selbst ab. Deswegen bezeichnet man F_D auch als Formwiderstand. Besonders bei der Kugel und dem Zylinder hängen die Werte stark von der Reynolds-Zahl ab. (Abb. 4.1, die Reynolds-Zahl wird mit dem Durchmesser gebildet: $\text{Re} = \text{Re}_d = \frac{u \cdot d}{\nu}$). In der nachstehenden Tabelle sind die Druckbeiwerte c_D einiger Körper zusammengetragen.

Körper	c_D
Senkrecht angeströmte Platte	1,1
Quer angeströmter Zylinder	1–1,2 ($5 \cdot 10^2 < \mathrm{Re} < 2{,}5 \cdot 10^5$) 0,35 ($\mathrm{Re} > 4 \cdot 10^5$)
Kugel	0,4–0,45 ($2 \cdot 10^3 < \mathrm{Re} < 2{,}5 \cdot 10^5$) 0,1–0,3 ($2{,}5 \cdot 10^3 < \mathrm{Re} < 4{,}5 \cdot 10^5$) 0,18 ($\mathrm{Re} > 5 \cdot 10^5$)
Ovaler Körper (U-Boot)	0,11
Stromlinienform	0,05

Insgesamt gilt also $F = F_{R,\mathrm{lam}} + F_{R,\mathrm{tur}} + F_D$. (Andersartige Drücke, wie induzierte Drücke behandeln wir nicht.)

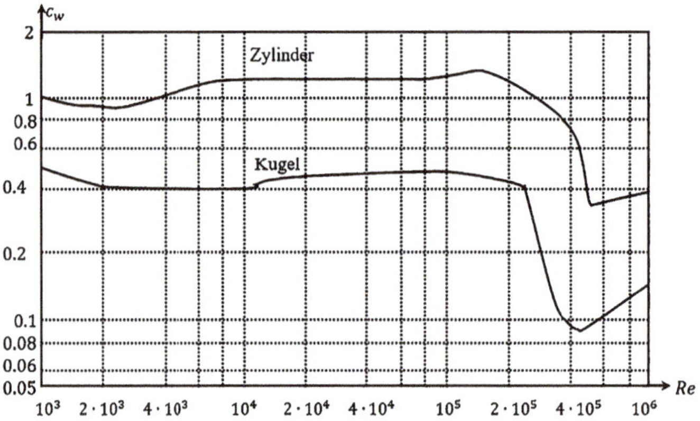

Abb. 4.1: Skizze zum Druckbeiwert des Zylinders und der Kugel.

Prandtl stellte 1904 das Konzept der Grenzschicht auf. Danach gilt, dass bei realen Strömungen die Reibung auf eine dünne wandnahe Schicht, der sogenannten Grenzschicht, begrenzt ist und diese mit steigender Reynolds-Zahl dünner wird. Außerhalb der Grenzschicht kann die Strömung reibungsfrei als Potentialströmung behandelt werden (Außenströmung). Impuls- und Wärmeaustausch finden in diesem Bereich ausschließlich durch Konvektion statt. Hingegen werden wir zeigen, dass innerhalb der Grenzschicht nebst der Konvektion auch die Diffusion, zumindest senkrecht zur Strömungsrichtung, berücksichtigt werden muss.

Außen- und Grenzschichtströmung beeinflussen sich sogar gegenseitig. Einerseits wird die Außenströmung durch die Grenzschicht von der Wand „abgedrängt“, d. h. eine in Wandnähe verlaufende Stromlinie muss nun den Umweg über die Grenzschicht hin zur Außenströmung nehmen. Infolge der vorhandenen Viskosität scheren die Strömungsschichten und erzeugen eine Druckänderung in Strömungsrichtung. Das bedeutet, dass der Druckverlauf innerhalb der Grenzschicht von eben dieser Außenströmung allein bestimmt wird. Man sagt, der Grenzschicht wird der Druck von der Außenströmung aufgeprägt. Diesen Zusammenhang werden die Grenzschichtgleichungen bestätigen.

Der Grenzschicht begegneten wir schon in Band 4 im Zusammenhang mit der Nusselt-Zahl. Innerhalb dieser Grenzschicht findet die eigentliche Wärmeübertragung statt. Mithilfe der Grenzschichtgleichungen wird es uns möglich sein, das Geschwindigkeitsfeld innerhalb der Grenzschicht zu beschreiben. Diese Grenzschichtgleichungen sind nichts Anderes als Navier-Stokes-Gleichungen für große Reynolds-Zahlen.

4.1 Die Grenzschicht einer parallel angeströmten Platte

Betrachtet man nochmals die Entstehung der Navier-Stokes-Gleichung (3.2) aus der Euler-Gleichung, so wird Letztere durch einen viskosen Term erweitert. Mathematisch betrachtet enthält der neue Term höhere Geschwindigkeitsableitungen als die Euler-Gleichung. Wir untersuchen kurz, wie sich ausgehend von einer Plattenströmung das Geschwindigkeitsprofil qualitativ ändert. Für eine reibungsfreie Strömung u in x-Richtung reduziert sich die Navier-Stokes-Gleichung zur Euler-Gleichung und es gilt schlicht $u = \text{konst.} = u_\infty$ oder $\frac{\partial u}{\partial y} = u' = 0$ und somit $\frac{u}{u_\infty}(y) = 1$. Nun soll die Viskosität mit einem kleinen Faktor $a \ll 1$ berücksichtigt werden. Das heißt, wir stören die ursprüngliche Euler-Gleichung durch Hinzunahme eines Terms au'' und erhalten die DG $u' + au'' = 0$ mit $[a] = \text{m}$.

Mit dem Ansatz $u(y) = e^{ky}$ folgt $k_1 = 0$, $k_2 = -\frac{1}{a}$ und

$$\frac{u}{u_\infty} = C_1 + C_2 e^{-\frac{1}{a}y}.$$

Die Randbedingungen sind $\frac{u}{u_\infty}(0) = 0$ (Haftbedingung) und $\frac{u}{u_\infty}(\infty) = 1$ (Übergang des Profils in dasjenige der reibungslosen Außenströmung).

Beides ergibt

$$\frac{u}{u_\infty}(x) = 1 - e^{-\frac{1}{a}x}.$$

Für eine Skizze wählen wir $\frac{1}{a} = 0{,}1$ (Abb. 4.2).

Daran erkennt man, dass die Navier-Stokes-Gleichung Grenzschichten erzeugt.

Wir definieren nochmals die Grenzschicht im Zusammenhang mit der Außenströmung u_δ wie in Kap. 3.1, Bsp. 18.

Definition. Als Grenzschicht bezeichnen wir diejenige Schicht nahe einer angeströmten Wand, in der die Strömungsgeschwindigkeit u vom Wert null an der Wand auf den

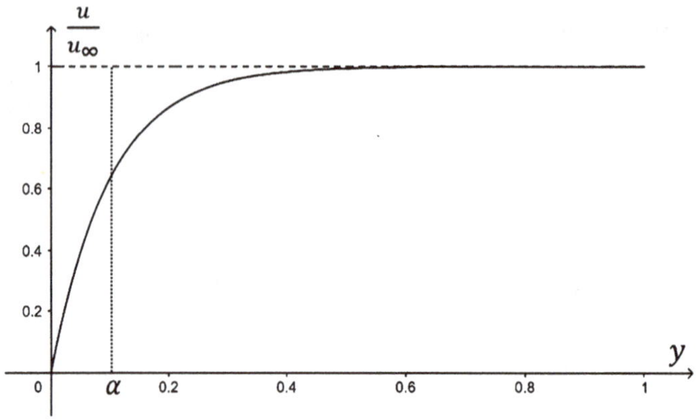

Abb. 4.2: Skizze zur Erzeugung einer Grenzschicht.

Wert u_δ der reibungsfreien Außenströmung asymptotisch übergeht. Die Dicke δ der Grenzschicht wird (willkürlich) als diejenige Stelle definiert, für die $u = 0{,}99 u_\delta$ gilt.

Im 18. Beispiel von Kap. 3.1 haben wir gesehen, dass die Grenzschicht $\delta = \delta(u_\infty, x, \nu)$ sowohl von der Anströmgeschwindigkeit, als auch von der Lauflänge und der Viskosität abhängt. Die Lauflänge wird bei einer Platte oder einem spitzen Körper von der Spitze aus, bei einem stumpfen Körper von seinem Staupunkt aus gemessen. Anschließend werden wir die Parabelform $\delta(x) \sim \sqrt{x}$ der Grenzschicht und das mit der Lauflänge steiler werdende Geschwindigkeitsprofil aus dem erwähnten 18. Beispiel, bestätigen (Abb. 4.3 links).

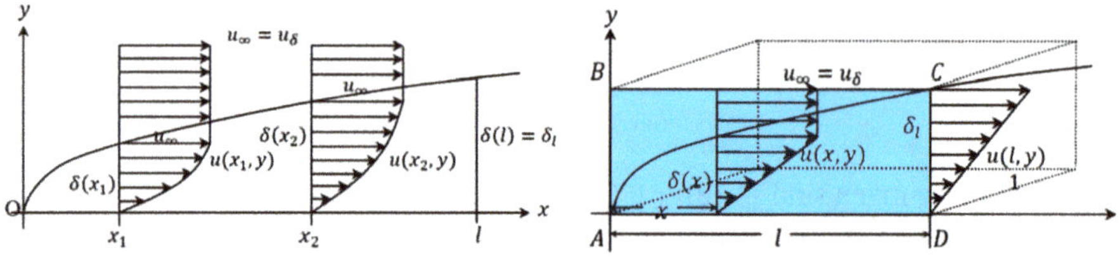

Abb. 4.3: Skizzen zu den Geschwindigkeitsprofilen und den Bilanzen am Quader.

Wir wollen als Erstes die Grenzschicht abschätzen und nehmen dazu ein lineares Geschwindigkeitsprofil $u(x, y) = \frac{y}{\delta(x)} \cdot u_\infty$ an (Abb. 4.3 rechts).

Herleitung von (4.1.1)–(4.1.3)

Gegeben ist ein quaderförmiges Kontrollvolumen mit dem Querschnitt *ABCD* und der Tiefe Eins.

Bilanz 1: Massenstrom im Kontrollvolumen. Für einen Massenstrom gilt allgemein

$$\dot{m}(x) = \rho \dot{V}(x) = \rho A(x)\frac{dx}{dt} = \rho \cdot \delta(x) \cdot 1 \cdot u(x).$$

Speziell durch *AB* fließt (auf einer Breite von 1) der Massenstrom $\dot{m}_{AB} = \rho u_\infty \delta_l$ in das Kontrollvolumen hinein. Durch *CD* fließt hingegen der Massenstrom

$$\dot{m}_{CD} = -\rho \int_0^{\delta_l} u(l,y)dy = -\rho \int_0^{\delta_l} \frac{y}{\delta(l)} \cdot u_\infty dy = -\frac{\rho u_\infty}{\delta_l} \int_0^{\delta_l} y dy = -\frac{1}{2}\rho u_\infty \delta_l$$

heraus. Da die Platte keine Masse durchlässt, muss der Massenstrom durch *BC*, aufgrund der Massenerhaltung, den folgenden Wert besitzen:

$$\dot{m}_{BC} = -\frac{1}{2}\rho u_\infty \delta_l. \tag{4.1.1}$$

Bilanz 2: Impulsstrom im Kontrollvolumen (zeitliche Impulsänderung). Im Zusammenhang mit dem Stützkraftsatz kennen wir den Impulsstrom $\dot{I} = \dot{m}v = \rho \cdot \delta(x) \cdot 1 \cdot u^2(x)$ bereits. Dieser besitzt die Dimension einer Kraft. Durch *AB* fließt (auf einer Breite von 1) der Impulsstrom $\dot{I}_{AB} = \rho u_\infty^2 \delta_l$ in das Kontrollvolumen. Hingegen verlässt der Impulsstrom

$$\dot{I}_{AB} = -\rho \int_0^{\delta_l} u^2(l,y)dy = -\rho \int_0^{\delta_l} \frac{y^2}{\delta(l)} \cdot u_\infty^2 dy = -\frac{\rho u_\infty^2}{\delta_l^2} \int_0^{\delta_l} y^2 dy = -\frac{1}{3}\rho u_\infty^2 \delta_l$$

das Kontrollvolumen über *CD*. Es fehlt noch der Impulsstrom durch *BC*. Auf der ganzen Strecke beträgt die Geschwindigkeit u_∞. Demnach verlässt, unter Verwendung von (4.1.1), der Strom $\dot{I}_{BC} = -\frac{1}{2}\rho u_\infty^2 \delta_l$ das Kontrollvolumen. Insgesamt wird der verbleibende Impulsstrom oder die folgende Kraft auf die Platte übertragen:

$$F = \rho u_\infty^2 \delta_l - \frac{1}{3}\rho u_\infty^2 \delta_l - \frac{1}{2}\rho u_\infty^2 \delta_l = \frac{1}{6}\rho u_\infty^2 \delta_l. \tag{4.1.2}$$

Ersetzt man mithilfe von (3.60) $\delta_l = 3{,}64\sqrt{\frac{\nu l}{u_\infty}}$, so folgt

$$F = \frac{3{,}64}{6}\rho u_\infty^2 \sqrt{\frac{\nu l}{u_\infty}} = 0{,}607 \cdot \rho\sqrt{\nu} \cdot u_\infty^{\frac{3}{2}} \cdot l^{\frac{1}{2}} \quad \text{oder}$$

$$F = 0{,}607 \cdot b \cdot \sqrt{\rho\eta} \cdot u_\infty^{\frac{3}{2}} \cdot l^{\frac{1}{2}}, \tag{4.1.3}$$

falls die Breite *b* verwendet wird. Dies ist das Plattengesetz von Blasius. Später leiten wir dieses über die Grenzschichtgleichungen nochmals her und korrigieren den Faktor 0,607 mithilfe des eben verwendeten lineraren Geschwindigkeitsprofils auf 0,662.

Die beiden Grenzschichtgleichungen werden dann nichts anderes als die Massen- und Impulsbilanz beschreiben.

Herleitung von (4.1.4)–(4.1.6)

Nun soll die Grenzschichtdicke unter Verwendung des linearen Geschwindigkeitsprofils $u(x,y) = \frac{y}{\delta(x)} \cdot u_\infty$ abgeschätzt werden. Die durch die Strömung erzeugte mittlere Normalspannung $\overline{\tau}$ entlang der Platte beträgt mithilfe des Newton'schen Ansatzes $\overline{\tau} = \frac{1}{l}\int_0^l \eta \overline{\frac{du}{dy}} dx$. Dabei erhalten wir

$$\overline{\frac{du}{dy}} = \frac{1}{\delta(x)} \int_0^{\delta(x)} \frac{du}{dy} dy = \frac{1}{\delta(x)} \int_0^{\delta(x)} \frac{u_\infty}{\delta(x)} dy = \frac{u_\infty}{\delta(x)},$$

was bei einer linearen Geschwindigkeitsverteilung so sein muss.

Es ergibt sich $\overline{\tau} = \frac{\eta u_\infty}{l} \int_0^l \frac{1}{\delta(x)} dx$. In Abb. 4.3 rechts ist $C(l, \delta_l)$, woraus das parabolische Profil der Grenzschicht geschrieben werden kann als

$$\delta(x) = \frac{\delta_l}{\sqrt{l}} \sqrt{x}. \tag{4.1.4}$$

Somit folgt

$$\overline{\tau} = \frac{\eta u_\infty}{\delta_l \sqrt{l}} \int_0^l \frac{1}{\sqrt{x}} dx = \frac{2\eta u_\infty}{\delta_l \sqrt{l}} \sqrt{l} = \frac{2\eta u_\infty}{\delta_l}.$$

Nach Definition gilt $\overline{\tau} = \frac{F}{A} = \frac{F}{l \cdot 1}$ (A ist die Fläche der Platte) und der Vergleich mit (4.1.2) führt zu

$$\frac{2\eta u_\infty}{\delta_l} = \frac{1}{6} \frac{\rho u_\infty^2 \delta_l}{l \cdot 1}.$$

Daraus entsteht

$$\frac{12\eta}{\rho u_\infty l} = \frac{\delta_l^2}{l^2}, \quad \sqrt{\frac{12\nu}{u_\infty l}} = \frac{\delta_l}{l}$$

und schließlich

$$\frac{\delta_l}{l} = \frac{3{,}46}{\sqrt{\mathrm{Re}_l}} \quad \text{mit} \quad \mathrm{Re}_l = \frac{u_\infty l}{\nu}. \tag{4.1.5}$$

Im Vergleich zu (3.61) liefert (4.1.5) infolge des verwendeten linearen Geschwindigkeitsprofils eine kleine Abweichung des Faktors 3,46 gegenüber 3,64. Diesen werden wir später noch verbessern können. Für typische kinematische Viskositäten von Wasser und

Luft hat man $\nu \approx 1 \cdot 10^{-6}$–$10 \cdot 10^{-6}\,\frac{\mathrm{m}^2}{\mathrm{s}}$. Bei einer Plattenlänge von $l = 1\,\mathrm{m}$ und einer Anströmgeschwindigkeit von $u_\infty = 2$–$5\,\frac{\mathrm{m}}{\mathrm{s}}$ ergeben sich Grenzschichtdicken von etwa $\delta_l \approx 1{,}5$–$7{,}5\,\mathrm{mm}$.

Am Rand der Grenzschicht wird die in x-Richtung strömende Geschwindigkeit u_∞ in y-Richtung abgelenkt. Es soll die Ablenkung v_∞ in Abhängigkeit von u_∞ bestimmt werden. Dazu führen wir erneut eine Massenstrombilanz mit dem linearen Geschwindigkeitsprofil durch, diesmal aber an einem Rechteck mit der Breite Δl und erhalten dann im Grenzwert einen örtlichen Massenstrom in vertikaler Richtung (Abb. 4.4 links).

Bilanz: Massenstrombilanz. Die einfließenden bzw. ausfließenden Massenströme lauten wie folgt:

$$\dot{m}_{AB,\mathrm{ein}} = \rho \int_0^{\delta_l} u(l,y)dy = \rho \int_0^{\delta_l} \frac{y}{\delta(l)} \cdot u_\infty dy = \frac{\rho u_\infty}{\delta_l} \int_0^{\delta_l} y dy = \frac{1}{2}\rho u_\infty \delta_l,$$

$$\dot{m}_{BC,\mathrm{ein}} = \rho u_\infty \Delta\delta_l, \quad \dot{m}_{CD,\mathrm{aus}} = -\rho v_\infty \Delta l \quad \text{und}$$

$$\dot{m}_{DE,\mathrm{aus}} = -\rho \int_0^{\delta_l+\Delta\delta_l} u(l,y)dy = \rho \int_0^{\delta_l+\Delta\delta_l} \frac{y}{\delta(l)} \cdot u_\infty dy = -\frac{1}{2}\rho u_\infty(\delta_l + \Delta\delta_l).$$

Die Massenerhaltung führt zu

$$\frac{1}{2}\rho u_\infty \delta_l + \rho u_\infty \Delta\delta_l - \frac{1}{2}\rho u_\infty(\delta_l + \Delta\delta_l) - \rho v_\infty \Delta l = 0 \quad \text{oder} \quad \frac{v_\infty}{u_\infty} = \frac{1}{2} \cdot \frac{\Delta\delta_l}{\Delta l}.$$

Im Grenzfall erhält man mit (4.1.4)

$$\frac{v_\infty}{u_\infty} = \frac{1}{2} \cdot \left.\frac{d\delta(x)}{dx}\right|_{x=l} = \frac{1}{2} \cdot \frac{\delta_l}{\sqrt{l}} \cdot \left.\frac{1}{2\sqrt{x}}\right|_{x=l} = \frac{\delta_l}{4l}.$$

Dies lässt sich unter Hinzunahme von (4.1.5) umformen:

$$\frac{v_\infty}{u_\infty} = \frac{3{,}46}{4} \cdot \frac{1}{\sqrt{\mathrm{Re}_l}}.$$

Schließlich ergibt sich

$$v_\infty = \frac{0{,}865}{\sqrt{\mathrm{Re}_l}} \cdot u_\infty \quad \text{oder} \quad v_\infty = 0{,}865\sqrt{\frac{u_\infty \nu}{l}}. \tag{4.1.6}$$

Mithilfe von (4.1.5) ist

$$\frac{v_\infty}{u_\infty} = \frac{3{,}46}{4} \cdot \frac{1}{\sqrt{\mathrm{Re}_l}} \sim \frac{\delta_l}{l}$$

und man erkennt, dass v_∞ gegenüber u_∞ sich im gleichen Verhältnis verkleinert wie die Grenzschicht zur Lauflänge. Deshalb kann man die absolute Geschwindigkeit u mit u_∞ gleichsetzen:

$$u = \sqrt{u_\infty^2 + v_\infty^2} = u_\infty\left(1 + \frac{0{,}75}{\mathrm{Re}_l}\right) \approx u_\infty.$$

An der Vorderkante gilt (4.1.6) nicht. Leider sind solche Singularitäten typisch für die Grenzschichttheorie.

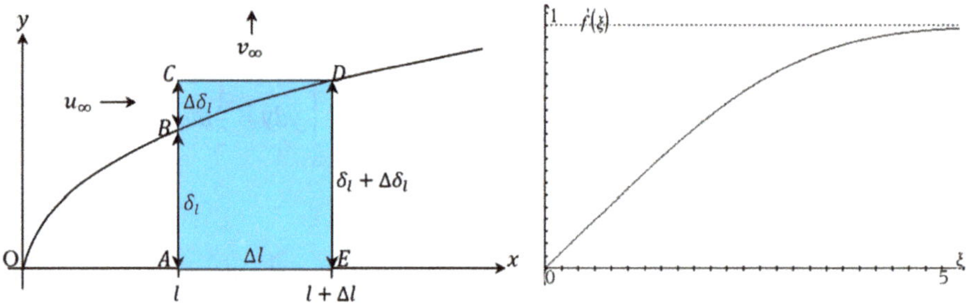

Abb. 4.4: Skizze zur Massenbilanz am infinitesimalen Quader und Simulation von (4.3.8).

4.2 Die Herleitung der Grenzschichtgleichungen

Wie wir wissen, sind die Navier-Stokes-Gleichungen nicht geschlossen lösbar. Es wird uns zumindest für eine ebene Strömung gelingen, die beiden Impulsgleichungen mithilfe der innerhalb der Grenzschicht geltenden Eigenheiten auf eine einzige Impulsgleichung zu reduzieren.

Einschränkung: Im Weitern betrachten wir ausschließlich ebene stationäre Strömungen mit konstanter Dichte.

Diese Annahme gilt für alle Flüssigkeiten und Gase, sofern die Strömungstemperatur konstant und die Mach-Zahl kleiner als etwa 0,3 ist. Die zugrunde liegenden Gleichungen unter Vernachlässigung des Schwerefeldes mit den neuen Bezeichnungen $u = u_x$, $v = u_y$ lauten gemäß (3.2) und (3.3):

Kontinuitätsgleichung $\quad \dfrac{\partial u}{\partial x} + \dfrac{\partial v}{\partial y} = 0,$

Impuls in x-Richtung $\quad u\dfrac{\partial u}{\partial x} + v\dfrac{\partial u}{\partial y} + \dfrac{1}{\rho}\cdot\dfrac{\partial p}{\partial x} - \nu\left(\dfrac{\partial^2 u}{\partial x^2} + \dfrac{\partial^2 u}{\partial y^2}\right) = 0 \quad$ und

Impuls in y-Richtung $\quad u\dfrac{\partial v}{\partial x} + v\dfrac{\partial v}{\partial y} + \dfrac{1}{\rho}\cdot\dfrac{\partial p}{\partial y} - \nu\left(\dfrac{\partial^2 v}{\partial x^2} + \dfrac{\partial^2 v}{\partial y^2}\right) = 0.$

Einschränkung: Bis auf Weiteres gehen wir von einer mit der Geschwindigkeit u_∞ angeströmten ebenen oder leicht gekrümmten Platte der Lauflänge l aus. Die Anströmung kann dabei auch unter einem Winkel erfolgen.

Herleitung von (4.2.1)–(4.2.5)

Wir führen dimensionslose Variablen ein.

Mit $x_* = \frac{x}{l}, y_* = \frac{y}{l}, u_* = \frac{u}{u_\infty}, v_* = \frac{v}{u_\infty}$ und $p_* = \frac{p}{\rho u_\infty^2}$ erhält man

$$\frac{\partial u}{\partial x} = u_\infty \frac{\partial u_*}{\partial x} = u_\infty \frac{\partial u_*}{\partial x_*} \cdot \frac{\partial x_*}{\partial x} = \frac{u_\infty}{l} \cdot \frac{\partial u_*}{\partial x_*},$$

woraus

$$u \cdot \frac{\partial u}{\partial x} = \frac{u_\infty^2}{l} \cdot u_* \frac{\partial u_*}{\partial x_*}$$

entsteht. Entsprechend folgen

$$v\frac{\partial u}{\partial y} = \frac{u_\infty^2}{l} \cdot v_* \frac{\partial u_*}{\partial y_*}, \quad u\frac{\partial v}{\partial x} = \frac{u_\infty^2}{l} \cdot u_* \frac{\partial v_*}{\partial x_*} \quad \text{und} \quad v\frac{\partial v}{\partial y} = \frac{u_\infty^2}{l} \cdot v_* \frac{\partial v_*}{\partial y_*}.$$

Weiter ist

$$\frac{1}{\rho} \cdot \frac{\partial p}{\partial x} = \frac{1}{\rho} \cdot \rho u_\infty^2 \cdot \frac{\partial p_*}{\partial x} = u_\infty^2 \frac{\partial p_*}{\partial x_*} \cdot \frac{\partial x_*}{\partial x} = \frac{u_\infty^2}{l} \cdot \frac{\partial p_*}{\partial x_*} \quad \text{und} \quad \frac{1}{\rho} \cdot \frac{\partial p}{\partial y} = \frac{u_\infty^2}{l} \cdot \frac{\partial p_*}{\partial y_*}.$$

Es fehlt noch

$$\frac{\partial^2 u}{\partial x^2} = \frac{\partial}{\partial x}\left(\frac{\partial u}{\partial x}\right) = \frac{\partial}{\partial x}\left(\frac{\partial u_*}{\partial x_*}\right) \cdot \frac{u_\infty}{l} = \frac{u_\infty}{l} \cdot \frac{\partial}{\partial x_*}\left(\frac{\partial u_*}{\partial x_*} \cdot \frac{\partial x_*}{\partial x}\right) = \frac{u_\infty}{l^2} \cdot \frac{\partial^2 u_*}{\partial x_*^2}$$

und die Entsprechungen

$$\frac{\partial^2 u}{\partial y^2} = \frac{u_\infty}{l^2} \cdot \frac{\partial^2 u_*}{\partial y_*^2}, \quad \frac{\partial^2 v}{\partial x^2} = \frac{u_\infty}{l^2} \cdot \frac{\partial^2 v_*}{\partial x_*^2} \quad \text{und} \quad \frac{\partial^2 v}{\partial y^2} = \frac{u_\infty}{l^2} \cdot \frac{\partial^2 v_*}{\partial y_*^2}.$$

Dann geht das System mit $\mathrm{Re} = \frac{u_\infty l}{\nu}$ über in

$$\begin{aligned} \frac{\partial u_*}{\partial x_*} + \frac{\partial v_*}{\partial y_*} &= 0, \\ u_* \frac{\partial u_*}{\partial x_*} + v_* \frac{\partial u_*}{\partial y_*} + \frac{\partial p_*}{\partial x_*} - \frac{1}{\mathrm{Re}}\left(\frac{\partial^2 u_*}{\partial x_*^2} + \frac{\partial^2 u_*}{\partial y_*^2}\right) &= 0 \quad \text{und} \\ u_* \frac{\partial v_*}{\partial x_*} + v_* \frac{\partial v_*}{\partial y_*} + \frac{\partial p_*}{\partial y_*} - \frac{1}{\mathrm{Re}}\left(\frac{\partial^2 v_*}{\partial x_*^2} + \frac{\partial^2 v_*}{\partial y_*^2}\right) &= 0. \end{aligned} \tag{4.2.1}$$

Die x_*-Koordinate wählen wir entlang der Oberflächenstruktur und die y_*-Koordinate senkrecht dazu. Aufgrund von (3.62) gilt innerhalb der Grenzschicht $\frac{1}{\sqrt{\text{Re}}} \ll 1$ und erst recht $\frac{1}{\text{Re}} \ll 1$. Für Re $\to \infty$ gehen diese Gleichungen bis auf den Gravitationsterm in die stationären Euler-Gleichungen über. Da aber in einer wandnahen Schicht die Wirkung der Reibung und somit der Viskositätsterm nicht vernachlässigt werden kann, darf der Grenzprozess noch nicht vollzogen werden. Es sollen nun die Größenverhältnisse von x_*, y_*, u_* und v_* miteinander verglichen werden. Als Erstes halten wir fest, dass $x_* = \frac{x}{l}$ und $u_* = \frac{u}{u_\infty}$ von der Größenordnung eins sind. Die anderen beiden Größen sind es aber nicht. Dazu überlegen wir uns, dass ein Teilchen an der Stelle x innerhalb der Grenzschicht höchstens um $\delta(x)$ abgelenkt wird und die Geschwindigkeit v_∞ erreichen kann. Aus beidem folgt mit (3.62) und (4.1.5)

$$y_* = \frac{y}{l} \le \frac{\delta(x)}{l} \sim \frac{1}{\sqrt{\text{Re}}} \quad \text{und} \quad v_* = \frac{v}{u_\infty} \le \frac{v_\infty}{u_\infty} \sim \frac{1}{\sqrt{\text{Re}}}.$$

Dies bedeutet, dass $\tilde{y} = y_* \cdot \sqrt{\text{Re}}$ und $\tilde{v} = v_* \cdot \sqrt{\text{Re}}$ von der Größenordnung eins sind. Deswegen müssen die beiden neuen Größen $\tilde{y}$ und $\tilde{v}$ für einen Größenvergleich in das System (4.2.1) implementiert werden. Es lautet neu

$$\frac{\partial u_*}{\partial x_*} + \frac{\sqrt{\text{Re}}}{\sqrt{\text{Re}}} \cdot \frac{\partial \tilde{v}}{\partial \tilde{y}} = 0,$$

$$u_* \frac{\partial u_*}{\partial x_*} + \frac{\sqrt{\text{Re}}}{\sqrt{\text{Re}}} \cdot \tilde{v} \frac{\partial u_*}{\partial \tilde{y}} + \frac{\partial p_*}{\partial x_*} - \frac{1}{\text{Re}} \left(\frac{\partial^2 u_*}{\partial x_*^2} + \text{Re} \cdot \frac{\partial^2 u_*}{\partial \tilde{y}^2} \right) = 0$$

und

$$\frac{1}{\sqrt{\text{Re}}} \cdot u_* \frac{\partial \tilde{v}}{\partial x_*} + \frac{1}{\sqrt{\text{Re}}} \cdot \frac{\sqrt{\text{Re}}}{\sqrt{\text{Re}}} \cdot \tilde{v} \frac{\partial \tilde{v}}{\partial \tilde{y}} + \sqrt{\text{Re}} \cdot \frac{\partial p_*}{\partial \tilde{y}} - \frac{1}{\text{Re}} \left(\frac{1}{\sqrt{\text{Re}}} \cdot \frac{\partial^2 \tilde{v}}{\partial x_*^2} + \frac{\text{Re}}{\sqrt{\text{Re}}} \cdot \frac{\partial^2 \tilde{v}}{\partial \tilde{y}^2} \right) = 0.$$

Nach unserer Vorbemerkung sind die Reynolds-Zahlen groß und man erhält

$$\frac{\partial u_*}{\partial x_*} + \frac{\partial \tilde{v}}{\partial \tilde{y}} = 0, \quad u_* \frac{\partial u_*}{\partial x_*} + \tilde{v} \frac{\partial u_*}{\partial \tilde{y}} + \frac{\partial p_*}{\partial x_*} - \frac{\partial^2 u_*}{\partial \tilde{y}^2} \approx 0 \quad \text{und} \quad \frac{\partial p_*}{\partial \tilde{y}} \approx 0. \tag{4.2.2}$$

Eine erste Rücktransformation liefert für den Impuls innerhalb der Grenzschicht in x-Richtung

$$u_* \frac{\partial u_*}{\partial x_*} + v_* \frac{\partial u_*}{\partial y_*} + \frac{\partial p_*}{\partial x_*} - \frac{1}{\text{Re}} \cdot \frac{\partial^2 u_*}{\partial y_*^2} = 0. \tag{4.2.3}$$

Die Gleichung (4.2.3) benötigen wir im Zusammenhang mit der Temperaturgrenzschicht in Kap. 5.1. Werden alle Transformationen rückgängig gemacht, so erhält man aus (4.2.2) schließlich die Grenzschichtgleichungen für stationäre inkompressible Strömungen:

$$\frac{\partial u}{\partial x} + \frac{\partial v}{\partial y} = 0,$$
$$u\frac{\partial u}{\partial x} + v\frac{\partial u}{\partial y} + \frac{1}{\rho} \cdot \frac{\partial p}{\partial x} - \nu\frac{\partial^2 u}{\partial y^2} = 0 \quad \text{und}$$
$$\frac{\partial p}{\partial y} = 0. \tag{4.2.4}$$

Bemerkung. Neigt man die Platte um den Winkel α, so kann man dem x-Impuls von (4.2.4) die Einwirkung der Schwerkraft einverleiben und erhält

$$\frac{\partial u}{\partial x} + v\frac{\partial u}{\partial y} + \frac{1}{\rho} \cdot \frac{\partial p}{\partial x} - \nu\frac{\partial^2 u}{\partial y^2} - g\sin\alpha = 0$$

oder dimensionslos gemäß (4.2.3)

$$u_*\frac{\partial u_*}{\partial x_*} + v_*\frac{\partial u_*}{\partial y_*} + \frac{\partial p_*}{\partial x_*} - \frac{1}{\mathrm{Re}} \cdot \frac{\partial^2 u_*}{\partial y_*^2} - \frac{gl}{u_\infty^2}\sin\alpha = 0.$$

Definiert man die Froude-Zahl (vgl. Band 5) als $\mathrm{Fr} = \frac{u_\infty}{\sqrt{gl}}$, so schreibt sich der Impuls als

$$u_*\frac{\partial u_*}{\partial x_*} + v_*\frac{\partial u_*}{\partial y_*} + \frac{\partial p_*}{\partial x_*} - \frac{1}{\mathrm{Re}} \cdot \frac{\partial^2 u_*}{\partial y_*^2} - \frac{1}{\mathrm{Fr}^2}\sin\alpha = 0.$$

Die Froude-Zahl spielt nur bei Gerinneströmungen eine Rolle, bei der die Schwerkraft die treibendende Kraft darstellt. Bei der Plattenströmung entfällt die Gravitation in x-Richtung ($\alpha = 0$). Damit wird die Plattenströmung einzig durch die Reynolds-Zahl charakterisiert.

Große Reynolds-Zahlen teilen somit das Strömungsgebiet in zwei Bereiche, einem reibungsfreien Außengebiet und einem Grenzschichtbereich, in dem der Diffusionsanteil an der Impulsänderung nicht vernachlässigt werden darf.

Die Kontinuitätsgleichung wird immer noch exakt erfüllt und der Massentransport muss in beide Richtungen berücksichtigt werden. In x-Richtung wird der Impuls bei praktisch nicht vorhandener Diffusion fast ausschließlich durch Konvektion übertragen. In dieser Koordinatenrichtung ändert sich somit nichts gegenüber der Außenströmung.

Hingegen überwiegt bei der Impulsübertragung in y-Richtung die Diffusion gegenüber der Konvektion. Dieser Effekt wächst an, wenn man von außen in die Grenzschicht eindringt und sich der Wand nähert. Unmittelbar in Wandnähe ist das Profil nahezu linear, sodass die Diffusion zwar kleiner aber die Konvektion infolge der kleinen Geschwindigkeit praktisch Null ist.

Nun betrachten wir den Druckterm $\frac{1}{\rho} \cdot \frac{dp}{dx}$ genauer und werten dazu den Impuls in x-Richtung für beliebige x der Außenströmung $u_\delta(x)$ aus und erhalten

$$u_\delta(x)\frac{du_\delta(x)}{dx} + 0\cdot 0 + \frac{1}{\rho}\cdot\frac{dp}{dx} - \nu\cdot 0 = 0 \quad \text{oder} \quad u_\delta(x)\frac{du_\delta(x)}{dx} = -\frac{1}{\rho}\cdot\frac{dp}{dx}. \tag{4.2.5}$$

Dies entspricht gerade der differenziellen Bernoulli-Gleichung

$$\frac{d}{dx}\left(\frac{1}{2}\cdot\rho u_\delta^2(x)\right) + \frac{d}{dx}(p(x)) = 0.$$

Da $\frac{\partial p}{\partial y} = 0$, ist p eine Funktion von x alleine und der Druck wird auch innerhalb der Grenzschicht über die Außenströmung bestimmt, anders gesagt, die Außenströmung prägt der Grenzschicht den Druck auf.

Die Herleitung der Grenzschichtgleichung wurde unter der Annahme sowohl konstanter Dichte als auch konstanter Viskosität durchgeführt. Dies ist zulässig, solange die Mach-Zahl $\mathrm{Ma} = \frac{v}{c} < 0{,}3$ (Strömungsgeschwindigkeit v, lokale Schallgeschwindigkeit c) gilt. In diesem Fall kann das Fluid als inkompressibel betrachtet werden. Für Wasser entspräche die größtmögliche zulässige Strömungsgeschwindigkeit $v = 435\,\frac{\mathrm{m}}{\mathrm{s}}$ und für Luft $v = 100\,\frac{\mathrm{m}}{\mathrm{s}}$.

4.3 Die Lösung der Grenzschichtgleichungen für eine parallel angeströmte Platte

Herleitung von (4.3.1)–(4.3.10)

Wählen wir in (4.2.5) speziell $u_\delta(x) = u_\infty$ für eine mit konstanter Geschwindigkeit parallel angeströmte ebene oder leicht gekrümmte Platte, dann geht (4.2.5) über in $\frac{dp}{dx} = 0$ und man erhält die Grenzschichtgleichungen für die parallel angeströmte Platte:

$$\frac{\partial u}{\partial x} + \frac{\partial v}{\partial y} = 0, \tag{4.3.1}$$

$$u\frac{\partial u}{\partial x} + v\frac{\partial u}{\partial y} - \nu\frac{\partial^2 u}{\partial y^2} = 0. \tag{4.3.2}$$

Wir wollen zeigen, dass dieses System selbstähnliche Lösungen erzeugt, d. h. mit $u(x,y)$ ist auch (ax, by) mit $a, b \in \mathbb{R}$ Lösung von (4.3.2). Insbesondere ist $a = c$ und $b = \sqrt{c}$.

Beweis. Da (4.3.2) erste und zweite Änderungen nach x bzw. y enthält, ist es naheliegend, die Selbstähnlichkeit als $u(cx, \sqrt{c}y) = u(x,y)$ anzusetzen (vgl. 4. Band). Die Substitutionen sind demnach $r = cx$ und $s = \sqrt{c}y$. Man sagt auch, dass die DG invariant gegenüber der Koordinatentransformation ist. Die Behauptung lautet, dass $u(r,s) = u(cx, \sqrt{c}y)$ ebenfalls Lösung von (4.3.2) ist. Dazu betrachten wir die drei Terme, mit den Zahlen von 1. bis 3. bezeichnet, einzeln.

1.

$$u(r,s)\cdot\frac{\partial u(r,s)}{\partial x} = u(r,s)\cdot\frac{\partial u(r,s)}{\partial r}\cdot\frac{\partial r}{\partial x} = c\cdot u(r,s)\cdot\frac{\partial u(r,s)}{\partial r}.$$

2. Für den zweiten Term müssen wir die Gleichung (4.3.1) ins Spiel bringen und schreiben sie in integraler Form zu $v(x,y) = -\int_0^y \frac{\partial u}{\partial x} dy$. Dann verrechnen wir

$$-\int_0^y \frac{\partial u(r,s)}{\partial x} dy \cdot \frac{\partial u(r,s)}{\partial y} = -\int_0^s \left(\frac{\partial u(r,s)}{\partial r} \cdot c \frac{1}{\sqrt{c}} \right) ds \cdot \frac{\partial u(r,s)}{\partial s} \cdot \sqrt{c}$$

$$= -c \cdot \frac{\partial u(r,s)}{\partial s} \int_0^s \frac{\partial u(r,s)}{\partial r} ds = c \cdot \frac{\partial u(r,s)}{\partial s} \cdot v(r,s).$$

3.

$$\frac{\partial^2 u(r,s)}{\partial y^2} = \frac{\partial}{\partial y}\left(\frac{\partial u(r,s)}{\partial y} \right) = \frac{\partial}{\partial y}\left(\frac{\partial u(r,s)}{\partial s} \cdot \frac{\partial s}{\partial y} \right)$$

$$= \sqrt{c} \cdot \frac{\partial}{\partial s}\left(\frac{\partial u(r,s)}{\partial y} \right) = c \cdot \frac{\partial^2 u(r,s)}{\partial s^2}.$$

Alle drei Terme enthalten denselben Faktor, der sich wegstreicht und es folgt die Behauptung

$$u(r,s) \cdot \frac{\partial u(r,s)}{\partial r} + v(r,s) \cdot \frac{\partial u(r,s)}{\partial s} - v \cdot \frac{\partial^2 u(r,s)}{\partial s^2} = 0. \qquad \text{q. e. d.}$$

In der eben durchgeführten Rechnung wurde nie nach c abgeleitet, weswegen man c auch als eine Funktion von x und y wählen kann. Geschickterweise wird $c = \frac{1}{x}$ gesetzt und es folgt $u(1, \frac{y}{\sqrt{x}}) = u(\xi)$ mit der Ähnlichkeitsvariablen $\xi \sim \frac{y}{\sqrt{x}}$. Somit ist die Lösungsfunktion $u(x,y)$ auf eine einzige Variable $u(\xi)$ reduziert. Damit ξ dimensionslos wird, setzen wir $\xi(x,y) = y\sqrt{\frac{u_\infty}{vx}}$.

Identifizieren wir y mit $\delta(x)$ und ξ mit $k \in \mathbb{R}$, so entspricht die Ähnlichkeitsvariable übrigens dem Ergebnis (3.61). Die Funktion $\xi(x,y)$ ist also die Lösung von (4.3.2). Damit sie auch die Kontinuitätsgleichung (4.3.1) erfüllt, führen wir die Stromfunktion $\psi(x,y)$ ein und definieren $u := \frac{\partial \psi}{\partial y} = \psi_y$ und $v := -\frac{\partial \psi}{\partial x} = -\psi_x$ unter der Annahme der Existenz von ψ. Aus (4.3.2) wird dann

$$\psi_y \cdot \psi_{xy} - \psi_x \cdot \psi_{yy} - v \cdot \psi_{yyy} = 0. \tag{4.3.3}$$

Wir definieren weiter eine neue Funktion $f(\xi)$ so, dass

$$f'(\xi) = \frac{\partial f}{\partial \xi} = \frac{u(\xi)}{u_\infty} \tag{4.3.4}$$

gilt. Dann folgt

$$\psi(x,y) = \int_0^y u dy = u_\infty \int_0^y f'(\xi) dy.$$

Aus $y = \xi\sqrt{\frac{\nu x}{u_\infty}}$ erhalten wir $dy = d\xi\sqrt{\frac{\nu x}{u_\infty}}$ und somit

$$\psi(x,y) = \sqrt{u_\infty \nu x}\int_0^\xi f'(\xi) d\xi.$$

Wir nennen $f(\xi) := \int_0^\xi f'(\xi)d\xi$ die dimensionslose Stromfunktion. Somit haben wir $\psi(x,y) = \sqrt{u_\infty \nu x} \cdot f(\xi)$. Daraus können wir die einzelnen Geschwindigkeitskomponenten angeben als

$$\begin{aligned} u(\xi) = \psi_y &= \sqrt{u_\infty \nu x} \cdot \frac{\partial f}{\partial y} = \sqrt{u_\infty \nu x} \cdot \frac{\partial f}{\partial \xi} \cdot \frac{\partial \xi}{\partial y} \\ &= \sqrt{u_\infty \nu x} \cdot f'(\xi) \cdot \sqrt{\frac{u_\infty}{\nu x}} = u_\infty \cdot f'(\xi) \end{aligned} \tag{4.3.5}$$

und

$$\begin{aligned} v(\xi) = -\psi_x &= -\left[\frac{1}{2}\sqrt{\frac{u_\infty \nu}{x}} \cdot f(\xi) + \sqrt{u_\infty \nu x} \cdot \frac{\partial f}{\partial \xi} \cdot \frac{\partial \xi}{\partial x}\right] \\ &= -\left[\frac{1}{2}\sqrt{\frac{u_\infty \nu}{x}} \cdot f(\xi) + \sqrt{u_\infty \nu x} \cdot f'(\xi) \cdot \sqrt{\frac{u_\infty}{\nu}} \cdot \left(-\frac{1}{2x\sqrt{x}}\right)\right] \\ &= -\left[\frac{1}{2}\sqrt{\frac{u_\infty \nu}{x}} \cdot f(\xi) - \frac{1}{2}\xi\sqrt{\frac{u_\infty \nu}{x}} \cdot f'(\xi)\right] = \frac{1}{2}\sqrt{\frac{u_\infty \nu}{x}}[\xi \cdot f'(\xi) - f(\xi)]. \end{aligned} \tag{4.3.6}$$

Weiter ist

$$\begin{aligned} \psi_{yy} &= u_\infty\sqrt{\frac{u_\infty}{\nu x}} \cdot f''(\xi), \qquad (4.3.7) \\ \psi_{yyy} &= \frac{u_\infty^2}{\nu x} \cdot f'''(\xi) \quad \text{und} \\ \psi_{xy} &= u_\infty \cdot \frac{\partial f'(\xi)}{\partial x} = u_\infty \cdot \frac{\partial f'(\xi)}{\partial \xi} \cdot \frac{\partial \xi}{\partial x} \\ &= u_\infty \cdot f''(\xi) \cdot y\sqrt{\frac{u_\infty}{\nu}} \cdot \left(-\frac{1}{2x\sqrt{x}}\right) = -\frac{1}{2} \cdot \frac{u_\infty}{x} \cdot \xi \cdot f''(\xi). \end{aligned}$$

Damit können die fünf berechneten Stromfunktionsableitungen der Gleichung (4.3.3) einverleibt werden, was zu

$$-\frac{1}{2} \cdot \frac{u_\infty^2}{x} \cdot \xi \cdot f' \cdot f'' + \frac{1}{2} \cdot \frac{u_\infty^2}{x}(\xi \cdot f' - f) \cdot f'' - \frac{u_\infty^2}{x} \cdot f''' = 0$$

führt oder schließlich zur DG von Blasius:

$$f''' + \frac{1}{2}ff'' = 0. \tag{4.3.8}$$

Die ursprünglichen Randbedingungen der Lösung $u(x, y)$ sind:

I. $u = 0$ für $y = 0$,

II. $v = 0$ für $y = 0$ und

III. $u = u_\infty$ für $y \to \infty$.

Übertragen auf die Ähnlichkeitsvariable entsprechen $y = 0$ und $y \to \infty$ nun $\xi = 0$ und $\xi \to \infty$. Aus I. entsteht dann mit (4.3.5) $f'(0) = 0$. Die Bedingung II. liefert mithilfe von (4.3.6) $f(0) = 0$ und III. erzeugt mit (4.3.4) $f'(\infty) = 1$.

Die zu lösende DG $f''' + \frac{1}{2}ff'' = 0$ besitzt also die RBen $f(0) = 0, f'(0) = 0$ und $f'(\infty) = 1$.

Zur numerischen Lösung setzen wir $y_1 := f, y_2 := f', y_3 := f''$ und erhalten das folgende DG-System: $y_1' = y_2, y_2' = y_3$ und $y_3' = -0{,}5 \cdot y_1 \cdot y_3$.

Als Schrittlänge wählen wir $dx = 0{,}01$. Die Anfangsbedingungen sind $f(0) = y_1(0) = 0$ und $f'(0) = y_2(0) = 0$. Es bleibt die Frage, wie man die Bedingung $f'(\infty) = y_2(\infty) = 1$ einbauen soll. Da unser DG-System eine Funktion $f'' = y_3$ enthält, benötigen wir eine Anfangsbedingung $y_3(0) = f''(0)$. Dazu starten wir mit einem Schätzwert für $f''(0)$ und verändern diesen so lange, bis $f'(\infty) = 1$ entsteht. Dabei genügt die Bedingung $f'(\xi \approx 5) = 1$ vollends. Nach einigen Versuchen findet man

$$f''(0) \approx 0{,}3308. \tag{4.3.9}$$

Das dazugehörige Programm erhält dann die Gestalt:

```
Define DG(n)
Prgm
xa:= {x2i}
ya:= {y2i}
x2i:= 0
y1i:= 0
y2i:= 0
y3i:= 0.3308
For i,1,n
x2i:= x2i + 0.01
y1i:= y1i + 0.01· y2i
y2i:= y2i + 0.01· y3i
y3i:= y3i – 0.5 · y1i · y3i · 0.01
xa:= augment(xa,{x2i})
ya:= augment(ya,{y2i})
End For
Disp xa, ya
End Prgm
```

Da nur die Werte von y2i, also f' dargestellt werden, erübrigen sich einige Programmzeilen. Wir führen das Programm für $n = 500$ aus (Abb. 4.4 rechts).

Mit Kenntnis von $f'(\xi)$ ist auch das Ähnlichkeitsprofil der Geschwindigkeit $u(\xi) = u_\infty \cdot f'(\xi)$ gegeben. Es befähigt bei Kenntnis des Profils an einer Stelle x_1 das Profil an einer beliebigen anderen Stelle x_2 zu bestimmen, analog dem Prinzip der Rekursion einer Zahlenfolge. Nehmen wir beispielsweise die Stelle $x_1 = 1$, dann besitzt das zugehörige Profil

$$u_1 := u\left(y\sqrt{\frac{u_\infty}{\nu}}\right)$$

einen ähnlichen Verlauf wie der Graph aus Abb. 4.4 rechts. An der Stelle $x_2 = 4$ ist

$$u_2 := u\left(\frac{y}{2}\sqrt{\frac{u_\infty}{\nu}}\right)$$

und man erkennt, dass u_2 dieselben Geschwindigkeitswerte wie u_1 erst bei doppelter Höhe y erzielt. Somit werden die Profile mit wachsender x-Koordinate steiler. Leider ist das Blasius-Profil ein Ähnlichkeitsprofil und dieses liegt auch nur numerisch vor, sodass sich der Verlauf von $u(y)$ noch nicht angeben lässt. Dieses Ziel werden wir erst mit dem Profil von Pohlhausen in Kap. 4.7 näherungsweise erreichen.

Zur Festlegung der Grenzschichtdicke $\delta(x)$ hatten wir $f'(\xi) = \frac{u}{u_\infty} = \frac{u}{u_\delta} = 0{,}99$ gewählt. Graphisch erhält man in Abb. 4.4 rechts den Wert $\xi \approx 4{,}89$. Demnach ist $4{,}89 = \delta(x)\sqrt{\frac{u_\infty}{\nu x}}$.

Daraus wird $\frac{\delta(x)}{x} = \frac{4{,}89}{\sqrt{\mathrm{Re}_x}}$ oder (vgl. mit (3.61))

$$\frac{\delta(x)}{l} = \frac{4{,}89}{\sqrt{\mathrm{Re}_l}}\sqrt{\frac{x}{l}}. \tag{4.3.10}$$

Eine weitere verwendete Grenzschichtgröße ist die Grenzschicht-Verdrängungsdicke δ_1.

Ohne Bestehen einer Grenzschicht verlaufen alle Stromlinien parallel zur Platte. Aufgrund der Grenzschicht wird eine außerhalb der Grenzschicht auf der Höhe y_* verlaufende Stromlinie abgelenkt.

Herleitung von (4.3.11)–(4.3.19)

Wir führen dieselbe Massenbilanz wie in Kap. 4.1 am quaderförmigen Kontrollvolumen mit dem Querschnitt $ABCD$ und der Tiefe Eins durch (Abb. 4.5 links).

Bilanz: Massenstrombilanz im Kontrollvolumen. Der einfließende bzw. ausfließende Massenstrom durch AB und BC lautet

$$\dot m_{AB,\mathrm{ein}} = \rho u_\infty \delta = \rho \int_0^\delta u_\infty dy \quad \text{und} \quad \dot m_{CD,\mathrm{aus}} = \rho \int_0^\delta u dy.$$

Der Unterschied $\dot{m}_{AB,\text{ein}} - \dot{m}_{CD,\text{aus}}$ entspricht dem das Kontrollvolumen verlassenden Massenstrom durch BC. Diesen setzen wir als $\dot{m}_{BC,\text{aus}} = \rho u_\infty \delta_1$ an. Man kann die Integration von δ auf unendlich erstrecken, da am Ende der Grenzschicht praktisch die Geschwindigkeit u_∞ erreicht wird. Dann ergibt sich aus

$$\rho \int_0^\infty u_\infty dy = \rho \int_0^\infty u dy + \rho u_\infty \delta_1$$

die folgende Definition.

Definition 1. Die Verdrängungsdicke ist

$$\delta_1 = \int_0^\infty \left(1 - \frac{u}{u_\infty}\right) dy. \tag{4.3.11}$$

Man kann δ_1 als Maß für den infolge der Grenzschicht fehlenden Massenstrom interpretieren. Mathematisch betrachtet, wird die eingefärbte Fläche mit dem Inhalt $\int_0^\infty (u_\infty - u) dy$ in ein Rechteck (gestrichelt) mit Inhalt $u_\infty \delta_1$ umgewandelt (Abb. 4.5 rechts).

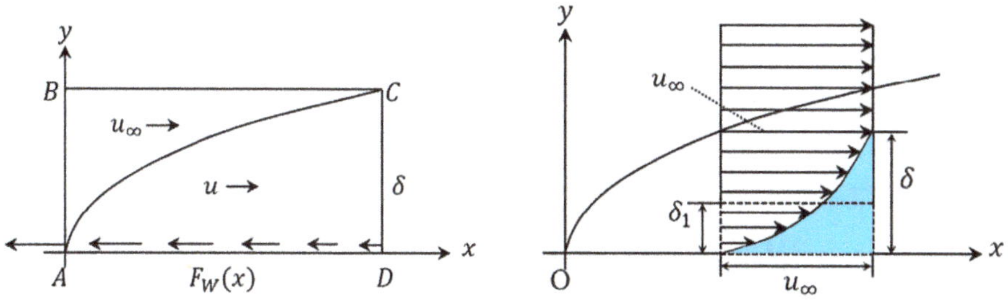

Abb. 4.5: Skizzen zur Verdrängungsdicke und Impulsverlustdicke.

Ebenso lässt sich eine Impulsverlustdicke δ_2 definieren, indem man eine Impulsbilanz am selben Rechteck aus Abb. 4.5 links durchführt.

Bilanz: Impulsstrom im Kontrollvolumen. Sich ändernde Druckkräfte gibt es aufgrund von $\frac{\partial p}{\partial x} = \frac{\partial p}{\partial y} = 0$ nicht und von der Schwerkraft sehen wir ebenfalls ab. Damit resultiert der Impulsverlust einzig aus der örtlich abhängigen Wandreibungskraft $F_W(x)$. Es gilt somit $F_W = \dot{I}_{\text{Verlust}} = \dot{I}_{AB} - \dot{I}_{CD} - \dot{I}_{BC}$. Analog zur Verdrängungsdicke setzen wir den Impulsverlust als $\dot{I}_{\text{Verlust}} = \rho u_\infty^2 \delta_2$ mit einer Dicke δ_2 an. Impulsströme $\dot{I}_{AB}$ und $\dot{I}_{CD}$ sind schon aus Kap. 4.1 bekannt. Die Massenbilanz von eben lieferte $\dot{m}_{BC} = \rho u_\infty \delta_1$. Dann folgt schlicht $\dot{I}_{BC} = \rho u_\infty^2 \delta_1$ und zusammen ergibt sich

$$\rho u_\infty^2 \delta_2 = \rho \int_0^\infty u_\infty^2 dy - \rho \int_0^\infty u^2 dy - \rho u_\infty^2 \delta_1 = \rho \int_0^\infty u_\infty^2 dy - \rho \int_0^\infty u^2 dy - \rho u_\infty \int_0^\infty (u_\infty - u) dy.$$

Damit ist

$$u_\infty^2 \delta_2 = \int_0^\infty (u_\infty^2 - u^2 - u_\infty^2 + u_\infty u) dy$$

und schließlich folgt die folgende Definition:

Definition 2. Die Impulsverlustdicke ist

$$\delta_2 = \int_0^\infty \frac{u}{u_\infty}\left(1 - \frac{u}{u_\infty}\right) dy. \tag{4.3.12}$$

Die Impulsverlustdicke ist eine hypothetische Höhe, durch die der gesamte fehlende Impuls mit der Geschwindigkeit u_∞ fließen würde.

Speziell für die Blasius-Lösung erhalten wir

$$\delta_1 = \int_0^\infty \left(1 - \frac{u}{u_\infty}\right) dy = \sqrt{\frac{\nu x}{u_\infty}} \int_0^\infty (1 - f'(\xi)) d\xi = \sqrt{\frac{\nu x}{u_\infty}} \cdot \lim_{\xi \to \infty} (\xi - f(\xi)).$$

Zur Berechnung des Grenzwerts berücksichtigen wir Werte bis $\xi = 10$. Die beiden zugehörigen Programmzeilen sind:

```
z1i:= x1i – y1i und
Disp z1i
```

Man erhält mit $n = 1000$ den Wert

$$\lim_{\xi \to \infty} (\xi - f(\xi)) = 1{,}714 \tag{4.3.13}$$

und damit

$$\delta_1(x) = 1{,}714 \sqrt{\frac{\nu x}{u_\infty}} \quad \text{oder} \quad \frac{\delta_1(x)}{x} = \frac{1{,}714}{\sqrt{\mathrm{Re}_x}}. \tag{4.3.14}$$

Die Impulsverlustdicke beträgt

$$\delta_2 = \sqrt{\frac{\nu x}{u_\infty}} \int_0^\infty (f'(\xi)[1 - f'(\xi)]) d\xi.$$

Das Integral wird mit einigen partiellen Integrationen vereinfacht:

$$\int_0^\infty f'(1-f')d\xi = [f'(\xi-f)]_0^\infty - \int_0^\infty f''(\xi-f)d\xi = f'(\xi-f)|_\infty - \int_0^\infty f''(\xi-f)d\xi.$$

Das neue Integral ist seinerseits mithilfe von (4.3.8):

$$\int_0^\infty f''(\xi-f)d\xi = \int_0^\infty \xi\cdot f''d\xi - \int_0^\infty ff''d\xi = \int_0^\infty \xi\cdot f''d\xi + 2\int_0^\infty f'''d\xi$$
$$= \int_0^\infty \xi\cdot f''d\xi + 2[f'']_0^\infty = \int_0^\infty \xi\cdot f''d\xi - 2f''(0).$$

Für das letzte Integral schließlich schreiben wir

$$\int_0^\infty \xi\cdot f''d\xi = [\xi\cdot f']_0^\infty - \int_0^\infty f'd\xi$$
$$= \xi\cdot f'|_\infty - f|_\infty$$

und erhalten insgesamt

$$\delta_2 = \sqrt{\frac{\nu x}{u_\infty}}[f'(\xi-f)|_\infty - \xi\cdot f'|_\infty + f|_\infty + 2f''(0)]$$
$$= \sqrt{\frac{\nu x}{u_\infty}}[\xi f' - ff' - \xi f' + f|_\infty + 2f''(0)] = \sqrt{\frac{\nu x}{u_\infty}}[f|_\infty - ff'|_\infty + 2f''(0)].$$

Da $\lim_{\xi\to\infty} f'(\xi) = 1$, ist $\lim_{\xi\to\infty}[f - ff'] = 0$ und es verbleibt mithilfe von (4.3.9)

$$\delta_2(x) = 0{,}662\sqrt{\frac{\nu x}{u_\infty}} \quad \text{oder} \quad \frac{\delta_2(x)}{x} = \frac{0{,}662}{\sqrt{\mathrm{Re}_x}}. \tag{4.3.15}$$

Nun soll der Strömungswiderstand berechnet werden. Dazu bestimmen wir zuerst die Spannung am Ort x der Plattenwand:

$$\tau_W(x) = \eta\cdot\left.\frac{\partial u}{\partial y}\right|_{y=0} = \eta\cdot\psi_{yy}|_{y=0} = \eta u_\infty\sqrt{\frac{u_\infty}{\nu x}}\cdot f''(0)$$
$$= 0{,}331\cdot\eta u_\infty\sqrt{\frac{u_\infty}{\nu x}} \sim \frac{1}{\sqrt{x}}. \tag{4.3.16}$$

Die Spannung kann mit (4.3.16) an der Vorderkante nicht ermittelt werden.

Aus der üblichen Darstellung für eine Spannung,

$$\tau_W(x) = \frac{1}{2} c_f(x) \rho u_\infty^2, \tag{4.3.17}$$

erhält man den lokalen Beiwert zu

$$c_f(x) = \frac{0{,}662 \cdot \eta u_\infty \sqrt{\frac{u_\infty}{\nu x}}}{\rho u_\infty^2} = 0{,}662 \sqrt{\frac{\nu}{u_\infty x}} = \frac{0{,}662}{\sqrt{\mathrm{Re}_x}}. \tag{4.3.18}$$

Der Vergleich mit (4.3.15) liefert $c_f(x) = \frac{\delta_2(x)}{x}$. Der Reibungswert der Spannung, der für den Impulsverlust ja verantwortlich ist, stellt die Mittelung von δ_2 bezüglich der Laufstrecke x dar. Der Widerstand an der Platte mit Breite b entlang einer Strecke dx beträgt $F_W(x) = \tau_W(x) \cdot dA = \tau_W(x) \cdot b \cdot dx$. Hochgerechnet auf eine Länge l entspricht dies

$$F_W = b \int_0^l \tau_W(x) \cdot dx = b \cdot 0{,}331 \cdot \eta u_\infty \sqrt{\frac{u_\infty}{\nu}} \int_0^l \frac{1}{\sqrt{x}} dx = 0{,}662 \cdot b \cdot \eta u_\infty \sqrt{\frac{u_\infty}{\nu}} \sqrt{l}$$

und schließlich folgt das schon mit (4.1.3) hergeleitete Plattenwiderstandsgesetz von Blasius:

$$F_W = 0{,}662 \cdot b \sqrt{\rho \eta} \cdot u_\infty^{\frac{3}{2}} l^{\frac{1}{2}} \quad \text{für Re} < 5 \cdot 10^5. \tag{4.3.19}$$

Die Tatsache, dass der Widerstand mit $l^{\frac{1}{2}}$ wächst, trägt dem Umstand Rechnung, dass die hinteren Teile der Platte, infolge von (4.3.16) weniger zum Gesamtwiderstand beitragen.

Der mittlere oder dimensionslose Reibungsbeiwert c_W folgt entweder durch Integration, $c_W = \frac{1}{l} \int_0^l c_f(x) \cdot dx$, oder durch auflösen der Gleichung $F_W = \frac{1}{2} c_W \cdot \rho \cdot b \cdot l \cdot u_\infty^2$. Man erhält

$$c_W = \frac{2F_W}{\rho \cdot b \cdot l \cdot u_\infty^2} = \frac{1{,}32\sqrt{\nu}}{\sqrt{u_\infty l}} = \frac{1{,}32}{\sqrt{\mathrm{Re}_l}}.$$

Das Plattengesetz von Blasius gilt nur für laminare Strömungen mit Re $< 5 \cdot 10^5$. Für turbulente Strömungen ist der Widerstand viel größer. Zudem muss dann auch die Rauheit der Wand beachtet werden, die im Fall der laminaren Strömung keine Rolle spielt.

Schließlich soll noch überprüft werden, ob die Geschwindigkeit der Blasius-Lösung in vertikaler Richtung am Rand der Grenzschicht mit dem Ergebnis (4.1.6) übereinstimmt.

Beweis. Dazu muss man $\lim_{y\to\delta(x)} v(\xi)$ bilden, was mit (4.3.10) $\lim_{\xi\to 4,74} v(\xi)$ gleichkommt. Aufgrund der vorherigen Überlegungen können wir den Wert von ξ auf unendlich erweitern.

Gesucht ist somit der Grenzwert

$$\lim_{\xi\to\infty} v(\xi) = \frac{1}{2}\sqrt{\frac{u_\infty \nu}{x}} \cdot \lim_{\xi\to\infty} (\xi \cdot f'(\xi) - f(\xi)).$$

Da $\lim_{\xi\to\infty} f'(\xi) = 1$, ist mit (4.3.13)

$$\lim_{\xi\to\infty} (\xi f' - f) = \lim_{\xi\to\infty} (\xi - f) = 1{,}714$$

und man erhält das gesuchte Ergebnis

$$v_\infty := \lim_{\xi\to\infty} v(\xi) = 0{,}857\sqrt{\frac{u_\infty \nu}{x}}.$$ q. e. d.

Beispiel 1. Eine dünne rechteckige Platte von $l = 0{,}8$ m Länge und $b = 0{,}5$ m Breite wird mit der Geschwindigkeit $u = 2\,\frac{\text{m}}{\text{s}}$ längs durch ein Wasserbecken gezogen. Die Platte sei so dünn, dass sie der Bewegung praktisch keinen Druckwiderstand entgegensetzt. Die Stoffwerte des Wassers sind $\rho = 1000\,\frac{\text{kg}}{\text{m}^3}$ und $\nu = 10^{-6}\,\frac{\text{m}^2}{\text{s}}$. Durch Messung sei bekannt, dass dieses Profil eine Reynolds-Zahl von etwa $\text{Re}_{\text{krit}} = 3{,}5 \cdot 10^5$–$5 \cdot 10^5$ zulässt, bevor die Strömung turbulent wird.

a) Bestimmen Sie das zum Reynolds-Zahl-Intervall gehörende laminare Lauflängenintervall.
b) Zwischen welchen Grenzen bewegt sich demnach die laminare Grenzschichtdicke δ_{lam}?
c) Umgekehrt kann man auch diejenige Ziehgeschwindigkeit u_{krit} bestimmen, bei der auf der Oberfläche der Platte keine Ablösung stattfindet. Wie groß wird das Intervall für u_{krit}?
d) Für den Fall $\text{Re}_{\text{krit}} = 5 \cdot 10^5$ soll der Reibungswiderstand F_W, den die laminare Strömung auf jeder Plattenseite ausübt, berechnet werden.

Lösung.

a) Aus $\text{Re}_{\text{krit}} = \frac{u \cdot l_{\text{lam}}}{\nu}$ folgt

$$l_{\text{lam}} = \frac{\text{Re}_{\text{krit}} \cdot \nu}{u} = 0{,}18\text{–}0{,}25\,\text{m}.$$

b) Die zugehörige Grenzschichtdicke an den Stellen l_{lam} von a) wäre unter Verwendung von (4.3.10)

$$\delta_{\text{lam}} = \frac{4{,}89 \cdot l_{\text{am}}}{\sqrt{\text{Re}_{\text{krit}}}} = 1{,}4\text{–}1{,}7\,\text{mm}.$$

c) Man erhält

$$u_{\text{krit}} = \frac{\text{Re}_{\text{krit}} \cdot \nu}{l} = 0{,}44\text{–}0{,}63\,\frac{\text{m}}{\text{s}}.$$

d) Die Gleichung (4.3.19) liefert

$$F_{W,\text{lam}} = 0{,}662 \cdot b\rho\sqrt{\nu} \cdot u^{1{,}5} l^{0{,}5} = 0{,}662 \cdot 0{,}5 \cdot 1000 \cdot \sqrt{10^{-6}} \cdot 2^{1{,}5} \cdot 0{,}25^{0{,}5} = 0{,}47\,\text{N}.$$

Man erhält eine sehr kleine Kraft. Am Ende der laminaren Lauflänge wird infolge des allfälligen Umschlags zu einer turbulenten Strömung eine viel größere Reibungskraft erzeugt. Die zugehörige Berechnung folgt in Kap. 7.8.

Beispiel 2. Eine zylinderförmige Stange aus Messing mit $b = 0{,}5\,\text{m}$ Länge, $R = 2\,\text{cm}$ Radius und einer Dichte von $\rho_{\text{Me}} = 8500\,\frac{\text{kg}}{\text{m}^3}$ soll mit der Geschwindigkeit $u = 1\,\frac{\text{m}}{\text{s}}$ vom Boden eines mit Olivenöl gefüllten Bottichs quer angehoben werden (Abb. 4.6 links). Die Stoffwerte des Olivenöls betragen $\rho_{\text{Öl}} = 900\,\frac{\text{kg}}{\text{m}^3}$ und $\nu_{\text{Öl}} = 10^{-4}\,\frac{\text{m}^2}{\text{s}}$.

a) Bestimmen Sie die zugehörige Reynolds-Zahl.
b) Es sollen alle am Körper angreifenden Kräfte bestimmt werden. Rechnen Sie für den Druckwiderstand aufgrund der Reynolds-Zahl von a) mit einem Druckbeiwert von $c_D = 1{,}15$ (vgl. Abb. 4.1).

Lösung.

a) Man erhält

$$\text{Re} = \frac{u \cdot l}{\nu} = \frac{1 \cdot \pi \cdot 0{,}02}{10^{-4}} = 628.$$

b) Es sind dies:
   i) Gewichtskraft

$$F_G = \rho_{\text{Me}} \cdot \pi R^2 \cdot g = 104{,}78\,\text{N}.$$

   ii) Auftriebskraft

$$F_A = \rho_{\text{Öl}} \cdot \pi R^2 \cdot g = 11{,}09\,\text{N}.$$

   iii) Für die Berechnung des Reibungswiderstands müssen wir noch sicherstellen, dass die Strömung um den gesamten Zylinder laminar bleibt und sich nicht ablöst. Gemäß den Ergebnissen in Kap. 4.5 beträgt die maximal mögliche Reynolds-Zahl für eine Zylinderumströmung $\text{Re}_{\text{krit}} = 1000$. Damit ist gewährleistet, dass der Reibungswiderstand unter Verwendung von (4.3.19) berechnet werden kann. Es ergibt sich

$$F_{W,\text{lam}} = 0{,}662 \cdot b \cdot \rho_{\text{Öl}} \sqrt{\nu_{\text{Öl}}} \cdot u^{1,5} l^{0,5}$$
$$= 0{,}662 \cdot 0{,}5 \cdot 900 \cdot \sqrt{10^{-4}} \cdot 1^{1,5} \cdot (\pi \cdot 0{,}02)^{0,5} \cdot 2 = 1{,}49\,\text{N}.$$

iv) Es fehlt noch der Druckwiderstand. Man erhält

$$F_D = \frac{1}{2} c_D \cdot 2Rb \cdot \rho u_\infty^2 = \frac{1}{2} \cdot 1{,}15 \cdot 2 \cdot 0{,}02 \cdot 0{,}5 \cdot 900 \cdot 1^2 = 10{,}35\,\text{N}.$$

Somit müssen $F = F_G - F_A + F_{W,\text{lam}} + F_D = 105{,}53\,\text{N}$ aufgebracht werden.

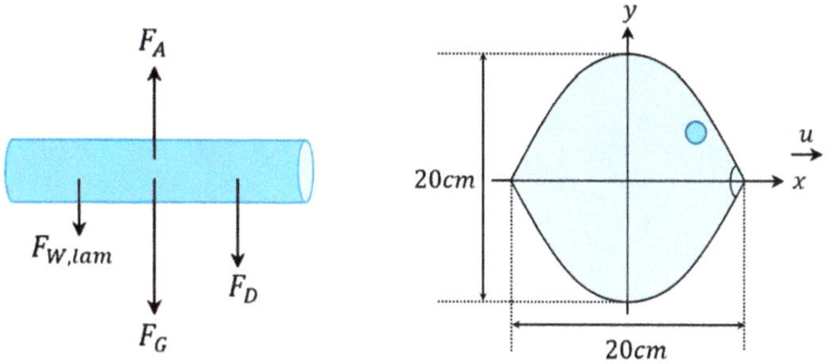

Abb. 4.6: Skizzen zu den Beispielen 2 und 3.

Beispiel 3. Fische besitzen einen erstaunlich niedrigen Druckbeiwert. Für den in Abb. 4.6 rechts dargestellten Fisch in Seitenansicht gilt $c_D = 0{,}06$. Vor allem die Schuppen wirken einer Strömungsablösung entgegen, weil Letztere das Wasser sozusagen an der Haut festhalten. Der Fisch erreicht dabei eine Geschwindigkeit von $u = 2\,\frac{\text{m}}{\text{s}}$. Die Stoffwerte des Wassers sind $\rho = 1025\,\frac{\text{kg}}{\text{m}^3}$ und $\nu = 1{,}3 \cdot 10^{-6}\,\frac{\text{m}^2}{\text{s}}$ und die kritische Reynoldszahl liegt mit $\text{Re}_{\text{krit}} = 4 \cdot 10^5$ vor.

a) Stellen Sie sicher, dass die Strömung um den Fischkörper laminar bleibt. Gehen Sie dabei von einem absolut flachen Körper aus. (Eine Dicke von einigen Zentimetern würde am Ergebnis nichts ändern.)
b) Bestimmen Sie seinen Reibungswiderstand.
c) Zur Berechnung des Druckwiderstands nehmen wir an, die wirksame Fläche bestehe aus einem Rechteck mit einer Durchschnittsdicke von 3 cm und einer Länge von 20 cm. Wie groß wird der Druckwiderstand und damit der gesamte Widerstand sein?

Lösung.

a) Der längste Laufweg beträgt $l_{\text{lam}} = 20\,\text{cm}$. Anderseits ist

$$l_{\text{krit}} = \frac{\text{Re}_{\text{krit}} \cdot \nu}{u} = \frac{4 \cdot 10^5 \cdot 1{,}3 \cdot 10^{-6}}{2} = 26\,\text{cm}.$$

Damit ist eine durchwegs laminare Strömung entlang des Fischkörpers gewährleistet.

b) Die laminaren Lauflängen sind abhängig von der Höhe y. Deswegen muss der Umriss zuerst durch die Funktion $y = 0{,}1 - 10x^2$ ausgedrückt und davon die Umkehrfunktion $x = \pm 0{,}1\sqrt{0{,}1 - y}$ gebildet werden. Aus (4.3.19) entsteht

$$dF_{W,\mathrm{lam}} = 0{,}662 \cdot dy \cdot \rho \cdot \sqrt{\nu} \cdot u^{1,5} \cdot 2 \cdot (2x)^{0,5} \cdot 2$$

und daraus

$$F_{W,\mathrm{lam}} = 0{,}662 \cdot 1025 \cdot \sqrt{1{,}3 \cdot 10^{-6}} \cdot 2^{1,5} \cdot 4\sqrt{2} \int_0^{0,1} (0{,}1\sqrt{0{,}1 - y})^{0,5} dy = 0{,}18\,\mathrm{N}.$$

c) Der Druckwiderstand ergibt sich zu

$$F_D = \frac{1}{2} c_D \rho A u^2 = \frac{1}{2} \cdot 0{,}06 \cdot 1025 \cdot 0{,}03 \cdot 0{,}2 \cdot 2^2 = 0{,}74\,\mathrm{N}.$$

Gesamthaft erhält man $F_W = F_{W,\mathrm{lam}} + F_D = 0{,}92\,\mathrm{N}$.

Beispiel 4. Kofferfische besitzen einen Druckbeiwert von etwa $c_D = 0{,}06$. Wir modellieren den Fisch durch einen zylinderförmigen Bauch mit 15 cm Höhe wie auch Durchmesser. Den beiden Kreisflächen wird ein senkrechter Kegel der Höhe 5 cm aufgesetzt. Die beiden Kegelspitzen seien S_1 und S_2. Der Fisch schwimmt in Richtung $\boldsymbol{S_1 S_2}$ und erreicht dabei eine Geschwindigkeit von $u = 1{,}5\,\frac{\mathrm{m}}{\mathrm{s}}$. Die Stoffwerte des Wassers sind $\rho = 1025\,\frac{\mathrm{kg}}{\mathrm{m}^3}$, $\nu = 1{,}3 \cdot 10^{-6}\,\frac{\mathrm{m}^2}{\mathrm{s}}$ und die kritische Reynolds-Zahl liegt mit $\mathrm{Re}_{\mathrm{krit}} = 4 \cdot 10^5$ vor.

a) Stellen Sie sicher, dass die Strömung um den Fischkörper laminar bleibt.
b) Bestimmen Sie seinen Reibungswiderstand.
c) Wie groß wird sein Druckwiderstand?

Lösung.

a) Der längste Laufweg beträgt

$$l_{\mathrm{lam}} = 2s + h = 2\sqrt{0{,}05^2 + 0{,}075^2} + 0{,}15 = 33{,}03\,\mathrm{cm}.$$

Anderseits ist

$$l_{\mathrm{krit}} = \frac{\mathrm{Re}_{\mathrm{krit}} \cdot \nu}{u} = \frac{4 \cdot 10^5 \cdot 1{,}3 \cdot 10^{-6}}{1{,}5} = 34{,}67\,\mathrm{cm},$$

was gerade noch eine durchwegs laminare Strömung gewährleistet.

b) Es gilt $2R = h$ und für die Breite b muss an dieser Stelle die Länge πR gesetzt werden, weil $\pi R s$ die Mantelfläche bezeichnet. Man erhält dann mit (4.3.19)

$$
\begin{aligned}
F_{W,\mathrm{lam}} &= 0{,}662 \cdot \pi R \rho \sqrt{\nu} \cdot u^{1{,}5} \cdot s^{0{,}5} \cdot 2 + 0{,}662 \cdot 2\pi R \cdot \rho \sqrt{\nu} \cdot u^{1{,}5} \cdot h^{0{,}5} \\
&= 0{,}662 \cdot \pi h \rho \sqrt{\nu} \cdot u^{1{,}5} \cdot (2s^{0{,}5} + h^{0{,}5}) \\
&= 0{,}662 \cdot \pi \cdot 0{,}15 \cdot 1025 \sqrt{1{,}3 \cdot 10^{-6}} \cdot 1{,}5^{1{,}5} \cdot (2 \cdot 0{,}09^{0{,}5} + 0{,}15^{0{,}5}) = 0{,}74\,\mathrm{N}.
\end{aligned}
$$

c) Man erhält

$$
F_D = \frac{1}{2} c_D \rho \pi R^2 u^2 = \frac{1}{2} \cdot 0{,}06 \cdot 1025 \cdot \pi \cdot 0{,}075^2 \cdot 1{,}5^2 = 1{,}22\,\mathrm{N}
$$

und insgesamt $F_W = F_{W,\mathrm{lam}} + F_D = 1{,}96\,\mathrm{N}$.

Beispiel 5. Schätzen Sie die Verdrängungsdicke δ_1 und die Impulsverlustdicke δ_2 für ein lineares Geschwindigkeitsprofils $u(x,y) = \frac{y}{\delta(x)} \cdot u_\infty$ ab. Integrieren Sie dabei von 0 bis δ.

Lösung. Mit (4.3.11) ergibt sich

$$
\delta_1 = \int_0^\infty \left(1 - \frac{u}{u_\infty}\right) dy = \int_0^\delta \left(1 - \frac{y}{\delta}\right) dy = \left[y - \frac{y^2}{2\delta}\right]_0^\delta = \delta - \frac{\delta}{2} = \frac{\delta}{2}
$$

und Gleichung (4.3.12) liefert

$$
\delta_2 = \int_0^\infty \frac{u}{u_\infty}\left(1 - \frac{u}{u_\infty}\right) dy = \int_0^\delta \left(\frac{y}{\delta} - \frac{y^2}{\delta^2}\right) dy = \left[\frac{y^2}{2\delta} - \frac{y^3}{3\delta^2}\right]_0^\delta = \frac{\delta}{2} - \frac{\delta}{3} = \frac{\delta}{6}.
$$

4.4 Die Lösung der Grenzschichtgleichungen für Keilströmungen

Eine Eck- oder Keilströmung entsteht, wenn beispielsweise eine Platte schräg oder ein Keil parallel zu seiner Symmetrieachse angeströmt wird. Bei den Potentialströmungen (Band 5) hatten wir die Stromfunktion einer Eck- oder Keilströmung mit einem Keilwinkel von $\alpha = 2(\pi - \frac{\pi}{n})$ als $\psi(r,\theta) = C \cdot r^n \cdot \sin(n\theta)$ mit $C =$ konst. identifiziert (Abb. 4.7). Die Strömung verlief dabei für $0 \le \theta \le \frac{\pi}{n}$ von rechts nach links. Um die Richtung umzukehren, könnte man den Winkel im Uhrzeigersinn abtragen oder man schreibt $\psi(r,\theta) = C \cdot r^n \cdot \sin[n(\pi - \theta)]$ für $\pi - \frac{\pi}{n} \le \theta \le \pi$. Im Fall $\psi = 0$ erhält man die obere Keilkante (inklusive der negativen x-Achse), denn $\sin[n(\pi - \theta)] = 0$ für $\theta = \pi$ (r beliebig, negative x-Achse) oder $\theta = \pi - \frac{\pi}{n}$ (r beliebig, obere Keilkante).

Herleitung von (4.4.1)–(4.4.7)

Die radiale Geschwindigkeitskomponente wird mithilfe von $u_r = \frac{1}{r} \cdot \frac{\partial \psi}{\partial \theta}$ zu $u_r = -C \cdot n \cdot r^{n-1} \cdot \cos[n(\pi - \theta)]$ bestimmt. Speziell für $\theta = \pi - \frac{\pi}{n}$ ergibt sich der Geschwindigkeitsverlauf auf der oberen Kante des Keils (inklusive negative x-Achse) zu $u_r(r) = -C \cdot n \cdot r^{n-1}$.

Identifiziert man r mit x, so erhält man $u_x(x) = a \cdot x^m$ mit a = konst. und $m = n - 1$. Dabei besitzt a die Einheit $\frac{\text{Meter}^{1-m}}{\text{Sekunde}}$. Das Ergebnis bedeutet, dass die Geschwindigkeit an der Keilwand einer (reibungsfreien) Potentialströmung mit dem Abstand x zur Spitze wächst. In einer realen Strömung wird sich eine Grenzschicht ausbilden und das Wandströmungsprofil $u_x(x)$ wird zum Außenströmungsprofil $u_\delta(\tilde{x}) = a \cdot \tilde{x}^m$, wobei $\tilde{x}$ entlang des Grenzschichtrands gemessen wird. In Abb. 4.7 stellen die Pfeile normal zur x-Achse die Zunahme der Außenströmung $u_\delta(\tilde{x})$ in $\tilde{x}$-Richtung dar. Die Richtung der $\tilde{y}$-Achse verändert sich laufend, wie aus Abb. 4.7 deutlich wird. Die Geschwindigkeitskomponente in diese Richtung kann über die Kontinuitätsgleichung ermittelt werden. Aus

$$\frac{\partial u_\delta(\tilde{x})}{\partial \tilde{x}} + \frac{\partial u_\delta(\tilde{y})}{\partial \tilde{y}} = 0$$

folgt

$$u_\delta(\tilde{y}) = -\int_0^{\tilde{y}} \frac{\partial u_\delta(\tilde{x})}{\partial \tilde{x}} d\tilde{y} = -am \cdot \tilde{x}^{m-1}\tilde{y}$$

und das Verhältnis $\frac{u_\delta(\tilde{x})}{u_\delta(\tilde{y})} \sim \frac{\tilde{x}}{\tilde{y}}$. Im Fall $m = 0$ entnimmt man das Ergebnis der Gleichung (4.1.6). Verlässt die Strömung am Ende der oberen und unteren Kante den Keil, dann bildet sich hinter der Keilwand eine im Gegenuhrzeigersinn zirkulierende Strömung aus.

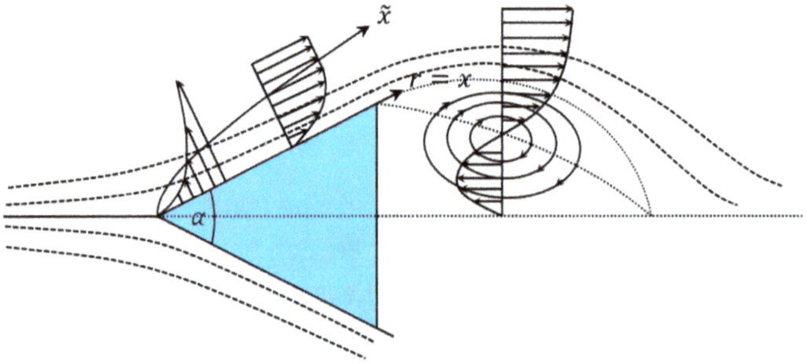

Abb. 4.7: Skizze zu den Keilströmungen.

Der Einfachheit halber ersetzen wir $\tilde{x}$ wieder durch x. Das Potenzprofil $u_\delta(x) = a \cdot x^m$ führt zusammen mit (4.2.5) zu

$$a \cdot x^m \cdot am \cdot x^{m-1} = -\frac{1}{\rho} \cdot \frac{dp}{dx} \quad \text{oder} \quad a^2 m \cdot x^{2m-1} = -\frac{1}{\rho} \cdot \frac{dp}{dx}. \tag{4.4.1}$$

Damit können die Grenzschichtgleichungen einer Keilströmung gemäß (4.2.4) formuliert werden. Inklusive der Kontinuitätsgleichung lauten sie:

$$\frac{\partial u}{\partial x} + \frac{\partial v}{\partial y} = 0,$$

$$u\frac{\partial u}{\partial x} + v\frac{\partial u}{\partial y} - a^2 m \cdot x^{2m-1} - \nu\frac{\partial^2 u}{\partial y^2} = 0. \tag{4.4.2}$$

Die Gleichung erzeugt wie auch die Blasius-DG, selbstähnliche Lösungen, denn Gleichung (4.4.2) ist bis auf den Potenzterm identisch mit (4.3.2).

Beweis. Die Transformationen sind wieder $r = cx$, $s = \sqrt{c}y$ und man erhält

$$u(r,s) \cdot \frac{\partial u(r,s)}{\partial r} + v \cdot \frac{\partial u(r,s)}{\partial s} - a^2 m \cdot r^{2m-1} - \nu \cdot \frac{\partial^2 u(r,s)}{\partial s^2} = 0.$$

Damit ist mit $u(x,y)$ auch $u(cx, \sqrt{c}y)$ eine Lösung von (4.4.2). q. e. d.

Im Unterschied zur Platte wählt man nun aber nicht $c \sim x^{-1}$, sondern $c \sim x^{\frac{m-1}{2}}$. Dies erkennt man, wenn die dimensionslose Variable ξ definiert wird zu

$$\xi(x,y) = y\sqrt{\frac{u_\delta(x)}{\nu x}} = y\sqrt{\frac{a \cdot x^m}{\nu x}} = y\sqrt{\frac{a}{\nu}} \cdot x^{\frac{m-1}{2}}.$$

Das dimensionslose Geschwindigkeitsprofil lautet abermals $\frac{u}{u_\delta} = f'(\xi)$ oder $u = a \cdot x^m \cdot f'(\xi)$.

Für die Stromfunktion setzt man wieder $u = \frac{\partial \psi}{\partial y} = \psi_y$ und $v = -\frac{\partial \psi}{\partial x} = -\psi_x$ an und (4.4.2) geht dann über in

$$\psi_y \cdot \psi_{xy} - \psi_x \cdot \psi_{yy} - a^2 m \cdot x^{2m-1} - \nu \cdot \psi_{yyy} = 0. \tag{4.4.3}$$

Die Stromfunktion schreibt sich auch als

$$\psi(x,y) = \int_0^y u dy = a \cdot x^m \int_0^y f'(\xi) dy = a \cdot x^m \int_0^\xi f'(\xi)\sqrt{\frac{a}{\nu}} \cdot x^{\frac{m-1}{2}} d\xi = \sqrt{a\nu} \cdot x^{\frac{m+1}{2}} f(\xi).$$

Weiter bilden wir die benötigten Größen:

$$\psi_{yy} = a \cdot x^m \cdot f''\sqrt{\frac{a}{\nu}} \cdot x^{\frac{m-1}{2}} = a\sqrt{\frac{a}{\nu}} \cdot x^{\frac{3m-1}{2}} \cdot f'',$$

$$\psi_{yyy} = a\sqrt{\frac{a}{\nu}} \cdot x^{\frac{3m-1}{2}} \cdot f'''\sqrt{\frac{a}{\nu}} \cdot x^{\frac{m-1}{2}} = \frac{a^2}{\nu} \cdot x^{2m-1} \cdot f''',$$

$$v = -\psi_x = -\sqrt{a\nu}\left[\frac{m+1}{2} \cdot x^{\frac{m-1}{2}} \cdot f + x^{\frac{m+1}{2}} \cdot f' \cdot y\sqrt{\frac{a}{\nu}} \cdot \frac{m-1}{2} \cdot x^{\frac{m-3}{2}}\right]$$

$$= -\frac{\sqrt{a\nu}}{2}\left[(m+1) \cdot x^{\frac{m-1}{2}} \cdot f + (m-1) \cdot x^{\frac{m-1}{2}} \cdot \xi \cdot f'\right] \quad \text{und}$$

$$\psi_{xy} = \frac{a}{2}\left[2m \cdot x^{m-1} \cdot f' + x^m \cdot f'' \cdot y\sqrt{\frac{a}{\nu}} \cdot (m-1) \cdot x^{\frac{m-3}{2}}\right]$$

$$= \frac{a}{2}\left[2m \cdot x^{m-1} \cdot f' + (m-1) \cdot x^{m-1} \cdot \xi \cdot f''\right].$$

Alle Terme in (4.4.3) eingesetzt, entsteht:

$$\begin{aligned}&\frac{a^2}{2} \cdot x^m \cdot f'\left[2m \cdot x^{m-1} \cdot f' + (m-1) \cdot x^{m-1} \cdot \xi \cdot f''\right]\\ &\quad - \frac{a^2}{2} \cdot x^{\frac{3m-1}{2}} \cdot f''\left[(m+1) \cdot x^{\frac{m-1}{2}} \cdot f + (m-1) \cdot x^{\frac{m-1}{2}} \cdot \xi \cdot f'\right]\\ &\quad - a^2 m \cdot x^{2m-1} - a^2 \cdot x^{2m-1} \cdot f''' = 0.\end{aligned}$$

Nach der Multiplikation mit $\frac{2}{a^2}$ und dem Ausmultiplizieren geht die Gleichung über in

$$\begin{aligned}&2m \cdot x^{2m-1}(f')^2 + (m-1)x^{2m-1}\xi \cdot f'f''\\ &\quad - (m+1) \cdot x^{2m-1} \cdot ff'' - (m-1) \cdot x^{2m-1} \cdot \xi \cdot f'f''\\ &\quad - 2m \cdot x^{2m-1} - 2 \cdot x^{2m-1} \cdot f''' = 0.\end{aligned}$$

Weiter verrechnet, erhält man

$$2m \cdot (f')^2 - (m+1) \cdot ff'' - 2m - 2 \cdot f''' = 0$$

und schließlich die Falkner-Skan-DG:

$$f''' + \frac{m+1}{2} \cdot f \cdot f'' + m\left[1 - (f')^2\right] = 0. \tag{4.4.4}$$

Zur numerischen Lösung von (4.4.4) wird lediglich eine Programmzeile aus Kap. 4.3 angepasst:

$$\text{y3i} := \text{y3i} - \left[\frac{\text{m}+1}{2} \cdot \text{y1i} \cdot \text{y3i} + \text{m}(1 - \text{y2i}^2)\right] \cdot 0{,}01.$$

Für jedes m muss die Anfangsbedingung $f''(0)$ in vielen Versuchen numerisch bis zu einer annehmbaren Genauigkeit ermittelt werden. Man erhält bei einer Schrittweite von $dx = 0{,}01$ die untenstehende Tabelle. Dabei bezeichnet ξ_δ denjenigen Wert von ξ, für den $f'(\xi) = 0{,}99$ wird.

Der Grenzschichtverlauf bestimmt sich gemäß

$$\delta(x) = \xi_\delta \sqrt{\frac{x\nu}{u_\delta(x)}}. \tag{4.4.5}$$

m	$f''(0)$	$\alpha = 2(\pi - \frac{\pi}{m+1})$	ξ_δ	$\delta(x)$
3	2,0732	$\frac{3\pi}{4}$	1,48	$\sim \frac{1}{\sqrt{x}}$
1	1,2271	π	2,40	konst. $= \sqrt{\frac{\nu}{a}} \cdot 2{,}40$
$\frac{1}{3}$	0,7554	$\frac{\pi}{2}$	3,47	$\sim \sqrt[3]{x}$
0	0,3308	0	4,89	$\sim \sqrt{x}$
−0,05	0,2134	$-0{,}165 \mathrel{\hat{=}} -9{,}47°$	5,46	$\sim x^{0{,}53}$
−0,0905	0	$-0{,}313 \mathrel{\hat{=}} -17{,}91°$	6,97	$\sim x^{0{,}55}$

Für $1 < m < \infty$ hat man Eckströmungen und mit $0 < m < 1$ erhält man ansteigende Keilströmungen, das heißt, der Untergrund steigt in Strömungsrichtung an. Weiter entspricht $m = 1$ der Staupunktströmung und schließlich erzeugen die Werte $-\frac{1}{2} < m < 0$ Umströmungen einer Kante, die wir auch zur Abgrenzung als Kantenströmung bezeichnen können. In diesem letzten Fall knickt der Untergrund um einen Winkel ab. Insbesondere ist der Wert $m = -0{,}0905$ ausgezeichnet, weil sich bei einem Abknickwinkel von etwa 18° die laminare Grenzschicht ablöst. Wir kommen im nächsten Kapitel darauf zurück. Die Werte von ξ_δ lassen sich auch näherungsweise über eine Interpolation zumindest für $m > 0$ durch

$$\xi_\delta \approx 6 - \sqrt{2{,}2 \cdot (0{,}61 + 6m - m^2)} \tag{4.4.6}$$

angeben.

Nun führen wir das Programm für $n = 700$ aus (Abb. 4.8).

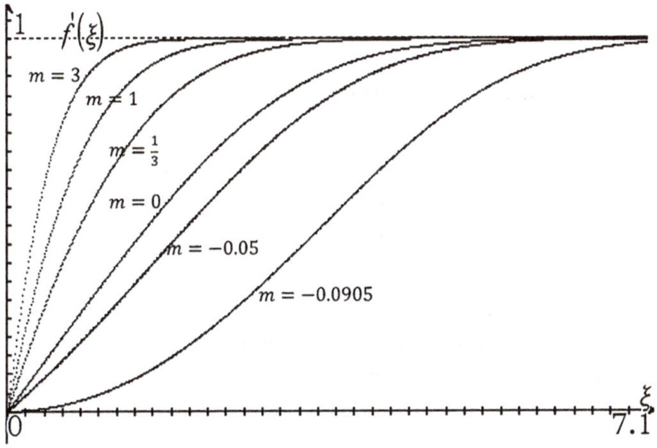

Abb. 4.8: Simulation von (4.4.4).

Für die Wandspannung an der Stelle x gilt

$$\tau_W(x) = \eta\left(\frac{\partial u}{\partial y}\right)_{y=0} = \eta \cdot \psi_{yy}\big|_{y=0} = \eta \cdot a \cdot \sqrt{\frac{a}{\nu}} \cdot x^{\frac{3m-1}{2}} \cdot f''(0).$$

Aus $\tau_W(x) = \frac{1}{2} c_f(x) \cdot \rho \cdot u_\delta^2(x)$ folgt der Widerstandsbeiwert zu

$$c_f(x) = \frac{2\eta \cdot a \cdot \sqrt{a} \cdot x^{\frac{3m-1}{2}} \cdot f''(0)}{\sqrt{\nu}\rho \cdot u_\delta^2(x)} = \frac{2\nu \cdot a \cdot \sqrt{a} \cdot x^{\frac{3m-1}{2}} \cdot f''(0)}{\sqrt{\nu} \cdot a^2 x^{2m}} = \frac{2\sqrt{\nu}}{\sqrt{a}} \cdot x^{\frac{-1-m}{2}} \cdot f''(0)$$

$$= \frac{2\sqrt{\nu}}{\sqrt{a}} \cdot x^{\frac{-1-m}{2}} \cdot \frac{\sqrt{x}}{\sqrt{x}} \frac{\sqrt{a} \cdot x^{\frac{m}{2}}}{\sqrt{u_\delta(x)}} \cdot f''(0) = \frac{2\sqrt{\nu}}{\sqrt{x}\sqrt{u_\delta(x)}} \cdot \frac{f''(0)}{\sqrt{x}} = \frac{2}{\sqrt{\mathrm{Re}_x}} \cdot \frac{f''(0)}{\sqrt{x}}.$$

Der Reibungswiderstand beträgt dann

$$F_W = b \cdot \int_0^l \tau_W(x)dx = b\eta \cdot a\sqrt{\frac{a}{\nu}} \cdot f''(0) \int_0^l x^{\frac{3m-1}{2}} dx$$

$$= b\eta \cdot a\sqrt{\frac{a}{\nu}} \cdot f''(0) \cdot \frac{2}{3m+1} \cdot l^{\frac{3m+1}{2}}$$

und schließlich folgt das Reibungsgesetz für Keilströmungen:

$$F_W = \frac{2ba^{\frac{3}{2}}\sqrt{\rho\eta}}{3m+1} \cdot l^{\frac{3m+1}{2}}. \tag{4.4.7}$$

Beispiel 1. Ein $b = 1\,\mathrm{m}$ breiter Keil mit Innenwinkel 60° und Kantenlänge $l = 0{,}5\,\mathrm{m}$ wird parallel zur Symmetrieachse in einem Abstand von 0,25 m mit Wasser aus einer Düse angeströmt. Die Austrittsgeschwindigkeit beträgt $u_\infty = 0{,}5\,\frac{\mathrm{m}}{\mathrm{s}}$. Die Stoffwerte des Wassers sind $\rho = 1000\,\frac{\mathrm{kg}}{\mathrm{m}^3}$ und $\nu = 10^{-6}\,\frac{\mathrm{m}^2}{\mathrm{s}}$.

a) Stellen Sie sicher, dass die Strömung entlang des Keils laminar bleibt, wenn man die Reynolds-Zahl für den Umschlag bei $\mathrm{Re}_{\mathrm{Krit}} = 3 \cdot 10^5$ ansetzt.
b) Wie lautet das Geschwindigkeitsprofil $u_\delta(x)$ in Richtung des Grenzschichtrandes x der Außenströmung?
c) Wie groß ist die Geschwindigkeit am Ende des Keils?
d) Bestimmen Sie die Dicke der Grenzschicht am Ende des Keils.
e) Wie lautet der Druckverlauf innerhalb und außerhalb der Grenzschicht?
f) Welchen Druckwiderstand erzeugt der Keil bei einem Widerstandsbeiwert von $c_D = 0{,}5$?

Lösung.

a) Es gilt

$$\mathrm{Re} = \frac{u \cdot l}{\nu} = 2{,}5 \cdot 10^5 < \mathrm{Re}_{\mathrm{Krit}},$$

also ist die Strömung durchwegs laminar.

b) Aus $\alpha = 60°$ folgt $\frac{2\pi}{6} = 2(\pi - \frac{\pi}{n})$. Mit $m = n - 1$ erhält man $m = \frac{1}{5}$ und damit $u_\delta(x) = a \cdot x^{0,2}$. Da die Ausströmgeschwindigkeit und die zugehörige Distanz bekannt ist, folgt nacheinander $0,5 = a \cdot 0,25^{0,2}$, $a = 0,5^{0,6}$ mit $[a] = \frac{\mathrm{m}^{0,8}}{\mathrm{s}}$ und schließlich $u_\delta(x) = 0,5^{0,6} \cdot x^{0,2}$.

c) Man erhält $u_\delta(0,5) = 0,5^{0,6} \cdot 0,5^{0,2} = 0,57\,\frac{\mathrm{m}}{\mathrm{s}}$.

d) Gleichung (4.4.6) liefert

$$\xi_\delta \approx 6 - \sqrt{2,2 \cdot (0,61 + 6 \cdot 0,2 - 0,2^2)} = 4,03$$

und mit (4.4.5) folgt $\delta(x) = 4,03\sqrt{\frac{x\nu}{u_\delta}}$ oder $\frac{\delta(x)}{x} = \frac{4,03}{\sqrt{\mathrm{Re}_x}}$.
Man kann den Grenzschichtverlauf auch explizit angeben als

$$\delta(x) = 4,03\sqrt{\frac{x^{0,8} \cdot 10^{-6}}{0,5^{0,6}}} \approx 5 \cdot 10^{-3} \cdot x^{0,4}.$$

Am Ende des Keils beträgt die Grenzschichtdicke etwa 3,8 mm.

e) Gleichung (4.4.1) besagt

$$a^2 m \cdot x^{2m-1} = -\frac{1}{\rho} \cdot \frac{\partial p}{\partial x}.$$

Die Integration ergibt

$$p(x) = -\frac{a^2}{2}\rho \cdot x^{2m} + p_0 \quad \text{mit} \quad p_0 = \text{konst.}$$

(Druck unabhängig von y). Dieser Druckverlauf gilt sowohl innerhalb als auch außerhalb der Grenzschicht. Den Druck p_0 kann man noch weiter aufschlüsseln. Da sich die Anströmgeschwindigkeit u_∞ entlang der Symmetrieachse nicht ändert, erreicht diese auch den Staupunkt und man erhält für p_0 somit $p(0,0) = p_0 = p_\infty + \rho\frac{u_\infty^2}{2}$, die Summe aus dem Umgebungsdruck und dem Staudruck. Schließlich folgt insgesamt

$$p(x,y) = \frac{\rho}{2}(u_\infty^2 - a^2 \cdot |x|^{2m}) + p_\infty \quad \text{mit} \quad -0,25 \le x \le 0,5.$$

f) Zuerst muss die Querschnittsfläche $A = b \cdot 2 \cdot 0,5 \cdot \sin(30°) = 0,5\,\mathrm{m}^2$ bestimmt werden. Der Druckwiderstand beträgt dann

$$F_D = \frac{1}{2} \cdot c_D \cdot \rho A u_\infty^2 = 0,5 \cdot 0,5 \cdot 1000 \cdot 0,5 \cdot 0,5^2 = 31,25\,\mathrm{N}.$$

Beispiel 2. Ein 1 m breiter Keil mit Innenwinkel 45° und Kantenlänge $l = 0{,}5\,\mathrm{m}$ wird parallel zur Symmetrieachse laminar angeströmt. Die Stoffwerte des Wassers sind $\rho = 1000\,\frac{\mathrm{kg}}{\mathrm{m}^3}$ und $\nu = 10^{-6}\,\frac{\mathrm{m}^2}{\mathrm{s}}$.

a) Wie lautet das Geschwindigkeitsprofil $u_\delta(x) = a \cdot x^m$ der Außenströmung?

b) Am Ort $(-d, 0)$ beträgt die Geschwindigkeit u_0. In welcher Entfernung auf dem Grenzschichtrand von der Keilspitze aus gemessen ist die Geschwindigkeit ebenfalls u_0?

c) Bestimmen Sie den Grenzschichtverlauf als Funktion von a und x.

d) Wie groß ist der Reibungswiderstand auf der Oberseite des Keils als Funktion von a?

Lösung.

a) Aus $\alpha = 40°$ folgt $\frac{2\pi}{9} = 2(\pi - \frac{\pi}{n})$. Mit $m = n - 1$ erhält man $m = \frac{1}{8}$ und damit $u_\delta(x) = a \cdot x^{0{,}25}$.

b) Es handelt sich um eine Außenströmungsgeschwindigkeit, also beträgt die Differenz ebenfalls d und der Ort befindet sich im Abstand d vom Ursprung auf dem Strahl mit Neigungswinkel α.

c) Mit (4.4.6) folgt

$$\xi_\delta \approx 6 - \sqrt{2{,}2 \cdot (0{,}61 + 6 \cdot 0{,}125 - 0{,}125^2)} = 4{,}28$$

und (4.4.5) ergibt

$$\delta(x) = 4{,}28\sqrt{\frac{x\nu}{u_\delta(x)}} = 4{,}28\sqrt{\frac{x \cdot 10^{-6}}{a \cdot x^{0{,}25}}} = 4{,}28 \cdot 10^{-3} \cdot a^{-\frac{1}{2}} \cdot x^{\frac{7}{16}}.$$

d) Gleichung (4.4.7) liefert

$$F_W = \frac{2ba^{1{,}5}\rho\sqrt{\nu}}{3m+1} \cdot l^{\frac{3m+1}{2}} = \frac{2 \cdot 1 \cdot a^{1{,}5}1000\sqrt{10^{-6}}}{3 \cdot 0{,}125 + 1} \cdot 0{,}5^{\frac{3 \cdot 0125+1}{2}} = 0{,}9 \cdot a^{1{,}5}\,\mathrm{N}.$$

4.5 Grenzschichtablösungen

Unter gewissen Bedingungen verlässt ein Teil der Strömung den Umriss eines Körpers und löst sich ab. Ablösungen können bei laminaren wie auch bei turbulenten Strömungen auftreten. Als Folge davon entstehen zwischen Ablöseströmung und Körperoberfläche Wirbel, die zu einer Veränderung sowohl des Reibungs- als auch des Druckwiderstands führen.

Stellen wir uns dazu die konvexe Oberfläche eines Körpers mit einem Staupunkt S vor, der in Richtung $\boldsymbol{u}_\infty$ angeströmt wird. Die Umströmungsgeschwindigkeit wird dabei so lange ansteigen, bis die Richtung der Tangente an den Körper in Richtung $\boldsymbol{u}_\infty$ zeigt, also bis zum höchsten bzw. tiefsten Punkt M des Körpers. Der Druck wird dabei auf dem Weg von S nach M gemäß der Bernoulli-Gleichung bis zu einem minimalen Wert, der in M erreicht wird, absinken. Wäre die Strömung reibungsfrei, dann könnte also kinetische Energie auf dem Weg von S nach M und von M hin zu einem zweiten Staupunkt ohne Verlust in Druckenergie umgewandelt werden.

Bei einer Grenzschichtströmung sieht die Sache anders aus. Die eben beschriebene Energieumwandlung gilt zwar noch in der Außenströmung aber nicht mehr innerhalb der Grenzschicht. Durch die Viskosität verliert ein wandnahes Fluidteilchen $B'(x_0, 0)$ laufend an Geschwindigkeit gegenüber einem Teilchen in der Außenströmung $B(x_0, y_0)$, das vertikal über B' liegt. Steigt nun der Druck in der Außenströmung ab dem Punkt M, so steigt der Druck in gleicher Weise auch in der Grenzschicht, weil der Druck nur eine Funktion der Lauflänge x, also von y unabhängig ist. Dieser Druckanstieg in der Grenzschicht begünstigt die Verlangsamung der Fluidteilchen zusätzlich, bis die Teilchen in einem Punkt $A(x_{\text{Abl}}, 0)$, dem Ablösepunkt, zum Stillstand kommen und sich sogar in Gegenrichtung bewegen. Dadurch wächst die Grenzschicht weiter an. Das so abgebremste Fluid wird noch kurz von der Außenströmung mitgerissen, die Teilchen legen sich aber nicht mehr an die Oberfläche an, sondern „lösen“ sich im Punkt A ab.

Wer an einem Fluss lebt, der einen Bogen schlägt, kann das Phänomen der Grenzschichtablösung am „kürzeren“ Ufer beobachten. Das Wasser fließt in der Nähe des Ufers förmlich stromaufwärts und deshalb fällt es den Holzbooten leicht, sich am Ufer abzustoßen und stromaufwärts zu gleiten.

Auch turbulente Grenzschichten können sich ablösen. Weil in diesen aber höhere Strömungsgeschwindigkeiten als in laminaren Grenzschichten herrschen, kann eine turbulente Grenzschicht der Kontur über eine größere Strecke folgen.

Die wichtigste Erkenntnis ist, dass eine Ablösung der Grenzschicht immer mit einem Druckanstieg einhergeht. Bei einer laminaren Strömung hatten wir in Kap. 4.4 die kritischen Krümmungsänderungen mit etwa 18° gegenüber der Vertikalen bestimmt (sofern die Reynolds-Zahl den kritischen Wert übersteigt). Deshalb sollten Richtungsänderungen oder Rohrerweiterungen von über 15° wie beispielsweise in Rohrleitungen vermieden werden.

Um ein Flugzeug zu stabilisieren, muss die Geschwindigkeit oberhalb der Flügel größer als unterhalb der Flügel bleiben, um den nötigen Druckunterschied und damit den Auftrieb aufrecht zu erhalten. Dies wird durch die Form der Tragflügel erreicht. Dabei ist die Oberseite etwas stärker gekrümmt als die Unterseite. Zusätzlich gilt es den Ablösungsort der (turbulenten) Strömung möglichst an den hinteren Teil des Flügelprofils zu verschieben, um so den Druckwiderstand zu vermindern. Es gibt mehrere Möglichkeiten, die Ablösung nach hinten zu verlagern. Man erreicht dies beispielsweise durch ein relativ spitz zulaufendes Tragflächenende. Eine weitere Möglichkeit besteht darin, dass vor einem hypothetischen Ablösepunkt Luft ausgeblasen wird, was die kinetische Energie erhöht und so die Strömung stabilisiert. Schließlich kann man die entstehende Grenzschicht auch absaugen.

Die Form der Stirnseite eines möglichst widerstandsarmen Körpers ist aber ebenso wichtig. An der Vorderseite wird sich die Grenzschicht an einer Stelle nach dem größten Durchmesser d ablösen. Durch die Verschiebung des Ablösepunkts nach hinten steigt zwar der turbulente Reibungswiderstand an, aber in viel kleinerem Verhältnis zum dadurch verminderten Druckwiderstand. Bei einer Körperlänge von l liegt das optimale Verhältnis etwa bei $l : d = 5 : 1$.

Im Spezialfall der Umströmung einer Kugel hat Stokes für eine schleichende Strömung $0 < \mathrm{Re}_d < 1$ das Widerstandsgesetz $F_W = 6\pi\eta Ru$ (Reibung und Druckwiderstand) hergeleitet. Daraus erhält man mit der Darstellung $F_W = \frac{1}{2}c_W\rho Au^2$ den Druckbeiwert in der Form $c_W = \frac{24}{\mathrm{Re}_d}$ mit $\mathrm{Re}_d = \frac{\rho ud}{\eta}$.

Es gibt dazu Erweiterungen für den Bereich $0 < \mathrm{Re}_d < 10^5$ wie beispielsweise

$$c_W = \frac{24}{\mathrm{Re}_d} + \frac{4}{\sqrt{\mathrm{Re}_d}} + 0{,}4 \quad \text{oder} \quad c_W = \frac{24}{\mathrm{Re}_d} + \frac{4}{\sqrt[3]{\mathrm{Re}_d}},$$

die aber nur abschnittsweise den eigentlichen Beiwert wiedergeben.

Zum Schluss erläutern wir die Grenzschichtablösung nochmals im Einzelnen am quer angeströmten Zylinder, weil für diesen die Druckbeiwerte c_D und die zugehörigen Reynolds-Zahlen aus Kap. 4 grob bekannt sind. Löst sich eine Strömung mit wachsender Reynolds-Zahl ab, so ändert sich auch der c_D-Wert.

Mit aufsteigender Reynolds-Zahl ändert sich die Strömungsart in vielerlei Hinsicht. Wir fassen die Strömungsänderungen in fünf Kategorien zusammen (vgl. Abb. 4.9):

I. $\mathrm{Re}_d \approx 1$. Die Stromlinien folgen der Zylinderoberfläche wie bei einer Potentialströmung. Es findet keine Ablösung der Strömung statt. Der Druckbeiwert ist mit $c_D = 60$ sehr groß.

II. $1 < \mathrm{Re}_d < 1000$. In diesem Bereich entsteht mit wachsender Reynolds-Zahl zuerst ein Wirbelpaar auf der Hinterseite des Zylinders, dann eine Kàrmàn'sche Wirbelstraße gefolgt von einem Umschlag von laminar zu turbulent im Nachlauf der Strömung bis hin zu einem Umschlag von laminar zu turbulent, der das Totwassergebiet erreicht. Das Wirbelpaar entsteht bei einem Winkel von etwa 110°–130°, der vom Staupunkt aus im Gegenuhrzeigersinn abgetragen wird. Es ist $1{,}2 < c_D < 60$.

III. $10^3 < \mathrm{Re}_d < 2{,}5 \cdot 10^5$. Es entsteht eine laminare Grenzschicht, die sich nach einer Lauflänge x_{lam} ablöst. Dies entspricht einem Winkel von etwa 80°–90°. Die Nachlaufströmung ist turbulent und löst sich nicht von der Zylinderwand. Für den Druckbeiwert erhält man $1 < c_D < 1{,}2$.

IV. $2{,}5 \cdot 10^5 < \mathrm{Re}_d < 4{,}5 \cdot 10^5$. Eine laminare Grenzschicht existiert auch in diesem Fall, aber nach einer kurzen Lauflänge ist die Strömung turbulent. Es bildet sich eine turbulente Grenzschicht aus, die sich an der Stelle x_{tur} ablöst. Der entsprechende Winkel beträgt 125° – 140°. Die Nachlaufströmung bleibt turbulent, sie ist aber etwas schmaler als im laminaren Fall. Aus diesem Grund sinkt der Druckbeiwert: $0{,}35 < c_D < 1$.

V. $Re_d > 4{,}5 \cdot 10^5$. Es entsteht eine kurze laminare Grenzschicht, dann ein rascher Umschlag zu einer turbulenten Strömung, die sich etwa bei 115° ablöst. Daher fällt die Nachlaufströmung wieder etwas dicker aus. Es gilt $c_D = 0{,}4$.

Aus der Theorie der Potentialströmungen ist die Druckverteilung c_p entlang des Zylinderumfangs aus Band 5 bekannt: Sie lautet $c_p(\theta) = 1 - 4\sin^2(\theta)$. In Abb. 4.9 ist der Verlauf festgehalten. Zum Vergleich sind die Druckverläufe für die beiden Reynolds-Zahlen $Re_d \approx 1 \cdot 10^5$ und $Re_d \approx 6{,}5 \cdot 10^5$ eingezeichnet. Sie entsprechen der Situation in den Fällen III. und V.

Im Fall einer Reynolds-Zahl $1 \cdot 10^5$ weist die Messung auf einen kleinsten Druck und damit einer größten Geschwindigkeit bei etwa 75° hin. Infolge der Wandreibung und dem von der Außenströmung auf die Grenzschicht wirkenden Druck löst die laminare Grenzschicht bei etwa 80° ab. Druck und Geschwindigkeit bleiben danach nahezu konstant.

Bei einer sehr hohen Reynolds-Zahl von $6{,}5 \cdot 10^5$ besitzt die Strömung eine große kinetische Energie, weshalb die sich ausgebildete turbulente Grenzschicht der Kontur bis etwa 115° folgen kann, um sich dann abzulösen. Innerhalb einer kurzen Distanz findet eine starke Verwirbelung statt, sodass die verbleibende kinetische Energie gegen den Druckanstieg nicht mehr ankommt. Ab etwa 125° pendelt sich ein konstanter Druck wie auch eine gleichbleibende Geschwindigkeit ein.

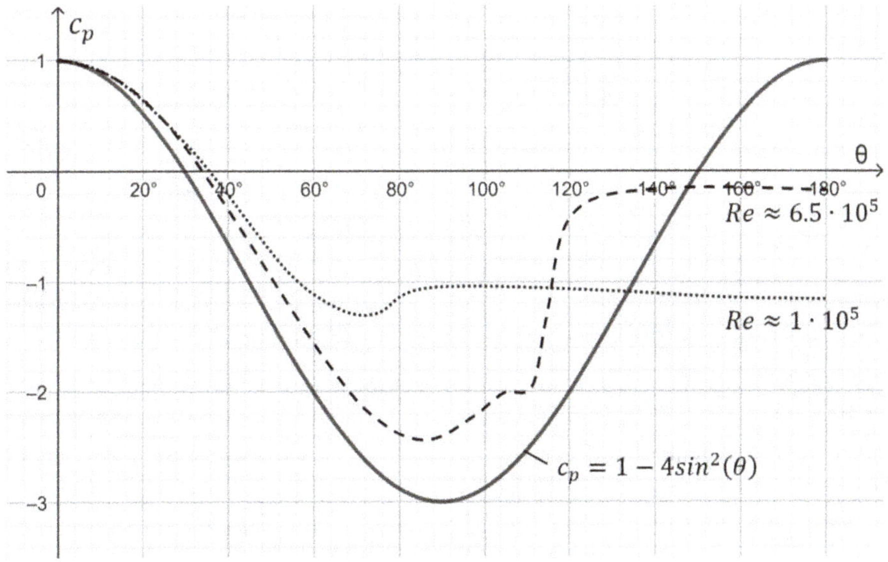

Abb. 4.9: Druckverteilung einer Zylinderumströmung.

Beispiel. Die Funktion $f(x) = \frac{1-x}{2}\sqrt{x}$ beschreibt die Form des oberen Teils eines stromlinienförmigen Körpers.

a) Bestimmen Sie die Stelle mit dem größten Durchmesser.
b) Wir nehmen an, dass der Körper parallel zur Symmetrieachse mit einer Reynolds-Zahl angeströmt wird, die eine Ablösung bei einem Winkel von 108° hervorruft. Welcher Ablöselänge x_{Abl} vom Staupunkt aus gemessen entspricht das?

Lösung.

a) Mit $\frac{df}{dx} = \frac{1-3x}{4\sqrt{x}}$ folgt die Stelle mit größten Durchmesser bei $x = \frac{1}{3}$.
b) Der Ablösepunkt entspricht einem Punkt der (oberen) Kontur, bei der die Steigung der Tangente den Wert $-0{,}31 = \tan(-18°)$ annimmt. Aus $\frac{df}{dx} = -0{,}31$ folgt dann $x_{\text{Abl}} = 0{,}67$.

Zum Schluss dieses Kapitels soll das Geschwindigkeitsprofil in der Grenzschicht bis zur Ablösung qualitativ dargestellt werden.

Herleitung von (4.5.1)

Dabei sind drei Größen untrennbar miteinander verknüpft. Als Erstes beachten wir, dass der Druckgradient $\frac{dp}{dx}$ und die Außenströmung $u_\delta(x)$ über die Bernoulli-Gleichung

$$u_\delta(x) \cdot \frac{du_\delta(x)}{dx} = -\frac{1}{\rho} \cdot \frac{dp(x)}{dx}$$

gekoppelt sind. In einem zweiten Schritt werten wir Gleichung (4.4.2) an der Wand ($x \neq 0, y = 0, u = v = 0$) aus und erhalten

$$\frac{1}{\rho} \cdot \frac{dp(x)}{dx} - \nu \cdot \left(\frac{\partial^2 u}{\partial y^2}\right)_W = 0 \quad \text{oder} \quad \eta \cdot \left(\frac{\partial^2 u}{\partial y^2}\right)_W = \frac{dp(x)}{dx}. \tag{4.5.1}$$

Damit wird auch die Krümmung des Profils $(\frac{\partial^2 u}{\partial y^2})_W$ an der Wand an den Druckgradienten gebunden. Die Gleichung (4.5.1) nennt man die Wandbindungsgleichung. Sie lässt sich auch anders interpretieren, wenn man $\frac{\partial u}{\partial y}$ als Maß für die Diffusion der Strömung, also der Teilchentransport, in vertikaler Richtung auffasst. Der Ausdruck $\frac{\partial^2 u}{\partial y^2} < 0$ bedeutet dann, dass man mit steigendem Wandabstand y in einen Strömungsbereich kommt, indem die Diffusion abnimmt. Analog bezeichnet $\frac{\partial^2 u}{\partial y^2} > 0$ einen Strömungsbereich, indem die Diffusion zunimmt.

In einem Bereich mit $\frac{\partial^2 u}{\partial y^2} = 0$ findet der gesamte Teilchentransport nur in x-Richtung statt.

Die gemachten Aussagen fassen wir in der Abb. 4.10 zusammen.

In Kap. 7.5 werden wir zeigen, dass das Grenzschichtprofil $\delta(x)_{\text{tur}}$ einer turbulenten Strömung logarithmisch ist.

$$\frac{\partial u_\delta}{\partial x} > 0 \qquad \frac{\partial u_\delta}{\partial x} = 0 \qquad \frac{\partial u_\delta}{\partial x} < 0 \qquad \left(\frac{\partial u}{\partial y}\right)_W = 0$$

| Beschleunigte Strömung | | Verzögerte Strömung | Ablösung Graphisch ein Extremum |

$$\frac{\partial p}{\partial x} < 0 \qquad \frac{\partial p}{\partial x} = 0 \qquad \frac{\partial p}{\partial x} > 0$$

$$\left(\frac{\partial^2 u}{\partial y^2}\right)_W < 0 \qquad \left(\frac{\partial^2 u}{\partial y^2}\right)_W = 0 \qquad \left(\frac{\partial^2 u}{\partial y^2}\right)_W > 0$$

Graphisch ein
Wendepunkt
Plattenströmung

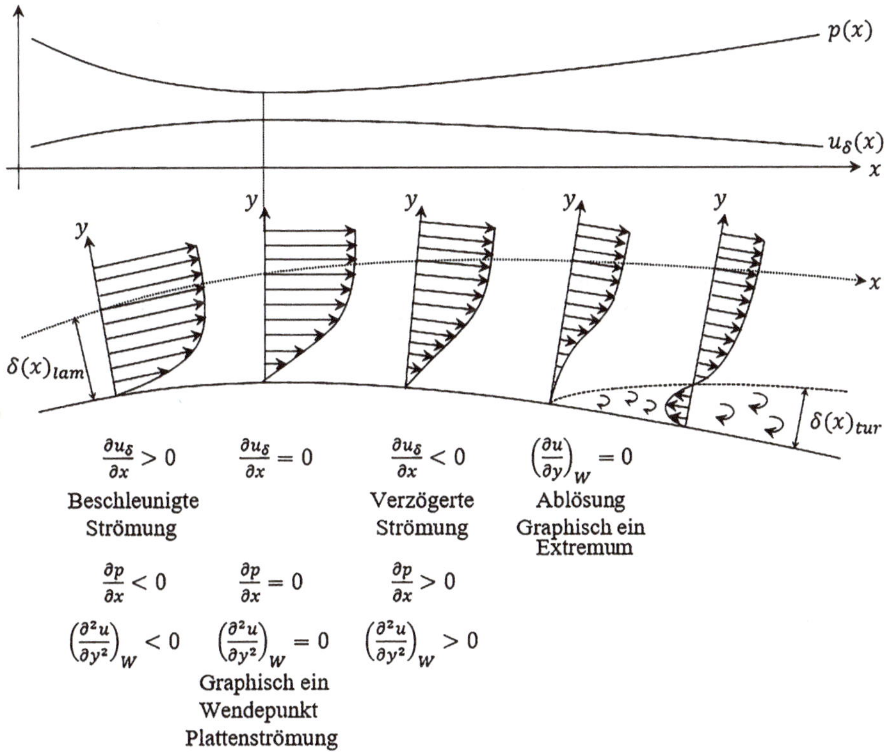

Abb. 4.10: Skizze zur Grenzschichtablösung.

4.6 Die Grenzschichtgleichungen in integraler Form

Es ist etwas unbefriedigend, dass bei gegebener Außenströmung $u_\delta(x)$ das ähnliche dimensionslose Geschwindigkeitsprofil $\frac{u(\xi)}{u_\infty}$ an der Köperoberfläche nur numerisch vorliegt. Zwar lässt sich auch so die Spannung $\tau_W(x)$ über die gesamte Lauflänge integrieren und die Reibungskraft F_W bestimmen, aber es wäre wünschenswert, wenn wir zumindest näherungsweise auf ein Profil $\frac{u(y)}{u_\infty}$ als Funktion der Höhe y zurückgreifen könnten.

Eine solche Funktion soll im nächsten Kapitel hergeleitet werden. Als Vorbereitung dazu schreiben wir die Grenzschichtgleichungen (4.2.4) um. Wir wiederholen Sie an dieser Stelle:

$$\frac{\partial u}{\partial x} + \frac{\partial v}{\partial y} = 0, \tag{4.6.1}$$

$$u\frac{\partial u}{\partial x} + v\frac{\partial u}{\partial y} - u_\delta\frac{du_\delta}{dx} - v\frac{\partial^2 u}{\partial y^2} = 0. \tag{4.6.2}$$

In Gleichung (4.6.2) ist dabei $\frac{1}{\rho} \cdot \frac{dp}{dx}$ durch $-u_\delta\frac{du_\delta}{dx}$ ersetzt worden.

Herleitung von (4.6.3) und (4.6.4)

Als Erstes wird (4.6.1) in integraler Form zu $v(x,y) = -\int_0^y \frac{\partial u}{\partial x} dy$ umgewandelt. Diesen Ausdruck in (4.6.2) eingesetzt, ergibt

$$u\frac{\partial u}{\partial x} - \int_0^y \frac{\partial u}{\partial x} dy \cdot \frac{\partial u}{\partial y} - u_\delta \frac{du_\delta}{dx} - \nu \frac{\partial^2 u}{\partial y^2} = 0.$$

Die entstandene Gleichung integrieren wir über y von Null bis zur Grenzschichtdicke δ (die Integration könnte man auch auf unendlich ausdehnen) und erhalten:

$$\int_0^\delta u \cdot \frac{\partial u}{\partial x} dy - \int_0^\delta \left(\int_0^y \frac{\partial u}{\partial x} dy \cdot \frac{\partial u}{\partial y} \right) dy - u_\delta \int_0^\delta \frac{du_\delta}{dx} dy - \nu \int_0^\delta \frac{\partial^2 u}{\partial y^2} dy = 0.$$

Das 2. Integral wird mit partieller Integration weiterverrechnet, sodass:

$$\int_0^\delta u \cdot \frac{\partial u}{\partial x} dy - \left[u \int_0^y \frac{\partial u}{\partial x} dy \right]_0^\delta + \int_0^\delta u \cdot \frac{\partial u}{\partial x} dy - u_\delta \int_0^\delta \frac{du_\delta}{dx} dy - \nu \left[\frac{\partial u}{\partial y} \right]_0^\delta = 0,$$

$$\int_0^\delta u \cdot \frac{\partial u}{\partial x} dy - u_\delta \int_0^\delta \frac{\partial u}{\partial x} dy + \int_0^\delta u \cdot \frac{\partial u}{\partial x} dy - u_\delta \int_0^\delta \frac{du_\delta}{dx} dy - \nu \left(0 - \left(\frac{\partial u}{\partial y} \right)_W \right) = 0 \quad \text{und}$$

$$\int_0^\delta \left(2u \cdot \frac{\partial u}{\partial x} - u_\delta \cdot \frac{\partial u}{\partial x} - u_\delta \cdot \frac{du_\delta}{dx} \right) dy + \nu \left(\frac{\partial u}{\partial y} \right)_W = 0$$

entsteht. Verwendet man

$$\frac{\partial}{\partial x}(u^2) = 2u \cdot \frac{\partial u}{\partial x}, \quad \frac{\partial}{\partial x}(u \cdot u_\delta) = u_\delta \cdot \frac{\partial u}{\partial x} + u \cdot \frac{du_\delta}{dx}$$

und (4.3.16), dann folgt

$$\int_0^\delta \left(\frac{\partial}{\partial x}(u^2) - \frac{\partial}{\partial x}(u \cdot u_\delta) + u \cdot \frac{du_\delta}{dx} - u_\delta \cdot \frac{du_\delta}{dx} \right) dy + \frac{\tau_W}{\rho} = 0,$$

$$\frac{d}{dx} \int_0^\delta [u(u - u_\delta)] dy + \frac{du_\delta}{dx} \int_0^\delta (u - u_\delta) dy + \frac{\tau_W}{\rho} = 0,$$

$$-\frac{d}{dx} \left(u_\delta^2 \int_0^\delta \left[\frac{u}{u_\delta} \left(1 - \frac{u}{u_\delta} \right) \right] dy \right) - \frac{du_\delta}{dx} \cdot u_\delta \int_0^\delta \left(1 - \frac{u}{u_\delta} \right) dy + \frac{\tau_W}{\rho} = 0$$

und mithilfe von (4.3.11) und (4.3.12) schließlich:

$$\frac{d}{dx}\left(u_\delta^2 \cdot \delta_2\right) + \delta_1 u_\delta \cdot \frac{du_\delta}{dx} - \frac{\tau_W}{\rho} = 0. \tag{4.6.3}$$

Die Gleichung (4.6.3) verknüpft, wie auch in differenzieller Form, die Änderung der Geschwindigkeit in x-Richtung, die Änderung der Druckkraft in x-Richtung mit der resultierenden Spannung an der Wand. Führt man die Differentiation aus, so erhält man $2u_\delta \cdot u_\delta' \cdot \delta_2 + u_\delta^2 \cdot \delta_2' + \delta_1 \cdot u_\delta \cdot u_\delta' - \frac{\tau_W}{\rho} = 0$.

Die Division durch u_δ^2 ergibt

$$\frac{2 \cdot u_\delta' \cdot \delta_2}{u_\delta} + \delta_2' + \frac{\delta_1 \cdot u_\delta'}{u_\delta} - \frac{\tau_W}{\rho u_\delta^2} = 0$$

oder:

$$\delta_2'(x) + \delta_2(x)\frac{u_\delta'(x)}{u_\delta(x)}\left[2 + \frac{\delta_1(x)}{\delta_2(x)}\right] - \frac{\tau_W(x)}{\rho u_\delta^2(x)} = 0. \tag{4.6.4}$$

4.7 Näherung des Geschwindigkeitsprofils durch eine Polynomfunktion

Für das Geschwindigkeitsprofil setzen wir ein Polynom gemäß Pohlhausen an. Der Grad des Polynoms richtet sich nach der Anzahl der RBen, die erfüllt sein müssen.

Herleitung von (4.7.1)–(4.7.4)

Als dimensionslose Normalkoordinate wählen wir $s = \frac{y}{\delta(x)}$ und das dimensionslose Profil soll dann eine Funktion von s sein: $\frac{u}{u_\delta}(s)$. Auf der Höhe $y = \delta$ haben wir erstens $\frac{u}{u_\delta} = 1$ (die Geschwindigkeit stimmt mit derjenigen der Aussenströmung überein) und zweitens $\frac{\partial}{\partial y}(\frac{u}{u_\delta}) = 0$. Diese Bedingung bedeutet, dass der Geschwindigkeitsübergang an der Grenzschicht asymptotisch verläuft und die Geschwindigkeitsänderung somit Null ist. Mit der Umrechnung

$$\frac{\partial}{\partial s}\left(\frac{u}{u_\delta}\right) = \frac{1}{u_\delta} \cdot \frac{\partial u}{\partial s} = \frac{1}{u_\delta} \cdot \frac{\partial u}{\partial y} \cdot \frac{\partial y}{\partial s} = \frac{\partial u}{\partial y} \cdot \frac{\delta}{u_\delta}$$

ergeben sich somit die ersten beiden Bedingungen zu I. $\left.\frac{u}{u_\delta}\right|_{s=1} = 1$ und II. $\left.\frac{\partial}{\partial s}(\frac{u}{u_\delta})\right|_{s=1} = 0$.

In der Höhe $y = \delta$ kommt auch die Diffusion zum Erliegen: $\left.\frac{\partial^2 u}{\partial y^2}\right|_{y=\delta} = 0$. In diesem Zusammenhang berechnen wir

$$\frac{\partial^2}{\partial s^2}\left(\frac{u}{u_\delta}\right) = \frac{\partial}{\partial s}\left(\frac{\partial u}{\partial y} \cdot \frac{\delta}{u_\delta}\right) = \frac{\delta}{u_\delta} \cdot \frac{\partial}{\partial y}\left(\frac{\partial u}{\partial y} \cdot \frac{\partial y}{\partial s}\right) = \frac{\delta^2}{u_\delta} \cdot \frac{\partial^2 u}{\partial y^2}.$$

Dies führt zur Bedingung III. $\frac{\partial^2}{\partial s^2}(\frac{u}{u_\delta})\Big|_{s=1} = 0$.
An der Wand selbst gilt natürlich IV. $\frac{u}{u_\delta}\Big|_{s=0} = 0$.
Eine letzte Bedingung ergibt sich mithilfe der Wandbindungsgleichung (4.5.1):

$$\nu \cdot \left(\frac{\partial^2 u}{\partial y^2}\right)_{y=0} = \frac{1}{\rho} \cdot \frac{dp}{dx} = -u_\delta \cdot u_\delta'(x).$$

Aus

$$\nu \cdot \left(\frac{\partial^2 u}{\partial y^2}\right)_{y=0} = \nu \cdot \frac{u_\delta}{\delta^2} \cdot \frac{\partial^2}{\partial s^2}\left(\frac{u}{u_\delta}\right)\Big|_{s=0}$$

folgt

$$\nu \cdot \frac{u_\delta}{\delta^2} \cdot \frac{\partial^2}{\partial s^2}\left(\frac{u}{u_\delta}\right)\Big|_{s=0} = -u_\delta \cdot u_\delta'(x) \quad \text{oder}$$
$$\frac{\partial^2}{\partial s^2}\left(\frac{u}{u_\delta}\right)\Big|_{s=0} = -u_\delta'(x) \cdot \frac{\delta^2}{\nu} =: -\lambda. \tag{4.7.1}$$

Der Parameter $\lambda(x)$ heißt Pohlhausen-Parameter und ist ein Maß für die Krümmung der Oberfläche an der Stelle x. Bleibt die Krümmung konstant, wie beispielsweise bei einer Platten- Keil- oder Kantenströmung, dann ist auch λ = konst. Aus (4.7.1) folgt diese letzte Bedingung zu V. $\frac{\partial^2}{\partial s^2}(\frac{u}{u_\delta})\Big|_{s=0} = -\lambda$.

Baut man Bedingung IV. direkt ein, dann erhält der Polynomansatz die Gestalt

$$\frac{u(x,y)}{u_\delta(x)} = a(x) \cdot s + b(x) \cdot s^2 + c(x) \cdot s^3 + d(x) \cdot s^4.$$

Bedingung V. ausgewertet, liefert $2b = -\lambda$. Die restlichen Bedingungen I., II. und III. führen in dieser Reihenfolge auf das System $a + b + c + d = 1$, $a + 2b + 3c + 4d = 0$ und $2a + 6c + 12d = 0$.

Ausgedrückt mit λ erhält man $a = 2 + \frac{\lambda}{6}$, $b = -\frac{\lambda}{2}$, $c = -2 + \frac{\lambda}{2}$ und $d = 1 - \frac{\lambda}{6}$.

Damit kann das Profil zusammengesetzt werden zu

$$\frac{u}{u_\delta}(s) = \left(2 + \frac{\lambda}{6}\right)s - \frac{\lambda}{2}s^2 + \left(-2 + \frac{\lambda}{2}\right)s^3 + \left(1 - \frac{\lambda}{6}\right)s^4$$
$$= 2s + \frac{s}{6}\lambda - \frac{s^2}{2}\lambda - 2s^3 + \frac{s^3}{2}\lambda + s^4 - \frac{s^4}{6}\lambda = 2s - 2s^3 + s^4 + \frac{\lambda}{6}(s - 3s^2 + 3s^3 - s^4)$$

und schließlich

$$\frac{u}{u_\delta}(s) = s(2 - 2s^2 + s^3) + \frac{\lambda}{6}s(1 - s)^3. \tag{4.7.2}$$

Die Wandschubspannung als Funktion des Pohlhausen-Parameters ergibt sich zu

$$\tau_W(x) = \eta \cdot \frac{\partial u}{\partial y}\bigg|_{y=0} = \eta \cdot \frac{u_\delta}{\delta} \cdot \frac{\partial}{\partial s}\left(\frac{u}{u_\delta}\right)\bigg|_{s=0} = \eta \cdot \frac{u_\delta}{\delta}\left(2 + \frac{\lambda}{6}\right). \tag{4.7.3}$$

Im Fall der ebenen Platte ist $\lambda = u_\delta'(x) \cdot \frac{\delta^2}{\nu} = 0$, weil $u_\delta'(x) = 0$. Damit gilt

$$\tau_W(x) = 2\eta \cdot \frac{u_\infty}{\delta(x)}. \tag{4.7.4}$$

Haben wir es mit einer Ablösung zu tun, so entfällt die Wandspannung und dies entspricht nach (4.7.3) dem Parameter $\lambda = -12$. Die Gleichung (4.7.1) liefert dann $-u_\delta'(x) \cdot \frac{\delta^2}{\nu} = 12$, woraus

$$-\frac{1}{\nu} \cdot u_\delta'(x) = \frac{1}{\eta u_\delta} \cdot \frac{dp}{dx} = \frac{12}{\delta^2}$$

entsteht. Diese Gleichung bestätigt eine schon bekannte Tatsache, dass nämlich eine Ablösung nur bei Druckanstieg geschieht. Zudem besagt die Gleichung: Je dicker die Grenzschicht und je größer demnach die Lauflänge, umso kleinere Druckunterschiede sind nötig, damit die Grenzschicht sich ablöst.

Jeder Pohlhausen-Parameter $\lambda(x)$ entspricht einer Momentaufnahme des Geschwindigkeitsprofils an der Stelle x. Dasjenige einer Platte mit $\lambda = 0$ ist $\frac{u}{u_\delta}(s) = s(2 - 2s^2 + s^3)$, dasjenige der Grenzschichtablösung mit $\lambda = -12$ besitzt die Gestalt $\frac{u}{u_\delta}(s) = s^2(6 - 8s + 3s^2)$.

Mit der Gleichung (4.8.6) werden wir zeigen, dass für $\lambda = 7{,}052$ eine Staupunktströmung

$$\frac{u}{u_\delta}(s) = s(2 - 2s^2 + s^3) + \frac{7{,}052}{6} s(1 - s)^3$$

vorliegt. Im Folgenden werden wir uns auf das Intervall $-12 \le \lambda \le 7{,}052$ beschränken. Für $\lambda < -12$ erhält man Kantenströmungen mit immer größerem Abknickwinkel. Damit die Strömung die Kontur nicht verlässt, müsste die Reynolds-Zahl immer kleiner werden. Bei realen Strömungen verlieren derartige Kantenströmungen an Bedeutung. Mit $\lambda > 7{,}052$ würden Eckenströmungen beschrieben werden, von denen wir im Weiteren absehen. In Abb. 4.11 halten wir den Verlauf von (4.7.2) als u_λ für $\lambda = -12; 0$ und $7{,}052$ fest.

4.8 Das Pohlhausen-Profil für Keilströmungen

Bisher wissen wir, dass zu jedem Parameter $\lambda(x)$ ein entsprechendes örtliches Geschwindigkeitsprofil gehört, aber noch ist unbekannt, welcher Oberflächenkrümmung der jeweilige Parameter entspricht.

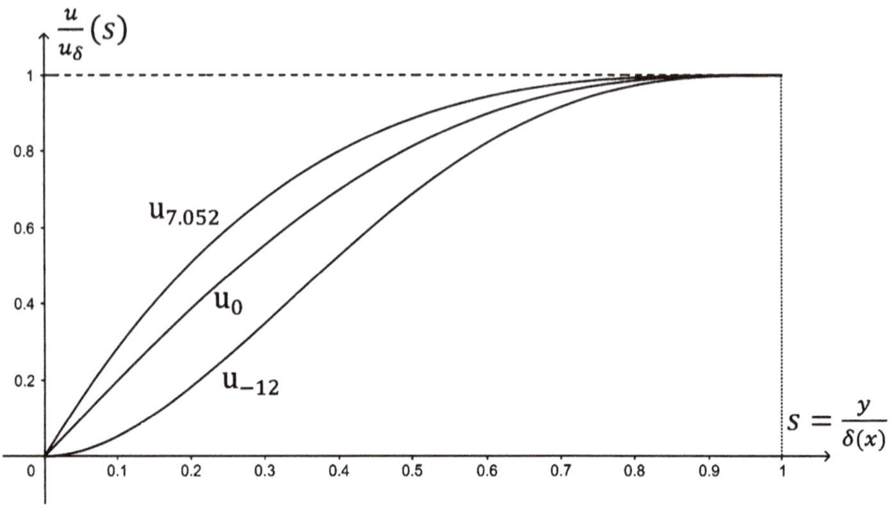

Abb. 4.11: Graphen von (4.7.2).

Herleitung von (4.8.1)–(4.8.7)

Setzt man (4.7.3) in (4.6.4) ein, so ergibt sich zusammen mit (4.7.1) das System:

$$u_\delta'(x) \cdot \frac{\delta(x)^2}{\nu} = \lambda(x), \tag{4.8.1}$$

$$\frac{d\delta_2(\delta(x),\lambda(x))}{dx} + \delta_2(\lambda(x))\frac{u_\delta'(x)}{u_\delta(x)}\left[2 + \frac{\delta_1(\delta(x),\lambda(x))}{\delta_2(\delta(x),\lambda(x))}\right] - \frac{\nu}{u_\delta(x)\cdot\delta(x)}\left[2 + \frac{\lambda(x)}{6}\right] = 0. \tag{4.8.2}$$

Bei gegebener Außenströmung $u_\delta(x)$ können die beiden unbekannten Größen $\delta(x)$ und $\lambda(x)$ numerisch bestimmt werden. Die zugehörigen Startwerte wären $\delta(0) = 0$ und $\lambda(0) = 7{,}052$, weil die Grenzschicht im Staupunkt startet. Wir lösen (4.8.2) nur für Keil- oder Kantenströmungen. In diesen Fällen ist die Krümmung und somit $\lambda =$ konst. Ziel ist es, die Außenströmung einer Keilströmung $u_\delta(x) = a \cdot x^m$ über den Exponenten m mit dem Pohlhausen-Parameter λ zu verknüpfen. Für die weiteren Berechnungen ermitteln wir nun die Verdrängungsdicke δ_1 und die Impulsverlustdicke δ_2 für das Pohlhausen-Profil.

Aus $s = \frac{y}{\delta(x)}$ folgt $dy = \delta(x) \cdot ds$ und man erhält

$$\delta_1 = \int_0^\delta \left[1 - \frac{u}{u_\delta}(s)\right] dy = \delta \int_0^1 \left[1 - \frac{u}{u_\delta}(s)\right] ds$$

$$= \delta \int_0^1 \left[1 - s(2 - 2s^2 + s^3) - \frac{\lambda}{6} s(1-s)^3\right] ds$$

und somit

$$\delta_1 = \frac{\delta}{120}(36 - \lambda). \tag{4.8.3}$$

Weiter ergibt sich

$$\delta_2 = \delta \int_0^1 \left(\left[s(2 - 2s^2 + s^3) - \frac{\lambda}{6}s(1-s)^3 \right] \left[1 - s(2 - 2s^2 + s^3) - \frac{\lambda}{6}s(1-s)^3 \right] \right) ds$$

und damit

$$\delta_2 = \frac{\delta}{45360}(5328 - 48\lambda - 5\lambda^2). \tag{4.8.4}$$

I. Spezialfall $\lambda = 0$. Dies entspricht einer Plattenströmung. Die Definition (4.7.1) ist für die Berechnung von $\delta(x)$ unbrauchbar, weil sie auf beiden Seiten der Gleichung Null liefert. Aus (4.8.3) und (4.8.4) entsteht $\delta_1 = \frac{3}{10}\delta$ und $\delta_2 = \frac{37}{315}\delta$. Da weiter $u_\delta(x) = u_\infty$ ist, folgt $u_\delta'(x) = 0$ und Gleichung (4.6.4) reduziert sich zu $\delta_2'(x) - \frac{\tau_W(x)}{\rho u_\infty^2} = 0$. Aus (4.7.4) ist $\tau_W(x) = 2\eta \cdot \frac{u_\infty}{\delta(x)}$ bekannt und die Verrechnung ergibt nacheinander

$$\frac{37}{315} \cdot \frac{d\delta}{dx} = \frac{2\nu}{u_\infty \cdot \delta}, \quad \int_0^\delta \delta \cdot d\delta = \frac{630}{37} \int_0^x \frac{\nu}{u_\infty} dx, \quad \frac{1}{2}\delta^2 = \frac{630}{37} \cdot \frac{\nu x}{u_\infty}$$

und schließlich

$$\delta(x) = \sqrt{\frac{1260}{37}} \sqrt{\frac{\nu x}{u_\infty}} = 5{,}836 \sqrt{\frac{\nu x}{u_\infty}}. \tag{4.8.5}$$

Das Blasius-Profil lieferte anstelle des Faktors 5,84 nur 4,89 (vgl. (4.3.10)). Dazu muss man sich nochmals vergegenwärtigen, dass der Wert $\xi_\delta = 4{,}89$ dem 99 %-Wert der Außenströmung entspricht. Setzt man die Grenze höher, z. B. 99.5 % oder 99.9 %, so vergrößert sich auch der Wert von ξ_δ, denn theoretisch stimmt die Geschwindigkeit mit derjenigen der Außenströmung erst im Unendlichen überein. Beim Pohlhausen-Profil wird nach Konstruktion die normierte Geschwindigkeit der Außenströmung im Punkt $(1, 1)$ für ein System mit Koordinaten $(\frac{y}{\delta(x)}, \frac{u}{u_\delta})$ erreicht und diese Geschwindigkeit bleibt auch für $y > \delta(x)$ konstant eins. Für die Genauigkeit des Ergebnisses (4.8.5) ist es deshalb sinnvoller, die zugehörige Verdrängungsdicke und/oder die Impulsverlustdicke zu bestimmen, weil beide Größen unabhängig von der gesetzten Übergangsprozentzahl sind. Aus (4.8.3) und (4.8.4) erhält man sogleich

$$\delta_1(x) = \frac{3}{10}\delta(x) = 1{,}75\sqrt{\frac{\nu x}{u_\infty}} \quad \text{und} \quad \delta_2(x) = \frac{37}{315}\delta(x) = 0{,}69\sqrt{\frac{\nu x}{u_\infty}}$$

mit Fehlern von 2 % resp. 3.5 %, verglichen mit den exakten Ergebnissen des Blasius-Profils (4.3.14) und (4.3.15). Die Fehler, wenn auch klein, sind auf den Verlauf des Näherungsprofils gegenüber dem exakten Blasius-Profils zurückzuführen.

Nun sind wir endlich in der Lage mithilfe von (4.7.2) und (4.8.5) das Geschwindigkeitsprofil einer Plattenströmung in einem beliebigen Punkt $P(x,y)$ anzugeben. Es gilt

$$\begin{aligned}\frac{u}{u_\infty}\left(\frac{y}{\delta(x)}\right) &= \frac{y}{\delta(x)}\left[2-2\left(\frac{y}{\delta(x)}\right)^2+\left(\frac{y}{\delta(x)}\right)^3\right] \\ &= 0{,}17\cdot\frac{u_\infty}{\nu}\cdot\frac{y}{x}\left[11{,}67\cdot\frac{\nu x}{u_\infty}\sqrt{\frac{\nu x}{u_\infty}}-11{,}67\sqrt{\frac{\nu x}{u_\infty}}\cdot\left(\frac{y}{5{,}84}\right)^2+\left(\frac{y}{5{,}84}\right)^3\right]\end{aligned}$$

(Natürlich gibt es weitere Darstellungen des Profils).

II. Allgemeiner Fall $\lambda \neq 0$. Das zugrunde liegende Außenströmungsprofil $u_\delta(x) = a \cdot x^m$ setzen wir in (4.8.1) ein, was zu

$$\delta(x)^2 = \frac{\lambda\nu}{am\cdot x^{m-1}} \quad \text{und} \quad \delta(x) = \sqrt{\frac{\lambda\nu}{am}}\cdot x^{\frac{1-m}{2}} \tag{4.8.6}$$

führt. Damit und mithilfe von (4.8.3) und (4.8.4) schreibt sich (4.8.2) als

$$\begin{aligned}&\frac{1-m}{2}\cdot\frac{5328-48\lambda-5\lambda^2}{45360}\sqrt{\frac{\lambda\nu}{am}}\cdot x^{\frac{-1-m}{2}} \\ &+\frac{5328-48\lambda-5\lambda^2}{45360}\sqrt{\frac{\lambda\nu}{am}}\cdot x^{\frac{1-m}{2}}\cdot\frac{am\cdot x^{m-1}}{a\cdot x^m}\left(2\cdot\frac{5\lambda^2+237\lambda-12132}{5\lambda^2+48\lambda-5328}\right) \\ &-\frac{\nu}{a\cdot x^m\cdot\sqrt{\frac{\lambda\nu}{am}}\cdot x^{\frac{1-m}{2}}}\left(2+\frac{\lambda}{6}\right)=0\end{aligned}$$

und

$$\frac{1-m}{2m}\cdot\frac{\lambda(5328-48\lambda-5\lambda^2)}{45360}-\frac{2\lambda(5\lambda^2+237\lambda-12132)}{45360}-\left(2+\frac{\lambda}{6}\right)=0.$$

Aufgelöst nach m findet man

$$m(\lambda) = \frac{\lambda(5328-48\lambda-5\lambda^2)}{15(\lambda^3+60\lambda^2-1872\lambda+12096)}. \tag{4.8.7}$$

Der Verlauf von $m(\lambda)$ ist für $-12 \leq \lambda \leq 7{,}052$ in Abb. 4.12 festgehalten.

Beispiel 1.

a) Welche m-Werte liefern die Parameter $\lambda = -12$ und $\lambda = 7{,}052$?

b) Welchen λ-Wert erhält man für $m = \frac{1}{3}$ und wie lautet der zugehörige Verlauf von $\delta(x)$?

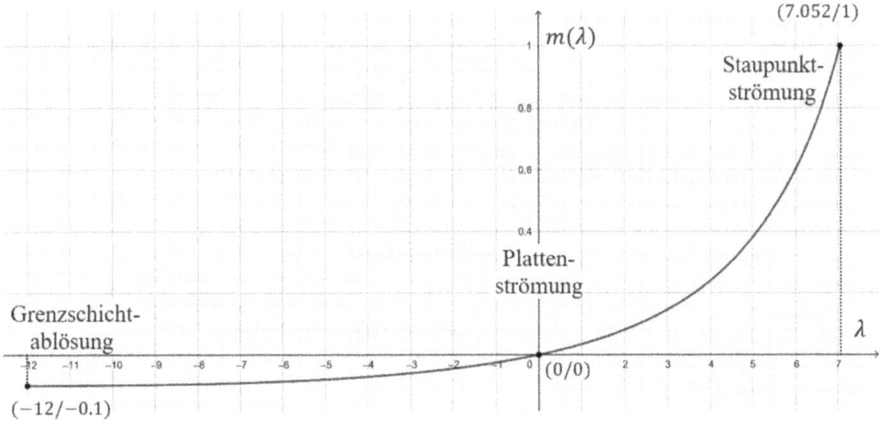

Abb. 4.12: Graph von (4.8.7).

Lösung.

a) Man erhält $m = -0{,}1$ und $m = 1$ respektive.

b) Es ergibt sich $\lambda = 4{,}72$ und weiter mit (4.8.6)

$$\delta(x) = \sqrt{\frac{\lambda \nu}{am}} \cdot x^{\frac{1-m}{2}} = 3{,}76\sqrt{\frac{\nu}{a}} \cdot x^{\frac{1-m}{2}} \quad \text{oder} \quad \delta(x) = 3{,}76\sqrt{\frac{\nu x}{u_\delta}}.$$

Zum Vergleich entnehmen wir der Tabelle in Kap. 4.4 den exakten Faktor 3,47 des Falkner-Skan-Profils.

Beispiel 2. Ein $b = 1\,\text{m}$ breiter Keil mit Innenwinkel $\alpha = 40^\circ$ und $l = 0{,}5\,\text{m}$ Kantenlänge wird parallel zu seiner Symmetrieachse angeströmt.

a) Gesucht ist die zugehörige Außenströmung.

b) Welcher Pohlhausen-Parameter λ gehört zu dieser Keilströmung?

c) Wie lautet der Grenzschichtverlauf $\delta(x)$?

d) Wie groß ist der entlang einer Kante wirkende Reibungswiderstand?

e) Bestimmen Sie das dimensionslose Geschwindigkeitsprofil $\frac{u}{u_\delta}(x,y)$.

Lösung.

a) Aus $\frac{2\pi}{9} = 2(\pi - \frac{\pi}{m+1})$ folgt $m = 0{,}125$ und damit $u_\delta(x) = a \cdot x^{0{,}125}$.

b) Mithilfe von (4.8.6) erhält man $\lambda = 2{,}72$.

c) Die Gleichung (4.8.6) liefert den Grenzschichtverlauf

$$\delta(x) = 4{,}66\sqrt{\frac{\nu x}{u_\delta}} = 4{,}66\sqrt{\frac{\nu}{a}} \cdot x^{\frac{7}{16}}.$$

d) Aus (4.7.3) entnimmt man

$$\tau_W(x) = \eta \cdot \frac{u_\delta}{\delta}\left(2 + \frac{\lambda}{6}\right)$$

und es ergibt sich

$$\tau_W(x) = 0{,}53\sqrt{\rho\eta} \cdot a^{\frac{3}{2}} \cdot x^{-\frac{5}{16}}.$$

Mit $F_W(x) = \tau_W(x) \cdot b \cdot dx$ folgt der Reibungswiderstand zu

$$F_W = b\int_0^l \tau_W(x) \cdot dx = 0{,}77\sqrt{\rho\eta} \cdot a^{\frac{3}{2}} \cdot l^{\frac{11}{16}}.$$

e) Mit Gleichung (4.7.2) erhält man das Geschwindigkeitsprofil

$$\frac{u}{u_\delta}\left(\frac{y}{\delta(x)}\right) = \frac{y}{\delta(x)}\left[2 - 2\left(\frac{y}{\delta(x)}\right)^2 + \left(\frac{y}{\delta(x)}\right)^3\right] + \frac{2{,}72}{6} \cdot \frac{y}{\delta(x)}\left[1 - \frac{y}{\delta(x)}\right]^3,$$

das man beispielsweise als

$$\begin{aligned}\frac{u}{u_\delta}(x,y) = \sqrt{\frac{a}{\nu}} \cdot \frac{x^{-\frac{7}{16}}y}{4{,}66}\Bigg[2 - \frac{2a}{\nu}\left(\frac{x^{-\frac{7}{16}}y}{4{,}66}\right)^2 \\ + \frac{a}{\nu}\sqrt{\frac{a}{\nu}}\left(\frac{x^{-\frac{7}{16}}y}{4{,}66}\right)^3 + \frac{2{,}72}{6} \cdot \left(1 - \sqrt{\frac{a}{\nu}} \cdot \frac{x^{-\frac{7}{16}}y}{4{,}66}\right)^3\Bigg]\end{aligned}$$

schreiben kann.

Beispiel 3. Eine Strömung weist bei einer Lauflänge von $l = 1\,\text{m}$ einen konstanten Pohlhausen-Parameter von $\lambda = -4$ auf.

a) Um welche Strömungsart handelt es sich?
b) Wie groß ist der zugehörige Exponent m des Außenströmungsprofils $u_\delta(x) = a \cdot x^m$?
c) Bestimmen Sie den Abknickwinkel β gegenüber der Horizontalen.
d) Wie sieht der Grenzschichtverlauf aus?
e) Geben Sie das dimensionslose Geschwindigkeitsprofil $\frac{u}{u_\delta}(x,y)$ an.

Lösung.

a) Es handelt sich um eine Kantenströmung (mit Abknickwinkel).
b) Aus Gleichung (4.8.7) folgt $m = -0{,}0708$.
c) Es gilt $\alpha = 2(\pi - \frac{\pi}{m+1}) = -27{,}44°$, woraus man den Abknickwinkel $\beta = -\frac{27{,}44°}{2} = -13{,}72°$ erhält.

d) Die Gleichung (4.8.6) führt zu

$$\delta(x) = \sqrt{\frac{-4 \cdot \nu}{a \cdot (-0{,}0708)}} \cdot x^{\frac{1+0{,}00708}{2}} = 7{,}515\sqrt{\frac{\nu}{a}} \cdot x^{0{,}54}.$$

e) Die Gleichung (4.7.2) ergibt das gesuchte Geschwindigkeitsprofil zu

$$\frac{u}{u_\delta}(x,y) = \sqrt{\frac{a}{\nu}} \cdot \frac{x^{-0{,}535}y}{7{,}515}\left[2 - \frac{2a}{\nu}\left(\frac{x^{-0{,}535}y}{7{,}515}\right)^2 + \frac{a}{\nu}\sqrt{\frac{a}{\nu}}\left(\frac{x^{-0{,}535}y}{7{,}515}\right)^3 - \frac{4}{6} \cdot \left(1 - \sqrt{\frac{a}{\nu}} \cdot \frac{x^{-0{,}535}y}{7{,}515}\right)^3\right].$$

Beispiel 4. Gegeben ist die Außenströmung $u_\delta(x) = ax$ einer Staupunktströmung.

a) Setzen Sie $u_\delta(x)$ in Gleichung (4.8.1) ein und zeigen Sie das bekannte Ergebnis, dass die Grenzschicht konstant ist.

b) Bestätigen Sie den Pohlhausen-Parameter $\lambda = 7{,}052$ für die Staupunktströmung, indem Sie $u_\delta(x)$ in (4.8.2) einsetzen und die entstandene Gleichung nach λ auflösen.

Lösung.

a) Setzt man $u'_\delta(x) = a$ in (4.7.1) oder (4.8.1) ein, so erhält man $a \cdot \frac{\delta^2}{\nu} = \lambda$ und daraus $\delta = \sqrt{\frac{\lambda \cdot \nu}{a}} = \text{konst.}$

b) Die Ausdrücke (4.8.3) und (4.8.4) werden in Gleichung (4.8.2) eingefügt, was zu

$$\frac{\sqrt{\frac{\lambda \cdot \nu}{a}}}{45360}(5328 - 48\lambda - 5\lambda^2)\frac{a}{ax}\left[2 + \frac{\frac{\delta}{120}(36-\lambda)}{\frac{\delta}{45360}(5328 - 48\lambda - 5\lambda^2)}\right] - \frac{\nu}{ax \cdot \sqrt{\frac{\lambda \cdot \nu}{a}}}\left(2 + \frac{\lambda}{6}\right) = 0,$$

$$\frac{\lambda}{45360}(5328 - 48\lambda - 5\lambda^2)\left[2 + \frac{378(36-\lambda)}{5328 - 48\lambda - 5\lambda^2}\right] - \left(2 + \frac{\lambda}{6}\right) = 0$$

und zur Lösung $\lambda = 7{,}052$ führt.

5 Die Energieerhaltung reibungsbehafteter Strömungen

In den vergangenen Kapiteln gelang es uns, eine für die Grenzschicht adaptierte Impulserhaltung herzuleiten und damit auf das Geschwindigkeitsfeld in einer dünnen Wandschicht zu schließen. Gesucht ist nun die Temperaturverteilung innerhalb der Grenzschicht, mit deren Hilfe wir den Wärmeaustausch zwischen Umgebung und Körperoberfläche genau beschreiben können. Dazu muss zwangsweise eine neue Erhaltungsgleichung bereitgestellt werden: die Energieerhaltung für die Grenzschicht bei vorhandener Reibung.

Idealisierung: Wir gehen von nicht allzu großen Temperaturunterschieden aus, damit die Dichte ρ und die Wärmeleitfähigkeit λ als konstant betrachtet werden können.

Herleitung von (5.1)–(5.13)

Bilanz: Energiestrombilanz in einem Volumenstück dV.

Ein Fluid, das mit der Geschwindigkeit $\boldsymbol{c} = (u, v, w)$ strömt, besitzt die Gesamtenergie $E_G = E_{\text{Inn}} + E_{\text{Kin}}$ mit der inneren Energie $E_{\text{Inn}} = c_V \cdot m \cdot T$ (c_V: spezifische Wärmekapazität bei konstantem Volumen, m: Masse, T: Temperatur) und der kinetischen Energie $E_{\text{Kin}} = \frac{1}{2}mc^2 = \frac{1}{2}m(u^2 + v^2 + w^2)$. Betrachten wir ein kleines Volumenelement $dV = dxdydz$, dann lauten die Energieanteile an der Gesamtenergie $dE_{\text{Inn}} = c_V \cdot \rho dV \cdot T$ und $dE_{\text{Kin}} = \frac{1}{2}\rho dVc^2$ oder $e := \frac{dE_{\text{Inn}}}{\rho dV} = c_V \cdot T$ mit $[e] = \frac{\text{J}}{\text{kg}}$ und $\frac{dE_{\text{Kin}}}{\rho dV} = \frac{1}{2}c^2$.

Die spezifische Gesamtenergie schreibt sich dann als $\frac{E_G}{m} = e_G = e + \frac{1}{2}c^2$.

Im 4. Band hatten wir die Enthalpie H als Summe von innerer Energie und verrichteter Arbeit am entsprechenden Volumen definiert: $dH = dE + Vdp$. Division durch die Masse ergibt

$$dh = de + \frac{dp}{\rho} \quad \text{oder} \quad e = h - \frac{p}{\rho} = c_pT - \frac{p}{\rho}. \tag{5.1}$$

Dabei haben wir $\frac{dH}{m} = dh$ und $\frac{dE}{m} = de$ gesetzt und c_p steht für die spezifische Wärmekapazität bei konstantem Druck. Die Gleichung (5.1) stellt nichts anderes als die ideale Gasgleichung dar. Aus $c_VT = c_pT - \frac{p}{\rho}$ wird $\frac{p}{\rho} = (c_p - c_V)T$. Beachtet man den im 4. Band hergeleiteten Zusammenhang $c_p - c_V = R_S$ mit der spezifischen Gaskonstante R_S, dann folgt $\frac{p}{\rho T} = R_S$ oder $\frac{pV}{mT} = R_S$, die Zustandsgleichung eines idealen Gases.

Nun betrachten wir die zeitliche Änderung $d\dot{E}$ der Gesamtenergie im Volumenelement. Sie beträgt

$$d\dot{E} = \rho\frac{\partial}{\partial t}\left(e + \frac{1}{2}c^2\right)dV = \rho\left(\frac{\partial e}{\partial t} + u\frac{\partial u}{\partial t} + v\frac{\partial v}{\partial t} + w\frac{\partial w}{\partial t}\right)dV.$$

https://doi.org/10.1515/9783111345871-005

Mit (5.1) wird daraus

$$d\dot{E} = \rho\left(c_p\frac{\partial T}{\partial t} - \frac{1}{\rho}\cdot\frac{\partial p}{\partial t} + u\frac{\partial u}{\partial t} + v\frac{\partial v}{\partial t} + w\frac{\partial w}{\partial t}\right)dV. \tag{5.2}$$

Wir wollen angeben, welche Energieströme die zeitliche Änderung der Gesamtenergie verursachen können. Wir beginnen damit, die Kontinuitätsgleichung (3.3) abwechselnd nach x, y und z abzuleiten und erhalten ($u_x = u, u_y = v, u_z = w$)

$$\frac{\partial^2 u}{\partial x^2} + \frac{\partial^2 v}{\partial x \partial y} + \frac{\partial^2 w}{\partial x \partial z} = 0, \quad \frac{\partial^2 u}{\partial x \partial y} + \frac{\partial^2 v}{\partial y^2} + \frac{\partial^2 w}{\partial y \partial z} = 0 \quad \text{und} \quad \frac{\partial^2 u}{\partial x \partial z} + \frac{\partial^2 v}{\partial y \partial z} + \frac{\partial^2 w}{\partial z^2} = 0.$$

Die Multiplikation mit u, v und z respektive ergibt

$$\begin{aligned} u\frac{\partial^2 v}{\partial x \partial y} + u\frac{\partial^2 w}{\partial x \partial z} &= -u\frac{\partial^2 u}{\partial x^2}, \\ v\frac{\partial^2 u}{\partial x \partial y} + v\frac{\partial^2 w}{\partial y \partial z} &= -v\frac{\partial^2 v}{\partial y^2} \quad \text{und} \\ w\frac{\partial^2 u}{\partial x \partial z} + w\frac{\partial^2 v}{\partial y \partial z} &= -w\frac{\partial^2 w}{\partial z^2}. \end{aligned} \tag{5.3}$$

Weiter werden die Komponenten der Impulserhaltung (3.2) mit u, v und z respektive multipliziert, was zu

$$\rho\left(u\frac{\partial u}{\partial t} + u^2\frac{\partial u}{\partial x} + uv\frac{\partial u}{\partial y} + uw\frac{\partial u}{\partial z}\right) + u\frac{\partial p}{\partial x} = \eta u\left(\frac{\partial^2 u}{\partial x^2} + \frac{\partial^2 u}{\partial y^2} + \frac{\partial^2 u}{\partial z^2}\right), \tag{5.4}$$

$$\rho\left(v\frac{\partial v}{\partial t} + uv\frac{\partial u}{\partial x} + v^2\frac{\partial u}{\partial y} + vw\frac{\partial u}{\partial z}\right) + v\frac{\partial p}{\partial y} = \eta v\left(\frac{\partial^2 v}{\partial x^2} + \frac{\partial^2 v}{\partial y^2} + \frac{\partial^2 v}{\partial z^2}\right) \tag{5.5}$$

und

$$\rho\left(w\frac{\partial w}{\partial t} + uw\frac{\partial u}{\partial x} + vw\frac{\partial u}{\partial y} + w^2\frac{\partial u}{\partial z}\right) + w\frac{\partial p}{\partial z} = \eta w\left(\frac{\partial^2 w}{\partial x^2} + \frac{\partial^2 w}{\partial y^2} + \frac{\partial^2 w}{\partial z^2}\right) \tag{5.6}$$

führt.

Idealisierung: Die Wirkung der Gravitation kann vernachlässigt werden, weil die Geschwindigkeit eine Konvektion erzwingt. Bei freier Konvektion muss man den Einfluss der Gravitation wieder berücksichtigen.

Der größte Aufwand besteht darin, alle Energieströme in $\frac{\mathrm{J}}{\mathrm{s}} = \mathrm{W}$ zu erfassen, die zur zeitlichen Änderung der Gesamtenergie beitragen können.

1. Mit der Strömung wird dem Volumenelement pro Zeiteinheit Wärme und kinetische Energie zugeführt oder aus dem Volumen abgeführt. Dies bezeichnen wir mit $d\dot{G}$. Offensichtlich besteht die Änderung aus zwei Energieanteilen.
2. Herrscht ein Druckgefälle, so wird am Volumenelement Arbeit verrichtet. Die Leistungsänderung nennen wir $d\dot{D}$.

3. Aufgrund der Wärmeleitung steigt oder fällt die Energie pro Zeiteinheit im Volumenelement um einen Wert $d\dot{Q}$.
4. Infolge der vorhandenen Reibung ergeben sich Normal- und Schubspannungen, die ebenfalls Arbeit am Volumenelement verrichten. Die zeitliche Energieänderung sei $d\dot{L}$. Die Umwandlung von Energie aufgrund der Reibung nennt man Dissipation.

Einschränkungen:

5. Energie kann von außen zugeführt werden, oder es befinden sich Quellen oder Senken im Volumenelement. Von solchen Energieströmen sehen wir aber ab.
6. Schließlich gibt es unter Umständen noch die pro Zeiteinheit am Volumenelement verrichtete Arbeit aufgrund der Schwerkraft, elektrischer oder magnetischer Kräfte, die wir ebenfalls nicht beachten.

Die Energieströme 1.–4. sollen nun im Einzelnen aufgeschrieben werden.

1. Für die Änderung $d\dot{G}_x$ in x-Richtung (Abb. 5.1) betrachtet man den Unterschied zwischen $\dot{G}_x$ und $\dot{G}_{x+dx}$ entlang einer Fläche $dydz$. In 1. Näherung ist

$$\begin{aligned} d\dot{G}_x = \dot{G}_x - \dot{G}_{x+dx} &= \rho\left(e + \frac{c^2}{2}\right)dV - \rho\left[\left(e + \frac{c^2}{2}\right) + \frac{\partial}{\partial x}\left[\left(e + \frac{c^2}{2}\right)u\right]dx + \cdots\right]dydz \\ &\approx -\rho\frac{\partial}{\partial x}\left[\left(e + \frac{c^2}{2}\right)u\right]dV. \end{aligned}$$

Analog folgen die Anteile in y- und z-Richtung zu

$$d\dot{G}_y = -\rho\frac{\partial}{\partial y}\left[\left(e + \frac{c^2}{2}\right)v\right]dV \quad \text{und} \quad d\dot{G}_z = -\rho\frac{\partial}{\partial z}\left[\left(e + \frac{c^2}{2}\right)w\right]dV.$$

Mithilfe der Produktregel erhält man

$$\begin{aligned} d\dot{G} &= d\dot{G}_x + d\dot{G}_y + d\dot{G}_z \\ &= -\rho\left[\frac{\partial}{\partial x}\left(e + \frac{c^2}{2}\right)u + \left(e + \frac{c^2}{2}\right)\cdot\frac{\partial u}{\partial x} + \frac{\partial}{\partial y}\left(e + \frac{c^2}{2}\right)v\right]dV \\ &\quad - \rho\left[\left(e + \frac{c^2}{2}\right)\cdot\frac{\partial v}{\partial y} + \frac{\partial}{\partial z}\left(e + \frac{c^2}{2}\right)w + \left(e + \frac{c^2}{2}\right)\cdot\frac{\partial w}{\partial z}\right]dV \\ &= -\rho\left[u\frac{\partial e}{\partial x} + v\frac{\partial e}{\partial y} + w\frac{\partial e}{\partial z} + u^2\frac{\partial u}{\partial x} + uv\frac{\partial v}{\partial x} + uw\frac{\partial w}{\partial x} + uv\frac{\partial u}{\partial y} + v^2\frac{\partial v}{\partial y}\right]dV \\ &\quad - \rho\left[vw\frac{\partial w}{\partial y} + uw\frac{\partial u}{\partial z} + vw\frac{\partial v}{\partial z} + w^2\frac{\partial w}{\partial z} + \left(e + \frac{c^2}{2}\right)\left(\frac{\partial u}{\partial x} + \frac{\partial v}{\partial y} + \frac{\partial w}{\partial z}\right)\right]dV. \end{aligned}$$

Der letzte Term ist null infolge der Kontinuitätsgleichung (3.3) und mit (5.1) schreibt sich die Gleichung weiter zu

$$d\dot{G} = -\rho\left[c_p\left(u\frac{\partial T}{\partial x} + v\frac{\partial T}{\partial y} + w\frac{\partial T}{\partial z}\right) - \frac{1}{\rho}\cdot\left(u\frac{\partial p}{\partial x} + v\frac{\partial p}{\partial y} + w\frac{\partial p}{\partial z}\right)\right]dV$$
$$-\rho\left[u^2\frac{\partial u}{\partial x} + uv\frac{\partial v}{\partial x} + uw\frac{\partial w}{\partial x} + uv\frac{\partial u}{\partial y} + v^2\frac{\partial v}{\partial y} + vw\frac{\partial w}{\partial y} + uw\frac{\partial u}{\partial z} + vw\frac{\partial v}{\partial z} + w^2\frac{\partial w}{\partial z}\right]dV.$$

Die letzten neun Summanden werden mithilfe der Gleichungen (5.4)–(5.6) ersetzt. Das ergibt

$$\begin{aligned} d\dot{G} = &-\rho\left[c_p\left(u\frac{\partial T}{\partial x} + v\frac{\partial T}{\partial y} + w\frac{\partial T}{\partial z}\right) - \frac{2}{\rho}\cdot\left(u\frac{\partial p}{\partial x} + v\frac{\partial p}{\partial y} + w\frac{\partial p}{\partial z}\right)\right.\\ &\left.-\left(u\frac{\partial u}{\partial t} + v\frac{\partial v}{\partial t} + w\frac{\partial w}{\partial t}\right)\right]dV\\ &-\rho\left[vu\left(\frac{\partial^2 u}{\partial x^2} + \frac{\partial^2 u}{\partial y^2} + \frac{\partial^2 u}{\partial z^2}\right) + vv\left(\frac{\partial^2 v}{\partial x^2} + \frac{\partial^2 v}{\partial y^2} + \frac{\partial^2 v}{\partial z^2}\right)\right.\\ &\left.+ vw\left(\frac{\partial^2 w}{\partial x^2} + \frac{\partial^2 w}{\partial y^2} + \frac{\partial^2 w}{\partial z^2}\right)\right]dV. \end{aligned} \tag{5.7}$$

2. Die Kraft des Drucks p in x-Richtung auf die Fläche $dydz$ beträgt $pdydz$. (Abb. 5.1). Die verrichtete Druckarbeit entlang der Strecke dx ist dann $pdxdydz$ und die Leistung $\dot{D}_x = (pu)dydz$. Für die Änderung folgt in 1. Näherung

$$d\dot{D}_x = \dot{D}_x - \dot{D}_{x+dx} = (pu)dydz - \left[(pu) + \frac{\partial}{\partial x}(pu)dx\right]dydz = -\frac{\partial}{\partial x}(pu)dV.$$

Für alle drei Raumrichtungen erhält man insgesamt unter Verwendung der Produktregel und (3.3)

$$\begin{aligned} d\dot{D} = d\dot{D}_x + d\dot{D}_y + d\dot{D}_z &= -\left[\frac{\partial}{\partial x}(pu) + \frac{\partial}{\partial y}(pv) + \frac{\partial}{\partial z}(pw)\right]dV\\ &= -\left[u\frac{\partial p}{\partial x} + v\frac{\partial p}{\partial y} + w\frac{\partial p}{\partial z} + p\left(\frac{\partial u}{\partial x} + \frac{\partial v}{\partial y} + \frac{\partial w}{\partial z}\right)\right]dV\\ &= -\left[u\frac{\partial p}{\partial x} + v\frac{\partial p}{\partial y} + w\frac{\partial p}{\partial z}\right]dV. \end{aligned} \tag{5.8}$$

3. Nach dem Ansatz von Fourier (vgl. 4. Band) gilt für die in x-Richtung entlang der Fläche A weitergeleitete Wärmemenge $\dot{Q}_x = -\lambda A\frac{dT}{dx}$ mit der konstanten Wärmeleitfähigkeit $[\lambda] = \frac{\mathrm{W}}{\mathrm{mK}}$ (Abb. 5.1). Dann folgt abermals in 1. Näherung

$$d\dot{Q}_x = \dot{Q}_x - \dot{Q}_{x+dx} = -\lambda\frac{dT}{dx}dydz - \left[-\lambda\frac{dT}{dx} + \frac{\partial}{\partial x}\left(-\lambda\frac{dT}{dx}\right)dx\right]dydz = \lambda\frac{\partial^2 T}{\partial x^2}dV.$$

Insgesamt erhält man für alle drei Richtungen

$$d\dot{Q} = d\dot{Q}_x + d\dot{Q}_y + d\dot{Q}_z = \lambda\left(\frac{\partial^2 T}{\partial x^2} + \frac{\partial^2 T}{\partial y^2} + \frac{\partial^2 T}{\partial z^2}\right)dV. \tag{5.9}$$

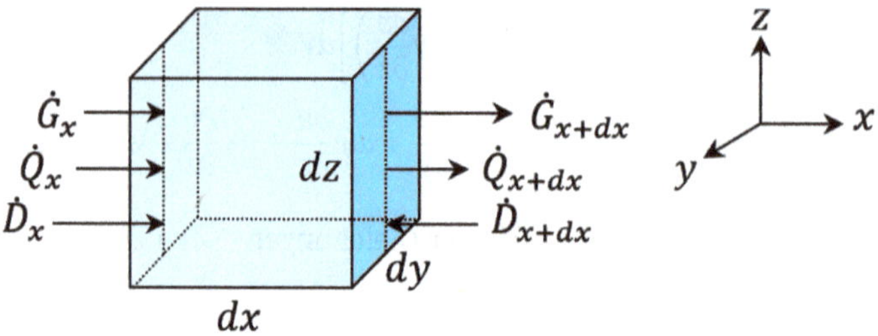

Abb. 5.1: 1. Skizze zur Herleitung der Energieerhaltung.

4. Aufgrund der Viskosität und der damit verbundenen Reibung, wirken auf jede der sechs Flächen des quaderförmigen Volumenelements entweder eine Schubspannung oder eine Normalspannung (Abb. 5.2). Beispielsweise erfährt die Fläche *dydz* in x-Richtung eine Schubspannung der Grösse $\sigma_{xx}dydz$. Die verrichtete Arbeit pro Zeiteinheit beträgt dann $\dot{\sigma}_{xx} = \sigma_{xx}udydz$. Der erste Index bezeichnet die Richtung der Flächennormalen und der zweite Index die Spannungsrichtung. Für die Änderung in 1. Näherung erhält man

$$d\dot{\sigma}_{xx} = -\sigma_{xx}udydz + \left[\sigma_{xx}u + \frac{\partial}{\partial x}(\sigma_{xx}u)dx\right]dydz = \frac{\partial}{\partial x}(\sigma_{xx}u)dV.$$

Ebenso folgen

$$d\dot{\tau}_{yx} = \frac{\partial}{\partial y}(\tau_{yx}u)dV \quad \text{und} \quad d\dot{\tau}_{zx} = \frac{\partial}{\partial z}(\tau_{zx}u)dV.$$

Insgesamt erhält man durch zyklische Vertauschung:

$$\begin{aligned} d\dot{L} &= d\dot{\sigma}_{xx} + d\dot{\tau}_{yx} + d\dot{\tau}_{zx} + d\dot{\tau}_{xy} + d\dot{\sigma}_{yy} + d\dot{\tau}_{zy} + d\dot{\tau}_{xz} + d\dot{\tau}_{yz} + d\dot{\sigma}_{zz} \\ &= \left[\frac{\partial}{\partial x}(\sigma_{xx}u) + \frac{\partial}{\partial x}(\tau_{xy}v) + \frac{\partial}{\partial x}(\tau_{xz}w) + \frac{\partial}{\partial y}(\tau_{xy}u) + \frac{\partial}{\partial y}(\sigma_{yy}v)\right]dV \\ &+ \left[\frac{\partial}{\partial y}(\tau_{yz}w) + \frac{\partial}{\partial z}(\tau_{xz}u) + \frac{\partial}{\partial z}(\tau_{yz}v) + \frac{\partial}{\partial z}(\sigma_{zz}w)\right]dV. \end{aligned} \tag{5.10}$$

Zur Berechnung der neun Spannungsterme gehen wir von einem Newton'sche Ansatz aus (der Ansatz von Stokes ist etwas komplizierter). Im 3. Band hatten wir im Zusammenhang mit der Plattengleichung beispielsweise für die Winkeldeformation γ_{xy} eines Volumenelements *dxdydz* unter dem Einfluss der Geschwindigkeiten u in x-Richtung und v in y-Richtung zu $\gamma_{xy} = \frac{du}{dy} + \frac{dv}{dx}$ bestimmt. Die zugehörige Spannung ist dann $\tau_{xy} = \eta\gamma_{xy}$. Die gesamte Deformation schreibt man auch mithilfe eines Tensors (vgl. Band 3) als:

$$\begin{pmatrix} \sigma_{xx} & \tau_{xy} & \tau_{xz} \\ \tau_{yx} & \sigma_{yy} & \tau_{yz} \\ \tau_{zx} & \tau_{zy} & \sigma_{zz} \end{pmatrix} = \eta \begin{pmatrix} 2\frac{\partial u}{\partial x} & \frac{\partial u}{\partial y} + \frac{\partial v}{\partial x} & \frac{\partial u}{\partial z} + \frac{\partial w}{\partial x} \\ \frac{\partial u}{\partial y} + \frac{\partial v}{\partial x} & 2\frac{dv}{dy} & \frac{\partial v}{\partial z} + \frac{\partial w}{\partial y} \\ \frac{\partial u}{\partial z} + \frac{\partial w}{\partial x} & \frac{\partial v}{\partial z} + \frac{\partial w}{\partial y} & 2\frac{\partial w}{\partial z} \end{pmatrix}.$$

Nun gilt es, die neun Terme von (5.10) zu berechnen. Es folgt.

$$\begin{aligned}
d\dot{L} = \eta\Bigg\{ & 2\frac{\partial}{\partial x}\left[\frac{\partial u}{\partial x}u\right] + \frac{\partial}{\partial x}\left[\left(\frac{\partial u}{\partial y} + \frac{\partial v}{\partial x}\right)v\right] + \frac{\partial}{\partial x}\left[\left(\frac{\partial u}{\partial z} + \frac{\partial w}{\partial x}\right)w\right] + \frac{\partial}{\partial y}\left[\left(\frac{\partial u}{\partial y} + \frac{\partial v}{\partial x}\right)u\right]\Bigg\}dV \\
& + \left\{2\frac{\partial}{\partial y}\left[\frac{dv}{dy}v\right] + \frac{\partial}{\partial y}\left[\left(\frac{\partial v}{\partial z} + \frac{\partial w}{\partial y}\right)w\right] + \frac{\partial}{\partial z}\left[\left(\frac{\partial u}{\partial z} + \frac{\partial w}{\partial x}\right)u\right]\right. \\
& \left. + \frac{\partial}{\partial z}\left[\left(\frac{\partial v}{\partial z} + \frac{\partial w}{\partial y}\right)v\right] + 2\frac{\partial}{\partial z}\left[\frac{\partial w}{\partial z}w\right]\right\}dV \\
= {} & \eta\left\{2\frac{\partial^2 u}{\partial x^2}u + 2\left(\frac{\partial u}{\partial x}\right)^2 + \frac{\partial^2 u}{\partial x \partial y}v + \frac{\partial^2 v}{\partial x^2}v + \frac{\partial u}{\partial y}\cdot\frac{\partial v}{\partial x}\right\}dV \\
& + \eta\left\{\left(\frac{\partial v}{\partial x}\right)^2 + \frac{\partial^2 u}{\partial x \partial z}w + \frac{\partial^2 w}{\partial x^2}w + \frac{\partial u}{\partial z}\cdot\frac{\partial w}{\partial x} + \left(\frac{\partial w}{\partial x}\right)^2\right\}dV \\
& + \eta\left\{\frac{\partial^2 u}{\partial y^2}u + \frac{\partial^2 v}{\partial x \partial y}u + \left(\frac{\partial u}{\partial y}\right)^2 + \frac{\partial v}{\partial x}\cdot\frac{\partial u}{\partial y} + 2\frac{\partial^2 v}{\partial y^2}v\right\}dV \\
& + \eta\left\{2\left(\frac{\partial v}{\partial y}\right)^2 + \frac{\partial^2 v}{\partial y \partial z}w + \frac{\partial^2 w}{\partial y^2}w + \frac{\partial v}{\partial z}\cdot\frac{\partial w}{\partial y} + \left(\frac{\partial w}{\partial y}\right)^2\right\}dV \\
& + \eta\left\{\frac{\partial^2 u}{\partial z^2}u + \frac{\partial^2 w}{\partial x \partial z}u + \left(\frac{\partial u}{\partial z}\right)^2 + \frac{\partial w}{\partial x}\cdot\frac{\partial u}{\partial z} + \frac{\partial^2 v}{\partial z^2}v\right\}dV \\
& + \eta\left\{\frac{\partial^2 w}{\partial y \partial z}v + \left(\frac{\partial v}{\partial z}\right)^2 + \frac{\partial w}{\partial y}\cdot\frac{\partial v}{\partial z} + 2\frac{\partial^2 w}{\partial z^2}w + 2\left(\frac{\partial w}{\partial z}\right)^2\right\}dV.
\end{aligned}$$

Verrechnen wir diesen Ausdruck unter Hinzunahme von (5.3), so bleibt Folgendes übrig:

$$\begin{aligned}
d\dot{L} = {} & \eta\left\{2\left[\left(\frac{\partial u}{\partial x}\right)^2 + \left(\frac{\partial v}{\partial y}\right)^2 + \left(\frac{\partial w}{\partial z}\right)^2\right]\right. \\
& \left. + \left(\frac{\partial u}{\partial y} + \frac{\partial v}{\partial x}\right)^2 + \left(\frac{\partial u}{\partial z} + \frac{\partial w}{\partial x}\right)^2 + \left(\frac{\partial v}{\partial z} + \frac{\partial w}{\partial y}\right)^2\right\}dV \\
& + \eta\left\{\left(\frac{\partial^2 u}{\partial x^2} + \frac{\partial^2 u}{\partial y^2} + \frac{\partial^2 u}{\partial z^2}\right)u + \left(\frac{\partial^2 v}{\partial x^2} + \frac{\partial^2 v}{\partial y^2} + \frac{\partial^2 v}{\partial z^2}\right)v\right. \\
& \left. + \left(\frac{\partial^2 w}{\partial x^2} + \frac{\partial^2 w}{\partial y^2} + \frac{\partial^2 w}{\partial z^2}\right)w\right\}dV. \qquad (5.11)
\end{aligned}$$

Nun sind wir für die Energiestrombilanz bereit. Es gilt

$$d\dot{E} = d\dot{G} + d\dot{D} + d\dot{Q} + d\dot{L}. \qquad (5.12)$$

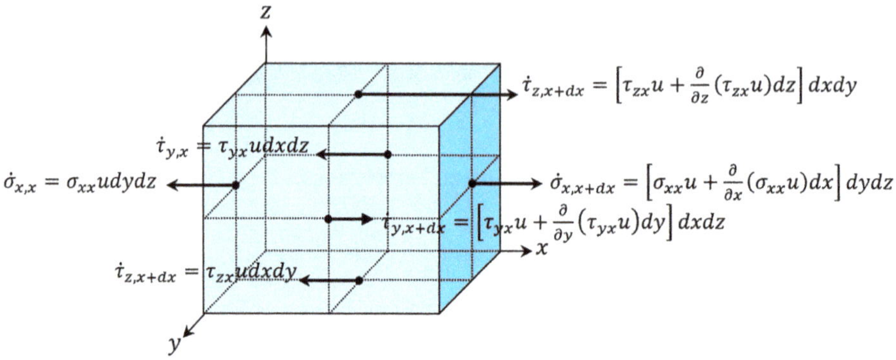

Abb. 5.2: 2. Skizze zur Herleitung der Energieerhaltung.

Unter Verwendung von (5.2), (5.7)–(5.9), (5.11) und (5.12) folgt

$$\begin{aligned}
&\rho\left(c_p\frac{\partial T}{\partial t} - \frac{1}{\rho}\cdot\frac{\partial p}{\partial t} + u\frac{\partial u}{\partial t} + v\frac{\partial v}{\partial t} + w\frac{\partial w}{\partial t}\right)\\
&\quad = -\rho\left[c_p\left(u\frac{\partial T}{\partial x} + v\frac{\partial T}{\partial y} + w\frac{\partial T}{\partial z}\right) - \frac{2}{\rho}\cdot\left(u\frac{\partial p}{\partial x} + v\frac{\partial p}{\partial y} + w\frac{\partial p}{\partial z}\right) - \left(u\frac{\partial u}{\partial t} + v\frac{\partial v}{\partial t} + w\frac{\partial w}{\partial t}\right)\right]\\
&\quad - \rho\left[\nu u\left(\frac{\partial^2 u}{\partial x^2} + \frac{\partial^2 u}{\partial y^2} + \frac{\partial^2 u}{\partial z^2}\right) + \nu v\left(\frac{\partial^2 v}{\partial x^2} + \frac{\partial^2 v}{\partial y^2} + \frac{\partial^2 v}{\partial z^2}\right) + \nu w\left(\frac{\partial^2 w}{\partial x^2} + \frac{\partial^2 w}{\partial y^2} + \frac{\partial^2 w}{\partial z^2}\right)\right]\\
&\quad - \left[u\frac{\partial p}{\partial x} + v\frac{\partial p}{\partial y} + w\frac{\partial p}{\partial z}\right] + \lambda\left(\frac{\partial^2 T}{\partial x^2} + \frac{\partial^2 T}{\partial y^2} + \frac{\partial^2 T}{\partial z^2}\right)\\
&\quad + \eta\left\{2\left[\left(\frac{\partial u}{\partial x}\right)^2 + \left(\frac{\partial v}{\partial y}\right)^2 + \left(\frac{\partial w}{\partial z}\right)^2\right] + \left(\frac{\partial u}{\partial y} + \frac{\partial v}{\partial x}\right)^2 + \left(\frac{\partial u}{\partial z} + \frac{\partial w}{\partial x}\right)^2 + \left(\frac{\partial v}{\partial z} + \frac{\partial w}{\partial y}\right)^2\right\}\\
&\quad + \eta\left\{u\left(\frac{\partial^2 u}{\partial x^2} + \frac{\partial^2 u}{\partial y^2} + \frac{\partial^2 u}{\partial z^2}\right) + v\left(\frac{\partial^2 v}{\partial x^2} + \frac{\partial^2 v}{\partial y^2} + \frac{\partial^2 v}{\partial z^2}\right) + w\left(\frac{\partial^2 w}{\partial x^2} + \frac{\partial^2 w}{\partial y^2} + \frac{\partial^2 w}{\partial z^2}\right)\right\}.
\end{aligned}$$

Die Verrechnung führt schließlich zur Energieerhaltung für Fluide und ideale Gase bei vorhandener Reibung:

$$\begin{aligned}
&\rho c_p\left(\frac{\partial T}{\partial t} + u\frac{\partial T}{\partial x} + v\frac{\partial T}{\partial y} + w\frac{\partial T}{\partial z}\right) - \left(\frac{\partial p}{\partial t} + u\frac{\partial p}{\partial x} + v\frac{\partial p}{\partial y} + w\frac{\partial p}{\partial z}\right) - \lambda\left(\frac{\partial^2 T}{\partial x^2} + \frac{\partial^2 T}{\partial y^2} + \frac{\partial^2 T}{\partial z^2}\right)\\
&\quad = \eta\left\{2\left[\left(\frac{\partial u}{\partial x}\right)^2 + \left(\frac{\partial v}{\partial y}\right)^2 + \left(\frac{\partial w}{\partial z}\right)^2\right] + \left(\frac{\partial u}{\partial y} + \frac{\partial v}{\partial x}\right)^2 + \left(\frac{\partial u}{\partial z} + \frac{\partial w}{\partial x}\right)^2 + \left(\frac{\partial v}{\partial z} + \frac{\partial w}{\partial y}\right)^2\right\}. \qquad (5.13)
\end{aligned}$$

Die Einheit der Terme beträgt in dieser Darstellung $\frac{\mathrm{W}}{\mathrm{m}^3}$.

5.1 Die Herleitung der Temperaturgrenzschichtgleichungen bei erzwungener Konvektion

Die Strömung an einer Wand hatten wir für große Reynolds-Zahlen in zwei Gebiete zerlegt.

Im Außengebiet wird der Impuls mittels Konvektion allein, dem Teilchentransport, übertragen. Innerhalb der Grenzschicht muss der Reibungsanteil bei der Impulsänderung mitberücksichtigt werden. Wird der Strömung auch noch Wärme zugeführt, dann werden wir zeigen, dass die sich ausbildende Temperaturverteilung ebenfalls für große Reynolds-Zahlen in einen Grenzschichtbereich und einen Außenbereich zerlegen lässt. Dabei wird die Wärmeleitung außerhalb der Grenzschicht verglichen mit der erzwungenen Konvektion eine für den gesamten Wärmetransport untergeordnete Rolle spielen, während die Konvektion und die Wärmeleitung innerhalb der Grenzschicht in gleicher Größenordnung auftreten.

Die Randbedingungen unterscheiden sich von denjenigen des Strömungsfeldes. Das kann beispielsweise eine konstante Wand- und Außentemperatur oder eine konstante Wärmestromdichte sein.

Herleitung von (5.1.1)–(5.1.8)

Einschränkung: Wir beschränken uns auf die stationäre Strömung einer parallel angeströmten Platte.

Damit geht (5.13) über in

$$\rho c_p\left(u\frac{\partial T}{\partial x}+v\frac{\partial T}{\partial y}\right)-\left(u\frac{\partial p}{\partial x}+v\frac{\partial p}{\partial y}\right)$$
$$=\lambda\left(\frac{\partial^2 T}{\partial x^2}+\frac{\partial^2 T}{\partial y^2}\right)+\eta\left\{2\left[\left(\frac{\partial u}{\partial x}\right)^2+\left(\frac{\partial v}{\partial y}\right)^2\right]+\left(\frac{\partial u}{\partial y}+\frac{\partial v}{\partial x}\right)^2\right\}. \qquad (5.1.1)$$

Analog zur Impulserhaltung in Kap. 4.2 soll eine Größenabschätzung der einzelnen Terme für große Reynolds-Zahlen durchgeführt werden. Dazu verwenden wir die dimensionslosen Größen $x_* = \frac{x}{l}, y_* = \frac{y}{l}, u_* = \frac{u}{u_\infty}, v_* = \frac{v}{u_\infty}, p_* = \frac{p}{\rho c_p \Delta T}$ und $\vartheta = \frac{T-T_\infty}{\Delta T}$.

Dabei ist $\Delta T = T_W - T_\infty$ mit der Wandtemperatur T_W.

Man erhält

$$\frac{\partial u}{\partial x}=u_\infty\frac{\partial u_*}{\partial x}=u_\infty\frac{\partial u_*}{\partial x_*}\cdot\frac{\partial x_*}{\partial x}=\frac{u_\infty}{l}\cdot\frac{\partial u_*}{\partial x_*}.$$

Analog ergeben sich

$$\frac{\partial v}{\partial y}=\frac{u_\infty}{l}\cdot\frac{\partial v_*}{\partial y_*},\quad \frac{\partial u}{\partial y}=\frac{u_\infty}{l}\cdot\frac{\partial u_*}{\partial y_*}\quad\text{und}\quad \frac{\partial v}{\partial x}=\frac{u_\infty}{l}\cdot\frac{\partial v_*}{\partial x_*}.$$

Weiter gilt

$$\frac{\partial T}{\partial x} = \Delta T \frac{\partial \vartheta}{\partial x} = \Delta T \frac{\partial \vartheta}{\partial x_*} \cdot \frac{\partial x_*}{\partial x} = \frac{\Delta T}{l} \cdot \frac{\partial \vartheta}{\partial x_*}$$

und demnach

$$u \frac{\partial T}{\partial x} = \frac{u_\infty \Delta T}{l} \cdot u_* \frac{\partial \vartheta}{\partial x_*}.$$

In gleicher Weise erhält man

$$v \frac{\partial T}{\partial y} = \frac{u_\infty \Delta T}{l} \cdot v_* \frac{\partial \vartheta}{\partial y_*}.$$

Damit folgt auch

$$\frac{\partial^2 T}{\partial x^2} = \frac{\partial}{\partial x}\left(\frac{\partial T}{\partial x}\right) = \frac{\Delta T}{l} \cdot \frac{\partial}{\partial x}\left(\frac{\partial \vartheta}{\partial x_*}\right) = \frac{\Delta T}{l} \cdot \frac{\partial}{\partial x_*}\left(\frac{\partial \vartheta}{\partial x_*} \cdot \frac{\partial x_*}{\partial x}\right) = \frac{\Delta T}{l^2} \cdot \frac{\partial^2 \vartheta}{\partial x_*^2}$$

und analog

$$\frac{\partial^2 T}{\partial y^2} = \frac{\Delta T}{l^2} \cdot \frac{\partial^2 \vartheta}{\partial y_*^2}.$$

Schließlich fehlt noch

$$\frac{\partial p}{\partial x} = \rho c_p \Delta T \frac{\partial p_*}{\partial x} = \rho c_p \Delta T \frac{\partial p_*}{\partial x_*} \cdot \frac{\partial x_*}{\partial x} = \frac{\rho c_p \Delta T}{l} \frac{\partial p_*}{\partial x_*} \quad \text{und} \quad \frac{\partial p}{\partial y} = \frac{\rho c_p \Delta T}{l} \frac{\partial p_*}{\partial y_*},$$

woraus

$$u \frac{\partial p}{\partial x} = \frac{u_\infty \rho c_p \Delta T}{l} \cdot u_* \frac{\partial p_*}{\partial x_*} \quad \text{und} \quad v \frac{\partial p}{\partial y} = \frac{u_\infty \rho c_p \Delta T}{l} \cdot v_* \frac{\partial p_*}{\partial y_*}$$

entsteht. Die Gleichung (5.1.1) lautet dann

$$\begin{aligned} &\frac{u_\infty \rho c_p \Delta T}{l}\left(u_* \frac{\partial \vartheta}{\partial x_*} + v_* \frac{\partial \vartheta}{\partial y_*}\right) - \frac{u_\infty \rho c_p \Delta T}{l}\left(u_* \frac{\partial p_*}{\partial x_*} + v_* \frac{\partial p_*}{\partial y_*}\right) \\ &= \lambda \frac{\Delta T}{l^2}\left(\frac{\partial^2 \vartheta}{\partial x_*^2} + \frac{\partial^2 \vartheta}{\partial y_*^2}\right) + \eta \frac{u_\infty^2}{l^2}\left\{2\left[\left(\frac{\partial u_*}{\partial x_*}\right)^2 + \left(\frac{\partial v_*}{\partial y_*}\right)^2\right] + \left(\frac{\partial u_*}{\partial y_*} + \frac{\partial v_*}{\partial x_*}\right)^2\right\}. \end{aligned} \tag{5.1.2}$$

Die Division durch $\frac{u_\infty \rho c_p \Delta T}{l}$ ergibt

$$\begin{aligned} &\left(u_* \frac{\partial \vartheta}{\partial x_*} + v_* \frac{\partial \vartheta}{\partial y_*}\right) - \left(u_* \frac{\partial p_*}{\partial x_*} + v_* \frac{\partial p_*}{\partial y_*}\right) \\ &= \frac{\lambda}{u_\infty l \rho c_p}\left(\frac{\partial^2 \vartheta}{\partial x_*^2} + \frac{\partial^2 \vartheta}{\partial y_*^2}\right) \end{aligned}$$

$$+\frac{\eta u_\infty}{l\rho c_p \Delta T}\left\{2\left[\left(\frac{\partial u_*}{\partial x_*}\right)^2+\left(\frac{\partial v_*}{\partial y_*}\right)^2\right]+\left(\frac{\partial u_*}{\partial y_*}+\frac{\partial v_*}{\partial x_*}\right)^2\right\}. \qquad (5.1.3)$$

Mit der Prandtl-Zahl $\mathrm{Pr}=\frac{c_p\eta}{\lambda}$, der Reynolds-Zahl $\mathrm{Re}=\frac{\rho u_\infty l}{\eta}$ und der Eckert-Zahl $\mathrm{Ec}=\frac{u_\infty^2}{c_p\Delta T}$ schreibt sich (5.1.3) als

$$\left(u_*\frac{\partial\vartheta}{\partial x_*}+v_*\frac{\partial\vartheta}{\partial y_*}\right)-\left(u_*\frac{\partial p_*}{\partial x_*}+v_*\frac{\partial p_*}{\partial y_*}\right)$$
$$=\frac{1}{\mathrm{Pr}\cdot\mathrm{Re}}\left(\frac{\partial^2\vartheta}{\partial x_*^2}+\frac{\partial^2\vartheta}{\partial y_*^2}\right)+\frac{\mathrm{Ec}}{\mathrm{Re}}\left\{2\left[\left(\frac{\partial u_*}{\partial x_*}\right)^2+\left(\frac{\partial v_*}{\partial y_*}\right)^2\right]+\left(\frac{\partial u_*}{\partial y_*}+\frac{\partial v_*}{\partial x_*}\right)^2\right\}. \qquad (5.1.4)$$

Um etwas feiner abzuschätzen, wählen wir wie bei der Impulserhaltung die Transformationen $\tilde{y}=y_*\cdot\sqrt{\mathrm{Re}}$ und $\tilde{v}=v_*\cdot\sqrt{\mathrm{Re}}$. Die Gleichung (5.1.4) nimmt dann folgende Gestalt an:

$$\left(u_*\frac{\partial\vartheta}{\partial x_*}+\frac{\sqrt{\mathrm{Re}}}{\sqrt{\mathrm{Re}}}\cdot\tilde{v}\frac{\partial\vartheta}{\partial\tilde{y}}\right)-\left(u_*\frac{\partial p_*}{\partial x_*}+\frac{\sqrt{\mathrm{Re}}}{\sqrt{\mathrm{Re}}}\cdot\tilde{v}\frac{\partial p_*}{\partial\tilde{y}}\right)$$
$$=\frac{1}{\mathrm{Pr}\cdot\mathrm{Re}}\left(\frac{\partial^2\vartheta}{\partial x_*^2}+\mathrm{Re}\frac{\partial^2\vartheta}{\partial\tilde{y}^2}\right)$$
$$+\frac{\mathrm{Ec}}{\mathrm{Re}}\left\{2\left[\left(\frac{\partial u_*}{\partial x_*}\right)^2+\left(\frac{\sqrt{\mathrm{Re}}}{\sqrt{\mathrm{Re}}}\cdot\frac{\partial\tilde{v}}{\partial\tilde{y}}\right)^2\right]+\left(\sqrt{\mathrm{Re}}\cdot\frac{\partial u_*}{\partial\tilde{y}}+\frac{1}{\sqrt{\mathrm{Re}}}\cdot\frac{\partial\tilde{v}}{\partial x_*}\right)^2\right\}. \qquad (5.1.5)$$

Für große Reynolds-Zahlen verbleibt von (5.1.5), unter Beachtung, dass für eine ebene oder leicht gekrümmte Platte $\frac{\partial p}{\partial y}\approx 0$ ist:

$$u_*\frac{\partial\vartheta}{\partial x_*}+\tilde{v}\frac{\partial\vartheta}{\partial\tilde{y}}-u_*\frac{\partial p_*}{\partial x_*}=\frac{1}{\mathrm{Pr}}\cdot\frac{\partial^2\vartheta}{\partial\tilde{y}^2}+\mathrm{Ec}\cdot\left(\frac{\partial u_*}{\partial\tilde{y}}\right)^2. \qquad (5.1.6)$$

Eine erste Rücktransformation von (5.1.6) liefert

$$u_*\frac{\partial\vartheta}{\partial x_*}+v_*\frac{\partial\vartheta}{\partial y_*}-u_*\frac{\partial p_*}{\partial x_*}=\frac{1}{\mathrm{Pr}\cdot\mathrm{Re}}\cdot\frac{\partial^2\vartheta}{\partial y_*^2}+\frac{\mathrm{Ec}}{\mathrm{Re}}\cdot\left(\frac{\partial u_*}{\partial\tilde{y}}\right)^2. \qquad (5.1.7)$$

Die gesamte Rücktransformation führt zur Temperaturgrenzschicht

$$\rho c_p\left(u\frac{\partial T}{\partial x}+v\frac{\partial T}{\partial y}\right)-u\frac{\partial p}{\partial x}=\lambda\frac{\partial^2 T}{\partial y^2}+\eta\left(\frac{\partial u}{\partial y}\right)^2. \qquad (5.1.8)$$

In der Temperaturgrenzschicht ist sowohl die Konvektion, die Wärmeleitung als auch die Dissipation infolge der Diffusion $\frac{\partial u}{\partial y}$ als Wärmetransportart vertreten.

Die neue dimensionslose Größe, die Prandtl-Zahl $\mathrm{Pr}=\frac{\nu}{a}$, verknüpft die Impulsübertragung (über die kinematische Viskosität ν) mit dem Wärmetransport (über die Temperaturleitfähigkeit $a=\frac{\lambda}{\rho c_p}$). Die Prandtl-Zahl bindet somit die Gleichung (4.2.3) der

Impulserhaltung in der Grenzschicht an Gleichung (5.1.8). Die durchgeführte Dimensionsanalyse führt zu einer neuen Kenngröße, der Eckert-Zahl $\mathrm{Ec} = \frac{u_\infty^2}{c_p \Delta T}$. Nehmen wir dazu an, die Strömung sei inkompressibel. Die Anströmgeschwindigkeit ist $u_\infty = 10\,\frac{\mathrm{m}}{\mathrm{s}}$ und die Temperaturdifferenz $\Delta T = T_W - T_\infty = 10\,\mathrm{K}$. Dann erhält man mit $c_{p,\mathrm{Wasser}} = 4200\,\frac{\mathrm{J}}{\mathrm{kgK}}$ und $c_{p,\mathrm{Luft}} = 1000\,\frac{\mathrm{J}}{\mathrm{kgK}}$ die Werte $\mathrm{Ec}_{\mathrm{Wasser}} = 0{,}002$ und $\mathrm{Ec}_{\mathrm{Luft}} = 0{,}01$. Für diesen Geschwindigkeits- und Temperaturdifferenzbereich bleibt die Eckert-Zahl klein gegenüber der Prandtl-Zahl. Anders sieht es aus, wenn entweder u_∞ wächst und/oder ΔT fällt. Bei größeren Geschwindigkeiten nimmt die Eckert-Zahl und damit der Einfluss der Dissipation $(\frac{\partial u}{\partial y})^2$ in Gleichung (5.1.7) zu. Zudem können die Stoffwerte in diesem Fall auch nicht mehr als konstant betrachtet werden. Wenn ΔT sehr klein wird, bildet sich auch ohne Wärmeleitung ein Temperaturprofil aus, nämlich aufgrund der eben erwähnten großen Dissipation. Die Wandtemperatur ist dann größer als die Umgebungstemperatur. Aus den gemachten Bemerkungen kann man die Eckert-Zahl somit als Maß für den Einfluss der Reibung an der Temperaturerhöhung oder als Maß für die Kompressibilität einer Strömung ansehen.

Für die weitere vereinfachte Rechnung sollte die Eckert-Zahl klein bleiben, also etwa $\frac{u_\infty^2}{\Delta T} \leq 50$.

Im Fall einer inkompressiblen Strömung sind die beiden Gleichungen (4.2.4) und (5.1.8) entkoppelt: Da alle Stoffgrößen konstant, also unabhängig von der Temperatur (die Unabhängigkeit vom Druck der Einfachheit halber vorausgesetzt) sind, bestimmt man aus (4.2.4) das Geschwindigkeitsfeld, setzt die Lösung in (5.1.8) ein und erhält daraus das Temperaturfeld.

Eine inkompressible Strömung kann dann vorliegen, wenn die Oberfläche mit einer Mach-Zahl $\mathrm{Ma} > 0{,}3$ angeströmt wird oder die Temperaturdifferenz zwischen Oberfläche und Außentemperatur sehr groß ist. Die Eckert-Zahl wird dann zwar klein, doch die Stoffgrößen, auch bei kleiner Anströmgeschwindigkeit, müssen als von der Temperatur abhängig betrachtet werden. In diesem Fall sind (4.2.4) und (5.1.8) gekoppelt. Die vier Größen Dichte ρ, Viskosität η, Wärmeleitfähigkeit λ und spezifische Wärmekapazität c_p werden dann als Funktion der Temperatur angesetzt.

Für Luft lauten die Ansätze

$$\frac{\eta}{\eta_\infty} = \left[\frac{T(x,y)}{T_\infty}\right]^{0,78}, \quad \frac{\lambda}{\lambda_\infty} = \left[\frac{T(x,y)}{T_\infty}\right]^{0,85},$$
$$\frac{c_p}{c_{p\infty}} = \left[\frac{T(x,y)}{T_\infty}\right]^{0,07} \quad \text{und} \quad \frac{\rho}{\rho_\infty} = \frac{T(x,y)}{T_\infty}.$$

Die letzte Gleichung folgt aus der idealen Gasgleichung. Die Werte mit dem Index „unendlich“ sind Referenzwerte der Außenströmung.

Schließlich soll noch bemerkt werden, dass die Eigenerwärmung des Fluids infolge der Strömungsgeschwindigkeit im Vergleich zur Fremderwärmung einen kleinen Einfluss hat. Aus (5.1) folgt mit der Bernoulli-Gleichung $\frac{1}{2}\rho u^2 + p = \text{konst.}$ der schon im 5.

Band hergeleitete Energiesatz für eine stationäre isentrope Strömung $\frac{1}{2}(u^2+v^2)+c_pT=$ konst. Ausgewertet an der Wand bzw. an der Außenströmung erhält man $\frac{1}{2}u_\infty^2+c_pT_\infty=c_pT_{\text{EW}}$. Dabei bezeichnet T_{EW} die Temperatur an der Wand aufgrund der Eigenerwärmung. Mit der lokalen Schallgeschwindigkeit $c_\infty=\sqrt{\kappa R_s T_\infty}$ zeigten wir ebenfalls im 5. Band, dass $\frac{T_{\text{EW}}-T_\infty}{T_\infty}=\frac{\kappa-1}{2}\text{Ma}^2$ gilt, wobei $\text{Ma}=\frac{u_\infty}{c_\infty}$ und κ der Isentropenexponent bezeichnet. Nimmt man $T_\infty=293\,\text{K}$, $\kappa=1{,}4$ (Luft) und $\text{Ma}=0{,}03$, was $u_\infty=10\,\frac{\text{m}}{\text{s}}$ entspricht, so erhält man lediglich $T_{\text{EW}}-T_\infty=0{,}05\,\text{K}$.

5.2 Die Dicke der Temperaturgrenzschicht bei erzwungener Konvektion

Idealisierung: Die Eckert-Zahl soll wie im vorigen Kapitel klein sein.

Herleitung von (5.2.1)–(5.2.3)

Einschränkung: Im Weitern betrachten wir eine parallel angeströmte Platte, sodass der Druckgradient $\frac{\partial p}{\partial x}$ entfällt.

In diesem Fall lautet Gleichung (5.1.2) zusammen mit (4.2.3)

$$u_*\frac{\partial u_*}{\partial x_*}+v_*\frac{\partial u_*}{\partial y_*}-\frac{1}{\text{Re}}\cdot\frac{\partial^2 u_*}{\partial y_*^2}=0 \tag{5.2.1}$$

und

$$u_*\frac{\partial \vartheta}{\partial x_*}+v_*\frac{\partial \vartheta}{\partial y_*}-\frac{1}{\text{Pr}\cdot\text{Re}}\cdot\frac{\partial^2 \vartheta}{\partial y_*^2}=0. \tag{5.2.2}$$

Man erkennt, dass an die Stelle von Re bei der Impulserhaltung nun $\text{Pr}\cdot\text{Re}$ bei der Energierhaltung getreten ist. Für die Strömungsgrenzschichtdicke gilt, wie schon mehrfach gezeigt, $\frac{\delta_S(x)}{x}\sim\frac{1}{\sqrt{\text{Re}_x}}$. Da uns letztlich das Verhältnis $\frac{\delta_T(x)/x}{\delta_S(x)/x}=\frac{\delta_T(x)}{\delta_S(x)}$ interesssiert, können wir vereinfacht die Division durch x weglassen, um Schreibarbeit zu sparen und mit $\delta_S\sim\text{Re}^{-\frac{1}{2}}$ rechnen. Übertragen auf die Energieerhaltung müsste man mit einer Temperaturgrenzschichtdicke von $\delta_T\sim\text{Pr}^{-\frac{1}{2}}\cdot\text{Re}^{-\frac{1}{2}}$ rechnen. Es fragt sich, ob dieser Verlauf auch bei sehr kleinen Grenz- oder Temperaturschichten der Fall ist. Dazu betrachten wir zwei Fälle.

Fall 1: $\delta_S\to0$ (Abb. 5.3 links). Bei einer sehr kleinen Strömungsgrenzschicht ist $v_*\approx0$ und das Fluid fließt innerhalb der Temperaturgrenzschicht praktisch mit einer Geschwindigkeit, die der Außenströmung entspricht: $u_*(x,y)\approx u_{*\infty}$. Gleichung (4.3.2) lautet dann

$$u_{*\infty}\frac{\partial\vartheta}{\partial x_*}=\frac{1}{\text{Pr}\cdot\text{Re}}\cdot\frac{\partial^2\vartheta}{\partial y_*^2}.$$

Als dimensionslose Größen sind $u_{*\infty}$, ϑ und x_* alle von der Größenordnung 1, wogegen y_* die Ordnung δ_T besitzt. Insgesamt folgt $\frac{1}{\mathrm{Pr}\cdot\mathrm{Re}} \cdot \frac{1}{\delta_T^2} \sim 1$, $\delta_T \sim \mathrm{Pr}^{-\frac{1}{2}} \cdot \mathrm{Re}^{-\frac{1}{2}}$ und schließlich $\frac{\delta_T}{\delta_S} \sim \mathrm{Pr}^{-\frac{1}{2}}$.

In diesem Fall stimmt somit die oben gemachte Voraussage. Aus dem Ergebnis entnimmt man auch, dass sehr kleine Strömungsgrenzschichten sehr kleinen Prandtl-Zahlen entsprechen: aus $\delta_S \to 0$ folgt $\mathrm{Pr} \to 0$.

Fall 2: $\delta_T \to 0$ (Abb. 5.3 rechts). Eine dünne Temperaturgrenzschicht hat zur Folge, dass die Geschwindigkeitsverteilung innerhalb dieser Schicht praktisch linear verläuft: $\frac{\partial u_*}{\partial y_*} \approx \frac{u_*}{y_*}$. Dabei ist y_* von der Ordnung δ_T und die Ordnung von u_* muss noch bestimmt werden. Zudem wird die Spannung praktisch nur von der Wandspannung hervorgerufen: $\tau(x,y) \approx \tau_W(x)$.

Diese müssen wir noch entdimensionieren: $\varepsilon(x) = \frac{\tau_W(x)}{\rho u_\infty^2}$. Aus (4.3.16) ist $\varepsilon(x) \sim \frac{1}{\sqrt{\mathrm{Re}}}$ bekannt. Für die Wandspannung gilt

$$\tau_W(x) = \eta\left(\frac{\partial u}{\partial y}\right) = \eta\frac{u_\infty}{l}\left(\frac{\partial u_*}{\partial y_*}\right) = \eta\frac{u_\infty u_*}{y_* l}.$$

Zusammen folgt

$$u_* = \frac{\rho u_\infty \varepsilon(x) l}{\eta} y_* = \mathrm{Re}\cdot\varepsilon(x)\cdot y_*.$$

Dann benötigen wir noch die Ordnung von v_*. Dazu wandeln wir die Kontinuitätsgleichung $\frac{\partial u_*}{\partial x_*} + \frac{\partial v_*}{\partial y_*} = 0$ in die integrale Form um zu

$$v_* = -\int_0^{y_*} \frac{\partial u_*}{\partial x_*} dy_* = \mathrm{Re}\cdot\frac{\partial\varepsilon(x)}{\partial x_*}\int_0^{y_*} y_* dy_* = \mathrm{Re}\cdot\frac{\partial\varepsilon(x)}{\partial x_*}\cdot\frac{y_*^2}{2}.$$

Insgesamt schreibt sich (5.2.2) als

$$\mathrm{Re}\cdot\varepsilon(x)\cdot y_*\cdot\frac{\partial\vartheta}{\partial x_*} + \mathrm{Re}\cdot\frac{\partial\varepsilon(x)}{\partial x_*}\cdot\frac{y_*^2}{2}\cdot\frac{\partial\vartheta}{\partial y_*} - \frac{1}{\mathrm{Pr}\cdot\mathrm{Re}}\cdot\frac{\partial^2\vartheta}{\partial y_*^2} = 0.$$

Alle Terme besitzen nun dieselbe Dimension 1, also

$$\mathrm{Re}\cdot\frac{1}{\sqrt{\mathrm{Re}}}\cdot\delta_T\cdot 1 \sim \mathrm{Re}\cdot\frac{1}{\sqrt{\mathrm{Re}}}\cdot\delta_T^2\cdot\frac{1}{\delta_T} \sim \frac{1}{\mathrm{Pr}\cdot\mathrm{Re}}\cdot\frac{1}{\delta_T^2} \sim 1.$$

Daraus erhält man nacheinander $\sqrt{\mathrm{Re}}\cdot\delta_T \sim \frac{1}{\mathrm{Pr}\cdot\mathrm{Re}}\cdot\frac{1}{\delta_T^2}$, $\delta_T^3 \sim \mathrm{Pr}^{-1}\cdot\mathrm{Re}^{-\frac{3}{2}}$, $\delta_T \sim \mathrm{Pr}^{-\frac{1}{3}}\cdot\mathrm{Re}^{-\frac{1}{2}}$ und schließlich $\frac{\delta_T}{\delta_S} \sim \mathrm{Pr}^{-\frac{1}{3}}$.

Dieses Ergebnis weicht von der weiter oben gemachten Voraussage ab. Damit entsprechen sehr kleine Temperaturgrenzschichten sehr großen Prandtl-Zahlen: Aus $\delta_T \to 0$ folgt $\mathrm{Pr} \to \infty$.

Das Verhältnis der Grenzschichtdicken ist

$$\frac{\delta_T}{\delta_S} \sim \mathrm{Pr}^{-n}, \quad \frac{1}{3} < n < \frac{1}{2}. \tag{5.2.3}$$

Der Exponent richtet sich nach der Prandtl-Zahl. Gleiche Grenzschichtdicken erhält man für Pr = 1 (Abb. 5.3 mitte). In Abb. 5.3 sind die drei Fälle festgehalten: Pr ≪ 1 (flüssige Metalle), Pr ≈ 1 (Gase, Wasser bei hohen Temperaturen) und Pr ≫ 1 (Öle).

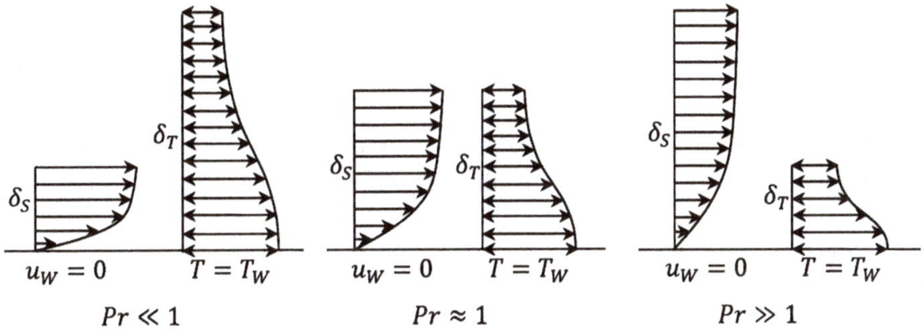

Abb. 5.3: Skizzen zur Strömungsgrenzschicht- und Temperaturgrenzschichtdicke.

5.3 Die analytische Lösung der Temperaturgrenzschichtgleichung für Pr = 1, T_W = konst.

Ausgangspunkt ist immer noch eine Plattenströmung. Gesucht sind die Lösungen $T(x, y)$ der Gleichung

$$u\frac{\partial T}{\partial x} + v\frac{\partial T}{\partial y} = \frac{\lambda}{\rho c_p} \cdot \frac{\partial^2 T}{\partial y^2}. \tag{5.3.1}$$

Das bekannte Geschwindigkeitsprofil $u(x, y)$ wird dabei mithilfe von

$$u\frac{\partial u}{\partial x} + v\frac{\partial u}{\partial y} = \nu \cdot \frac{\partial^2 u}{\partial y^2}$$

(Gleichung (4.3.2)) ermittelt.

Herleitung von (5.3.2)–(5.3.5)
Setzt man $\nu = \frac{\lambda}{\rho c_p}$, so bedeutet das Pr = 1. In diesem Fall führen beide DGen zu ähnlichen Lösungen. Die Lösungen von $u(x, y)$ und $T(x, y)$ unterscheiden sich aber bezüglich der Randbedingungen. Zu $u(y = 0) = 0$ gehört nicht etwa $T(y = 0) = 0$, sondern $T(y = 0) - T_W = 0$, also $T = T_W$. Insgesamt lauten die Randbedingungen:

- für $y = 0$ ist $u = v = 0$ und $T = T_W =$ konst. und
- für $y = \delta$ ist $u = u_\delta = u_\infty$ und $T = T_\delta = T_\infty$.

Der Ansatz $T = \frac{u}{u_\infty}(T_\infty - T_W) + T_W$ erfüllt beide Bedingungen, sodass man auch

$$\frac{T}{T_\infty} = \frac{u}{u_\infty}\left(1 - \frac{T_W}{T_\infty}\right) + \frac{T_W}{T_\infty} \tag{5.3.2}$$

oder

$$\frac{u}{u_\infty} = \frac{T - T_W}{T_\infty - T_W} \tag{5.3.3}$$

schreiben kann. Gleichung (5.3.3) entnimmt man, dass mit bekanntem Verlauf von $\frac{u}{u_\infty}$, beispielsweise das Blasius- oder Pohlhausen-Profil, auch das Temperaturprofil bestimmt ist.

Da für $\mathrm{Pr} = 1$ zwangsweise $\delta_T = \delta_S$ folgt, hat man

$$\frac{u}{u_\infty}(\xi) = \vartheta(\xi) = \vartheta\left(\frac{y}{\delta_S}\right).$$

Die Gleichungen (4.7.2) und (4.8.5) liefern

$$\vartheta(\xi_*) = \vartheta\left(\frac{y}{\delta_S}\right) = \xi_*(2 - 2\xi_*^2 + \xi_*^3) \quad \text{mit} \quad \xi_* = \frac{y}{\delta_S(x)} = \frac{y}{5{,}836\sqrt{\frac{\nu x}{u_\infty}}} = \frac{y}{5{,}836 \cdot \mathrm{Re}_x^{-\frac{1}{2}} \cdot x}.$$

Damit wir später die numerische Lösung mit dieser analytischen vergleichen können, belassen wir den Faktor 5,836, nehmen

$$\xi = \frac{y}{\mathrm{Re}_x^{-\frac{1}{2}} \cdot x} \tag{5.3.4}$$

und erhalten

$$\vartheta(\xi) = \frac{\xi}{5{,}836}\left[2 - 2\left(\frac{\xi}{5{,}836}\right)^2 + \left(\frac{\xi}{5{,}836}\right)^3\right]. \tag{5.3.5}$$

Zur Bestimmung des eigentlichen Temperaturprofils (5.3.2) muss zwischen Heizung und Kühlung unterscheiden. Dazu benutzen wir (5.3.2) und setzen $\gamma := 1 - \frac{T_W}{T_\infty}$. Folgende drei Fälle sind möglich (Abb. 5.4):

1a. Aus $\frac{T_W}{T_\infty} < 1$ (Kühlung) folgt

$$\frac{T}{T_\infty} = \gamma \cdot \frac{u}{u_\infty} + \frac{T_W}{T_\infty} \quad \text{mit} \quad \gamma > 0.$$

Damit erhält man $\frac{T}{T_\infty}$ graphisch durch die Streckung von $\frac{u}{u_\infty}$ mit dem Faktor γ plus einer Verschiebung um $\frac{T_W}{T_\infty}$.

2a. Aus $\frac{T_W}{T_\infty} = 1$ (keine Wärmeleitung) folgt $T = T_W$ mit $\gamma = 0$. Es entsteht keine Grenzschicht. Graphisch entspricht das einer senkrechten Geraden.

3a. Aus $\frac{T_W}{T_\infty} > 1$ (Heizung) folgt

$$\frac{T}{T_\infty} = \gamma \cdot \frac{u}{u_\infty} + \frac{T_W}{T_\infty} \quad \text{mit} \quad \gamma < 0.$$

Der Verlauf von $\frac{T}{T_\infty}$ ergibt sich durch Spiegelung von $\frac{u}{u_\infty}$ an der $\frac{y}{\delta}$-Achse und anschließender Verschiebung um $\frac{T_W}{T_\infty}$.

Nehmen wir beispielsweise den Fall 1a. Es handelt sich bei $T_\infty > T_W$ um eine Kühlung der Wand. Bei einer Anströmung mit einer größeren Temperatur als die Wandtemperatur würde sich die Wand erwärmen. Da aber T_W konstant gehalten werden muss, was in allen Fällen die Bedingung ist, muss die Wand somit gekühlt werden.

Lassen wir für einen Moment gemäß (5.1.3) die Dissipation neben der Wärmeleitung als Ursache für die Temperaturänderung zu, dann ändern sich die Verläufe 1a–3a aus Abb. 5.4. Infolge der Diffusionsänderung (Impulstransport in y-Richtung), in Gleichung (4.3.2) durch den Term $\nu\frac{\partial^2 u}{\partial y^2}$ gekennzeichnet, kommt es in der Temperaturgrenzschicht zu einer Umwandlung von kinetischer Energie in Reibungsenergie. Die Größe dieser Dissipation ist in Gleichung (5.1.3) durch den letzten Term auf der rechten Seite beschrieben. Deswegen setzen wir Diss := $\eta(\frac{du}{dy})^2$. Mithilfe von (4.3.7) wird daraus

$$\text{Diss} := \eta \cdot \psi_{yy}^2 = \eta \cdot \left[u_\infty \sqrt{\frac{u_\infty}{\nu x}} \cdot f''(\xi)\right]^2 \sim \eta \cdot u_\infty^3.$$

Wie schon im Zusammenhang mit der Eckert-Zahl erwähnt, wächst der Einfluss der Dissipation mit steigender Anströmungsgeschwindigkeit und mit wachsender Viskosität. Glycerin hätte gegenüber Wasser eine 120-fache Dissipation.

Jetzt wollen wir klären, wie die angesprochene Änderung der Temperaturverläufe in Abb. 5.4 qualitativ aussieht. Die Dissipation verursacht eine Temperaturerhöhung ΔT_{Diss}, sodass wir für die gesamte Temperatur T_{GW} an der Wand $T_{\text{GW}} = T_W + \Delta T_{\text{Diss}}$ schreiben können. Dabei bezeichnet T_W die Wandtemperatur bei Vernachlässigung der Reibung. Daraus folgt

$$\frac{T_{\text{GW}}}{T_\infty} = \frac{T_W}{T_\infty} + \Delta\phi \quad \text{mit} \quad \Delta\phi = \frac{\Delta T_{\text{Diss}}}{T_\infty}$$

und wir können zu den Fällen 1a–3a die entsprechenden Fälle 1b–3b hinzunehmen (Abb. 5.4):

1a. Diss = 0, mit Wärmeleitung (Kühlung)

1b. Diss ≠ 0, mit Wärmeleitung (Kühlung)
2a. Diss = 0, keine Wärmeleitung
2b. Diss ≠ 0, keine Wärmeleitung
3a. Diss = 0, mit Wärmeleitung (Heizung)
3b. Diss ≠ 0, mit Wärmeleitung (Heizung)

Dabei ist die Temperaturänderung als Folge der Dissipation blau gekennzeichnet.

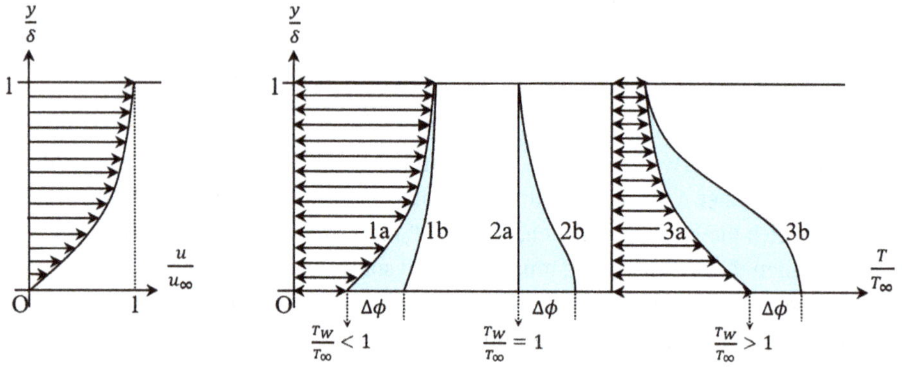

Abb. 5.4: Temperaturprofile mit und ohne Dissipation.

Herleitung von (5.3.6)–(5.3.11)

Eine interessante Folgerung ergibt sich, wenn man das Temperaturprofil (5.3.2) nach y ableitet:

$$\frac{\partial T}{\partial y} = \frac{T_\infty - T_W}{u_\infty} \cdot \frac{\partial u}{\partial y}.$$

Mit $y_* = \frac{y}{l}$, $u_* = \frac{u}{u_\infty}$ und $\vartheta = \frac{T-T_W}{T_\infty - T_W}$ folgt nacheinander

$$(T_\infty - T_W)\frac{\partial \vartheta}{\partial y} = \frac{T_\infty - T_W}{u_\infty} \cdot u_\infty \frac{\partial u_*}{\partial y},$$

$$\frac{T_\infty - T_W}{l} \cdot \frac{\partial \vartheta}{\partial y_*} = \frac{T_\infty - T_W}{l} \cdot \frac{\partial u_*}{\partial y_*}, \qquad \frac{\partial \vartheta}{\partial y_*} = \frac{\partial u_*}{\partial y_*}$$

und insbesondere an der Wand

$$\left(\frac{\partial \vartheta}{\partial y_*}\right)_W = \left(\frac{\partial u_*}{\partial y_*}\right)_W. \tag{5.3.6}$$

Dies bezeichnet man als Reynolds-Analogie. Sie verknüpft den Wärmeübergang mit der Normalspannung an der Wand. Die charakteristischen Größen dafür sind die Nusselt-Zahl und der örtliche Reibungsbeiwert $c_f(x)$ (vgl. (4.3.18)). Die Nusselt-Zahl wurde schon in Band 4 als Nu = $\frac{\alpha(x)\cdot d}{\lambda}$ eingeführt, wobei d der Durchmesser des durchströmten Rohrs bezeichnete. Für die Platte ist die charakteristische Größe ihre Länge x, also $\mathrm{Nu}_x = \frac{\alpha(x)\cdot x}{\lambda}$. Der sogenannte lokale Wärmeübergangskoeffizient $\alpha(x)$ in $\frac{\mathrm{W}}{\mathrm{m}^2\mathrm{K}}$ entspricht dem Verhältnis

$$\alpha(x) = \frac{\dot{q}_W(x)}{\Delta T} = \frac{\dot{q}_W(x)}{T_\infty - T_W}$$

mit der Wärmestromdichte

$$\dot{q}_W(x) = \lambda \left[\frac{\partial T(x)}{\partial y}\right]_W$$

in $\frac{\mathrm{W}}{\mathrm{m}^2}$. Somit ist $\mathrm{Nu}_x = \frac{\dot{q}_W \cdot x}{\lambda(T_\infty - T_W)}$.

Mit

$$\frac{\partial T(x)}{\partial y} = \frac{T_\infty - T_W}{l} \cdot \frac{\partial \vartheta(x)}{\partial y_*}$$

folgt

$$\mathrm{Nu}_x = \left[\frac{\partial \vartheta(x)}{\partial y_*}\right]_W. \tag{5.3.7}$$

Nun zum Reibungsbeiwert. Aus

$$\tau_W(x) = \eta \left[\frac{\partial u(x)}{\partial y}\right]_W = \eta \frac{u_\infty}{l} \left[\frac{\partial u_{*(x)}}{\partial y_*}\right]_W \quad \text{und} \quad \tau_W(x) = \frac{1}{2} c_f(x) \rho u_\infty^2$$

(Gleichung (4.3.17)), folgt

$$\frac{1}{2} c_f(x) \rho u_\infty x = \eta \left[\frac{\partial u_*(x)}{\partial y_*}\right]_W$$

und damit

$$\left[\frac{\partial u_*(x)}{\partial y_*}\right]_W = \frac{1}{2} c_f(x) \cdot \mathrm{Re}_x. \tag{5.3.8}$$

Mit (5.3.7) und (5.3.8) schreibt sich die Reynolds-Analogie (5.3.6) als $\mathrm{Nu}_x = \frac{1}{2} c_f(x) \cdot \mathrm{Re}_x$. Entnehmen wir $c_f(x) = \frac{0{,}662}{\sqrt{\mathrm{Re}_x}}$ (4.3.18) aus der Blasius-Lösung, so erhalten wir

$$\mathrm{Nu}_x = \frac{\alpha(x) \cdot x}{\lambda} = 0{,}331 \cdot \mathrm{Re}_x^{\frac{1}{2}}. \tag{5.3.9}$$

Der lokale Wärmeübergangskoeffizient

$$\alpha(x) = \frac{\mathrm{Nu}_x \cdot \lambda}{x} = 0{,}331 \cdot \lambda \sqrt{\frac{u_\infty}{\nu x}} \sim \frac{1}{\sqrt{x}}$$

verkleinert sich auf dieselbe Weise wie $c_f(x) \sim \frac{1}{\sqrt{x}}$, eine weitere Analogie. Häufig interessiert weniger der lokale Übergangskoeffizient, als vielmehr der gemittelte Wert $\alpha_m(x)$ über eine Lauflänge von x. (Mit diesen gemittelten Werten wurde in den bisherigen Wärmetransporten gerechnet.) Man erhält

$$\alpha_m(x) = \frac{1}{x}\int_0^x \alpha(x)dx = \frac{0{,}331 \cdot \lambda}{x}\sqrt{\frac{u_\infty}{\nu}}\int_0^x \frac{1}{\sqrt{x}}dx = 0{,}662 \cdot \lambda\sqrt{\frac{u_\infty}{\nu}} \cdot \frac{1}{\sqrt{x}} = 2 \cdot \alpha(x).$$

Das Ergebnis (5.3.9) muss noch mit einem Korrekturfaktor K versehen werden. Dieser Faktor berücksichtigt die Richtung des Wärmestroms. Weil die Stoffwerte temperaturabhängig sind, spielt es eine Rolle, ob es sich um eine Heizung oder eine Kühlung des Fluids handelt. Experimente ergeben für Flüssigkeiten

$$K = \left(\frac{\mathrm{Pr}_\mathrm{Fluid}}{\mathrm{Pr}_\mathrm{Wand}}\right)^{0{,}25}.$$

Bei Gasen kann $K = 1$ gesetzt werden. Die Bestimmung der Prandtl-Zahl des Fluids $\mathrm{Pr}_\mathrm{Fluid}$ erfolgt dann bei einer Bezugstemperatur $T_B = \frac{T_F + T_W}{2}$, wobei die Fluidtemperatur selber eine über die Plattenlänge gemittelte Temperatur

$$T_\mathrm{Fluid} = \frac{T_{\mathrm{Fluid},x=0} + T_{\mathrm{Fluid},x=l}}{2}$$

darstellt. Gesamthaft gilt

$$\mathrm{Nu}_x = 0{,}331 \cdot \mathrm{Re}_x^{\frac{1}{2}} \cdot \left(\frac{\mathrm{Pr}}{\mathrm{Pr}_W}\right)^{0{,}25}. \tag{5.3.10}$$

Die Zahl $\mathrm{Nu}_x(x) = \frac{\alpha(x)\cdot x}{\lambda}$ entspricht dem lokalen Übergang an der Stelle x. Falls nur die mittlere Nusselt-Zahl bis zu einem Teil x der gesamten Plattenlänge interessiert, betrachtet man $\mathrm{Nu}_{m,x}(x) = \frac{\alpha_m(x)\cdot x}{\lambda}$. Meistens ist die mittlere Nusselt-Zahl entlang der gesamten Platte von Interesse. Dann gilt $\mathrm{Nu}_{m,l} = \frac{\alpha_m(l)\cdot l}{\lambda}$ und man schreibt kurz $\mathrm{Nu}_m = \frac{\alpha_m \cdot l}{\lambda}$. Im letzten Fall bekäme (5.3.10) die Gestalt

$$\mathrm{Nu}_m = 0{,}662 \cdot \mathrm{Re}_l^{\frac{1}{2}} \cdot \left(\frac{\mathrm{Pr}}{\mathrm{Pr}_W}\right)^{0{,}25}. \tag{5.3.11}$$

Beispiel. Eine quadratische metallische Platte der Länge $l = 1{,}5\,\mathrm{m}$ wird quer zu einer Seitenkante mit Wasserdampf der Temperatur $T_\infty = 140\,°\mathrm{C}$ bei einer Geschwindigkeit von $u_\infty = 1\,\frac{\mathrm{m}}{\mathrm{s}}$ parallel zu deren Oberfläche angeströmt. Die Plattentemperatur soll auf $T_W = 100\,°\mathrm{C}$ gehalten werden und die Stoffwerte betragen $\nu = 2{,}34 \cdot 10^{-5}\,\frac{\mathrm{m}^2}{\mathrm{s}}$ und $\lambda = 0{,}027\,\frac{\mathrm{W}}{\mathrm{mK}}$ (beide bei der Bezugstemperatur $T_B = \frac{T_\infty + T_W}{2} = 120\,°\mathrm{C}$). In diesem Fall ist $\mathrm{Pr} = 1{,}04$. Rechnen Sie für die Aufgaben a) und b) mit $\mathrm{Pr} = 1$.

a) Das dimensionslose Geschwindigkeitsprofil $\frac{u}{u_\infty}$ liege entweder über die Blasius-Lösung oder das Pohlhausen-Polynom vor. Dies vorausgesetzt, soll das Temperaturprofil $\frac{T}{T_\infty}$ bestimmt werden.
b) Geben Sie die Temperaturgrenzschicht $\delta_T(x)$ als Funktion der Lauflänge x an.
c) Wie groß ist die Nusselt-Zahl Nu_m bei diesem Wärmeübertragung?
d) Bestimmen Sie den fließenden Wärmestrom $\dot{Q}$ vom Dampf auf die Platte.

Lösung.
a) Gleichung (5.3.2) liefert

$$\frac{T}{T_\infty} = \frac{u}{u_\infty}\left(1 - \frac{373{,}15}{413{,}15}\right) + \frac{373{,}15}{413{,}15} \approx 0{,}10 \cdot \frac{u}{u_\infty} + 0{,}90$$

und da $\frac{u}{u_\infty}(\xi) = \vartheta(\xi)$, folgt mit (5.3.4) und (5.3.5)

$$\frac{T}{T_\infty}(\xi) = 0{,}10 \cdot \frac{\xi}{5{,}836}\left[2 - 2\left(\frac{\xi}{5{,}836}\right)^2 + \left(\frac{\xi}{5{,}836}\right)^3\right] + 0{,}90,$$

wobei

$$\xi = \frac{y}{\mathrm{Re}_x^{-\frac{1}{2}} \cdot x}$$

gilt.
b) Mit Pr = 1 ist auch $\delta_T = \delta_S$, sodass mit (4.8.5) $\delta_T(x) = 5{,}836\sqrt{\frac{\nu x}{u_\infty}}$ folgt.
c) Es gilt

$$\mathrm{Re}_l = \frac{u_\infty \cdot l}{\nu} = \frac{1 \cdot 1{,}5}{2{,}34 \cdot 10^{-5}} = 6{,}41 \cdot 10^4 < 5 \cdot 10^4,$$

also laminar. Da es bei Gasen keiner Korrektur bedarf, ergibt (5.3.11) $\mathrm{Nu}_m = 0{,}662 \cdot \sqrt{\mathrm{Re}_l} = 167{,}61$.
d) Aus $\mathrm{Nu}_m = \frac{\dot{q}_W \cdot l}{\lambda(T_\infty - T_W)}$ folgt $\dot{q}_W = \frac{\mathrm{Nu}_m \cdot \lambda(T_\infty - T_W)}{l}$ und daraus

$$\dot{Q} = \dot{q}_W l^2 = \mathrm{Nu}_m \cdot \lambda \cdot l(T_\infty - T_W) = 167{,}6 \cdot 0{,}027 \cdot 1{,}5(140 - 100) = 271{,}55\,\mathrm{N}.$$

5.4 Die analytische Lösung der Temperaturgrenzschichtgleichung für Pr > 1, T_W = konst.

Bei der Lösung für Pr > 1 und Pr < 1 wird es sich jeweils um eine Näherungslösung handeln. Wir bestimmen zuerst die Integralform der Gleichung (5.3.1) ähnlich wie bei der Impulserhaltung in Kap. 4.6.

Herleitung von (5.4.1)–(5.4.24)

Dazu ersetzen wir in (5.3.1) T durch $T - T_\infty$ und erhalten

$$\rho c_p \left[u \frac{\partial (T - T_\infty)}{\partial x} + v \frac{\partial (T - T_\infty)}{\partial y} \right] = \lambda \cdot \frac{\partial^2 (T - T_\infty)}{\partial y^2}. \tag{5.4.1}$$

Mithilfe der Produktregel folgt aus (5.4.1)

$$\rho c_p \left\{ \frac{\partial}{\partial x}[u(T - T_\infty)] + \frac{\partial}{\partial y}[v(T - T_\infty)] - \frac{\partial u}{\partial x}(T - T_\infty) - \frac{\partial v}{\partial y}(T - T_\infty) \right\} = \lambda \cdot \frac{\partial^2 (T - T_\infty)}{\partial y^2}$$

und aufgrund der Kontinuitätsgleichung

$$\rho c_p \left\{ \frac{\partial}{\partial x}[u(T - T_\infty)] + \frac{\partial}{\partial y}[v(T - T_\infty)] \right\} = \lambda \cdot \frac{\partial^2 (T - T_\infty)}{\partial y^2}. \tag{5.4.2}$$

Weiter integrieren wir (5.4.2) über y von null bis δ_T:

$$\rho c_p \left\{ \int_0^{\delta_T} \frac{\partial}{\partial x}[u(T - T_\infty)] dy + \int_0^{\delta_T} \frac{\partial}{\partial y}[v(T - T_\infty)] dy \right\} = \lambda \int_0^{\delta_T} \frac{\partial^2 (T - T_\infty)}{\partial y^2} dy. \tag{5.4.3}$$

Beachtet man, dass $\frac{\partial T_\infty}{\partial y} = 0$, dann wird aus (5.4.3)

$$\rho c_p \left\{ \frac{d}{dx} \int_0^{\delta_T} u(T - T_\infty) dy + [v(T - T_\infty)]_{y=0}^{y=\delta_T} \right\} = \lambda \left[\frac{\partial T}{\partial y} \right]_{y=0}^{y=\delta_T} \quad \text{und}$$

$$\rho c_p \left\{ \frac{d}{dx} \int_0^{\delta_T} u(T - T_\infty) dy + v(T_\infty - T_\infty) - 0 \cdot (T_W - T_\infty) \right\} = 0 - \lambda \left(\frac{\partial T}{\partial y} \right)_W. \tag{5.4.4}$$

Schließlich erhält man aus (5.4.4) die Integralform von (5.3.1):

$$\rho c_p \frac{d}{dx} \left[\int_0^{\delta_T} u(T - T_\infty) dy \right] = -\lambda \left(\frac{\partial T}{\partial y} \right)_W. \tag{5.4.5}$$

Zur Lösung setzen wir die dimensionslose Temperatur wie anhin an als

$$\vartheta = \frac{T - T_W}{T_\infty - T_W}. \tag{5.4.6}$$

Die Temperatur $\vartheta(x, y)$ soll durch ein Polynom 3. Grades

$$\vartheta(x, y) = a + b \left[\frac{y}{\delta_T(x)} \right] + c \left[\frac{y}{\delta_T(x)} \right]^2 + d \left[\frac{y}{\delta_T(x)} \right]^3$$

approximiert werden. Die Randbedingungen lauten:

I. $\vartheta = 0$ für $y = 0$

II. $\frac{\partial^2\vartheta}{\partial y^2} = 0$ für $y = 0$

III. $\vartheta = 1$ für $y = \delta_T$

IV. $\frac{\partial\vartheta}{\partial y} = 0$ für $y = \delta_T$.

Die Bedingung II. bedeutet, dass die Änderung der Wärmeleitung an der Wand am größten ist, was auch unmittelbar folgt, wenn man in (5.3.1) $u = v = 0$ setzt.

Bedingung IV. entspricht der Forderung, dass sich die Temperatur gegenüber der Außentemperatur nicht mehr ändern soll.

Es folgen nacheinander $a = 0$ aus I., $c = 0$ aus II. und $b + d = 1$ und $b + 3d = 0$ aus den beiden restlichen Bedingungen. Daraus entnimmt man $b = \frac{3}{2}$, $d = -\frac{1}{2}$ und das zugehörige Temperaturprofil

$$\vartheta(x,y) = \frac{3}{2}\left(\frac{y}{\delta_T}\right) - \frac{1}{2}\left(\frac{y}{\delta_T}\right)^3. \tag{5.4.7}$$

Es ist sinnvoll, entgegen dem Pohlhausen-Profil, für das Geschwindigkeitsprofil dieselbe Funktion zu wählen:

$$\frac{u}{u_\infty}(x,y) = \frac{3}{2}\left(\frac{y}{\delta_S}\right) - \frac{1}{2}\left(\frac{y}{\delta_S}\right)^3. \tag{5.4.8}$$

Damit lässt man die Forderung $\frac{\partial^2}{\partial y^2}(\frac{u}{u_\infty})_{y=\delta_S} = 0$ fallen, dass die Diffusion an der Grenzschicht vollständig zum Erliegen kommt. Aus (5.4.6) folgt nacheinander

$$\begin{aligned} T &= \vartheta(T_\infty - T_W) + T_W, \\ T - T_\infty &= \vartheta(T_\infty - T_W) + T_W - T_\infty \quad \text{und} \\ T - T_\infty &= -(1-\vartheta)(T_\infty - T_W). \end{aligned} \tag{5.4.9}$$

Zudem gilt

$$\frac{\partial T}{\partial y} = \frac{\partial\vartheta}{\partial y}(T_\infty - T_W). \tag{5.4.10}$$

Einsetzen von (5.4.9) und (5.4.10) in (5.4.5) führt zu

$$-\rho c_p \frac{d}{dx}\left[\int_0^{\delta_T} u(1-\vartheta)dy\right](T_\infty - T_W) = -\lambda\left(\frac{\partial\vartheta}{\partial y}\right)_W \cdot (T_\infty - T_W) \quad \text{oder}$$

$$\rho c_p \frac{d}{dx}\left[\int_0^{\delta_T} u(1-\vartheta)dy\right] = \lambda\left(\frac{\partial\vartheta}{\partial y}\right)_W. \tag{5.4.11}$$

Als Nächstes bestimmen wir den Integranden von (5.4.11). Es gilt

$$
\begin{aligned}
u(1-\vartheta) &= u_\infty\left[\frac{3}{2}\left(\frac{y}{\delta_S}\right)-\frac{1}{2}\left(\frac{y}{\delta_S}\right)^3\right]\cdot\left[1-\frac{3}{2}\left(\frac{y}{\delta_T}\right)+\frac{1}{2}\left(\frac{y}{\delta_T}\right)^3\right]\\
&= u_\infty\left[\frac{3}{2}\left(\frac{y}{\delta_S}\right)-\frac{9}{4}\left(\frac{y}{\delta_S}\right)\left(\frac{y}{\delta_T}\right)+\frac{3}{4}\left(\frac{y}{\delta_S}\right)\left(\frac{y}{\delta_T}\right)^3-\frac{1}{2}\left(\frac{y}{\delta_S}\right)^3\right.\\
&\quad\left.+\frac{3}{4}\left(\frac{y}{\delta_S}\right)^3\left(\frac{y}{\delta_T}\right)-\frac{1}{4}\left(\frac{y}{\delta_S}\right)^3\frac{3}{4}\left(\frac{y}{\delta_T}\right)^3\right].
\end{aligned}
\tag{5.4.12}
$$

Integriert man (5.4.12) von Null bis δ_T, so ergibt sich

$$
\begin{aligned}
u(1-\vartheta) &= u_\infty\left(\frac{3}{4}\cdot\frac{\delta_T^2}{\delta_S}-\frac{3}{4}\cdot\frac{\delta_T^2}{\delta_S}+\frac{3}{20}\cdot\frac{\delta_T^2}{\delta_S}-\frac{1}{8}\cdot\frac{\delta_T^4}{\delta_S^3}+\frac{3}{20}\cdot\frac{\delta_T^4}{\delta_S^3}-\frac{1}{28}\cdot\frac{\delta_T^4}{\delta_S^3}\right)\\
&= u_\infty\left(\frac{3}{20}\cdot\frac{\delta_T^2}{\delta_S}-\frac{3}{280}\cdot\frac{\delta_T^4}{\delta_S^3}\right)=u_\infty\delta_S\left(\frac{3}{20}\cdot\Omega^2-\frac{3}{280}\cdot\Omega^4\right)\quad\text{mit}\quad\Omega=\frac{\delta_T}{\delta_S}.
\end{aligned}
$$

Mithilfe von (5.4.7) bestimmen wir noch

$$
\lambda\left(\frac{\partial\vartheta}{\partial y}\right)_W=\lambda\left(\frac{3}{2\delta_T}-\frac{3}{2}\cdot\frac{y^2}{\delta_T^2}\right)_W=\frac{3\lambda}{2\delta_T}=\frac{3\lambda}{2\delta_S\Omega}.
\tag{5.4.13}
$$

Damit schreibt sich (5.4.11) als

$$
\frac{d}{dx}\left[\delta_S\left(\frac{3}{20}\cdot\Omega^2-\frac{3}{280}\cdot\Omega^4\right)\right]=k\cdot\frac{3}{2u_\infty\delta_S\Omega}\quad\text{mit}\quad k=\frac{\lambda}{\rho c_p}.
\tag{5.4.14}
$$

Die Gleichung ließe sich numerisch nach Ω auflösen.

Idealisierung: Für eine analytische Lösung vernachlässigen wir Ω^4 gegenüber Ω^2, weil mit $\mathrm{Pr} > 1$ auch $\delta_S > \delta_T$ ist (vgl. Abb. 5.3).

Damit verbleibt aus (5.4.14) noch

$$
\delta_S\Omega\cdot\frac{d}{dx}(\delta_S\Omega^2)=\frac{10k}{u_\infty}.
$$

Ausdifferenziert erhält man

$$
\begin{aligned}
\delta_S\Omega\cdot\left(\frac{d\delta_S}{dx}\cdot\Omega^2+2\delta_S\Omega\cdot\frac{d\Omega}{dx}\right)&=\frac{10k}{u_\infty}\quad\text{oder}\\
\delta_S\Omega^3\cdot\frac{d\delta_S}{dx}+2\delta_S^2\Omega^2\cdot\frac{d\Omega}{dx}&=\frac{10k}{u_\infty}.
\end{aligned}
\tag{5.4.15}
$$

Nun führen wir dieselbe Rechnung an (4.6.3) durch. Da $u_\delta = u_\infty$, erhält man mit (4.3.12)

$$
u_\infty^2\cdot\frac{d\delta_2}{dx}=\frac{\tau_W}{\rho}=\frac{\eta}{\rho}\left(\frac{\partial u}{\partial y}\right)_W.
\tag{5.4.16}
$$

Dabei ist

$$\delta_2 = \int_0^\infty \frac{u}{u_\infty}\left(1 - \frac{u}{u_\infty}\right)dy$$

gemäß (4.3.12) gegeben. Mit dem Profil (5.4.8) entsteht aus (5.4.16) dieselbe DG wie (5.4.15), außer, dass hier $\delta_T = \delta_S$ ist und anstelle von k nun die dynamische Viskosität ν tritt. Grund dafür ist die Wahl des Geschwindigkeitsprofils identisch zum Temperaturprofil. (Für Pr = 1 sind beide Profile gleich, sodass eine Polynomfunktion als Ersatzprofil unnötig war.) Deswegen können wir $\Omega = 1$ setzen und (5.4.14) reduziert sich zu

$$\frac{d}{dx}\left[\delta_S\left(\frac{3}{20} - \frac{3}{280}\right)\right] = \frac{3\nu}{2u_\infty\delta_S}.$$

Daraus erhält man nacheinander

$$\delta_S \cdot \frac{d\delta_S}{dx} = \frac{140\nu}{13u_\infty}, \quad \frac{d}{dx}\left(\frac{1}{2}\delta_S^2\right) = \frac{140\nu}{13u_\infty},$$

$$\frac{1}{2}\delta_S^2 = \frac{140\nu}{13u_\infty}x \quad \text{und} \quad \delta_S(x) = 4{,}641\sqrt{\frac{\nu x}{u_\infty}} = 4{,}641 \cdot \mathrm{Re}_x^{-\frac{1}{2}} \cdot x. \tag{5.4.17}$$

Den Ausdruck (5.4.17) setzen wir in (5.4.15) ein, was zu

$$\frac{140\nu}{13u_\infty}\Omega^3 + \frac{560\nu x}{13u_\infty}\Omega^2 \cdot \frac{d\Omega}{dx} = \frac{10}{u_\infty} \cdot \frac{\lambda}{\rho c_p} \tag{5.4.18}$$

führt. Weiter verrechnet, schreibt sich (5.4.18) als

$$\Omega^3 + 4x\Omega^2 \cdot \frac{d\Omega}{dx} = \frac{13}{14\mathrm{Pr}} \quad \text{oder} \quad \Omega^3 + \frac{4x}{3} \cdot \frac{d}{dx}(\Omega^3) = \frac{13}{14\mathrm{Pr}}. \tag{5.4.19}$$

Zur Lösung betrachten wir vorerst die zugehörige homogene DG

$$\Omega^3 + \frac{4x}{3} \cdot \frac{d}{dx}(\Omega^3) = 0$$

mit dem Ansatz $\Omega^3(x) = C \cdot x^m$. Dies in (5.4.19) eingesetzt, erzeugt $C \cdot x^m + \frac{4x}{3} \cdot Cm \cdot x^{m-1} = 0$ und es folgt $1 + \frac{4}{3} \cdot m = 0$, $m = -\frac{3}{4}$ und damit $\Omega^3(x) = C \cdot x^{-\frac{3}{4}}$. Da die rechte Seite von (5.4.19) eine Konstante ist, benötigt man die Methode von Lagrange nicht. Es ist offensichtlich, dass $\Omega^3(x) = C \cdot x^{-\frac{3}{4}} + \frac{13}{14\mathrm{Pr}}$ die Gleichung (5.4.19) löst. Zur Bestimmung der Konstanten C gehen wir von einer adiabaten Wand ($T_W = T_\infty$) bis zur Stelle $x = x_0$ aus, danach soll die Kühlung oder die Heizung einsetzen. Folglich setzt dann die Temperaturgrenzschicht erst bei $x = x_0$ ein, das heißt es gilt $\delta_T(x = x_0) = 0$ und somit auch $\Omega(x = x_0) = \frac{\delta_T(x=x_0)}{\delta_S} = 0$.

Aus $0 = C \cdot x_0^{-\frac{3}{4}} + \frac{13}{14\mathrm{Pr}}$ folgt

$$C = -\frac{13}{14\mathrm{Pr}} x_0^{\frac{3}{4}} \quad \text{und} \quad \Omega^3(x) = \frac{13}{14\mathrm{Pr}} \left[1 - \left(\frac{x_0}{x} \right)^{\frac{3}{4}} \right]. \tag{5.4.20}$$

Setzen wir den Beginn der Kühlung oder der Heizung an die Vorderkante der Platte, dann ist $x_0 = 0$, (5.4.20) reduziert sich zu $\Omega^3(x) = \frac{13}{14\mathrm{Pr}}$ und endlich folgt

$$\frac{\delta_T}{\delta_S} = \left(\frac{13}{14} \right)^{\frac{1}{3}} \cdot \mathrm{Pr}^{-\frac{1}{3}} \approx 0{,}976 \cdot \mathrm{Pr}^{-\frac{1}{3}} \approx 1 \cdot \mathrm{Pr}^{-\frac{1}{3}}. \tag{5.4.21}$$

Damit wird das Ergebnis (5.2.3) für $\delta_T \to 0$ bestätigt. Für $\mathrm{Pr} = 1$ müsste der Faktor in (5.4.21) eigentlich 1 sein. Der kleine Fehler rührt von der Vernachlässigung von Ω^4 gegenüber Ω^2 her. Weiter erhält man

$$\frac{\delta_T(x)}{x} = 4{,}641 \cdot \mathrm{Re}_x^{-\frac{1}{2}} \cdot \mathrm{Pr}^{-\frac{1}{3}}. \tag{5.4.22}$$

Das dimensionslose Profil folgt dann mit (5.4.7) zu $\vartheta(\xi_*) = \frac{3}{2}\xi_* - \frac{1}{2}\xi_*^3$, wobei

$$\xi_* = \frac{y}{\delta_T} = \frac{y}{\delta_S(x) \cdot \mathrm{Pr}^{-\frac{1}{3}}} = \frac{y}{4{,}641 \cdot \mathrm{Re}_x^{-\frac{1}{2}} \cdot x \cdot \mathrm{Pr}^{-\frac{1}{3}}}$$

ist. Mit demselben

$$\xi = \frac{y}{\mathrm{Re}_x^{-\frac{1}{2}} \cdot x}$$

wie bei (5.3.4) erhält man

$$\vartheta(\xi) = \frac{3}{2} \left(\frac{\xi}{4{,}641 \cdot \mathrm{Pr}^{-\frac{1}{3}}} \right) - \frac{1}{2} \left(\frac{\xi}{4{,}641 \cdot \mathrm{Pr}^{-\frac{1}{3}}} \right)^3. \tag{5.4.23}$$

Schließlich soll die Wärmeübertragung angegeben werden. Aus

$$\alpha(x) = \frac{\dot{q}_W}{T_\infty - T_W} = \frac{0{,}331 \cdot \lambda}{x} \cdot \mathrm{Re}_x^{\frac{1}{2}} \cdot \mathrm{Pr}^{\frac{1}{3}}$$

ergibt sich schließlich die Nusselt-Zahl inklusive dem Korrekturfaktor für Flüssigkeiten wie bei (5.3.9) zu

$$\mathrm{Nu}_x = \frac{\alpha \cdot x}{\lambda} = 0{,}331 \cdot \mathrm{Re}_x^{\frac{1}{2}} \cdot \mathrm{Pr}^{\frac{1}{3}} \cdot \left(\frac{\mathrm{Pr}}{\mathrm{Pr}_W} \right)^{0{,}25}. \tag{5.4.24}$$

Dies stimmt für $\mathrm{Pr} = 1$ mit (5.3.10) überein.

Beispiel. Zur Entfettung einer ölverschmierten rechteckigen Metallplatte der Länge $l = 1\,\mathrm{m}$ und der Breite $b = 0{,}5\,\mathrm{m}$ wird die Platte quer mit einer Ethanollösung der mittleren Temperatur $T_\infty = 40\,^\circ\mathrm{C}$ und einer Geschwindigkeit von $u_\infty = 0{,}25\,\frac{\mathrm{m}}{\mathrm{s}}$ parallel zu dessen Oberfläche angeströmt. Die Plattentemperatur soll auf $T_W = 20\,^\circ\mathrm{C}$ gehalten werden. Die Stoffwerte betragen $\nu = 1{,}29 \cdot 10^{-6}\,\frac{\mathrm{m}^2}{\mathrm{s}}$, $\lambda = 0{,}163\,\frac{\mathrm{W}}{\mathrm{mK}}$ und zusätzlich ist $\mathrm{Pr} = 14{,}82$ (alle Werte bei der Bezugstemperatur $T_B = \frac{T_\infty + T_W}{2} = 30\,^\circ\mathrm{C}$).

a) Die Strömung soll als laminar betrachtet werden, falls $\mathrm{Re}_{\mathrm{krit}} = 3{,}5 \cdot 10^5$ angesetzt wird. Trifft dies zu?
b) Geben Sie den Verlauf von $T(x,y)$ explizit als Funktion von x und y an.
c) Wie groß ist die Temperatur auf halber Grenzschichthöhe und halber Lauflänge?
d) Bestimmen Sie die Nusselt-Zahl Nu_l für diesen Wärmeübergang, falls bei 20 °C die Prandtl-Zahl von Ethanol $\mathrm{Pr} = 16{,}91$ beträgt.
e) Welcher stationäre Wärmestrom $\dot{Q}$ zwischen der Alkohollösung und der Platte stellt sich ein?

Lösung.

a) Es gilt $\mathrm{Re} = \frac{u_\infty \cdot l}{\nu} = 1{,}94 \cdot 10^5$, sodass wir die Aufgabe als laminare Strömung behandeln können.
b) Gleichung (5.4.23) liefert

$$\vartheta(x,y) = \frac{3}{2}\left(\frac{y\sqrt{\frac{0{,}25 \cdot x}{1{,}29 \cdot 10^{-6}}}}{4{,}64 \cdot x \cdot 14{,}82^{-\frac{1}{3}}}\right) - \frac{1}{2}\left(\frac{y\sqrt{\frac{0{,}25 \cdot x}{1{,}29 \cdot 10^{-6}}}}{4{,}64 \cdot x \cdot 14{,}82^{-\frac{1}{3}}}\right)^3 = \frac{3}{2}\left(\frac{233y}{\sqrt{x}}\right) - \frac{1}{2}\left(\frac{233y}{\sqrt{x}}\right)^3.$$

Aus der Definition $\vartheta = \frac{T - T_W}{T_\infty - T_W}$ folgt dann

$$T(x,y) = \left[\frac{3}{2}\left(\frac{233y}{\sqrt{x}}\right) - \frac{1}{2}\left(\frac{233y}{\sqrt{x}}\right)^3\right] \cdot 20 + 293{,}15.$$

c) Mit (5.4.17) bestimmt man die halbe Grenzschichtdicke zu

$$\frac{1}{2}\delta_S = \frac{1}{2}\sqrt{\frac{280\nu x}{13 u_\infty}} = \frac{1}{2}\sqrt{\frac{280 \cdot 1{,}29 \cdot 10^{-6} \cdot 0{,}5}{13 \cdot 0{,}25}} = 3{,}727 \cdot 10^{-3}\,\mathrm{m}$$

und erhält $T(\frac{1}{2}, \frac{\delta_S}{2}) = 310{,}97\,\mathrm{K}$.

d) Die Gleichung (5.4.24) ergibt

$$\begin{aligned}\mathrm{Nu}_m &= 0{,}662 \cdot \mathrm{Re}_l^{-\frac{1}{2}} \cdot \mathrm{Pr}^{\frac{1}{3}} \cdot \left(\frac{\mathrm{Pr}}{\mathrm{Pr}_W}\right)^{0{,}25} \\ &= 0{,}662 \cdot (1{,}94 \cdot 10^5)^{\frac{1}{2}} \cdot 14{,}82^{\frac{1}{3}} \cdot \left(\frac{14{,}82}{16{,}91}\right)^{0{,}25} = 692{,}6.\end{aligned}$$

e) Aus $\mathrm{Nu}_m = \frac{\dot{q}_W l}{\lambda(T_\infty - T_W)}$ folgt $\dot{q}_W = \frac{\mathrm{Nu}_m \cdot \lambda(T_\infty - T_W)}{l}$ und damit

$$\dot{Q} = \dot{q}_W \cdot l \cdot b = \mathrm{Nu}_m \cdot \lambda(T_\infty - T_W) \cdot b = 1128{,}96\,\mathrm{W}.$$

5.5 Die analytische Lösung der Temperaturgrenzschichtgleichung für $\mathrm{Pr} < 1$, $T_W = \text{konst.}$

Idealisierungen:
- Es sei $\mathrm{Pr} \ll 1$ und folglich $\delta_S \ll \delta_T$ (vgl. Kap. 5.2).
- Innerhalb der Temperaturgrenzschicht entspricht die Strömungsgeschwindigkeit praktisch der Außenströmung: $u \approx u_\infty$.

Herleitung von (5.5.1)–(5.5.4)

Damit schreibt sich Gleichung (5.4.11) mithilfe von (5.4.7) als

$$u_\infty \frac{d}{dx}\left(\int_0^{\delta_T}\left[1 - \frac{3}{2}\left(\frac{y}{\delta_T}\right) + \frac{1}{2}\left(\frac{y}{\delta_T}\right)^3\right]dy\right) = \frac{\lambda}{\rho c_p}\left(\frac{3}{2\delta_T} + \frac{3}{2}\cdot\frac{y^2}{\delta_T^2}\right)_W.$$

Das ergibt nacheinander:

$$u_\infty \frac{d}{dx}\left[y - \frac{3}{4}\cdot\frac{y^2}{\delta_T} + \frac{1}{8}\cdot\frac{y^4}{\delta_T^3}\right]_0^{\delta_T} = \frac{\lambda}{\rho c_p}\cdot\frac{3}{2\delta_T}, \quad u_\infty \frac{d}{dx}\cdot\left(\frac{3\delta_T}{8}\right) = \frac{\lambda}{\rho c_p}\cdot\frac{3}{2\delta_T},$$

$$\delta_T \cdot \frac{d\delta_T}{dx} = \frac{4\lambda}{\rho c_p u_\infty}, \quad \frac{1}{2}{}_T^{\,2} = \frac{4\lambda}{\rho c_p u_\infty}x,$$

$$\delta_T^2 = \frac{8\lambda x}{\rho c_p u_\infty}\cdot\frac{\eta x}{\eta x} = \frac{8x^2}{\mathrm{Re}\cdot\mathrm{Pr}} \quad \text{und} \quad \frac{\delta_T}{x} = 2{,}828\cdot\mathrm{Re}_x^{-\frac{1}{2}}\cdot\mathrm{Pr}^{-\frac{1}{2}}. \tag{5.5.1}$$

Idealisierung: Wir verwenden für die weitere Rechnung das Ergebnis (4.8.5).

Dabei soll ein kleiner Fehler in Kauf genommen werden, weil (4.8.5) nur für $\mathrm{Pr} = 1$ gilt. (Alternativ könnte man an dieser Stelle auch das Blasius-Ergebnis (4.3.10) heranziehen.) Damit erhält man

$$\frac{\delta_T}{\delta_S} = \frac{2{,}828\cdot\mathrm{Re}_x^{-\frac{1}{2}}\cdot\mathrm{Pr}^{-\frac{1}{2}}}{5{,}836\cdot\mathrm{Re}_x^{-\frac{1}{2}}\cdot x} = 0{,}485\cdot\mathrm{Pr}^{-\frac{1}{2}}, \tag{5.5.2}$$

was den Exponenten der Prandtl-Zahl aus Kap. 4.2 für $\delta_S \to 0$ bestätigt.

Das dimensionslose Profil folgt dann mit (5.4.7) und $\xi_* = \frac{y}{\delta_T}$ zu

$$\vartheta(\xi_*) = \frac{3}{2}\xi_* - \frac{1}{2}\xi_*^3 = \frac{y}{\delta_S(x)\cdot 0{,}485\cdot\mathrm{Pr}^{-\frac{1}{2}}} = \frac{y}{5{,}836\cdot\mathrm{Re}_x^{-\frac{1}{2}}\cdot x\cdot 0{,}485\cdot\mathrm{Pr}^{-\frac{1}{2}}}.$$

Mit demselben

$$\xi = \frac{y}{\mathrm{Re}_x^{-\frac{1}{2}} \cdot x}$$

wie bei (5.3.4) ergibt sich

$$\vartheta(\xi) = \frac{3}{2}\left(\frac{\xi}{5{,}835 \cdot 0{,}485 \cdot \mathrm{Pr}^{-\frac{1}{2}}}\right) - \frac{1}{2}\left(\frac{\xi}{5{,}836 \cdot 0{,}485 \cdot \mathrm{Pr}^{-\frac{1}{2}}}\right)^3 . \tag{5.5.3}$$

Der lokale Wärmeübergangskoeffizient beträgt $\alpha(x) = \frac{3\lambda}{2\delta_T}$ und für die lokale Nusselt-Zahl ergibt sich mit (5.5.1) inklusive dem K-Faktor für Flüssigkeiten

$$\mathrm{Nu}_x = \frac{\alpha \cdot x}{\lambda} = 0{,}530 \cdot \mathrm{Re}_x^{\frac{1}{2}} \cdot \mathrm{Pr}^{\frac{1}{2}} \cdot \left(\frac{\mathrm{Pr}}{\mathrm{Pr}_W}\right)^{0{,}25} . \tag{5.5.4}$$

5.6 Die analytische Lösung der Temperaturgrenzschichtgleichung für 0,1 ≤ Pr < 1, T_W = konst.

Herleitung von (5.6.1)–(5.6.3)

Das Profil (5.5.3) liefert nur für Pr < 0,1 gute Ergebnisse. Für den Zwischenbereich 0,1 ≤ Pr < 1 erreicht man eine sehr gute Übereinstimmung mit der numerischen Lösung, wenn man das Profil (5.3.5) für Pr = 1 mit dem Faktor

$$\frac{1}{\mathrm{Pr}^{-\frac{1}{3}}}$$

bei gleichem

$$\xi = \frac{y}{\mathrm{Re}_x^{-\frac{1}{2}} \cdot x}$$

wie in (5.3.4) versieht. Man erhält

$$\vartheta(\xi) = \frac{\xi}{5{,}836 \cdot \mathrm{Pr}^{-\frac{1}{3}}}\left[2 - 2\left(\frac{\xi}{5{,}836 \cdot \mathrm{Pr}^{-\frac{1}{3}}}\right)^2 + \left(\frac{\xi}{5{,}836 \cdot \mathrm{Pr}^{-\frac{1}{3}}}\right)^3\right] . \tag{5.6.1}$$

Entsprechend folgen

$$\delta_S(x) = 5{,}836 \cdot \mathrm{Re}_x^{-\frac{1}{2}} \cdot x, \qquad \delta_T(x) = 5{,}836 \cdot \mathrm{Re}_x^{-\frac{1}{2}} \cdot x \cdot \mathrm{Pr}^{-\frac{1}{3}} \tag{5.6.2}$$

und

$$\mathrm{Nu}_x = 0{,}331 \cdot \mathrm{Re}_x^{\frac{1}{2}} \cdot \mathrm{Pr}^{\frac{1}{3}} \cdot \left(\frac{\mathrm{Pr}}{\mathrm{Pr}_W}\right)^{0{,}25} . \tag{5.6.3}$$

Beispiel 1. Parallel zur Längsseite einer vereisten rechteckigen Platte der Länge $l = 1\,\text{m}$ und Breite $b = 3\,\text{m}$ weht ein Wind mit der Geschwindigkeit $u_\infty = 3\,\frac{\text{m}}{\text{s}}$. Die Temperatur des Eises, die konstant bleiben soll, beträgt $T_{\text{Eis}} = -5\,°\text{C}$. Weiter ist $\lambda_{\text{Eis}} = 2{,}2\,\frac{\text{W}}{\text{mK}}$ (bei $-5\,°\text{C}$).

a) Zur Aufrechterhaltung der Eistemperatur wird ein Kühlstrom von $\dot{q} = 140{,}0\,\frac{\text{W}}{\text{m}^2}$ unterhalb des Eises angelegt. Wie groß darf die Anströmtemperatur höchstens sein?
b) Wie dick werden die Strömungs- und Temperaturgrenzschichten als Funktion der Reynolds-Zahl nach einer Lauflänge l?
c) Unmittelbar unter der $d = 5\,\text{cm}$ dicken Eisschicht wird die Kühlung angebracht. Welche konstante Temperatur T_i müsste hier herrschen?

Lösung.

a) Da die Windtemperatur unbekannt ist, setzen wir sie beispielsweise zu $T_{\text{Luft}} = 15\,°\text{C}$ an. Dann ist die Bezugstemperatur $T_B = 10\,°\text{C}$, und die Stoffwerte wie auch die Prandtl-Zahl entnimmt man der Tabelle am Ende dieses Beispiels. Zuerst muss die Reynolds-Zahl ermittelt werden. Sie beträgt $\text{Re}_l = \frac{u_\infty l}{\nu_{\text{Luft}}} = 2{,}08 \cdot 10^5$. Obwohl die Reynolds-Zahl relativ groß ist, gehen wir von einer laminaren Strömung aus. Mit (5.6.3) erhält man

$$\text{Nu}_m = 0{,}662 \cdot (2{,}08 \cdot 10^5)^{\frac{1}{2}} \cdot 0{,}716^{\frac{1}{3}} = 270{,}1.$$

Die Kühlleistung entspricht dem Kühlungsstrom $\dot{Q}$. Durch gleichsetzen der Ausdrücke für den Wärmeübergangskoeffizienten erhält man

$$\alpha = \frac{\dot{q}}{T_{\text{Luft}} - T_{\text{Eis}}} = \frac{\text{Nu}_l \cdot \lambda_{\text{Luft}}}{l}$$

und daraus

$$T_{\text{Luft}} = \frac{\dot{q} \cdot l}{\text{Nu}_m \cdot \lambda_{\text{Luft}}} + T_{\text{Eis}} = \frac{140 \cdot 1}{270{,}1 \cdot 0{,}0253} - 5 = 15{,}48\,°\text{C},$$

was relativ gut mit der Annahme übereinstimmt. Von einer weiteren Iteration sehen wir deshalb ab.

b) Die Gleichungen (5.6.2) liefern

$$\delta_S = 5{,}836 \cdot (2{,}08 \cdot 10^5)^{-\frac{1}{2}} \cdot 1 \approx 1{,}28\,\text{cm} \quad \text{und} \quad \delta_T = \delta_S \cdot \text{Pr}^{\frac{1}{3}} = 1{,}14\,\text{cm}.$$

c) Aus

$$\dot{Q} = \lambda_{\text{Eis}} \cdot l \cdot b \cdot \frac{T_{\text{Eis}} - T_i}{d}$$

folgt

$$T_i = T_{\text{Eis}} - \frac{\dot{Q}d}{\lambda_{\text{Eis}} \cdot l \cdot b} = 268{,}15 - \frac{3 \cdot 200 \cdot 0{,}05}{2{,}2 \cdot 1 \cdot 3} = 263{,}60\,\text{K},$$

also etwa $-9{,}5\,^\circ$C.

Nachstehend sind einige Stoffwerte von Luft in einer Tabelle festgehalten:

Temperatur °C	0	10	20	30	40	50	60
Kinematische Viskosität $[\nu] = 10^{-5}\,\frac{\text{m}^2}{\text{s}}$	1,352	1,442	1,535	1,630	1,726	1,83	1,927

Temperatur °C	0	5	10	20	30	40	50
Wärmeleitfähigkeit $[\lambda] = \frac{\text{W}}{\text{mK}}$	0,0242	0,0247	0,0249	0,0257	0,0265	0,0272	0,0279

Temperatur °C	0	10	20	30	40	50	60
Prandtl-Zahl Pr	0,7179	0,7163	0,7148	0,7134	0,7122	0,7110	0,7100

Die folgende Tabelle fasst alle Ergebnisse der Plattenströmung bis auf die Nusselt-Zahlen, die wir in Kap. 5.6 durch numerische Ergebnisse noch vergleichen werden, zusammen. Dabei ist

$$\xi = \frac{y}{\text{Re}_x^{-\frac{1}{2}} \cdot x}.$$

Pr	$\boldsymbol{\delta_S(x)}$	$\boldsymbol{\delta_T(x)}$	$\boldsymbol{\vartheta(\xi)}$
$\Pr < 0{,}1$	$5{,}836 \cdot \text{Re}_x^{-\frac{1}{2}} \cdot x$	$\delta_S \cdot 0{,}485 \cdot \Pr^{-\frac{1}{2}}$	$\frac{3}{2}\left(\frac{\xi}{5{,}835 \cdot 0{,}485 \cdot \Pr^{-\frac{1}{2}}}\right) - \frac{1}{2}\left(\frac{\xi}{5{,}836 \cdot 0{,}485 \cdot \Pr^{-\frac{1}{2}}}\right)^3$
$0{,}1 \leq \Pr < 1$	$5{,}836 \cdot \text{Re}_x^{-\frac{1}{2}} \cdot x$	$\delta_S \cdot \Pr^{-\frac{1}{3}}$	$\frac{\xi}{5{,}836 \cdot \Pr^{-\frac{1}{3}}}\left[2 - 2\left(\frac{\xi}{5{,}836 \cdot \Pr^{-\frac{1}{3}}}\right)^2 + \left(\frac{\xi}{5{,}836 \cdot \Pr^{-\frac{1}{3}}}\right)^3\right]$
$\Pr = 1$	$5{,}836 \cdot \text{Re}_x^{-\frac{1}{2}} \cdot x$	δ_S	$\frac{\xi}{5{,}836}\left[2 - 2\left(\frac{\xi}{5{,}836}\right)^2 + \left(\frac{\xi}{5{,}836}\right)^3\right]$
$\Pr > 1$	$4{,}641 \cdot \text{Re}_x^{-\frac{1}{2}} \cdot x$	$\delta_S \cdot \Pr^{-\frac{1}{3}}$	$\frac{3}{2}\left(\frac{\xi}{4{,}641 \cdot \Pr^{-\frac{1}{3}}}\right) - \frac{1}{2}\left(\frac{\xi}{4{,}641 \cdot \Pr^{-\frac{1}{3}}}\right)^3$

Zudem entnimmt man Abb. 5.5 die dimensionslosen Temperaturprofile für $\Pr = 0{,}1; 0{,}7; 1; 7$.

Beispiel 2. Eine heiße Metallplatte soll nacheinander mit Wasser ($\Pr = 1$, $\lambda = 0{,}6$), Luft ($\Pr = 0{,}71$, $\lambda = 0{,}025$) und einer flüssigen Metalllegierung ($\Pr = 0{,}04$, $\lambda = 60$) gekühlt werden. Die letzte Kühlungsart wird bei Reaktoren eingesetzt, weil das Metall (beispielsweise Natrium) im Gegensatz zu Wasser einen sehr hohen Siedepunkt besitzt und demnach

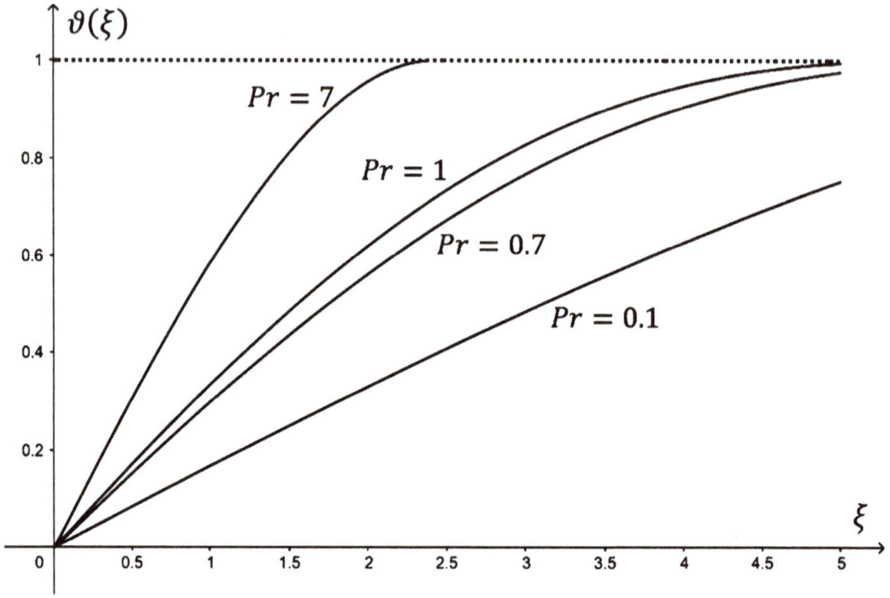

Abb. 5.5: Graphen zu (5.3.5), (5.4.23), (5.5.3) und (5.6.1).

ohne Überdruck bei Atmosphärendruck immer noch flüssig bleibt. Zusätzlich ist die Wärmeleitfähigkeit um etwa das Hundertfache größer als diejenige von Wasser. Auch PCs könnten auf diese Weise gekühlt werden und die Ventilatoren ersetzen. Bestimmen Sie das fortlaufende Verhältnis der drei Wärmeübergangszahlen $\alpha_1 : \alpha_{0,71} : \alpha_{0,04}$.

Lösung. Zuerst bestimmen wir die zugehörigen mittleren Nusselt-Zahlen mit (5.3.11), (5.5.4) und (5.6.3) zu:

$$\mathrm{Nu}_m(\mathrm{Pr}=1) = 0{,}662 \cdot \mathrm{Re}_l^{\frac{1}{2}} \cdot \left(\frac{1}{\mathrm{Pr}_W}\right)^{0{,}25},$$

$$\mathrm{Nu}_m(\mathrm{Pr}=0{,}71) = 0{,}662 \cdot \mathrm{Re}_l^{\frac{1}{2}} \cdot 0{,}71^{\frac{1}{3}} \cdot \left(\frac{0{,}71}{\mathrm{Pr}_W}\right)^{0{,}25} \quad \text{und}$$

$$\mathrm{Nu}_m(\mathrm{Pr}=0{,}04) = 1{,}061 \cdot \mathrm{Re}_l^{\frac{1}{2}} \cdot 0{,}04^{\frac{1}{2}} \cdot \left(\frac{0{,}04}{\mathrm{Pr}_W}\right)^{0{,}25}.$$

Mit $\alpha = \frac{\mathrm{Nu}_m \cdot \lambda}{l}$ folgt das Verhältnis zu:

$$\begin{aligned}\alpha_1 : \alpha_{0,71} : \alpha_{0,04} &= (0{,}6 \cdot 0{,}662) : (0{,}025 \cdot 0{,}662 \cdot 0{,}71^{\frac{1}{3}} \cdot 0{,}71^{0{,}25}) \\ &\quad : (60 \cdot 1{,}061 \cdot 0{,}04^{\frac{1}{2}} \cdot 0{,}04^{0{,}25}) \\ &= 29 : 1 : 420.\end{aligned}$$

5.7 Die numerische Lösung Temperaturgrenzschichtgleichung

Die analytischen Lösungen der dimensionslosen Temperaturprofile sollen nun mit der numerischen Lösung verglichen werden. Insbesondere erweitern wir Letztere durch die Möglichkeit einer sich mit der Lauflänge ändernden Wandtemperatur.

Herleitung von (5.7.1)–(5.7.3)

Dazu setzen wir eine Keilströmung $u_\delta(x) = a \cdot x^m$ voraus. Wir wissen, dass man über eine Ähnlichkeitstransformation die Impulserhaltung lösen kann und die Lösungen selbstähnlich sind. Auf die gleiche Art muss sich die Energiegleichung lösen lassen, falls man in Analogie die Differenz zwischen Wand- und Außentemperatur als Potenzfunktion der Lauflänge x ansetzt. Im Einzelnen bedeutet das, dass mit $u_\delta(x) - u_{\text{Wand}} = u_\delta(x) = a \cdot x^m$ analog $T_W(x) - T_\delta = b \cdot x^n$ sein soll. Dabei bleibt die Aussentemperatur T_δ konstant, denn in der reibungsfreien Außenschicht wird keine kinetische Energie in Wärme dissipiert. Folglich lautet die dimensionslose Temperatur

$$\vartheta = \frac{T - T_\delta}{T_W(x) - T_\delta} = \frac{T - T_\delta}{b \cdot x^n}. \tag{5.7.1}$$

Dies zieht $T = \vartheta \cdot bx^n + T_\delta$ nach sich. Als dimensionslose Ähnlichkeitsvariable nehmen wir, wie aus Kap. 4.4 bekannt,

$$\xi = y\sqrt{\frac{a}{\nu}} \cdot x^{\frac{m-1}{2}}.$$

Es gilt

$$\frac{\partial T}{\partial x} = \frac{\partial \vartheta}{\partial x} \cdot bx^n + nb\vartheta \cdot x^{n-1} \quad \text{und} \quad \frac{\partial \vartheta}{\partial x} = \frac{\partial \vartheta}{\partial \xi} \cdot \frac{\partial \xi}{\partial x} = \frac{\partial \vartheta}{\partial \xi} \cdot \frac{m-1}{2} \cdot y\sqrt{\frac{a}{\nu}} \cdot x^{\frac{m-3}{2}}.$$

Zusammen erhält man

$$\frac{\partial T}{\partial x} = \frac{\partial \vartheta}{\partial \xi} \cdot \frac{m-1}{2} \cdot y\sqrt{\frac{a}{\nu}} \cdot x^{\frac{m-3}{2}} \cdot bx^n + nb\vartheta \cdot x^{n-1} = \frac{\partial \vartheta}{\partial \xi} \cdot \frac{m-1}{2} \cdot \xi \cdot bx^{n-1} + nb\vartheta \cdot x^{n-1}.$$

Weiter ist

$$\frac{\partial T}{\partial y} = \frac{\partial \vartheta}{\partial y} \cdot bx^n \quad \text{und} \quad \frac{\partial \vartheta}{\partial y} = \frac{\partial \vartheta}{\partial \xi} \cdot \frac{\partial \xi}{\partial y} = \frac{\partial \vartheta}{\partial \xi} \cdot \sqrt{\frac{a}{\nu}} \cdot x^{\frac{m-1}{2}},$$

was zusammen

$$\frac{\partial T}{\partial y} = \frac{\partial \vartheta}{\partial \xi} \cdot \sqrt{\frac{a}{\nu}} \cdot x^{\frac{m-1}{2}} \cdot bx^n$$

ergibt. Schließlich fehlt noch

$$\frac{\partial^2 T}{\partial y^2} = \frac{\partial^2 \vartheta}{\partial \xi^2} \cdot \frac{a}{\nu} \cdot x^{m-1} \cdot bx^n.$$

Zusätzlich benutzen wir die bei der Herleitung der Falkner-Skan-Gleichung (Kap. 4.4) entstandenen Ausdrücke für u und v. Mit dem Ansatz $\frac{u}{u_\delta} = f'(\xi)$ lauten sie

$$u = a \cdot x^m \cdot f'(\xi) \quad \text{und} \quad v = -\frac{\sqrt{a\nu}}{2}\left[(m+1) \cdot x^{\frac{m-1}{2}} \cdot f + (m-1) \cdot x^{\frac{m-1}{2}} \cdot \xi \cdot f'\right].$$

Mit all diesen Ausdrücken gehen wir nun in Gleichung (5.3.1) und erhalten:

$$\begin{aligned} &ax^m f'\left[\vartheta' \cdot \left(\frac{m-1}{2}\right) \cdot \xi \cdot bx^{n-1} + nb\vartheta \cdot x^{n-1}\right] \\ &\quad - \frac{\sqrt{a\nu}}{2}\left[(m+1) \cdot x^{\frac{m-1}{2}} f + (m-1) \cdot x^{\frac{m-1}{2}} \cdot \xi \cdot f'\right] \cdot \left[\vartheta' \cdot \sqrt{\frac{a}{\nu}} \cdot x^{\frac{m-1}{2}} \cdot bx^n\right] \\ &= \frac{\lambda}{\rho c_p} \cdot \left[\vartheta'' \cdot \frac{a}{\nu} \cdot x^{m-1} \cdot bx^n\right]. \end{aligned}$$

Dies führt zu

$$\begin{aligned} &\left(\frac{m-1}{2}\right) \cdot f'\vartheta'\xi \cdot x^{m+n-1} + n \cdot f'\vartheta \cdot x^{m+n-1} - \left(\frac{m+1}{2}\right) \cdot f\vartheta' \cdot x^{m+n-1} \\ &\quad - \left(\frac{m-1}{2}\right) \cdot f'\vartheta'\xi \cdot x^{m+n-1} = \frac{\lambda}{\rho c_p \nu} \cdot \vartheta'' \cdot x^{m+n-1}, \\ &\frac{m-1}{2} \cdot f'\vartheta'\xi + n \cdot f'\vartheta - \left(\frac{m+1}{2}\right) \cdot f\vartheta' - \left(\frac{m-1}{2}\right) \cdot f'\vartheta'\xi = \frac{1}{\mathrm{Pr}} \cdot \vartheta'' \end{aligned}$$

und schließlich:

$$\vartheta'' + \left(\frac{m+1}{2}\right) \cdot \mathrm{Pr} \cdot f\vartheta' - n \cdot \mathrm{Pr} \cdot f'\vartheta = 0. \tag{5.7.2}$$

Man muss beachten, dass nach der Definition $\vartheta(\xi = 0) = 1$ und $\vartheta(\xi = 1) = 0$ gilt. Drei Fälle sollen untersucht werden. (Den Fall $n \neq 0, m \neq 0$ betrachten wir nicht.) Dabei erzeugt das zugehörige DG-System in jedem Fall, wie bisher auch, selbstähnliche Lösungen, und zwar sowohl bezüglich dem Geschwindigkeits- wie auch dem Temperaturprofil.

Fall I: $m = 0, n = 0$. Plattenströmung, Wandtemperatur konstant. Das dimensionslose Geschwindigkeitsprofil ist dann durch die Blasius-DG (4.3.8) gegeben. Das zu lösende System lautet somit:

$$\begin{aligned} f''' + \frac{1}{2} \cdot f \cdot f'' &= 0, \\ \vartheta'' + \frac{1}{2} \cdot \mathrm{Pr} \cdot f\vartheta' &= 0. \end{aligned} \tag{5.7.3}$$

Für die drei Prandtl-Zahlen Pr = 0,7; 1 und 7 soll der Verlauf von (5.7.3) simuliert werden. Dazu passen wir das Programm aus Kap. 4.3 an. Es entsprechen sich $y_1 = f$, $y_2 = f'$, $y_3 = f''$, $y_4 = \vartheta$ und $y_5 = \vartheta'$ mit den Anfangsbedingungen $f(0) = 0$, $f'(0) = 0$, $f''(0) = 0{,}3308$, $\vartheta(0) = 1$ und dem Wert $\vartheta'(0)$, der durch ausprobieren ermittelt werden muss, bis die Bedingung $\vartheta(\infty) = 1$ mit genügender Genauigkeit erreicht wird. Das Profil startet bei $\vartheta = 1$ und fällt auf $\vartheta = 0$ herab. Damit wir den Verlauf einfacher mit dem Geschwindigkeitsprofil vergleichen können, spiegeln wir den Graphen an der ξ-Achse und setzen diesen anschließend um 1 höher. Dies erreichen wir mit der Programmzeile y4ii:= 1 - y4i. Die Werte auf der ϑ-Achse werden dann in umgekehrter Reihenfolge markiert. Alle Anfangssteigungen $\vartheta'(0)$ sind negativ. Dargestellt wird nur $y_4 = \vartheta$. Für Pr = 1 entspricht es dem Geschwindigkeitsprofil. Durch Ausprobieren findet man $\vartheta'(0) = -0{,}2922$ für Pr = 0,7 und $\vartheta'(0) = -0{,}6443$ für Pr = 7. Für Pr = 1 ist der Wert $\vartheta'(0) = -0{,}3308$ schon bekannt.

Wichtige Befehle im folgenden Programm sind y3i (dies entspricht (4.3.8)) und y5i, was (5.7.3) für $n = 0$ bedeutet. Das zugehörige Programm erhält dann die Gestalt (einige Zeilen erübrigen sich):

```
Define DG(n)
Prgm
xa:= {x4i}
ya:= {y4ii}
x2i:= 0
x4i:= 0
y1i:= 0
y2i:= 0
y3i:= 0,3308
y4i:= 1
y5i:= ϑ'(0)
For i,1,n
x4i:= x4i + 0,01
y1i:= y1i + 0,01· y2i
y2i:= y2i + 0,01· y3i
y3i:= y3i – 0,5 · y1i· y3i· 0,01
y4i:= y4i + 0,01· y5i
y5i:= y5i – 0,5 · Pr · y1i · y5i · 0,01
y4ii:= 1 – y4i
xa:= augment(xa,{x4i})
ya:= augment(ya,{y4ii})
End For
Disp xa, ya
End Prgm
```

Wir führen das Programm für $n = 500$ aus (Abb. 5.6).

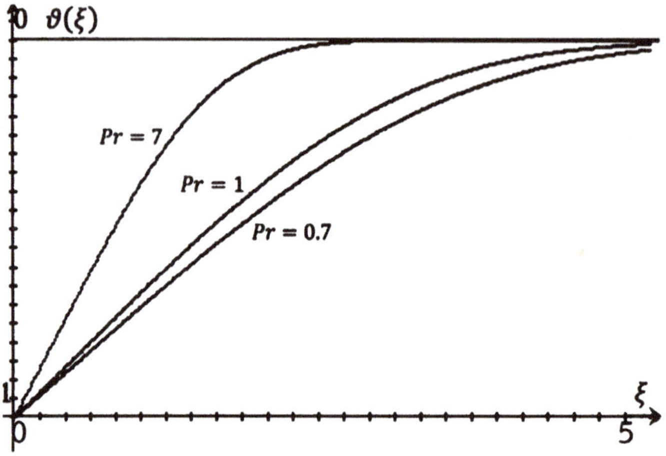

Abb. 5.6: Simulation von (5.7.3).

Aus Abb. 5.6 entnimmt man: Je größer die Prandtl-Zahl ist, umso kleiner wird die Temperaturschicht, in dem der Wärmeaustausch stattfindet. Es ergibt sich eine sehr gute Übereinstimmung mit den analytisch ermittelten Temperaturprofilen aus Abb. 5.5.

Im Fall I. lässt sich auch eine formale Lösung des Systems (5.7.3) angeben.

Herleitung von (5.7.4)–(5.7.6)

Man erhält

$$\vartheta'' = -\frac{1}{2} \cdot \mathrm{Pr} \cdot f\vartheta' = \mathrm{Pr} \cdot \frac{f'''}{f''} \cdot \vartheta'$$

und daraus

$$\frac{\vartheta''}{\vartheta'} = \mathrm{Pr} \cdot \frac{f'''}{f''}.$$

Dies kann man als $(\ln \vartheta')' = \mathrm{Pr} \cdot (\ln f'')'$ schreiben und eine erste Integration über ξ führt zu $\ln \vartheta' = \ln(f'')^{\mathrm{Pr}} + C$ und daraus $\vartheta' = C_1 (f'')^{\mathrm{Pr}}$. Eine zweite Integration ergibt

$$\vartheta(\xi) = C_1 \int_0^{\xi} (f'')^{\mathrm{Pr}} d\xi + C_2.$$

Die RBen sind i) $\vartheta(0) = 1$ und ii) $\vartheta(\infty) = 0$, woraus $C_2 = 1$ und

$$C_1 = -\frac{1}{\int_0^{\infty} (f'')^{\mathrm{Pr}} d\xi}$$

folgen. Damit erhält man

$$\vartheta(\xi, \mathrm{Pr}) = 1 - \frac{\int_0^{\xi} (f'')^{\mathrm{Pr}} d\xi}{\int_0^{\infty} (f'')^{\mathrm{Pr}} d\xi}. \tag{5.7.4}$$

Um die Integrale auszuwerten, kann man das Geschwindigkeitsprofil $f'(\xi)$ beispielsweise durch ein Pohlhausen-Polynom annähern. Für die Platte gilt mit (4.7.2) $\frac{u}{u_\infty}(s) = s(2 - 2s^2 + s^3)$. Dabei ist $s = \frac{y}{\delta_S(x)}$ mit $\delta_S(x) = 5{,}836\sqrt{\frac{\nu x}{u_\infty}}$ nach (4.8.5).

Die Definition der Ähnlichkeitsvariablen $\xi = y\sqrt{\frac{u_\infty}{\nu x}}$ liefert dann $s = \frac{\xi}{\mu}$ mit $\mu = 5{,}836$. Damit erhalten wir

$$f'_{\mathrm{Pohl}}(\xi) = \frac{u}{u_\infty}\left(\frac{\xi}{\mu}\right) = \frac{\xi}{\mu}\left[2 - 2\left(\frac{\xi}{\mu}\right)^2 + \left(\frac{\xi}{\mu}\right)^3\right] \quad \text{und}$$

$$f''_{\mathrm{Pohl}}(\xi) = \frac{u}{u_\infty}\left(\frac{\xi}{\mu}\right) = \frac{2}{\mu}\left[1 - 3\left(\frac{\xi}{\mu}\right)^2 + 2\left(\frac{\xi}{\mu}\right)^3\right]. \tag{5.7.5}$$

Es gilt $f'_{\mathrm{Pohl}}(\mu) = 1$ und $f''_{\mathrm{Pohl}}(\mu) = 0$. Gleichung (5.7.4) schreibt sich dann als

$$\vartheta(\xi, \mathrm{Pr}) = 1 - \frac{\int_0^{\xi} [1 - 3(\frac{\xi}{\mu})^2 + 2(\frac{\xi}{\mu})^3]^{\mathrm{Pr}} d\xi}{\int_0^{\mu} [1 - 3(\frac{\xi}{\mu})^2 + 2(\frac{\xi}{\mu})^3]^{\mathrm{Pr}} d\xi}. \tag{5.7.6}$$

Dabei muss der Nenner infolge des Pohlhausen-Ansatzes nur bis $\xi = \mu$ integriert werden. Das Integral des Zählers von (5.7.6) kann bis auf natürliche Prandtl-Zahlen nur numerisch ermittelt werden.

Beispiel 1. Im Fall Pr = 1 soll das Ergebnis von (5.7.6) ausgewertet werden.

Lösung. Der Nenner von (5.7.6) ergibt $\frac{\mu}{2}$ und es folgt

$$\vartheta(\xi, \mathrm{Pr}) = 1 - 2\left(\frac{\xi}{\mu}\right) + 2\left(\frac{\xi}{\mu}\right)^3 - \left(\frac{\xi}{\mu}\right)^4 \quad \text{und}$$

$$\vartheta(\xi, \mathrm{Pr}) = 1 - \left[\frac{\xi}{\mu}\left(2 - 2\left(\frac{\xi}{\mu}\right)^2 + \left(\frac{\xi}{\mu}\right)^3\right)\right] = 1 - \frac{u}{u_\infty}. \tag{5.7.7}$$

Damit ist nichts anderes gezeigt, als dass für Pr = 1 Geschwindigkeits- und Temperaturprofil übereinstimmen. Der Grund dafür, dass man nicht $\vartheta = \frac{u}{u_\infty}$ erhält, liegt an der Definition von ϑ: In Kap. 5.3 setzten wir $\vartheta = \frac{T - T_W}{T_\infty - T_W}$ und erhielten mit (5.3.3) $\frac{u}{u_\infty} = \vartheta$. Hingegen arbeiteten wir in Kap. 5.7 mit $\vartheta = \frac{T - T_\delta}{T_W - T_\delta}$ (Gleichung (5.7.1)), sodass sich in diesem Fall die Gleichheit von $1 - \frac{u}{u_\infty}$ und ϑ in der Form (5.7.7) ergibt.

Fall II: $m \neq 0$, $n = 0$. Keilströmung, Wandtemperatur konstant.

Herleitung von (5.7.8)
Dem Geschwindigkeitsprofil liegt dann die Falkner-Skan-DG (4.4.4) zugrunde. Das zu lösende System lautet:

$$f''' + \frac{m+1}{2} \cdot f \cdot f'' + m[1 - (f')^2] = 0,$$
$$\vartheta'' + \left(\frac{m+1}{2}\right) \cdot \mathrm{Pr} \cdot f\vartheta' = 0. \tag{5.7.8}$$

Für eine Simulation wählen wir zusätzlich zu $m = 0$ noch $m = 1$ (Staupunktströmung) und $m = -0{,}0905$ (Ablösung). Jede dieser drei Verläufe soll für eine Prandtl-Zahl von $\mathrm{Pr} = 0{,}7$ (Luft bei 20°) und $\mathrm{Pr} = 7$ (Wasser bei 20 °C) dargestellt werden. Das Geschwindigkeitsprofil wird durch die Falkner-Skan-DG (4.4.4) beschrieben. Dies entspricht der angepassten Programmzeile $\mathrm{y3i} := \mathrm{y3i} - [\frac{\mathrm{m}+1}{2} \cdot \mathrm{y1i} \cdot \mathrm{y3i} + \mathrm{m}(1 - \mathrm{y2i}^2)] \cdot 0{,}01$. Der Befehl für die Temperatur lautet jetzt neu $\mathrm{y5i} := \mathrm{y5i} - (\frac{\mathrm{m}+1}{2}) \cdot \mathrm{Pr} \cdot \mathrm{y1i} \cdot \mathrm{y5i} \cdot 0{,}01$.

Bei der Ausführung des Programms muss man wieder $\vartheta_1'(0)$ bzw. $\vartheta'_{-0{,}0905}(0)$ durch Ausprobieren anpassen. Die zugehörigen Werte von $f_1'(0)$ bzw. $f'_{-0{,}0905}(0)$ sind schon aus der Falkner-Skan-Simulation bekannt. Man erhält:

$$\vartheta_1'(0) = -0{,}4951 \quad [\text{bei } f_1''(0) = 1{,}2271, \mathrm{Pr} = 0{,}7],$$
$$\vartheta'_{-0{,}0905}(0) = -0{,}1991 \quad [\text{bei } f''_{-0{,}0905}(0) = 0, \mathrm{Pr} = 0{,}7],$$
$$\vartheta_1'(0) = -0{,}9142 \quad [\text{bei } f_1''(0) = 1{,}2271, \mathrm{Pr} = 7] \quad \text{und}$$
$$\vartheta'_{-0{,}0905}(0) = -0{,}3630 \quad [\text{bei } f''_{-0{,}0905}(0) = 0, \mathrm{Pr} = 7].$$

Die folgenden zwei Werte wurden schon mit Fall I. ermittelt:

$$\vartheta_0'(0) = -0{,}2922 \quad [\text{bei } f_0''(0) = 0{,}3308, \mathrm{Pr} = 0{,}7] \quad \text{und}$$
$$\vartheta_0'(0) = -0{,}6443 \quad [\text{bei } f_0''(0) = 0{,}3308, \mathrm{Pr} = 7].$$

In Abb. 5.7 sind die sechs Verläufe festgehalten.

Man erkennt, dass die Kurven der Temperaturgrenzschichtdicke bei gleichbleibender Prandtl-Zahl und Variation der Außenströmung (von Staupunktströmung $m = 1$ bis Ablöseströmung $m = -0{,}0905$) relativ nahe beieinander liegen. Hingegen wächst der Einfluss der Außenströmung auf die Temperaturgrenzschichtdicke mit fallender Prandtl-Zahl beträchtlich.

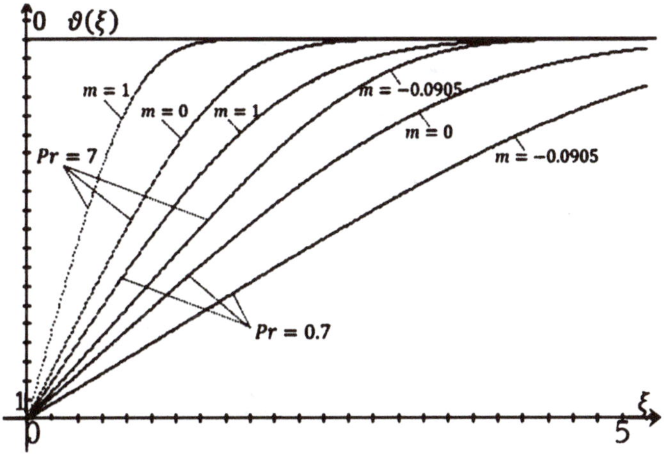

Abb. 5.7: Simulation von (5.7.8).

Fall III: $m = 0$, $n \neq 0$. Plattenströmung, Wandtemperatur veränderlich.

Herleitung von (5.7.9)

Das zu lösende System besitzt die Gestalt:

$$f''' + \frac{1}{2} \cdot f \cdot f'' = 0,$$
$$\vartheta'' + \frac{1}{2} \cdot \mathrm{Pr} \cdot f\vartheta' - n \cdot \mathrm{Pr} \cdot f'\vartheta = 0. \tag{5.7.9}$$

Der Befehl für y3i wird dabei wieder zurückgesetzt wie im Fall I., y3i := y3i − 0,5 · y1i · y3i · 0,01.

Der Befehl für die Temperatur lautet jetzt neu y5i := y5i − [0,5 · Pr · y1i · y5i − n · Pr · y2i · y4i] · 0,01.

Weiter sei Pr = 1 und $n = -0{,}5; 0, 4$.

Durch Ausprobieren findet man nebst dem bekannten Wert aus Fall I.,

$$\vartheta_0'(0) = -0{,}3308 \quad [\text{bei}\, f''_{m=0}(0) = 0{,}3308, n = 0, \mathrm{Pr} = 1]$$

noch

$$\vartheta'_{-0,5}(0) = 0 \quad [\text{bei}\, f''_{m=0}(0) = 0{,}3308, n = -0{,}5; \mathrm{Pr} = 1] \quad \text{und}$$
$$\vartheta_4'(0) = -0{,}8152 \quad [\text{bei}\, f''_{m=0}(0) = 0{,}3308, n = 4, \mathrm{Pr} = 1].$$

Das Ausführen des Programms ergibt Kurven in Abb. 5.8.

Interessant ist der Fall für $n = -0{,}5$. Es gilt $\vartheta'(0) = (\frac{\partial\vartheta}{\partial\xi})_W = 0$ und somit auch $\dot{q}_W(x) = 0$. Es bedeutet, dass an der Wand keine Wärme übertragen wird, unabhän-

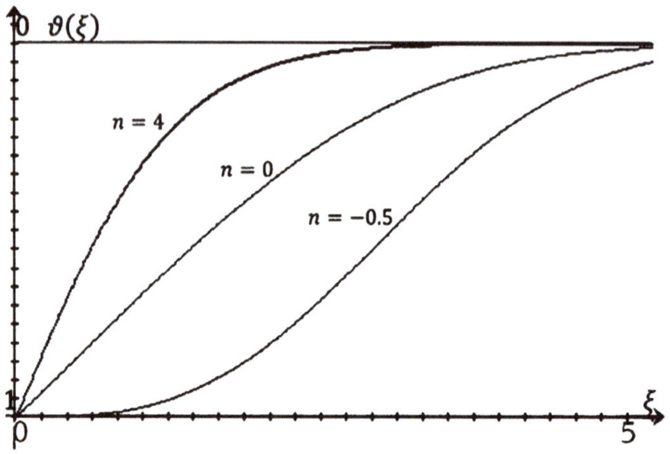

Abb. 5.8: Simulation von (5.7.9).

gig davon, wie groß der Temperaturunterschied zwischen Wand und Außentemperatur ist. Dies erklärt sich dadurch, dass sich sowohl $T_W(x) - T_\delta \sim \frac{1}{\sqrt{x}}$ als auch die Normalspannung $\tau_W(x) \sim \frac{1}{\sqrt{x}}$ nach (4.3.16) gleichartig mit der Lauflänge ändern. Auf diese Weise wird der durch die Normalspannung verursachte Temperaturanstieg an der Wand durch die veränderliche Temperatur ausgeglichen. Weiter verfolgen wir diesen Fall nicht.

Beispiel 2. Dies ist ein Beispiel zu Fall II. Ein $b = 0{,}5\,\text{m}$ breiter metallischer Keil mit Innenwinkel 90° und Kantenlänge $l = 1\,\text{m}$ wird parallel zur Symmetrieachse in einem Abstand von 0,25 m mit Luft der Temperatur $T_\infty = 60\,^\circ\text{C}$ aus einer Düse angeströmt. Die Austrittsgeschwindigkeit beträgt $u_\infty = 2\,\frac{\text{m}}{\text{s}}$. Um der Erwärmung des Keils entgegenzuwirken, muss dieser laufend gekühlt werden. Seine Oberflächentemperatur soll dabei konstant $T_W = 20\,^\circ\text{C}$ bleiben. Die Stoffwerte der Luft sind $\nu = 1{,}72 \cdot 10^{-5}\,\frac{\text{m}^2}{\text{s}}$, $\lambda = 0{,}027\,\frac{\text{W}}{\text{mK}}$ und $\text{Pr} = 0{,}71$ (alle bei 40 °C, vgl. Tabelle Kap. 5.6).

a) Stellen Sie sicher, dass die Strömung entlang des Keils laminar bleibt, wenn man die Reynolds-Zahl für den Umschlag bei $\text{Re}_{\text{Krit}} = 3 \cdot 10^5$ ansetzt.

b) Wie lautet das Geschwindigkeitsprofil $u_\delta(x)$ in Richtung des Grenzschichtrandes x der Außenströmung?

c) Der Verlauf des dimensionslosen Temperaturprofils für diese Keilströmung kann für $\text{Pr} = 0{,}71$ durch ein Pohlhausen-Profil angenähert werden. Es gilt ziemlich genau

$$\vartheta(\xi) = \frac{\xi}{5}\left[2 - 2\left(\frac{\xi}{5}\right)^2 + \left(\frac{\xi}{5}\right)^3\right],$$

wobei

$$\xi(x,y) = y\sqrt{\frac{u_\delta}{\nu x}} = y\sqrt{\frac{2 \cdot x^{\frac{1}{3}}}{\nu x}} = y\sqrt{\frac{2}{\nu}} \cdot x^{-\frac{1}{3}}$$

(das Profil für diesen Keilwinkel ist nicht in Abb. 5.7 enthalten). Bestimmen Sie daraus die lokale Nusselt-Zahl Nu_x.

d) Welche gesamte Kühlleistung $\dot{Q}$ ist für Erhaltung der konstanten Temperatur auf beiden Seiten des Keils erforderlich?

Lösung.

a) Es gilt $\mathrm{Re} = \frac{u_\infty \cdot l}{\nu} = 1{,}16 \cdot 10^5$, also ist die Strömung durchwegs laminar.

b) Aus $\alpha = 90°$ folgt $\frac{2\pi}{4} = 2(\pi - \frac{\pi}{n})$. Mit $m = n - 1$ erhält man $m = \frac{1}{3}$ und damit $u_\delta(x) = a \cdot x^{\frac{1}{3}}$. Aus der Austrittsgeschwindigkeit und der zugehörigen Distanz folgt $1 = a \cdot 0{,}25^{\frac{1}{3}}$, $a = 2$ und schließlich $u_\delta(x) = 2 \cdot x^{\frac{1}{3}}$.

c) Es gilt

$$\alpha(x) = \frac{\dot{q}_W(x)}{T_\infty - T_W} = \frac{1}{T_\infty - T_W}\lambda \cdot \left(\frac{\partial T}{\partial y}\right)_W = \lambda \cdot \left(\frac{\partial \vartheta}{\partial y}\right)_W$$
$$= \lambda \cdot \left(\frac{\partial \vartheta}{\partial \xi}\right)_W \frac{\partial \xi}{\partial y} = \lambda \cdot \frac{2}{5} \cdot \sqrt{\frac{2}{\nu}} \cdot x^{-\frac{1}{3}}.$$

Damit erhält man

$$\mathrm{Nu}_x = \frac{\alpha \cdot x}{\lambda} = 0{,}4 \cdot \sqrt{\frac{2}{\nu}} \cdot x^{\frac{2}{3}} = 0{,}4 \cdot \sqrt{\frac{2}{\nu}} \cdot x^{\frac{2}{3}} = 136{,}40 \cdot x^{\frac{2}{3}}.$$

d) Aus $\alpha(x) = \frac{\dot{q}_W(x)}{T_\infty - T_W}$ wird $\dot{q}_W(x) = \alpha(x) \cdot (T_\infty - T_W)$, daraus $d\dot{Q}(x) = \dot{q}_W(x) b dx$ und schließlich

$$\dot{Q} = 2b(T_\infty - T_W)\int_0^l \alpha(x)dx = 1{,}131 \cdot b(T_\infty - T_W)\frac{\lambda}{\sqrt{\nu}}\int_0^l x^{-\frac{1}{3}}dx$$
$$= 147{,}31\int_0^l x^{-\frac{1}{3}}dx = 220{,}97\,\mathrm{W}.$$

5.8 Die Nusselt-Zahl als Funktion der Reynolds- und Prandtl-Zahl für die Platte

Die Nusselt-Zahl ist die wichtigste Kennzahl einer konvektiven Wärmeübertragung. Mit (5.3.11), (5.4.13), (5.5.4) und (5.6.3) liegen diese Zahlen (für die Platte) als Funktion der Reynolds-Zahl für beliebige Prandtl-Zahlen zwar vor, aber diese sollen nochmals mithilfe der numerischen Lösung in Kap. 5.7 verglichen werden.

Herleitung von (5.8.1)–(5.8.6)
Dazu bestimmen wir $(\frac{\partial \vartheta}{\partial \xi})_W$ für den Ausdruck (5.7.4), was

$$\left(\frac{\partial \vartheta}{\partial \xi}\right)_W = C_1(f'')^{\mathrm{Pr}} = -\frac{[(f'')^{\mathrm{Pr}}]_W}{\int_0^\infty (f'')^{\mathrm{Pr}} d\xi} = -\frac{0{,}3308^{\mathrm{Pr}}}{\int_0^\infty (f'')^{\mathrm{Pr}} d\xi}$$

ergibt. Dabei wurde der schon mehrfach verwendete Wert $f''(0) = 0{,}3308$ benutzt. Für $f''(\xi)$ setzen wir (5.7.5) ein und erhalten

$$\left(\frac{\partial \vartheta}{\partial \xi}\right)_W = \vartheta_0'(0) = -\frac{0{,}3308^{\mathrm{Pr}}}{\int_0^\infty (\frac{2}{\mu}[1 - 3(\frac{\xi}{\mu})^2 + 2(\frac{\xi}{\mu})^3])^{\mathrm{Pr}} d\xi} \quad \text{mit} \quad \mu = 5{,}836. \tag{5.8.1}$$

Ziel ist es, (5.8.1) für möglichst viele Prandtl-Zahl-Bereiche entweder als proportional zu $\mathrm{Pr}^{\frac{1}{2}}$ oder $\mathrm{Pr}^{\frac{1}{3}}$ zusammenzufassen. Hierfür betrachten wir neu vier bzw. fünf Intervalle.

1. $\mathrm{Pr} \to 0$. In diesem Fall übernehmen wir das Ergebnis (5.5.4) bis auf die Korrektur in der Form

$$\vartheta_0'(0) = 0{,}530 \cdot \mathrm{Pr}^{\frac{1}{2}}. \tag{5.8.2}$$

2. $\mathrm{Pr} < 0{,}1$. Für diese Prandtl-Zahlen entstehen bei der numerischen Auswertung des Integrals von (5.8.1) Rundungsfehler. Hingegen bestimmen wir die Werte $\vartheta_0'(0)$ wie bei den vorangegangenen Programmen durch ausprobieren. Für einige Prandtl-Zahlen findet man:

Pr	0,005	0,01	0,03	0,05
$\vartheta_0'(0)$	0,0374	0,0516	0,0843	0,1050

Die Interpolation mithilfe einer Potenzfunktion führt zu $\vartheta_0'(0) \approx 0{,}391 \cdot \mathrm{Pr}^{0{,}441}$ oder etwa

$$\vartheta_0'(0) \approx 0{,}460 \cdot \mathrm{Pr}^{\frac{1}{2}}. \tag{5.8.3}$$

3. $0{,}1 \le \mathrm{Pr} < 10$. Die Auswertung von (5.8.1) erzeugt vielversprechende Werte:

Pr	0.1	0.3	0.5	0.6	0.7	0.9
$\vartheta_0'(0)$	0,1339	0,2144	0,2588	0,2783	0,2924	0,3186

Pr	1	3	5	7	9	10
$\vartheta_0'(0)$	0,3308	0,5018	0,6002	0,6618	0,7001	0,7129

Die Interpolation mit einer Potenzfunktion ergibt $\vartheta_0'(0) \approx 0{,}329 \cdot \mathrm{Pr}^{0{,}356}$ oder etwa $\vartheta_0'(0) \approx 0{,}340 \cdot \mathrm{Pr}^{\frac{1}{3}}$. Eine etwas kleinere Abweichung erreicht man durch aufspalten des Bereichs in $0{,}1 \leq \mathrm{Pr} < 0{,}6$ und $0{,}6 \leq \mathrm{Pr} < 10$. Man erhält dann $\vartheta_0'(0) \approx 0{,}339 \cdot \mathrm{Pr}^{0{,}383}$ oder etwa $\vartheta_0'(0) \approx 0{,}340 \cdot \mathrm{Pr}^{\frac{1}{3}}$ respektive $\vartheta_0'(0) \approx 0{,}333 \cdot \mathrm{Pr}^{0{,}346}$ oder etwa

$$\vartheta_0'(0) \approx 0{,}335 \cdot \mathrm{Pr}^{\frac{1}{3}}. \tag{5.8.4}$$

4. $\mathrm{Pr} \to \infty$. Bei der Auswertung von (5.8.1) ist der Wert für $\vartheta_0'(0)$ bei $\mathrm{Pr} = 14$ kleiner als der entsprechende Wert bei $\mathrm{Pr} = 13$. Wieder potenzieren sich die Fehler schon ab $\mathrm{Pr} = 10$. In diesem Fall greifen wir auf das Ergebnis (5.3.10) zurück in der Form

$$\vartheta_0'(0) = 0{,}331 \cdot \mathrm{Pr}^{\frac{1}{3}}. \tag{5.8.5}$$

Nun sind wir bereit, das Schlussergebnis zu formulieren. Mit

$$\mathrm{Nu}_x = \mathrm{Re}_x^{\frac{1}{2}} \cdot \left(\frac{\partial \vartheta}{\partial \xi}\right)_W = \mathrm{Re}_x^{\frac{1}{2}} \cdot \vartheta_0'(0)$$

erhält man aus (5.8.2)–(5.8.5):

$$\begin{aligned}
\mathrm{Nu}_x &= 0{,}530 \cdot \mathrm{Re}_x^{\frac{1}{2}} \cdot \mathrm{Pr}^{\frac{1}{2}} && \text{für } \mathrm{Pr} \to 0,\\
\mathrm{Nu}_x &= 0{,}460 \cdot \mathrm{Re}_x^{\frac{1}{2}} \cdot \mathrm{Pr}^{\frac{1}{2}} && \text{für } 0{,}005 \leq \mathrm{Pr} \leq 0{,}05,\\
\mathrm{Nu}_x &= 0{,}340 \cdot \mathrm{Re}_x^{\frac{1}{2}} \cdot \mathrm{Pr}^{\frac{1}{3}} && \text{für } 0{,}1 \leq \mathrm{Pr} < 0{,}6,\\
\mathrm{Nu}_x &= 0{,}335 \cdot \mathrm{Re}_x^{\frac{1}{2}} \cdot \mathrm{Pr}^{\frac{1}{3}} && \text{für } 0{,}6 \leq \mathrm{Pr} < 10,\\
\mathrm{Nu}_x &= 0{,}331 \cdot \mathrm{Re}_x^{\frac{1}{2}} \cdot \mathrm{Pr}^{\frac{1}{3}} && \text{für } \mathrm{Pr} \to \infty
\end{aligned} \tag{5.8.6}$$

Dabei gilt $\mathrm{Nu}_m = 2 \cdot \mathrm{Nu}_x$ und sämtliche Gleichungen müssen für Flüssigkeiten mit dem Korrekturfaktor $K = (\frac{\mathrm{Pr}}{\mathrm{Pr}_W})^{0{,}25}$ multipliziert werden.

Diese Formeln dienen der schnellen Abschätzung der Nusselt-Zahl für die wichtigsten Prandtl-Zahl-Bereiche. Sie bestätigen auch die Nusselt-Zahlen mithilfe von (5.3.11), (5.4.24), (5.5.4) und (5.6.3), die als Alternative ebenso Gültigkeit besitzen. Weiter liegt durch das System

$$f''' + \frac{m+1}{2} \cdot ff'' + m[1 - (f')^2] = 0,$$
$$\vartheta'' + \left(\frac{m+1}{2}\right) \cdot \mathrm{Pr} \cdot f\vartheta' - n \cdot \mathrm{Pr} \cdot f'\vartheta = 0$$

für jedes n und m sowohl das Geschwindigkeits- und das Temperaturprofil numerisch vor und man kann die lokale Nusselt-Zahl exakt für jede Prandtl-Zahl bestimmen.

Beispiel. Quer zu einem rechteckigen Teich der Länge $l = 1{,}5\,\mathrm{m}$ und Breite $b = 2\,\mathrm{m}$ weht ein Wind mit der Geschwindigkeit $u_\infty = 2\,\frac{\mathrm{m}}{\mathrm{s}}$ parallel zu dessen Oberfläche. Die Temperatur des Windes beträgt $T_{\mathrm{Wind}} = 25\,^\circ\mathrm{C}$ und diejenige des Teiches, die konstant bleiben soll, $T_{\mathrm{Teich}} = 15\,^\circ\mathrm{C}$. Die Prandtl-Zahl ist $\mathrm{Pr} = 0{,}71$ und die Stoffwerte der Luft lauten $\nu = 1{,}54 \cdot 10^{-5}\,\frac{\mathrm{m}^2}{\mathrm{s}}$ und $\lambda = 0{,}026\,\frac{\mathrm{W}}{\mathrm{mK}}$ (beide bei $20\,^\circ\mathrm{C}$).

a) Bestimmen Sie die Nusselt-Zahl Nu_m mithilfe von (5.8.6) für diesen Wärmeübergang. Die Strömung soll als laminar betrachtet werden.
b) Welcher Wärmestrom $\dot{Q}$ fließt von der Umgebungsluft ins Wasser?

Lösung.

a) Es gilt

$$\mathrm{Re}_l = \frac{u_\infty \cdot l}{\nu} = \frac{2 \cdot 1{,}5}{1{,}54 \cdot 10^{-5}} = 1{,}9 \cdot 10^5,$$

also laminar. Mit (5.8.6) folgt

$$\mathrm{Nu}_m = 0{,}670 \cdot \mathrm{Re}_l^{\frac{1}{2}} \cdot \mathrm{Pr}^{\frac{1}{3}} = 0{,}670 \cdot \sqrt{1{,}9 \cdot 10^5} \cdot 0{,}71^{\frac{1}{3}} = 263{,}81.$$

b) Aus

$$\alpha = \frac{\dot{q}_W}{T_\infty - T_W} = \frac{\mathrm{Nu}_m \cdot \lambda}{l}$$

folgt

$$\dot{Q} = \dot{q}_W \cdot l \cdot b = \mathrm{Nu}_m \cdot \lambda \cdot b = 263{,}2 \cdot 0{,}026 \cdot 2 = 13{,}72\,\mathrm{W}.$$

6 Freie Konvektion

Im Unterschied zur erzwungenen Konvektion entsteht die freie Konvektion ohne Anströmung. Ein Geschwindigkeitsfeld stellt sich erst durch den Temperaturunterschied ein. Als Beispiel nehmen wir den Erdboden, der durch die Sonnenstrahlen erwärmt wird. Die Luft einschließlich der Wasserteilchen in Erdbodennähe steigt empor. Es entsteht ein Auftrieb. Die Luft kühlt sich ab und sinkt zusammen mit den Wassertröpfchen infolge der Schwerkraft wieder hinab und der Kreislauf beginnt von Neuem. Nach demselben Prinzip funktionieren Warmwasserheizungen, Lampen, Küchenherde, Kamine usw. Jede Wärmequelle erzeugt eine freie Konvektion des umgebenden Fluids. Durch den Luftstrom stellt sich zwangsweise ein Geschwindigkeitsfeld ein. Im Unterschied zur erzwungenen Konvektion steigt die Geschwindigkeit von $u_W = 0$ an der Wand auf einen maximalen Wert innerhalb der Grenzschicht an, um dann wieder auf $u_\delta = 0$ am Ende der Grenzschicht abzusinken. Bei der erzwungenen Konvektion ist zwar ebenfalls ein Auftrieb vorhanden, dieser wird aber vernachlässigt, sofern die Strömungsgeschwindigkeit nicht ebenfalls sehr klein ist.

Abb. 6.1 zeigt die qualitativen Profile für den Fall einer Wandheizung.

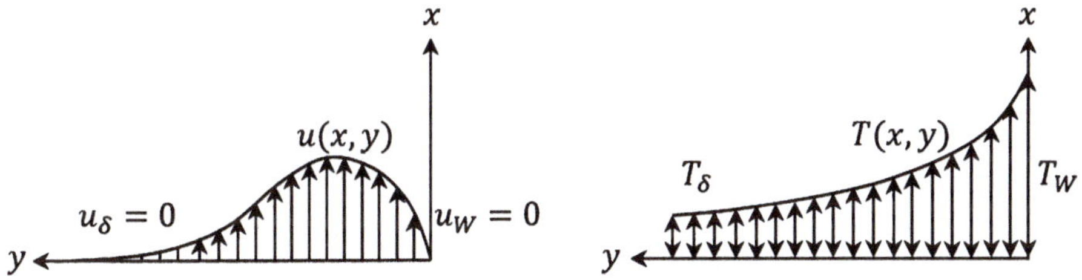

Abb. 6.1: Skizze zur freien Konvektion.

6.1 Die Grenzschichtgleichungen bei der freien Konvektion

Bei der erzwungenen Konvektion entsteht die Strömung als Folge von Druckunterschieden, die beispielsweise durch eine Pumpe, durch den Wind usw. aufrechterhalten werden. Im Unterschied dazu setzt eine freie Konvektion dann ein, wenn ein ruhendes Fluid der Temperatur T_∞ mit der Oberfläche einer Wand der Temperatur $T_W \neq T_\infty$ in Kontakt gelangt. Ist $T_W > T_\infty$, dann vermindert sich die Dichte der Teilchen in Wandnähe. Diese steigen auf und reißen dabei benachbarte Teilchen mit. Im Fall $T_W < T_\infty$ sinkt die Dichte in Wandnähe und die Teilchen mit größerer Dichte sinken hinab. Druckunterschiede werden somit erst durch den Auftrieb erzeugt.

https://doi.org/10.1515/9783111345871-006

Herleitung von (6.1.1)–(6.1.7)

Bei der freien Konvektion müssen alle Stoffgrößen $\rho(T)$, $\lambda(T)$, $\nu(T)$ und $c_p(T)$ abhängig von der Temperatur angesetzt werden. Der Temperatur- und damit der Dichteunterschied ist ja gerade der Motor der einsetzenden Konvektion. Die drei Grenzschichtgleichungen für die Plattenströmung müssen diesem Umstand Rechnung tragen. Die Kontinuitätsgleichung, die Gleichung (4.2.4) inklusive dem Auftriebsterm und der Gleichung (5.3.1) lauten dann:

$$\frac{\partial(\rho(T)u)}{\partial x}+\frac{\partial(\rho(T)v)}{\partial y}=0, \tag{6.1.1}$$

$$u\frac{\partial u}{\partial x}+v\frac{\partial u}{\partial y}+\frac{1}{\rho(T)}\cdot\frac{\partial p}{\partial x}+g-\nu(T)\frac{\partial^2 u}{\partial y^2}=0, \tag{6.1.2}$$

$$\rho(T)c_p(T)\left(u\frac{\partial T}{\partial x}+v\frac{\partial T}{\partial y}\right)-\lambda(T)\frac{\partial^2 T}{\partial y^2}=0. \tag{6.1.3}$$

Im Falle einer Kühlung muss in (6.1.2) $-g$ stehen, weil dann die Luft entlang der Wand absinkt. Zur numerischen Lösung des Systems müsste die Temperaturabhängigkeit der Stoffgrößen vorliegen.

Idealisierung: Bei der sogenannten Boussinesq-Vereinfachung betrachtet man nur kleine Temperaturänderungen, sodass zwar eine Fluidbewegung entsteht, die Stoffgrößen von der Temperaturschwankung aber nicht allzu stark betroffen sind.

Das bedeutet, dass alle Stoffwerte in (6.1.1) und (6.1.3) und die kinematische Viskosität in (6.1.2) als konstant betrachtet werden. Für die Bezugstemperatur wählt man $T_B = \frac{T_W+T_\infty}{2}$. Einzig in Gleichung (6.1.2) wird der Einfluss der veränderlichen Dichte genauer untersucht. Dazu werten wir (6.1.2) am Ende der Grenzschicht aus, erhalten $\frac{dp}{dx}+\rho_\delta g=0$ und daraus $p(x)=\rho_\delta gx+C$, ein rein hydrostatischer Verlauf. Dabei ist C eine Konstante, weil der Druck nicht von y abhängt und aus $\frac{\partial p}{\partial x}$ wird $\frac{dp}{dx}$. Damit kann der Term $\frac{1}{\rho(T)}\cdot\frac{\partial p}{\partial x}+g$ in (6.1.2) durch

$$[\rho(T)-\rho_\delta]\frac{g}{\rho(T)} \tag{6.1.4}$$

ersetzt werden.

Nun gilt es, die Dichte und die Temperatur miteinander zu verbinden. Im 4. Band wurde der thermische Volumenausdehnungskoeffizient eingeführt: $\gamma=-\frac{1}{V}(\frac{\partial V}{\partial T})_p$. Dieser besagt, um wieviel sich das Volumen mit der Temperatur bezogen auf das Gesamtvolumen (bei konstantem Druck) ändert. Bezogen auf die Dichte gilt (bei konstanter Masse) einfach $\gamma=-\frac{1}{\rho}(\frac{\partial\rho}{\partial T})_p$. Da die Dichte nur eine Funktion der Temperatur ist, werden kursive Ableitungen wieder durch gerade ersetzt.

Lineare Approximation: Weiter wird in 1. Näherung der Differentialquotient durch den Differenzenquotienten ersetzt und man erhält

$$\gamma=-\frac{1}{\rho}\left(\frac{d\rho}{dT}\right)_p=-\frac{1}{\rho(T)}\left[\frac{\rho(T)-\rho_\delta}{T-T_\delta}\right].$$

Die Gleichung (6.1.4) schreibt sich dann als

$$[\rho(T) - \rho_\delta]\frac{g}{\rho(T)} = -\gamma g(T - T_\delta)$$

und insgesamt folgen die Grenzschichtgleichungen der freien Konvektion zu:

$$\frac{\partial u}{\partial x} + \frac{\partial v}{\partial y} = 0, \tag{6.1.5}$$

$$u\frac{\partial u}{\partial x} + v\frac{\partial u}{\partial y} - \gamma g(T - T_\delta) - \nu\frac{\partial^2 u}{\partial y^2} = 0, \tag{6.1.6}$$

$$u\frac{\partial T}{\partial x} + v\frac{\partial T}{\partial y} - \frac{\lambda}{\rho c_p}\cdot\frac{\partial^2 T}{\partial y^2} = 0. \tag{6.1.7}$$

Verglichen mit der erzwungenen Konvektion kann das Geschwindigkeitsfeld erwartungsgemäß nicht ohne das Temperaturfeld ermittelt werden.

6.2 Die Lösung der Grenzschichtgleichungen für die Platte

Herleitung von (6.2.1)–(6.2.6)

Zur Entdimensionierung wählen wir $x_* = \frac{x}{l}, y_* = \frac{y}{l}, u_* = \frac{u}{u_0}, v_* = \frac{v}{u_0}$ und $\vartheta = \frac{T-T_\delta}{T_W-T_\delta}$. Da $u_\delta = 0$, bezeichnet u_0 eine noch zu definierende Geschwindigkeit. Eingesetzt in das System (6.1.5)–(6.1.7) erhält man

$$\frac{u_0}{l}\cdot\frac{\partial u_*}{\partial x_*} + \frac{u_0}{l}\cdot\frac{\partial v_*}{\partial y_*} = 0,$$

$$\frac{u_0^2}{l}\cdot u_*\frac{\partial u_*}{\partial x_*} + \frac{u_0^2}{l}\cdot v_*\frac{\partial u_*}{\partial y_*} - \gamma g(T_W - T_\delta)\vartheta - \nu\frac{u_0}{l^2}\cdot\frac{\partial^2 u_*}{\partial y_*^2} = 0 \quad \text{und}$$

$$\frac{u_0}{l}\cdot(T_W - T_\delta)\cdot u_*\frac{\partial\vartheta}{\partial x_*} + \frac{u_0}{l}\cdot(T_W - T_\delta)\cdot v_*\frac{\partial\vartheta}{\partial y_*} - \frac{\lambda}{\rho c_p}\cdot\frac{(T_W - T_\delta)}{l^2}\cdot\frac{\partial^2\vartheta}{\partial y_*^2} = 0.$$

Aus diesem System entsteht

$$\frac{\partial u_*}{\partial x_*} + \frac{\partial v_*}{\partial y_*} = 0,$$

$$u_*\frac{\partial u_*}{\partial x_*} + v_*\frac{\partial u_*}{\partial y_*} - \frac{\gamma g l(T_W - T_\delta)}{u_0^2}\cdot\vartheta - \frac{1}{\mathrm{Re}}\cdot\frac{\partial^2 u_*}{\partial y_*^2} = 0,$$

$$u_*\frac{\partial\vartheta}{\partial x_*} + v_*\frac{\partial\vartheta}{\partial y_*} - \frac{1}{\mathrm{Pr}\cdot\mathrm{Re}}\cdot\frac{\partial^2\vartheta}{\partial y_*^2} = 0.$$

Man erkennt, dass die Wahl von u_0 beliebig ist. Beispielsweise könnte

$$u_0 := [\gamma g l(T_W - T_\delta)]^{\frac{1}{2}}$$

gesetzt werden. Mit der Impulserhaltung entstehen neue Kennzahlen:

$$\frac{\gamma g l (T_W - T_\delta)}{u_0^2} = \frac{\gamma g l^3 (T_W - T_\delta) \cdot \nu^2}{u_0^2 \cdot l^2 \cdot \nu^2} = \frac{\gamma g l^3 (T_W - T_\delta)}{\nu^2} \cdot \left(\frac{\nu}{u_0 \cdot l}\right)^2 = \frac{\mathrm{Gr}}{\mathrm{Re}^2} =: \mathrm{Ar}.$$

Definition. Mit

$$\mathrm{Gr} = \frac{\gamma g l^3 (T_W - T_\delta)}{\nu^2}$$

bezeichnet man die Grashof-Zahl und Ar ist die Archimedes-Zahl.

Die Kenntnis der Grashof-Zahl ist von Vorteil, weil die im Allgemeinen unbekannte Geschwindigkeit u_0 nicht mehr erscheint. Weiter ist l eine charakteristische Länge. Für eine freie Konvektion entlang einer Wand verwendet man meist die Wandhöhe, bei einem langen Rohr hingegen beispielsweise den Durchmesser. Die Grashof-Zahl ist auch bei der Kühlung ($T_W < T_\delta$) positiv, denn g muss in diesem Fall, wie schon oben erwähnt, durch $-g$ ersetzt werden. Bekanntlich stellt die Reynolds-Zahl das Verhältnis zwischen Trägheitskraft und Reibungskraft dar. Die Archimedes-Zahl hingegen bezeichnet das Verhältnis zwischen Auftrieb und Trägheitskraft. Genauer gilt

$$\mathrm{Gr} = \frac{F_{\text{Auftrieb}}}{F_{\text{Reibung}}} \cdot \frac{F_{\text{Trägheit}}}{F_{\text{Reibung}}}.$$

Damit ist die Archimedes-Zahl ein Maß für den freien Konvektionsanteil an der gesamten Konvektion. Bei erzwungener Konvektion ist $\mathrm{Re} \gg 1$ und $\mathrm{Ar} \ll 1$, hingegen ergeben sich bei der freien Konvektion $\mathrm{Re} \ll 1$ und $\mathrm{Ar} \gg 1$. Diesen Zusammenhang erkennt man auch aus der dimensionslosen Darstellung der Impulserhaltung

$$u_* \frac{\partial u_*}{\partial x_*} + v_* \frac{\partial u_*}{\partial y_*} - \frac{\mathrm{Gr}}{\mathrm{Re}^2} \cdot \vartheta - \frac{1}{\mathrm{Re}} \cdot \frac{\partial^2 u_*}{\partial y_*^2} = 0.$$

Bei der vernachlässigbaren freien Konvektion geht diese Gleichung über in (5.2.1).

Zur Lösung der Grenzschichtgleichungen (6.1.5)–(6.1.7) setzen wir wie schon einige Male zuvor eine Stromfunktion ψ mit $u = \frac{\partial \psi}{\partial y}$ und $v = -\frac{\partial \psi}{\partial x}$ an. Dieser Ansatz erfüllt (6.1.5).

Weiter wählen wir folgende Transformationen:

$$\xi(x,y) = A \cdot \frac{y}{x^{\frac{1}{4}}}, \quad f(\xi) = \frac{\psi}{4\nu A \cdot x^{\frac{3}{4}}} \quad \text{mit} \quad A = \left[\frac{\gamma g (T_W - T_\delta)}{4\nu^2}\right]^{\frac{1}{4}} \quad \text{und } \vartheta = \frac{T - T_\delta}{T_W - T_\delta}.$$

Außerdem setzen wir

$$f'(\xi) = \frac{u(\xi)}{u_0} \quad \text{mit} \quad u_0 := 2[\gamma g x (T_W - T_\delta)]^{\frac{1}{2}}.$$

Zuerst bestimmen wir

$$u = \psi_y = 4\nu A \cdot x^{\frac{3}{4}} \cdot f' \cdot \frac{A}{x^{\frac{1}{4}}} = 4\nu A^2 \cdot x^{\frac{1}{2}} \cdot f'.$$

Weiter folgen:

$$\begin{aligned} v = -\psi_x &= 4\nu A \cdot \left(-\frac{1}{4} \cdot f' \cdot Ay \cdot x^{-\frac{5}{4}} \cdot x^{\frac{3}{4}} + \frac{3}{4} \cdot f \cdot x^{-\frac{1}{4}}\right) \\ &= -\nu A \cdot (3x^{-\frac{1}{4}} \cdot f - x^{-\frac{1}{2}} Ay \cdot f') = -\nu A x^{-\frac{1}{4}} \cdot (3f - \xi \cdot f'), \\ \psi_{yy} &= 4\nu A^2 \cdot x^{\frac{1}{2}} \cdot f'' \cdot \frac{A}{x^{\frac{1}{4}}} = 4\nu A^3 \cdot x^{\frac{1}{4}} \cdot f'', \\ \psi_{yyy} &= 4\nu A^3 \cdot x^{\frac{1}{4}} \cdot f''' \cdot \frac{A}{x^{\frac{1}{4}}} = 4\nu A^4 \cdot f'' \quad \text{und} \\ \psi_{xy} &= 4\nu A^2 \cdot \left(\frac{1}{2} \cdot x^{-\frac{1}{2}} \cdot f' - \frac{1}{4} \cdot x^{\frac{1}{2}} \cdot f'' \cdot Ay \cdot x^{-\frac{5}{4}}\right) = \nu A^2 x^{-\frac{1}{2}} \cdot (2f' - \xi \cdot f''). \end{aligned}$$

Die Gleichung (6.1.6) schreibt sich dann als

$$\psi_y \cdot \psi_{xy} - \psi_x \cdot \psi_{yy} - \gamma g(T_W - T_\delta)\vartheta - \nu \cdot \psi_{yy}$$

und man erhält nach Einsetzen aller Ausdrücke

$$\begin{aligned} 4\nu^2 A^4 \cdot f' \cdot (2f' - \xi \cdot f'') - 4\nu^2 A^4 \cdot (3f - \xi \cdot f') \cdot f'' - \gamma g(T_W - T_\delta)\vartheta - 4\nu^2 A^4 \cdot f''' = 0, \\ f' \cdot (2f' - \xi \cdot f'') - (3f - \xi \cdot f') \cdot f'' - \frac{\gamma g(T_W - T_\delta)\vartheta}{4\nu^2 A^4} - f''' = 0, \end{aligned}$$

und schließlich

$$f''' = 2(f')^2 - 3ff'' - \vartheta. \tag{6.2.1}$$

Damit ist auch die Wahl von A rechtfertigt.
Es fehlt noch die Energiegleichung (6.1.7). Diese lässt sich schreiben als

$$\begin{aligned} \psi_y \cdot (T_W - T_\delta) \cdot \frac{\partial\vartheta}{\partial\xi} \cdot \frac{\partial\xi}{\partial x} - \psi_x \cdot (T_W - T_\delta) \cdot \frac{\partial\vartheta}{\partial\xi} \cdot \frac{\partial\xi}{\partial y} \\ - \frac{\lambda}{\rho c_p} \cdot (T_W - T_\delta) \cdot \frac{\partial^2\vartheta}{\partial\xi^2} \cdot \left(\frac{\partial\xi}{\partial y}\right)^2 = 0. \end{aligned}$$

Daraus wird nacheinander:

$$4\nu A^2 \cdot x^{\frac{1}{2}} \cdot f'\vartheta' \cdot \left(-\frac{1}{4} \cdot Ay \cdot x^{-\frac{5}{4}}\right) - \nu A x^{-\frac{1}{4}} \cdot (3f - \xi \cdot f') \cdot \vartheta' \cdot \frac{A}{x^{\frac{1}{4}}} - \frac{\lambda}{\rho c_p} \cdot \vartheta'' \cdot \frac{A^2}{x^{\frac{1}{2}}} = 0,$$

$$-\nu A^2 \cdot \xi \cdot f'\vartheta' - \nu A^2 \cdot (3f - \xi \cdot f') \cdot \vartheta' - \frac{\lambda A^2}{\rho c_p} \cdot \vartheta'' = 0,$$
$$-\xi \cdot f'\vartheta' - (3f - \xi \cdot f') \cdot \vartheta' - \frac{1}{\Pr} \cdot \vartheta'' = 0$$

und schließlich

$$\vartheta'' = -3 \cdot \Pr \cdot f\vartheta'. \tag{6.2.2}$$

Die RBen lauten:

I. Für $y = 0$ ist $u_W = v_W = 0$ und $T = T_W$.
II. Für $y \to \infty$ ist $u_\delta = v_\delta = 0$ und $T = T_\delta$.

Umgeschrieben auf die dimensionslosen Größen bedeutet das:

I. Für $\xi = 0$ ist $f'(0) = 0$ und $\vartheta(0) = 1$.
II. Für $\xi \to \infty$ ist $f'(\infty) = 0$ und $\vartheta(\infty) = 0$.

Zusammen mit (6.2.1) und (6.2.2) erhält man das zu lösende System:

$$f''' = 2(f')^2 - 3ff'' - \vartheta,$$
$$\vartheta'' = -3 \cdot \Pr \cdot f\vartheta'. \tag{6.2.3}$$

Bei der Durchführung des folgenden Programms gilt es zu beachten, dass es noch der drei Anfangsbedingungen $f(0), f''(0)$ und $\vartheta'(0)$ bedarf. Dabei ist lediglich $f(0) = 0$ gegeben, denn mit $v_W = 0$ (I. Randbedingung) muss aufgrund von

$$v = -\nu A x^{-\frac{1}{4}} \cdot (3f - \xi \cdot f')$$

nebst $f'(0) = 0$ auch $f(0) = 0$ sein. Hingegen muss man die Werte von $f''(0)$ und $\vartheta'(0)$ so lange anpassen, bis $f'(\infty) = 0$ und $\vartheta(\infty) = 0$ erreicht wird. Die Simulation soll für $\Pr = 0{,}7$ (Luft) und $\Pr = 7$ (Wasser) durchgeführt werden. Durch Ausprobieren erhält man

$$f''_{0,7}(0) = 0{,}680, \quad \vartheta'_{0,7}(0) = -0{,}502 \quad \text{für } \Pr = 0{,}7 \quad \text{und}$$
$$f''_7(0) = 0{,}453, \quad \vartheta'_7(0) = -1{,}060 \quad \text{für } \Pr = 7. \tag{6.2.4}$$

Wie bisher, entsprechen $y_1 = f, y_2 = f', y_3 = f'', y_4 = \vartheta$ und $y_5 = \vartheta'$. Wie auch in Kap. 5.7 wird das Temperaturprofil gespiegelt.

Das zugehörige Programm besitzt die Gestalt:

```
Define DG(n)
Prgm
xa:= {x2i}
ya:= {y2i}
xb:= {x4i}
yb:= {y4ii}
x2i:= 0
x4i:= 0
y1i:= 0
y2i:= 0
y3i:= f''(0)
y4i:= 1
y5i:= ϑ'(0)
For i,1,n
x2i:= x2i + 0.01
x4i:= x4i + 0.01
y1i:= y1i + 0.01· y2i
y2i:= y2i + 0.01· y3i
y3i:= y3i + (2 · y2i^2 – 3 · y1i · y3i – y4i) · 0.01
y4i:= y4i + 0.01· y5i
y5i:= y5i – 3 · Pr · y1i · y5i · 0.01
y4ii:= 1 – y4i
xa:= augment(xa,{x2i})
ya:= augment(ya,{y2i})
xb:= augment(xb,{x4i})
yb:= augment(yb,{y4ii})
End For
Disp xa, ya, xb, yb
End Prgm
```

In Abb. 6.2 sind die Skalenwerte für f' von unten nach oben markiert und für ϑ von oben nach unten. Man erkennt, dass beide Profile mit einer kleiner werdenden Prandtl-Zahl stärker ausgebildet sind.

Mithilfe der vorliegenden numerischen Profile von f' und ϑ können insbesondere die Verläufe von $u(\xi) = 4\nu A^2 \cdot x^{\frac{1}{2}} \cdot f'(\xi)$ und $T(\xi) = (T_W - T_\delta)\vartheta(\xi) + T_\delta$ ermittelt werden.

Schließlich soll noch die mittlere Nusselt-Zahl für die freie Konvektion bestimmt werden.

Die Wärmestromdichte beträgt

$$\dot{q}_W = -\lambda\left(\frac{\partial T}{\partial y}\right)_W = -\lambda(T_W - T_\delta) \cdot \left(\frac{\partial \vartheta}{\partial \xi}\right)_W \cdot \frac{\partial \xi}{\partial y} = -\lambda(T_W - T_\delta) \cdot \vartheta'(0) \cdot \frac{A}{x^{\frac{1}{4}}}.$$

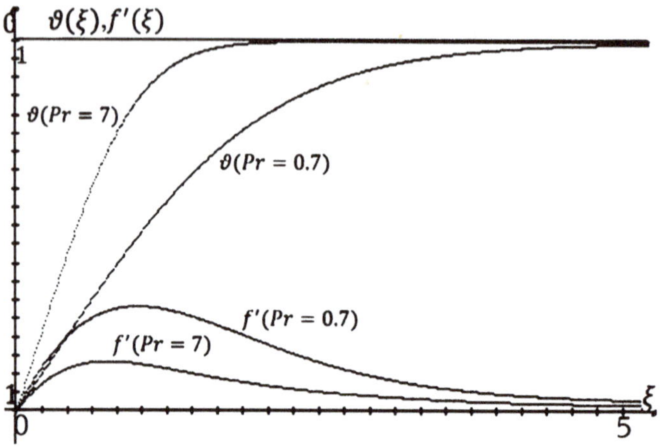

Abb. 6.2: Simulation von (6.2.3).

Der Wärmeübergangskoeffizient ist

$$\alpha = \frac{\dot{q}_W}{T_W - T_\delta} = -\frac{\lambda}{x} \cdot \vartheta'(0) \cdot \left(\frac{\mathrm{Gr}_x}{4}\right)^{\frac{1}{4}}$$

und für die örtliche Nusselt-Zahl erhält man

$$\mathrm{Nu}_x = \frac{\alpha x}{\lambda} = -\left(\frac{\mathrm{Gr}_x}{4}\right)^{\frac{1}{4}} \cdot \vartheta'(0)$$

und schließlich

$$\frac{\mathrm{Nu}_x}{(\frac{\mathrm{Gr}_x}{4})^{\frac{1}{4}}} = -\vartheta'(0).$$

Nun muss man in langwierigen Simulationen für viele Prandtl-Zahlen den entsprechenden Wert $\vartheta'_{\mathrm{Pr}}(0)$ wie oben im Programm durch Ausprobieren bestimmen, alle Werte auftragen und durch eine (monoton fallende) Funktion $h(\mathrm{Pr})$ möglichst gut approximieren. Man erhält

$$\vartheta'_{\mathrm{Pr}}(0) = h(\mathrm{Pr}) = -\frac{0{,}676 \cdot \mathrm{Pr}^{\frac{1}{2}}}{(0{,}861 + \mathrm{Pr})^{\frac{1}{4}}}.$$

Die Proportionalität

$$h(\mathrm{Pr}) \sim \frac{\mathrm{Pr}^{\frac{1}{2}}}{(\mu + \mathrm{Pr})^{\frac{1}{4}}}$$

wird im nächsten Kapitel ersichtlich. Für Pr = 0,7 und Pr = 7 ergibt sich $\vartheta'_{0,7}(0) = -0{,}506$ bzw. $\vartheta'_7(0) = -1{,}068$ und damit eine gute Übereinstimmung mit den beiden Werten von (6.2.4).

Eine mittlere Nusselt-Zahl ermittelt man durch Mittelung des Wärmeübergangskoeffizienten:

$$\alpha_m = \frac{1}{x}\int_0^x \alpha(x)dx = -\frac{\lambda}{x}\cdot\vartheta'(0)\cdot A\int_0^x x^{-\frac{1}{4}}dx = -\frac{\lambda}{x}\cdot\vartheta'(0)\cdot\frac{4}{3}\cdot Ax^{\frac{3}{4}} = \frac{4}{3}\alpha(x). \tag{6.2.5}$$

Mit $x = l$ ist

$$\mathrm{Nu}_m = \frac{\alpha_m l}{\lambda}, \quad \mathrm{Gr}_l = \frac{\gamma g l^3(T_W - T_\delta)}{\nu^2}$$

und man erhält

$$\frac{\mathrm{Nu}_m}{\left(\frac{\mathrm{Gr}_l}{4}\right)^{\frac{1}{4}}} = -\frac{4}{3}\vartheta'(0) \quad \text{oder} \quad \frac{\mathrm{Nu}_m}{\left(\frac{\mathrm{Gr}_l}{4}\right)^{\frac{1}{4}}} = \frac{0{,}901\cdot\mathrm{Pr}^{\frac{1}{2}}}{(0{,}861+\mathrm{Pr})^{\frac{1}{4}}}. \tag{6.2.6}$$

Diese Gleichung erfasst die Abhängigkeit der drei Kennzahlen Nu_m, Gr_l und Pr.

6.3 Näherung des Geschwindigkeits- und Temperaturprofils durch Polynomfunktionen

Wie auch schon in vorangehenden Kapiteln sind wir mit dem Problem konfrontiert, dass Geschwindigkeits- und Temperaturprofil nur numerisch vorliegen. Zudem besitzen wir keine Information über die jeweilige Grenzschichtdicke. Abermals müssen wir zuerst die Gleichungen (6.1.6) und (6.1.7) in eine Integralform umwandeln, dann die beiden Profile durch Polynome annähern und die entstehenden Integrale auswerten.

Herleitung von (6.3.1)–(6.3.7)

Als Erstes schreiben wir die Kontinuitätsgleichung wie in Kap. 4.6 um zu: $v(x,y) = -\int_0^y \frac{\partial u}{\partial x}dy$.

Diesen Ausdruck setzen wir in (6.1.6) ein, integrieren die Gleichung von null bis δ_S und erhalten

$$\int_0^{\delta_S}\left(u\frac{\partial u}{\partial x}\right)dy - \int_0^{\delta_S}\left(\int_0^y \frac{\partial u}{\partial x}dy\right)\frac{\partial u}{\partial y}dy - \gamma g\int_0^{\delta_S}(T - T_\delta)dy - \nu\int_0^{\delta_S}\frac{\partial^2 u}{\partial y^2}dy = 0.$$

Das Doppelintegral lösen wir mit partieller Integration unter Beachtung, dass $u(\delta_S) = 0$.

Dies ergibt nacheinander:

$$\frac{1}{2}\int_0^{\delta_S}\frac{d}{dx}(u^2)dy - \left[u\int_0^{y}\frac{\partial u}{\partial x}dy\right]_0^{\delta_S} + \int_0^{\delta_S}\left(u\frac{\partial u}{\partial x}\right)dy - \gamma g\int_0^{\delta_S}(T - T_\delta)dy - \nu\left(\frac{\partial u}{\partial y}\right)_W = 0,$$

$$\frac{1}{2}\int_0^{\delta_S}\frac{d}{dx}(u^2)dy + \frac{1}{2}\int_0^{\delta_S}\frac{d}{dx}(u^2)dy - \gamma g\int_0^{\delta_S}(T - T_\delta)dy - \nu\left(\frac{\partial u}{\partial y}\right)_W = 0 \quad \text{und}$$

$$\frac{d}{dx}\int_0^{\delta_S}u^2 dy - \gamma g\int_0^{\delta_S}(T - T_{\delta_T})dy - \nu\left(\frac{\partial u}{\partial y}\right)_W = 0. \qquad (6.3.1)$$

Die Energiegleichung in integraler Form liegt schon vor, denn (6.1.7) ist mit (5.3.1) identisch. Somit übernehmen wir das Ergebnis (5.4.5) in der Form

$$\frac{d}{dx}\left[\int_0^{\delta_T}u(T - T_{\delta_T})dy\right] + k\left(\frac{\partial T}{\partial y}\right)_W = 0 \quad \text{mit} \quad k = \frac{\lambda}{\rho c_p}. \qquad (6.3.2)$$

Wie man sieht, wird in (6.3.1) und (6.3.2) noch explizit zwischen δ_S und δ_T unterschieden.

Idealisierung: Es zeigt sich, dass man $\delta_S \approx \delta_T \approx \delta$ setzen kann und der Fehler dabei relativ klein bleibt.

Für das Temperaturprofil setzen wir nur ein quadratisches Polynom an:

$$\vartheta(x,y) = a + b\left(\frac{y}{\delta}\right) + c\left(\frac{y}{\delta}\right)^2$$

an. Die RBen lauten:

I. $\vartheta = 1$ für $y = 0$,

II. $\vartheta = 0$ für $y = \delta$ und

III. $\frac{\partial\vartheta}{\partial y} = 0$ für $y = \delta$.

Man erhält $a = 1$, $b = -2$, $c = 1$ und das Profil

$$\vartheta(x,y) = \left(1 - \frac{y}{\delta}\right)^2 = \frac{T - T_\delta}{T_W - T_\delta}. \qquad (6.3.3)$$

Bemerkung. Die Auswertung von (6.1.7) an der Wand liefert die Bedingung

$$\frac{\partial^2 T}{\partial y^2} = 0 \quad \text{oder} \quad \frac{\partial^2\vartheta}{\partial y^2} = 0.$$

Damit könnten wir ein Polynom 3. Grades ansetzen, aber die Rechnung liefert ein schlechteres Ergebnis. Um die Bedingung zu verwenden, müsste man für das Temperaturprofil folglich andersartige Näherungsfunktionen in Betracht ziehen.

Das Geschwindigkeitsprofil muss infolge der Form durch ein Polynom mindestens 3. Grades angenähert werden:

$$\frac{u}{v_0}(x,y) = a + b\left(\frac{y}{\delta}\right) + c\left(\frac{y}{\delta}\right)^2 + d\left(\frac{y}{\delta}\right)^3.$$

Dabei ist v_0 irgendeine Bezugsgeschwindigkeit. Als RBen ergeben sich:

I. $u = 0$ für $y = 0$,

II. $\frac{\partial^2 u}{\partial y^2} = \frac{\partial^2 u}{\partial y^2} = -\frac{\gamma g(T_W - T_\delta)}{\nu} =: -\beta$ für $y = 0$,

III. $u = 0$ für $y = \delta$ und

IV. $\frac{\partial u}{\partial y} = 0$ für $y = \delta$.

Die 2. RB erhält man durch Auswerten von (5.1.6) an der Wand.

Aus I. folgt $a = 0$ und darauf das Gleichungssystem:

$$\begin{aligned} 2cv_0 &= -\beta\delta^2, \\ b + c + d &= 0 \quad \text{und} \\ b + 2c + 3d &= 0. \end{aligned}$$

Man erhält $b = \frac{\beta\delta^2}{4v_0}$, $c = -2b$, $d = b$ und die Lösung

$$\frac{u}{v_0} = \frac{\beta\delta^2}{4v_0} \cdot \frac{y}{\delta}\left(1 - \frac{y}{\delta}\right)^2 \quad \text{oder} \quad u = \frac{\beta\delta^2}{4} \cdot \frac{y}{\delta}\left(1 - \frac{y}{\delta}\right)^2.$$

Als dimensionsloses Profil kann man nun

$$\frac{u}{u_0} = \frac{y}{\delta}\left(1 - \frac{y}{\delta}\right)^2 \quad \text{mit} \quad u_0 = s\beta\delta^2,\ s \in \mathbb{R}. \tag{6.3.4}$$

ansetzen. Damit ist es auch möglich, die Höhe mit maximaler Geschwindigkeit anzugeben. Aus

$$\frac{\partial}{\partial y}\left(\frac{u}{u_0}\right) = \frac{1}{\delta^3}(y - \delta)(3y - \delta)$$

folgt $y_{max} = \frac{\delta}{3}$. Die zugehörige Geschwindigkeit beträgt dann

$$u_{max} = \frac{4}{27}u_0. \tag{6.3.5}$$

Nun wird (6.3.3) und (6.3.4) in (6.3.1) eingesetzt. Dies führt zu

$$\frac{d}{dx}\int_0^{\delta} u_0^2\left[\left(\frac{y}{\delta}\right)^2\left(1-\frac{y}{\delta}\right)^4\right]dy$$

$$-\gamma g(T_W-T_\delta)\int_0^{\delta}\left(1-\frac{y}{\delta}\right)^2 dy-\nu u_0\frac{\partial u}{\partial y}\left[\frac{y}{\delta}\left(1-\frac{y}{\delta}\right)^2\right]_W=0 \quad \text{und}$$

$$\frac{1}{105}\cdot\frac{d}{dx}(u_0^2\delta)-\frac{\gamma g(T_W-T_\delta)}{3}\cdot\delta-\frac{\nu u_0}{\delta}=0. \tag{6.3.6}$$

Nach dem Einsetzen von (6.3.3) und (6.3.4) in (6.3.2) entsteht nacheinander:

$$(T_W-T_\delta)\cdot\frac{d}{dx}\left[u_0\int_0^{\delta}u\vartheta dy\right]+k(T_W-T_\delta)\cdot\left(\frac{\partial\vartheta}{\partial y}\right)_W=0,$$

$$\frac{d}{dx}\left(u_0\int_0^{\delta}\left[\frac{y}{\delta}\left(1-\frac{y}{\delta}\right)^4\right]dy\right)+k\cdot\frac{\partial u}{\partial y}\left[\left(1-\frac{y}{\delta}\right)^2\right]_W=0 \quad \text{und}$$

$$\frac{1}{30}\cdot\frac{d}{dx}(u_0\delta)-\frac{2k}{\delta}=0. \tag{6.3.7}$$

Da aufgrund von (6.3.4) $u_0\sim\delta^2$ gilt, muss aus (6.3.7) $\frac{d}{dx}(\delta^3)\sim\delta^{-1}$ folgen. Der Ansatz $\delta(x)\sim x^n$ liefert dann $\frac{d\delta^3}{dx}\sim x^{3n-1}\sim x^{-n}$ und daraus $n=\frac{1}{4}$. Somit erhalten wir $\delta(x)=C_1\cdot x^{\frac{1}{4}}$ und $u_0(x)=C_2\cdot x^{\frac{1}{2}}$, die in (6.3.6) und (6.3.7) eingefügt werden können. Es ergibt sich:

$$\frac{1}{105}\cdot\frac{5}{4}\cdot C_1C_2^2\cdot x^{\frac{1}{4}}-\frac{\gamma g(T_W-T_\delta)}{3}\cdot C_1\cdot x^{\frac{1}{4}}-\nu\cdot\frac{C_2}{C_1}\cdot x^{\frac{1}{4}}=0, \tag{6.3.8}$$

$$\frac{1}{30}\cdot\frac{3}{4}\cdot C_1C_2\cdot x^{-\frac{1}{4}}-\frac{2k}{C_1}\cdot x^{-\frac{1}{4}}=0. \tag{6.3.9}$$

Aus (6.3.9) erhält man $C_2=\frac{80k}{C_1^2}$, das man in (6.3.8) einsetzen kann. Dies führt zu

$$\frac{1600\cdot k^2}{21\cdot C_1^3}-\frac{\gamma g(T_W-T_\delta)}{3}\cdot C_1-\frac{80k\nu}{C_1^3}=0$$

und aufgelöst

$$C_1=\left[\frac{\frac{1600}{7}\cdot k^2+240k\nu}{\gamma g(T_W-T_\delta)}\right]^{\frac{1}{4}}=\left[\frac{\frac{1600}{7}\cdot\frac{k^2}{\nu^2}+240\cdot\frac{k}{\nu}}{\frac{\gamma g(T_W-T_\delta)}{\nu^2}}\right]^{\frac{1}{4}}.$$

Mit $\frac{k}{\nu} = \frac{1}{\mathrm{Pr}}$ folgt

$$C_1 = \left[\frac{1}{\mathrm{Pr}^2}\left(\frac{1600}{7} + 240\cdot\mathrm{Pr}\right)\right]^{\frac{1}{4}} \cdot \left[\frac{\gamma g(T_W - T_\delta)}{\nu^2}\right]^{-\frac{1}{4}}$$

$$= 3{,}936\cdot\left(\frac{20}{21} + \mathrm{Pr}\right)^{\frac{1}{4}} \cdot \mathrm{Pr}^{-\frac{1}{2}} \cdot \left[\frac{\gamma g(T_W - T_\delta)}{\nu^2}\right]^{-\frac{1}{4}} \quad \text{und}$$

$$C_2 = \frac{80\cdot\frac{\nu}{\mathrm{Pr}}}{3{,}936^2\cdot(\frac{20}{21} + \mathrm{Pr})^{\frac{1}{2}}\cdot\mathrm{Pr}^{-1}\cdot[\frac{\gamma g(T_W - T_\delta)}{\nu^2}]^{-\frac{1}{2}}} = 5{,}164\cdot\left(\frac{20}{21} + \mathrm{Pr}\right)^{-\frac{1}{2}}\cdot[\gamma g(T_W - T_\delta)]^{\frac{1}{2}}.$$

Damit erhält man für die Grenzschichtdicke von Geschwindigkeit und Temperatur

$$\delta(x) = 3{,}936\cdot(0{,}952 + \mathrm{Pr})^{\frac{1}{4}}\cdot\mathrm{Pr}^{-\frac{1}{2}}\cdot\left[\frac{\gamma g(T_W - T_\delta)}{\nu^2}\right]^{-\frac{1}{4}}\cdot x^{\frac{1}{4}}. \tag{6.3.10}$$

Dies schreibt sich auch als

$$\frac{\delta(x)}{x} = 3{,}936\cdot\frac{(0{,}952 + \mathrm{Pr})^{\frac{1}{4}}}{\mathrm{Pr}^{\frac{1}{2}}\cdot\mathrm{Gr}_x^{\frac{1}{4}}} \quad \text{oder} \quad \mathrm{Gr}_x^{\frac{1}{4}} = \frac{3{,}936\cdot x\cdot(0{,}952 + \mathrm{Pr})^{\frac{1}{4}}}{\delta\cdot\mathrm{Pr}^{\frac{1}{2}}}. \tag{6.3.11}$$

Aus

$$\alpha = \frac{\dot{q}_W}{T_W - T_\delta} = -\frac{1}{T_W - T_\delta}\cdot\lambda\left(\frac{\partial T}{\partial y}\right)_W = -\lambda\left(\frac{\partial\vartheta}{\partial y}\right)_W$$

folgt mit (6.3.3) $\alpha = \frac{2\lambda}{\delta}$. Die lokale Nusselt-Zahl beträgt $\mathrm{Nu}_x = \frac{\alpha(x)\cdot x}{\lambda} = \frac{2x}{\delta}$. Mit (6.3.11) erhält man

$$\frac{\mathrm{Nu}_x}{\mathrm{Gr}_x^{\frac{1}{4}}} = \frac{0{,}508\cdot\mathrm{Pr}^{\frac{1}{2}}}{(0{,}952 + \mathrm{Pr})^{\frac{1}{4}}}.$$

Unter Verwendung von (6.2.5) ergibt sich endlich

$$\frac{\mathrm{Nu}_m}{\mathrm{Gr}_l^{\frac{1}{4}}} = \frac{0{,}678\cdot\mathrm{Pr}^{\frac{1}{2}}}{(0{,}952 + \mathrm{Pr})^{\frac{1}{4}}} \quad \text{oder} \quad \frac{\mathrm{Nu}_m}{(\frac{\mathrm{Gr}_l}{4})^{\frac{1}{4}}} = \frac{0{,}958\cdot\mathrm{Pr}^{\frac{1}{2}}}{(0{,}952 + \mathrm{Pr})^{\frac{1}{4}}}. \tag{6.3.12}$$

Wählt man $s = \frac{7\mathrm{Pr}}{20+21\mathrm{Pr}}$, so erreicht man, dass $u_0 = C_2\cdot x^{\frac{1}{2}}$ mit $u_0 = s\beta\delta^2$ von (6.3.4) übereinstimmt. Gleichung (6.3.12) bestätigt das Ergebnis (6.2.6). Die Abweichung ist klein. Im Folgenden verwenden wir das numerische Ergebnis (6.2.6).

Beispiel 1. Eine 5 m hohe Hauswand wird von der Sonne bestrahlt (Abb. 6.3 links). Es bildet sich eine Lufttemperatur von $T_a = 20\,^\circ\mathrm{C}$ und eine Wandtemperatur von $T_W = 40\,^\circ\mathrm{C}$. Die zugehörigen Stoffwerte der Luft bei der Bezugstemperatur 30 °C entnehmen Sie aus der Tabelle am Ende von Kap. 5.6. Die Luft soll als ideales Gas behandelt werden.

a) Gesucht ist die durch freie Konvektion von der Luft auf die Wand übertragene Wärmestromdichte.
b) Führen Sie eine Wärmestrombilanz an der Außenwand durch. Berücksichtigen Sie die in a) berechnete konvektive Wärmestromdichte, die von der Wand nach innen weitergeleitete und die von der Wand nach außen abgestrahlte Wärmestromdichte. Bestimmen Sie daraus die von der Sonne einfallende Wärmestromdichte. Benutzen Sie dazu folgende Angaben:
Wanddicke und Temperatur im Innenraum betragen $d = 0{,}4\,\text{m}$ bzw. $T_i = 25\,^\circ\text{C}$. Die Wärmeleitfähigkeit des Betons ist $\lambda_B = 1\,\frac{\text{W}}{\text{mK}}$ und der Wärmeübergangskoeffizient (Konvektion und Strahlung) von der Innenwand zur Luft im Innenraum ist $\alpha_i = 7{,}5\,\frac{\text{W}}{\text{m}^2\text{K}}$. Weiter ist die Wand aus hellgrauem Beton gefertigt, sodass der Emissionsgrad $\varepsilon = 0{,}93$ und der Absorptionsgrad 55 % beträgt.
c) Bestimmen Sie die Grenzschichtdicke für $l = 1\,\text{m}$ und am Ende der Hauswand.
d) Gesucht sind die Funktionen $u_{\text{max}}(x)$, $u_{\text{mitt}}(x)$ für die maximale bzw. mittlere Geschwindigkeit in Abhängigkeit der Lauflänge x und die mittleren Geschwindigkeiten für $l = 1\,\text{m}$ und am Ende der Hauswand.
e) Bestimmen Sie das Temperaturprofil $T(x, y)$.

Lösung.

a) Für ein ideales Gas gilt $\gamma = \frac{1}{303{,}15\,\text{K}}$. Die Grashof-Zahl folgt gemäß der Definition aus Kap. 6.2 zu

$$\text{Gr} = \frac{1}{303{,}15} \cdot \frac{9{,}81 \cdot 5^3 \cdot (313{,}15 - 293{,}15)}{(1{,}630 \cdot 10^{-5})^2} = 3{,}04 \cdot 10^{11}$$

und mithilfe von (6.2.6) erhält man $\text{Nu}_m = 356{,}27$. Der über einer Strecke von 5 m gemittelte Wärmeübergangskoeffizient ist dann

$$\alpha_a = \frac{\text{Nu}_m \cdot \lambda}{l} = \frac{356{,}27 \cdot 0{,}0265}{5} = 1{,}89\,\frac{\text{W}}{\text{m}^2\text{K}}$$

und für die Wärmestromdichte infolge der Konvektion erhält man

$$\dot{q}_K = \alpha_a \cdot (T_{\text{Wa}} - T_a) = 1{,}89 \cdot (313{,}15 - 293{,}15) = 37{,}83\,\frac{\text{W}}{\text{m}^2}.$$

b) Schon in Band 4 sind die Wärmeleitung und die Wärmeübergänge mit einem Konvektions- und einem Strahlungsanteil behandelt worden. Aufgrund der damals noch nicht behandelten Grenzschichttheorie musste dabei der Wärmeübergangskoeffizient immer angegeben werden. An gleicher Stelle und zudem in Band 4 finden sich auch weiterführende Erklärungen. Etwa 55 % der einfallenden Leistung $\dot{q}_S$ werden absorbiert, was zur Wärmestromdichte $\dot{q}_A$ an der Außenwand führt. Ein Anteil $\dot{q}_R$ von $\dot{q}_S$ wird reflektiert und in die Umgebungsluft zurückgestrahlt und eine letzte Wärmestromdichte $\dot{q}_K$ entsteht durch natürliche Konvektion. Zusammen

ergibt sich $\dot{q}_L$ als Nettostromdichte für den Transport ins Innere durch Wärmeleitung.
Bilanz: Wärmstromdichtebilanz an der Wand. Diese lautet $\dot{q}_A + \dot{q}_K - \dot{q}_R - \dot{q}_L = 0$ oder $0{,}55 \cdot \dot{q}_S + \dot{q}_K = \dot{q}_R + \dot{q}_L$.
In der Skizze kennzeichnen die Pfeilrichtungen nicht die sich einstellende Wärmestromrichtung, diese verläuft bei Erwärmung von der Wand ins Innere mit $\dot{q}_L$, sondern, ob Wärme hin zur Wand oder von der Wand wegfließt. Mit den Ergebnissen aus Band 4 gilt

$$\dot{q}_L = \frac{T_{\mathrm{Wa}} - T_i}{\frac{1}{\alpha_i} + \frac{d}{\lambda_B}} = \frac{313{,}15 - 298{,}15}{\frac{1}{7{,}5} + \frac{0{,}4}{1}} = 28{,}13\,\frac{\mathrm{W}}{\mathrm{m}^2}.$$

Daraus kann man noch die Temperatur T_{Wi} an der Innenwand zu $T_{\mathrm{Wi}} = T_{\mathrm{Wa}} - \dot{q}_L \frac{d}{\lambda_B} = 28{,}75\,^\circ\mathrm{C}$ bestimmen. Für die abgestrahlte Leistungsdichte der Außenwand gilt nach dem Gesetz von Stefan-Boltzmann (Band 4):

$$\dot{q}_R = \varepsilon \cdot \sigma \cdot (T_{\mathrm{Wa}}^4 - T_a^4) = 0{,}93 \cdot 5{,}67 \cdot 10^{-8} \cdot (313{,}15^4 - 293{,}15^4) = 117{,}65\,\frac{\mathrm{W}}{\mathrm{m}^2}$$

mit der Konstante $\sigma = 5{,}67 \cdot 10^{-8}\,\frac{\mathrm{W}}{\mathrm{m}^2\mathrm{K}^4}$. Dabei wurde beachtet, dass die Umgebungsluft ihrerseits die Wärmestrahlung zurück zur Wand abgibt. Die Bilanzgleichung liefert demnach $\dot{q}_S = 196{,}28\,\frac{\mathrm{W}}{\mathrm{m}^2}$. Man kann noch den Wärmeübergangskoeffizienten an der Außenwand angeben. Dieser setzt sich aus dem konvektiven und dem strahlenden Teil zusammen:

$$\alpha_a = \alpha_{a,K} + \alpha_{a,R} = \frac{\dot{q}_K}{T_{\mathrm{Wa}} - T_a} + \frac{\dot{q}_R}{T_{\mathrm{Wa}} - T_a} = \frac{37{,}83 + 117{,}65}{20} = 7{,}77\,\frac{\mathrm{W}}{\mathrm{m}^2\mathrm{K}}.$$

c) Mit (6.3.10) folgt $\delta(x) = 0{,}024 \cdot x^{\frac{1}{4}}$ und damit $\delta(1) = 2{,}40\,\mathrm{cm}$ und $\delta(5) = 3{,}59\,\mathrm{cm}$. Daran erkennt man, dass die Grenzschichtdicken bei freier Konvektion um ein Vielfaches größer als bei der erzwungenen Konvektion werden.

d) Aus (6.3.5) folgt

$$\begin{aligned} u_{\max} &= \frac{4}{27} u_0 = \frac{4}{27} \cdot 5{,}164 \cdot \left(\frac{20}{21} + 0{,}7134\right)^{-\frac{1}{2}} \cdot \left[\frac{1}{303{,}15K} \cdot 9{,}81 \cdot 20\right]^{\frac{1}{2}} \cdot x^{\frac{1}{2}} \\ &= 0{,}48 \cdot x^{\frac{1}{2}}. \end{aligned}$$

Weiter gilt mit (6.3.4)

$$u_{\mathrm{mitt}}(x) = \frac{1}{\delta(x)} \int_0^{\delta(x)} u(x)dy = \frac{u_0}{\delta} \int_0^{\delta} \left[\frac{y}{\delta}\left(1 - \frac{y}{\delta}\right)^2\right] dy = \frac{u_0}{12} = 0{,}257 \cdot x^{\frac{1}{2}}.$$

Damit erhält man $u_{\mathrm{mitt}}(1) = 0{,}27\,\frac{\mathrm{m}}{\mathrm{s}}$, $u_{\mathrm{mitt}}(5) = 0{,}60\,\frac{\mathrm{m}}{\mathrm{s}}$.

e) Die Gleichung (6.3.3) führt mit dem Ergebnis aus c) zu

$$T(x,y) = \left(1 - \frac{y}{\delta}\right)^2 \cdot (T_{\text{Wa}} - T_a) + T_a = (1 - 41{,}97 \cdot x^{-\frac{1}{4}} y)^2 \cdot 20 + 293{,}15.$$

Beispiel 2. Eine 3 m hohe und $d = 0{,}3$ m dicke Hauswand besitzt nachts die Außentemperatur $T_{\text{Wa}} = 5\,^\circ\text{C}$. Die Lufttemperatur beträgt $T_a = -5\,^\circ\text{C}$ (Abb. 6.3 rechts).

a) Wie lautet die Wärmestrombilanz an der Außen- bzw. an der Innenwand ohne Strahlungseffekte?

b) Berechnen Sie die Wärmestromdichte $\dot{q}_{a,K}$ an der Außenwand aufgrund von Konvektion.

c) Wie groß wird die Temperatur T_{Wi} an der Innenwand, falls die Leitfähigkeit der Betonwand $\lambda_B = 1{,}5\,\frac{\text{W}}{\text{mK}}$ beträgt.

d) Bestimmen Sie die Innentemperatur T_i, sodass die Wärmestromdichte $\dot{q}_L$ innerhalb der Mauer einzig durch die Konvektionstromdichte $\dot{q}_{i,K}$ an der Innenwand aufrechterhalten wird und man fordert, dass bei beiden Wandseiten mit gleichen Wärmeübergangszahlen zu rechnen ist.

e) Wiederholen Sie alle Teilaufgaben von a) bis d) unter Berücksichtigung von Strahlungseffekten. Der Emissionsgrad an der Innenwand ist $\varepsilon = 0{,}93$. Bestimmen Sie die Innentemperatur T_i zuerst mit der Forderung gleicher Wärmeübergangszahlen und danach für den Fall, dass infolge eines Lecks auf der gesamten inneren Wand eine dünne Ölschicht aufliegt und dadurch der Emissionsgrad der Innenwand auf den Wert $\varepsilon = 0{,}55$ sinkt.

Lösung.

I. Ohne Strahlung.

a) Die Bilanzen an der Außen- bzw. Innenwand lauten $\dot{q}_{a,K} - \dot{q}_L = 0$ bzw. $\dot{q}_{i,K} - \dot{q}_L = 0$, woraus $\dot{q}_{a,K} = \dot{q}_{i,K}$ folgt.

b) Die Bezugstemperatur beträgt $T_B = 0\,^\circ\text{C}$ und die entsprechenden Stoffwerte können der Tabelle am Ende von Kap. 5.6 entnommen werden. Mit $\gamma = \frac{1}{273{,}15\,\text{K}}$ erhält man

$$\text{Gr} = \frac{1}{273{,}15} \cdot \frac{9{,}81 \cdot 3^3 \cdot (278{,}15 - 268{,}15)}{(1{,}352 \cdot 10^{-5})^2} = 5{,}30 \cdot 10^{10}$$

und unter Verwendung von (6.2.6) $\text{Nu}_m = 231{,}11$. Schließlich ergibt sich

$$\dot{q}_{a,K} = \frac{\text{Nu}_m \cdot \lambda \cdot (T_W - T_a)}{l} = \frac{231{,}11 \cdot 0{,}0242 \cdot (278{,}15 - 268{,}15)}{3} = 18{,}64\,\frac{\text{W}}{\text{m}^2}$$

mit einem Wärmeübergangskoeffizienten von $\alpha_{a,K} = 1{,}86\,\frac{\text{W}}{\text{m}^2\text{K}}$.

c) Aus

$$\dot{q}_{i,K} = \dot{q}_L = \frac{T_{\mathrm{Wi}} - T_{\mathrm{Wa}}}{\frac{d}{\lambda_B}}$$

folgt

$$T_{\mathrm{Wi}} = T_{\mathrm{Wa}} + \dot{q}_L \cdot \frac{d}{\lambda_B} = 5 + 18{,}64 \cdot \frac{0{,}3}{1{,}5} = 8{,}73\,^\circ\mathrm{C}.$$

d) Da $\alpha_{a,K} = \alpha_{i,K}$, gilt mit $\dot{q}_{a,K} = \dot{q}_{i,K}$ schlicht $T_i - T_{\mathrm{Wi}} = T_{\mathrm{Wa}} - T_a$, woraus man $T_i = 18{,}73\,^\circ\mathrm{C}$ erhält.

II. Mit Strahlung.

a) Die Bilanzen an der Außen- bzw. an der Innenwand lauten $\dot{q}_{a,K} + \dot{q}_{a,S} - \dot{q}_L = 0$ bzw. $\dot{q}_{i,K} + \dot{q}_{i,S} - \dot{q}_L = 0$, woraus $\dot{q}_{a,K} + \dot{q}_{a,S} = \dot{q}_{i,K} + \dot{q}_{i,S}$ folgt.

b) Die Konvektionsstromdichte bleibt unverändert: $\dot{q}_{a,K} = 18{,}64\,\frac{\mathrm{W}}{\mathrm{m}^2}$ mit $\alpha_{a,K} = 1{,}86\,\frac{\mathrm{W}}{\mathrm{m}^2\mathrm{K}}$. Zusätzlich erhält man

$$\begin{aligned}\dot{q}_{a,S} &= \varepsilon \cdot \sigma \cdot (T_{\mathrm{Wa}}^4 - T_a^4) = 0{,}93 \cdot 5{,}67 \cdot 10^{-8} \cdot (278{,}15^4 - 268{,}15^4)\\ &= 43{,}00\,\frac{\mathrm{W}}{\mathrm{m}^2} \quad \text{mit} \quad \alpha_{a,S} = 4{,}30\,\frac{\mathrm{W}}{\mathrm{m}^2\mathrm{K}}.\end{aligned}$$

Insgesamt beträgt die Wärmestromdichte $\dot{q}_a = \dot{q}_{a,K} + \dot{q}_{a,S} = 61{,}64\,\frac{\mathrm{W}}{\mathrm{m}^2}$.

c) Mit $\dot{q}_a = \dot{q}_L$ folgt

$$T_{\mathrm{Wi}} = T_{\mathrm{Wa}} + \dot{q}_L \cdot \frac{d}{\lambda_B} = 5 + 61{,}64 \cdot \frac{0{,}3}{1{,}5} = 17{,}33\,^\circ\mathrm{C}.$$

d) Die Forderung $\alpha_{a,K} + \alpha_{a,S} = \alpha_{i,K} + \alpha_{i,S}$ führt zu $T_i = 27{,}33\,^\circ\mathrm{C}$.

Im Fall der Ölschicht muss T_i zuerst geschätzt werden, beispielsweise $T_i = 29\,^\circ\mathrm{C}$.

Die dünne Ölschicht hat dabei auf die gesuchten Temperaturen keinen wesentlichen Einfluss.

Die Bezugstemperatur beträgt $T_B = 23{,}17\,^\circ\mathrm{C}$ und die entsprechenden Stoffwerte werden durch Interpolation mithilfe der Tabelle in Kap. 5.6 bestimmt:

$$\nu = 1{,}565 \cdot 10^{-5}\,\frac{\mathrm{m}^2}{\mathrm{s}}, \quad \lambda = 0{,}0259\,\frac{\mathrm{W}}{\mathrm{mK}} \quad \text{und} \quad \mathrm{Pr} = 0{,}7153.$$

Mit $\gamma = \frac{1}{296{,}32\,\mathrm{K}}$ ergibt sich $\mathrm{Gr} = 4{,}26 \cdot 10^{10}$ und danach mit (6.2.6) $\mathrm{Nu}_m = 218{,}46$. Schließlich folgt

$$\dot{q}_{i,K} = \frac{218{,}46 \cdot 0{,}0259 \cdot (29 - 17{,}33)}{3} = 22{,}01\,\frac{\mathrm{W}}{\mathrm{m}^2} \quad \text{mit} \quad \alpha_{i,K} = \frac{22{,}01}{29 - 17{,}33} = 1{,}88\,\frac{\mathrm{W}}{\mathrm{m}^2\mathrm{K}}$$

und

$$\dot{q}_{a,S} = \varepsilon \cdot \sigma \cdot (T_{\mathrm{Wa}}^4 - T_a^4) = 0{,}55 \cdot 5{,}67 \cdot 10^{-8} \cdot (302{,}15^4 - 290{,}48^4)$$
$$= 37{,}89 \, \frac{\mathrm{W}}{\mathrm{m}^2} \quad \text{mit} \quad \alpha_{i,S} = 3{,}25 \, \frac{\mathrm{W}}{\mathrm{m}^2\mathrm{K}}.$$

Die gesamte Wärmestromdichte beträgt $\dot{q}_i = \dot{q}_{i,K} + \dot{q}_{i,S} = 59{,}90 \, \frac{\mathrm{W}}{\mathrm{m}^2}$, was verglichen mit dem benötigten Wert von $61{,}64 \, \frac{\mathrm{W}}{\mathrm{m}^2}$ etwas zu wenig ist. Eine Wiederholung der Rechnung mit $T_i = 29{,}2\,^\circ\mathrm{C}$ liefert

$$\dot{q}_i = \dot{q}_{i,K} + \dot{q}_{a,S} = 22{,}48 + 38{,}58 = 61{,}06 \, \frac{\mathrm{W}}{\mathrm{m}^2},$$

was genau genug ist. Die Wärmeübergangszahl ist dann

$$\alpha_i = \alpha_{i,K} + \alpha_{i,S} = \frac{22{,}48}{29{,}2 - 17{,}33} + \frac{38{,}58}{29{,}2 - 17{,}33} = 5{,}14 \, \frac{\mathrm{W}}{\mathrm{m}^2\mathrm{K}}.$$

Zum Vergleich gilt für die Außenwand

$$\alpha_a = \alpha_{a,K} + \alpha_{a,S} = 1{,}86 + 4{,}30 = 6{,}16 \, \frac{\mathrm{W}}{\mathrm{m}^2\mathrm{K}}.$$

Man erkennt, dass ohne Hinzunahme des Strahlungsanteils falsche Ergebnisse entstehen, denn Übergangszahlen in Tabellen berücksichtigen immer Konvektions- und Strahlungseffekte.

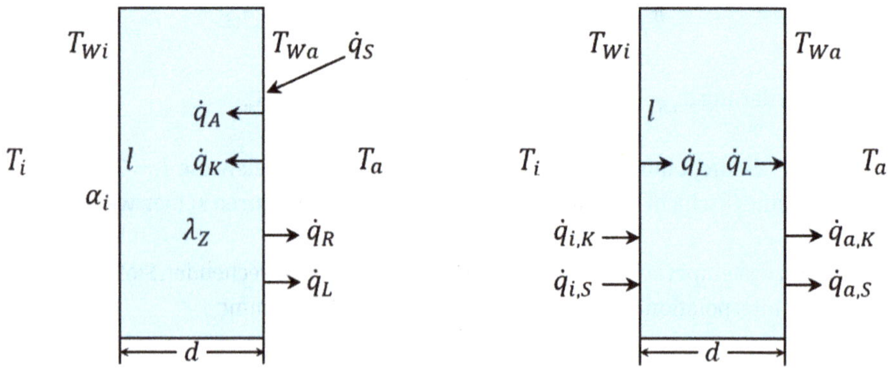

Abb. 6.3: Skizzen zu den Beispielen 1 und 2.

Beispiel 3. Ein $l = 1{,}5\,\mathrm{m}$ hohes Fenster ist doppelt verglast. Die Scheiben befinden sich in einem Abstand d und der Zwischenraum ist mit Luft gefüllt. Am Außenglas bildet sich eine Temperatur von $T_a = 0\,^\circ\mathrm{C}$ und am Innenglas eine Temperatur von $T_i = 20\,^\circ\mathrm{C}$ aus. Aufgrund des Temperaturunterschieds beginnt die Luft im Spalt zu zirkulieren.

In dieser Aufgabe interessiert weniger der fließende Wärmestrom, sondern vielmehr die Dicke der sich auf der Innenseite beider Scheiben ausbildenden Temperaturgrenzschicht. Bei einer Einfachverglasung entspricht die Situation dem 2. Beispiel, wenn man die Glasscheibe durch das Mauerwerk ersetzt.

a) Wie dick wird die Grenzschicht auf halber Scheibenhöhe und am höchsten Punkt der Glasscheibe?

b) Nun betrachten wir den Zwischenraum auf halber Höhe. Mit δ wird die einseitige Grenzschichtdicke in dieser Höhe bezeichnet. Stellen Sie für die folgenden vier Fälle das qualitative Geschwindigkeits- und das Temperaturprofil auf dieser Höhe entlang der Scheibendicke d dar:
I. $2\delta \gg d$, II. $2\delta > d$, III. $2\delta = d$ und IV. $2\delta < d$.

Lösung.

a) Die Werte bei der Bezugstemperatur $T_B = 10\,^\circ\mathrm{C}$ entnimmt man der Tabelle am Ende von Kap. 5.6. Mit $\gamma = \frac{1}{283{,}15\,\mathrm{K}}$ und aus Gleichung (6.3.10) folgt

$$\delta(x) = 3{,}936 \cdot (0{,}952 + 0{,}7163)^{\frac{1}{4}} \cdot 0{,}7163^{-\frac{1}{2}} \cdot \left[\frac{1}{283{,}15} \cdot \frac{9{,}81 \cdot (293{,}15 - 273{,}15)}{(1{,}442 \cdot 10^{-5})^2}\right]^{-\frac{1}{4}} \cdot x^{\frac{1}{4}}$$
$$= 0{,}0220 \cdot x^{\frac{1}{4}}.$$

Man erhält $\delta(0{,}75) = 2{,}05\,\mathrm{cm}$ und $\delta(1{,}5) = 2{,}43\,\mathrm{cm}$.
Bei einem genügend großen Zwischenraum erhält man somit drei Wärmeübergänge: zwei von der Scheibe zur Luft im Innern und einen Übergang durch Leitung im Zentrum des Spalts.

b) Das Ergebnis aus a) zeigt, dass der Spalt etwa $d = 5\,\mathrm{cm}$ breit sein muss, damit sich beidseits die volle Grenzschicht ausbilden kann und die Wärmeübertragung mittels Konvektion in vollem Umfang entlang der gesamten Scheibenlänge möglich ist (Abb. 6.4, III. und IV. Fall). In der Praxis hingegen gilt es gerade dies zu vermeiden, denn je mehr Luft zirkuliert, umso schlechter ist die Isolation. Wird der Scheibenabstand d kleiner, dann sinkt der Konvektionswärmestrom immer weiter und für sehr kleine Zwischenräume wird die Wärme restlos durch die Leitung übertragen (Abb. 6.4, I. Fall). Allzu klein darf der Abstand aber auch nicht gewählt werden, weil der Wärmestrom dann anwächst. Bei üblichen Doppelverglasungen ist $d \approx 1{,}5\,\mathrm{cm}$ und der Zwischenraum ist mit Luft oder Argon gefüllt. Auf den Innenseiten sind die Scheiben zusätzlich mit einer dünnen lichtdurchlässigen aber wärmereflektierenden Metallschicht versehen. Mitte der 90er Jahre des letzten Jahrhunderts entstanden auch Vakuumisoliergläser.

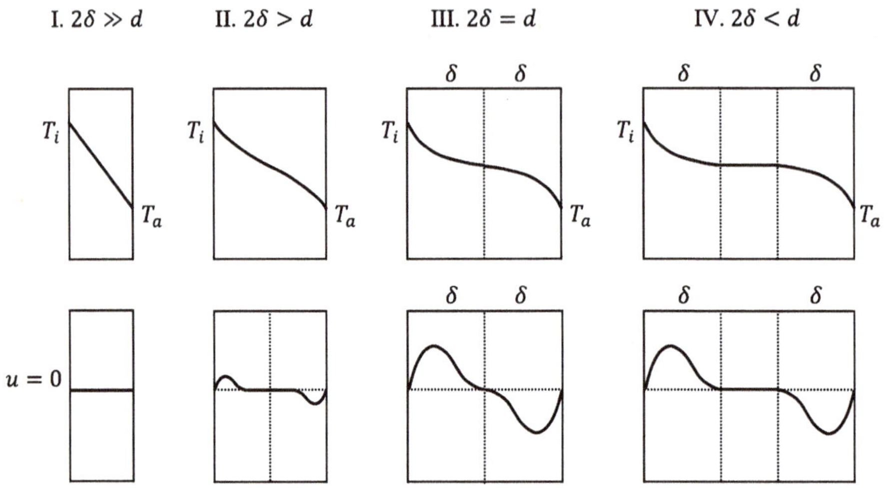

Abb. 6.4: Skizzen zu Beispiel 3.

Beispiel 4.

a) Zeigen Sie, dass die Grashof-Zahl

$$\mathrm{Gr} = \frac{\gamma g l^3 (T_W - T_\delta)}{\nu^2}$$

aus

$$\mathrm{Gr} = \frac{F_{\text{Auftrieb}}}{F_{\text{Reibung}}} \cdot \frac{F_{\text{Trägheit}}}{F_{\text{Reibung}}}$$

entsteht. Verwenden Sie dazu die Skalengrößen l, u (irgendeine Geschwindigkeit) und T. Beachten Sie, dass für ein ideales Gas $\gamma = \frac{1}{T}$ gilt.

b) Zeigen Sie dass die Archimedes-Zahl

$$\mathrm{Ar} = \frac{\mathrm{Gr}}{\mathrm{Re}^2}$$

aus

$$\mathrm{Ar} = \frac{F_{\text{Auftrieb}}}{F_{\text{Trägheit}}}$$

gewonnen werden kann. Die zu verwendenden Skalengrößen sind l, u_0 und T. Beachten Sie, dass für die Reynolds-Zahl

$$\mathrm{Re} = \frac{F_{\text{Trägheit}}}{F_{\text{Reibung}}}$$

gilt.

Lösung.

a) In dieser Aufgabe bezeichnet eine eckige Klammer die Dimension der entsprechenden physikalischen Größe. Es gilt

$$\begin{aligned}
\mathrm{Gr} &= \frac{F_{\text{Auftrieb}}}{F_{\text{Reibung}}} \cdot \frac{F_{\text{Trägheit}}}{F_{\text{Reibung}}} = \frac{[\rho] \cdot [V] \cdot g}{[\eta] \cdot [A] \cdot [\frac{du}{dy}]} \cdot \frac{[\rho] \cdot [V] \cdot [a]}{[\eta] \cdot [A] \cdot [\frac{du}{dy}]} \\
&= \frac{1 \cdot l^3 \cdot g}{[\nu] \cdot l^2 \cdot \frac{[u]}{l}} \cdot \frac{1 \cdot l^3 \cdot [a]}{[\nu] \cdot l^2 \cdot \frac{[u]}{l}} = \frac{l^2 \cdot g}{[\nu] \cdot [u]} \cdot \frac{l^2 \cdot [a]}{[\nu] \cdot [u]} \\
&= \frac{l^2 \cdot g}{[\nu] \cdot l} \cdot \frac{l^2 \cdot l}{[\nu] \cdot l} = \frac{g \cdot l^3}{[\nu]^2} = \frac{g \cdot l^3}{[\nu]^2} \cdot \frac{[T]}{[T]} = \frac{\gamma \cdot g \cdot l^3 \cdot [T]}{[\nu]^2}.
\end{aligned}$$

b) Man erhält

$$\begin{aligned}
\mathrm{Ar} &= \frac{\mathrm{Gr}}{\mathrm{Re}^2} = \frac{F_{\text{Auftrieb}}}{F_{\text{Reibung}}} \cdot \frac{F_{\text{Trägheit}}}{F_{\text{Reibung}}} \cdot \frac{F_{\text{Reibung}}}{F_{\text{Trägheit}}} \cdot \frac{F_{\text{Reibung}}}{F_{\text{Trägheit}}} = \frac{F_{\text{Auftrieb}}}{F_{\text{Trägheit}}} \\
&= \frac{[\rho] \cdot [V] \cdot g}{[\rho] \cdot [V] \cdot [a]} = \frac{l^3 \cdot g}{l^3 \cdot \frac{[u]^2}{l}} = \frac{g \cdot l}{[u]^2} = \frac{g \cdot l}{[u]^2} \cdot \frac{[T]}{[T]} = \frac{\gamma \cdot g \cdot l \cdot [T]}{[u]^2}.
\end{aligned}$$

Beispiel 5. In einem geschlossenen Raum ist ein rechteckiger Heizkörper der Höhe $l = 2\,\mathrm{m}$ und der Breite $b = 1\,\mathrm{m}$ an einer Wand befestigt. Die Temperaturen des Heizkörpers, der umgebenden Luft und der Wand betragen respektive $T_H = 60°$, $T_L = 20°$ und $T_W = 15°$. Die Heizleistung setzt sich aus einem Konvektions- und einem Strahlungsteil zusammen. (Die abgegebene Leistung auf der Rückseite des Heizkörpers soll immer unbeachtet bleiben.) Mithilfe des Modells des umschlossenen Körpers kann man zur Berechnung der Strahlungsleistung das umgebende Medium sozusagen "überspringen" und die Nettostrahlung $\dot{Q}_S$ zwischen Heizkörper und Wand betrachten (vgl. 4. Band). Ist zudem die Wandfläche viel größer als diejenige des Körpers A_H, dann gilt in sehr guter Näherung $\dot{Q}_S = \varepsilon_H \cdot A_H \cdot \sigma \cdot (T_H^4 - T_W^4)$ mit dem Emissionsgrad ε_H des Körpers.

a) Berechnen Sie die gesamte Heizleistung.

b) Die gesamte Heizleistung beträgt nun $\dot{Q} = 580\,\mathrm{W}$. Bestimmen Sie die zugehörige Temperatur T_H des Heizkörpers. Beginnen Sie mit einem Schätzwert und interpolieren Sie die zwei Stoffwerte ν, λ und die Prandl-Zahl für die Bezugstemperatur mithilfe der Tabelle aus Kap. 5.6.

Lösung.

a) Bei einer Bezugstemperatur von $T_B = \frac{T_H+T_L}{2} = 40°$ gilt $\gamma = \frac{1}{313{,}15\,\mathrm{K}}$ und gemäß der Tabelle $\nu = 1{,}726 \cdot 10^{-5}\,\frac{\mathrm{m}^2}{\mathrm{s}}$, $\lambda = 0{,}0272\,\frac{\mathrm{W}}{\mathrm{mK}}$, $\mathrm{Pr} = 0{,}7122$. Mit der Definition aus Kap. 6.2 folgt

$$\mathrm{Gr} = \frac{1}{313{,}15} \cdot \frac{9{,}81 \cdot 2^3 \cdot (333{,}15 - 293{,}15)}{(1{,}726 \cdot 10^{-5})^2} = 3{,}36 \cdot 10^{10}$$

und mithilfe von (6.2.6) $Nu_m = 205{,}62$.
Weiter ist

$$\alpha_K = \frac{Nu_m \cdot \lambda}{l} = \frac{205{,}62 \cdot 0{,}0272}{2} = 2{,}80 \,\frac{\mathrm{W}}{\mathrm{m^2K}}$$

und

$$\dot{Q}_K = \alpha_K A(T_H - T_L) = 2{,}80 \cdot 2 \cdot 1 \cdot (333{,}15 - 293{,}15) = 223{,}71 \,\frac{\mathrm{W}}{\mathrm{m^2}}.$$

Zudem gilt

$$\dot{Q}_S = 0{,}93 \cdot 2 \cdot 5{,}678 \cdot 10^{-8} \cdot (333{,}15^4 - 288{,}15^4) = 572{,}08\,\mathrm{W}.$$

Insgesamt ist

$$\dot{Q}_{\text{Total}} = \dot{Q}_K + \dot{Q}_S = 796{,}60\,\mathrm{W} \quad \text{mit} \quad \alpha_{\text{Total}} = 2{,}80 + 6{,}37 = 9{,}16 \,\frac{\mathrm{W}}{\mathrm{m^2K}}.$$

b) Schätzwert: $T_H = 50\,°\mathrm{C}$. Damit ist $T_B = \frac{T_H + T_L}{2} = 35°$ und man erhält $\gamma = \frac{1}{308{,}15\,\mathrm{K}}$ und die linear interpolierten Stoffwerte $\nu = 1{,}678 \cdot 10^{-5}\,\frac{\mathrm{m^2}}{\mathrm{s}}$, $\lambda = 0{,}0269\,\frac{\mathrm{W}}{\mathrm{mK}}$, $Pr = 0{,}7128$. Daraus folgen

$$Gr = \frac{1}{308{,}15} \cdot \frac{9{,}81 \cdot 2^3 \cdot (323{,}15 - 293{,}15)}{(1{,}678 \cdot 10^{-5})^2} = 2{,}71 \cdot 10^{10}$$

und $Nu_m = 194{,}91$. Weiter ist $\alpha_K = 2{,}62\,\frac{\mathrm{W}}{\mathrm{m^2K}}$ und $\dot{Q}_K = 2{,}62 \cdot 2 \cdot 30 = 157{,}29\,\mathrm{W}$. Zudem ergibt sich

$$\dot{Q}_S = 0{,}93 \cdot 2 \cdot 5{,}678 \cdot 10^{-8} \cdot (323{,}15^4 - 288{,}15^4) = 423{,}56\,\mathrm{W}$$

und $\dot{Q}_{\text{Total}} = \dot{Q}_K + \dot{Q}_S = 580{,}87\,\mathrm{W}$ mit $\alpha_{\text{Total}} = 2{,}62 + 6{,}05 = 8{,}67\,\frac{\mathrm{W}}{\mathrm{m^2K}}$.
Somit war der Startwert $T_H = 50\,°\mathrm{C}$ sehr genau gewählt. Ansonsten müsste man eine weitere Iteration starten.

7 Turbulente Strömungen

Die Turbulenz einer Strömung blieb lange Zeit unverstanden. Es schien unmöglich, einem turbulenten Verhalten irgendeine Gesetzmäßigkeit abzuringen. Der Farbfadenversuch von Reynolds 1883 (erstmals 1854 von Hagen durchgeführt) brachte etwas Licht ins Dunkel. Aus seinen Beobachtungen erkannte er die drei wesentlichen Größen, die das Verhalten einer Strömung hauptsächlich bestimmen: die kinematische Viskosität ν, die mittlere Geschwindigkeit $\overline{u}$ des Fluids und die geometrische Begrenzung, in seinem Fall der Rohrdurchmesser d. Die Kombination der drei Größen zu seiner später nach ihm benannten Reynolds-Zahl lieferten eine weitere Erkenntnis: Strömungen mit gleicher Reynolds-Zahl verhalten sich gleich. (Dies gilt freilich nur, falls die Strömung inkompressibel bleibt und keine weiteren Kräfte wirken wie beispielsweise eine Auftriebskraft bei der freien Konvektion oder der Gewichtskraft wie bei einer Gerinneströmung.) Die Folgerung war, dass man eine Strömung im Labor in einem beliebigen Maßstab simulieren, das Verhalten untersuchen und die Ergebnisse auf eine reale Strömung übertragen konnte. Zudem wurde der Übergang von einer laminaren zu einer turbulenten Strömung durch abreißen seines Farbfadens sichtbar gemacht. Er beobachte, dass mit der Turbulenz gleichzeitig eine Abnahme der mittleren Geschwindigkeit wie auch eine Zunahme des Strömungswiderstands einherging. Dem Umschlag konnte er zudem eine Zahl, die kritische Reynolds-Zahl, zuordnen.

Als Nächstes soll die turbulente Strömung gegenüber der laminaren Strömung in ihren wesentlichen Punkten abgegrenzt werden.

I. Die Turbulenz verläuft dreidimensional.
Dies erkannte bereits Reynolds. Auch wenn die Druckänderung nur in eine Richtung wirkt, erfolgen die Ausgleichsbewegungen beim Übergang zur Turbulenz in alle Raumrichtungen. Auch bei der Grenzschichtströmung sind wir der destabilisierenden Wirkung einer Druckänderung begegnet: Der Ablösepunkt und die darauf einsetzende Turbulenz wurde durch eine Druckerhöhung begünstigt.

II. Eine Turbulenz ist örtlich und zeitlich unregelmäßig.
Zwei Strömungen mit theoretisch gleichen Anfangs- und Randbedingungen werden am selben Messort unterschiedliche Geschwindigkeiten aufweisen. An verschiedenen Orten werden die beiden gemessenen Geschwindigkeiten ebenfalls unterschiedlich groß sein.

III. Turbulenz beinhaltet Wirbel.
Die kinetische Energie wird bei der Turbulenzbildung in den großen Wirbeln gespeichert. Da diese nicht am Ort ihrer Entstehung verharren und weiterströmen, findet sowohl ein Massen- als auch ein Wirbeltransport statt: größere Wirbel werden in kleinere zerlegt. Dadurch verlieren die Wirbel infolge der viskosen Reibung ihre gesamte kinetische Energie, die in Wärme dissipiert wird, bis sich die turbulente Strömung auflöst.

https://doi.org/10.1515/9783111345871-007

Bei der Strömung über eine gekrümmte Platte hatten wir gesehen, dass eine Zunahme des Drucks zur Ablösung der Grenzschicht führt und danach die Turbulenz einsetzt. Ist die Wand eben, können Rauheit oder auch Störungen wie Geräusche oder Vibrationen zu einem Umschlag führen. Die Wärmeübertragung durch Konvektion zwischen Fluid und Wand spielt bei der Turbulenzentstehung ebenfalls eine Rolle. Dabei gilt: Fließt Wärme aus dem Fluid heraus, dann sinkt die Turbulenzgefahr, bei Wärmezufuhr steigt diese Wahrscheinlichkeit.

7.1 Die Stabilität einer laminaren Strömung

Unseren bisherigen, mitunter auch instationären Strömungen, lag die Navier-Stokes-Gleichung zugrunde. Ihre Lösungen entsprechen in der Praxis ausnahmslos laminaren Strömungen. Schon Reynolds vermutete: Die Frage, ob eine Strömung laminar oder turbulent verläuft, hängt mit der Stabilität der zugehörigen die „Strömung beschreibenden Lösung“ der Navier-Stokes-Gleichung zusammen. Zu den Anführungszeichen gibt es zwei Bemerkungen:

1. Die 18 Beispiele in Kap. 3.1 führten jeweils zu exakten Lösungen der Navier-Stokes-Gleichung bei gegebenen Rand- und Anfangsbedingungen. Es fragt sich, ob die Lösung eindeutig ist und eine im Experiment nachzubildende Strömung beschreibt. In all diesen Beispielen ist beides der Fall, sofern die Reynolds-Zahl unterhalb einer kritischen Grenze gehalten werden kann. Dies wiederum bedingt, Störungen wie Geräusche, Vibrationen oder Ungleichmäßigkeiten beim Einlauf einer Rohrströmung zu minimieren. Für Reynolds-Zahlen oberhalb der kritischen Grenze kippt die Strömung in eine (stabile) turbulente über. Damit stellt die laminare Strömung als Lösung der Navier-Stokes-Gleichung nur eine mögliche Strömungsform dar. Bezüglich der Existenz hat man bisher bewiesen:
   Ist $Re < Re_{krit}$ (laminar) dann gibt es eine eindeutige glatte, globale Lösung, falls das Geschwindigkeitsprofil glatt ist. Glatt bedeutet unendlich oft differenzierbar. Es dürfen somit keine Lücken, Sprungstellen oder Singularitäten auftreten. Mit global ist gemeint, dass die Lösung für alle Zeiten gilt. Dies ist für alle 18 Beispiele aus Kap. 3.1 der Fall. Wenn man die unendlichen Reihenlösungen einiger Beispiele betrachtet, erkennt man, weshalb die Forderung nach Glätte sinnvoll ist.
   Für $Re > Re_{krit}$ (turbulent) gibt es unter derselben Voraussetzung eine eindeutige glatte Lösung, aber sie gilt nur mehr für endliche Zeiten. Je größer Re, umso kürzer wird diese gültige Zeit. Die Suche nach der Existenz einer globalen Lösung bezeichnet man als eines der Millenniumsprobleme.
2. Es gibt noch einen anderen Aspekt turbulenter Strömung, der angesprochen werden soll. Wir betrachten irgendein Strömungsproblem, das durch die Navier-Stokes-Gleichung beschrieben werden soll. Da keine exakte Lösung existiert, stellt die numerisch ermittelte Lösung eine Approximation dar. Die Frage ist wovon? Weil die

Existenz der Navier-Stokes-Gleichung nicht gesichert ist, kann man auch nicht davon ausgehen, dass die numerisch ermittelte Lösung, einschließlich Form-, Modell- oder Iterationsfehlern, eine wirklich existierende Strömung beschreibt. Die Näherungslösung könnte ebenso gut das Strömungsprofil um einen anders geformten Körper beschreiben oder sogar gar keine Strömung.

Stabilitätsfragen begegneten uns erstmals im 1. Band im Zusammenhang mit Populations- oder Epidemiemodellen. Kleine Änderungen in den Startpopulationen konnten zu nicht mehr vorhersagbaren Zuständen führen. Bei allen partiellen DGen wie beispielsweise der Wellengleichung, der Plattengleichung oder der Wärmeleitungsgleichung durften Stabilitätsfragen unbeachtet bleiben, sofern Rand- und Anfangsbedingungen zu einem wohl gestellten Problem gehörten. Das bedeutet, dass eine kleine Änderung in den Bedingungen bloß eine kleine Änderung der Lösung nach sich zieht, ohne dabei die Stabilität der Lösung zu beeinträchtigen.

Als Beispiel betrachten wir ein physikalisches Pendel in Form einer dünnen Stange mit dem Drehpunkt am oberen Stangenende und einer Zusatzmasse am unteren Ende. Lenkt man das Pendel in dieser Ruhelage leicht aus, dann wird es mit der Zeit in die Anfangslage zurückkehren. Man sagt, dass die zugehörige Schwingungsgleichung asymptotisch stabil ist.

Dreht man hingegen das Pendel um 180° und hält die Masse über dem Drehpunkt, dann wird bei einer kleinen Änderung dieser Anfangslage das Pendel mit der Zeit niemals wieder in diese Position zurückkehren können. Offensichtlich ist die Lösung der zugehörigen DG dann instabil. In diesem Fall ist das Problem nicht wohl gestellt.

Es gibt auch Trivialfälle für nicht wohl gestellte Probleme, dann nämlich, wenn beispielsweise Saiten, Balken oder Platten bis zu einem Reiß- oder Bruchpunkt gespannt oder ausgelenkt werden. Dem Phänomen der Resonanzkatastrophe liegt, ähnlich dem chaotischen Verhalten von Populationen, ein wohl gestelltes Problem zugrunde: Ändert man die Anregungsfrequenz, sodass diese mit einer Eigenfrequenz des angeregten Körpers übereinstimmt, dann kann eine zerstörerische Wirkung die Folge sein.

Es ist nun so, dass bei kleinen Reynolds-Zahlen eine kleine Störung ohne Folgen bleibt. Die Strömung verweilt im laminaren Zustand, weil die viskosen Kräfte die Störung ausgleichen können. Ab einer kritischen Reynolds-Zahl wird die Strömung instabil und schlägt in eine turbulente um. Es kann keine sichere Vorhersage über einen Zeitpunkt des Umschlags oder über das weitere Strömungsverhalten getroffen werden.

Für die instationäre Plattenströmung führte Tollmien eine Stabilitätsrechnung auf Basis der Orr-Sommerfeld-Gleichung (1907/08) für das Blasius-Profil durch. Seinen Untersuchungen liegt die Vorstellung zugrunde, dass laminare Strömungen kleine Störungen beinhalten, die bei Rohrströmungen durch den Einlauf und die Wandrauheit und bei Plattenströmungen durch Störungen der Außenströmung herrühren können. Messungen zeigen, dass zweidimensionale Strömungen, verglichen mit dreidimensionalen, schon bei kleineren Reynolds-Zahlen instabil werden.

Herleitung von (7.1.1)–(7.1.14)

Zur Herleitung der Orr-Sommerfeld-Gleichung betrachten wir eine zweidimensionale Plattenströmung mit dem stationären Profil $(u_0(x,y), v_0(x,y))$ und der zugehörigen Druckverteilung $p_0(x,y)$. Man bezeichnet diese auch kurz als Grundlösung. Die zeitlich abhängigen Störungsgrößen der Strömung bezeichnen wir mit $u'(x,y,t)$, $v'(x,y,t)$ und $p'(x,y,t)$. Weiter treffen wir drei Annahmen.

I. Für die erste Annahme müssen wir etwas ausholen. Im Kap. 3.1 betrachteten wir im 1. Beispiel die Strömung zwischen zwei ruhenden parallelen Platten. Als Lösung erhielten wir (3.7), eine exakte Lösung der Navier-Stokes-Gleichung (3.2). Wie man sich leicht überzeugt, ist das Profil (3.7) auch exakte Lösung der Grenzschichtgleichung (4.2.4). Gleiches gilt auch für die Hagen-Poiseuille-Strömung (3.14), um noch ein weiteres Beispiel zu nennen.
Bei der Plattenströmung sieht es anders aus: Die exakte Lösung von (4.2.4) ist die Blasius-Lösung. Die Gleichung (4.2.4) stellt aber nur eine Näherungsgleichung von (3.2) dar. Die Blasius-Lösung ist somit keine exakte, sondern nur eine Näherungslösung der Navier-Stokes-Gleichung.
Deswegen treffen wir die Annahme, dass die exakte Lösung von (3.2) die Blasius-Lösung ist oder anders gesagt: die Grundlösung $(u_0(x,y), v_0(x,y))$ erfüllt (4.2.4).

II. Bei der Plattenströmung werden die Fluidteilchen aufgrund der sich ausbildenden Grenzschicht abgelenkt. Es soll angenommen werden, dass sich die Grenzschichtdicke entlang der betrachteten Strecke nur unwesentlich ändert. Damit ändert sich die Grundströmung in Strömungsrichtung praktisch nicht, sie ist also nur von y abhängig.
(Bei dem in I. erwähnten 1. Beispiel und der Hagen-Poiseuille-Strömung ist das erfüllt.) Das bedeutet $\frac{\partial u_0}{\partial x} = 0$, $v_0 = 0$ und $u_0(x,y) = u_0(y)$.

III. Die zeitlichen Änderungen u', v' und p' sollen so klein sein, dass man die Geschwindigkeitskomponenten linearisieren und Produkte von Störungen vernachlässigen kann. Damit können wir für den zeitlichen Verlauf der Strömung schreiben: $u = u_0 + u'$, $v = v'$ und $p = p_0 + p'$.

Die instationäre Lösung muss die instationäre Navier-Stokes-Gleichung (3.2) erfüllen. Man erhält inklusive der Kontinuitätsgleichung

$$\frac{\partial(u_0 + u')}{\partial x} + \frac{\partial v'}{\partial y} = 0,$$

$$\frac{\partial(u_0 + u')}{\partial t} + (u_0 + u')\frac{\partial(u_0 + u')}{\partial x} + v'\frac{\partial(u_0 + u')}{\partial y}$$
$$+ \frac{1}{\rho} \cdot \frac{\partial(p_0 + p')}{\partial x} - \nu\left[\frac{\partial^2(u_0 + u')}{\partial x^2} + \frac{\partial^2(u_0 + u')}{\partial y^2}\right] = 0,$$

$$\frac{\partial v'}{\partial t} + (u_0 + u')\frac{\partial v'}{\partial x} + v'\frac{\partial v'}{\partial y} + \frac{1}{\rho} \cdot \frac{\partial(p_0 + p')}{\partial y} - \nu\left(\frac{\partial^2 v'}{\partial x^2} + \frac{\partial^2 v'}{\partial y^2}\right) = 0.$$

Da u_0 die stationäre Lösung bezeichnet, ist $\frac{\partial u_0}{\partial t}$. Weiter vernachlässigen wir nach der Annahme III. alle Produkte von Änderungen. Setzt man noch die Folgerungen aus II. um, dann verbleibt:

$$\begin{aligned}\frac{\partial u'}{\partial x}+\frac{\partial v'}{\partial y}&=0,\\ \frac{\partial u'}{\partial t}+u_0\frac{\partial u'}{\partial x}+v'\frac{\partial u_0}{\partial y}+\frac{1}{\rho}\cdot\frac{\partial p_0}{\partial x}+\frac{1}{\rho}\cdot\frac{\partial p'}{\partial x}-\nu\left(\frac{\partial^2 u'}{\partial x^2}+\frac{\partial^2 u_0}{\partial y^2}+\frac{\partial^2 u'}{\partial y^2}\right)&=0,\\ \frac{\partial v'}{\partial t}+u_0\frac{\partial v'}{\partial x}+v'\frac{\partial v'}{\partial y}+\frac{1}{\rho}\cdot\frac{\partial p_0}{\partial y}+\frac{1}{\rho}\cdot\frac{\partial p'}{\partial y}-\nu\left(\frac{\partial^2 v'}{\partial x^2}+\frac{\partial^2 v'}{\partial y^2}\right)&=0.\end{aligned}\tag{7.1.1}$$

Nun greift die Annahme I., dass nämlich $u_0(y)$ auch die Lösung der Grenzschichtgleichung (4.2.4) ist. Verwendet man alle Annahmen aus II., dann reduzieren sich die drei Gleichungen aus (4.2.4) zu

$$\frac{1}{\rho}\cdot\frac{\partial p}{\partial x}-\nu\frac{\partial^2 u_0}{\partial y^2}=0 \quad \text{und} \quad \frac{\partial p_0}{\partial y}=0.$$

Die erste dieser beiden Gleichungen ist nichts anderes als die Wandbindungsgleichung (4.5.1). Diese Ergebnisse in das System (7.1.1) eingefügt, ergeben:

$$\begin{aligned}\frac{\partial u'}{\partial x}+\frac{\partial v'}{\partial y}&=0,\\ \frac{\partial u'}{\partial t}+u_0\frac{\partial u'}{\partial x}+v'\frac{\partial u_0}{\partial y}+\frac{1}{\rho}\cdot\frac{\partial p'}{\partial x}-\nu\left(\frac{\partial^2 u'}{\partial x^2}+\frac{\partial^2 u'}{\partial y^2}\right)&=0,\\ \frac{\partial v'}{\partial t}+u_0\frac{\partial v'}{\partial x}+v'\frac{\partial v'}{\partial y}+\frac{1}{\rho}\cdot\frac{\partial p'}{\partial y}-\nu\left(\frac{\partial^2 v'}{\partial x^2}+\frac{\partial^2 v'}{\partial y^2}\right)&=0.\end{aligned}$$

Schließlich kann man die Gleichungen noch an der Wand oder am Ende der Grenzschicht auswerten. In jedem Fall ist $u'=v'=0$, was $\frac{\partial p'}{\partial x}=\frac{\partial p'}{\partial y}=0$ nach sich zieht. Insgesamt verbleibt das System:

$$\begin{aligned}\frac{\partial u'}{\partial x}+\frac{\partial v'}{\partial y}&=0,\\ \frac{\partial u'}{\partial t}+u_0\frac{\partial u'}{\partial x}+v'\frac{\partial u_0}{\partial y}-\nu\left(\frac{\partial^2 u'}{\partial x^2}+\frac{\partial^2 u'}{\partial y^2}\right)&=0,\\ \frac{\partial v'}{\partial t}+u_0\frac{\partial v'}{\partial x}-\nu\left(\frac{\partial^2 v'}{\partial x^2}+\frac{\partial^2 v'}{\partial y^2}\right)&=0.\end{aligned}\tag{7.1.2}$$

Jede Störung kann als Fourier-Reihe dargestellt werden. Wir betrachten im Weiteren nur eine einzige harmonische Schwingung mit der Wellenzahl α und der Frequenz ω. Man kann die Störgeschwindigkeiten komplexwertig einzeln als

$$u'=\tilde{u}\cdot e^{i(\alpha x-\omega t)} \quad \text{und} \quad v'=\tilde{v}\cdot e^{i(\alpha x-\omega t)}$$

ansetzen. Wir fassen hingegen beide Einzelstörungen in einer Stromfunktion zusammen:

$$\psi(x, y, t) = \phi(y) \cdot e^{i(\alpha x - \omega t)}. \tag{7.1.3}$$

Wie schon einige Male zuvor, setzen wir

$$u' = \frac{\partial \psi}{\partial y} \quad \text{und} \quad v' = -\frac{\partial \psi}{\partial x}.$$

Die Amplitudenfunktion $\phi(y)$ wird infolge von Annahme II. nur von y abhängig gewählt.

Ist $\alpha \in \mathbb{R}$ und $\omega \in \mathbb{C}$, dann ist die Störung rein zeitlich, für $\alpha \in \mathbb{C}$ und $\omega \in \mathbb{R}$ rein örtlich. Diese Begrifflichkeit soll kurz erläutert werden. Im 1. Fall wäre $\omega = \omega_F + i\omega_A$. Dann folgt

$$\psi(x, y, t) = \phi(y) \cdot e^{i(\alpha x - \omega_F t - i\omega_A t)} \quad \text{und} \quad |\psi| = |\phi| \cdot \left|e^{i(\alpha x - \omega_F t)}\right| \cdot \left|e^{\omega_A t}\right| = |\phi| \cdot 1 \cdot \left|e^{\omega_A t}\right|.$$

Man erhält $\lim_{t \to \infty} |\psi| = 0$, falls $\omega_A < 0$. Rein zeitlich bedeutet also, dass mit der Zeit die Störung verschwindet. Die wichtige Größe ist somit ω_A, die man auch als zeitliche Anfachrate bezeichnet und ω_F ist die Kreisfrequenz der Störung. Diese Art von Störung setzen wir im Folgenden voraus.

Der Vollständigkeit halber wäre im anderen Fall $\alpha = \alpha_F + i\alpha_A$,

$$|\psi| = |\phi| \cdot \left|e^{i(\alpha_F x - \omega t)}\right| \cdot \left|e^{-\alpha_A x}\right| = |\phi| \cdot 1 \cdot \left|e^{-\alpha_A x}\right| \to 0,$$

falls $\alpha_A > 0$ für $x \to \infty$ und somit ψ eine rein örtliche Störung.

Die in (7.1.3) definierte Stromfunktion erfüllt die Kontinuitätsgleichung (1. Gleichung des Systems (7.1.2)).

Beweis. Es gilt

$$u' = \frac{\partial \psi}{\partial y} = \frac{\partial \phi}{\partial y} \cdot e^{i(\alpha x - \omega t)} \quad \text{und} \quad v' = -\frac{\partial \psi}{\partial x} = -i\alpha\phi \cdot e^{i(\alpha x - \omega t)}.$$

Dann folgt

$$\frac{\partial u'}{\partial x} + \frac{\partial v'}{\partial y} = i\alpha \cdot \frac{\partial \phi}{\partial y} \cdot e^{i(\alpha x - \omega t)} - i\alpha \cdot \frac{\partial \phi}{\partial y} \cdot e^{i(\alpha x - \omega t)} = 0. \qquad \text{q. e. d.}$$

Als Nächstes werden die Ausdrücke von u' und v' in die beiden Impulserhaltungen von (7.1.2) eingefügt. Das ergibt:

$$-i\omega\phi' + i\alpha u_0\phi' - i\alpha u_0'\phi - \nu(-\alpha^2\phi' + \phi''') = 0, \tag{7.1.4}$$

$$-\alpha\omega\phi + \alpha^2 u_0\phi - \nu(i\alpha^3\phi - i\alpha\phi'') = 0. \tag{7.1.5}$$

Die Gleichung (7.1.4) wird nach y abgeleitet und (7.1.5) mit $i\alpha$ multipliziert. Man erhält

$$-i\omega\phi'' + i\alpha u_0'\phi' + i\alpha u_0\phi'' - i\alpha u_0''\phi - i\alpha u_0'\phi' + \alpha^2\nu\phi'' - \nu\phi'''' = 0 \quad \text{und}$$
$$-i\alpha^2\omega\phi + i\alpha^3 u_0\phi + \alpha^4\nu\phi - \alpha^2\nu\phi'' = 0.$$

Die Subtraktion beider Gleichungen führt schließlich zur Orr-Sommerfeld-Gleichung für die Amplitudenfunktion ϕ:

$$\nu\left(\phi'''' - 2\alpha^2\phi'' + \alpha^4\phi\right) - i(\alpha u_0 - \omega)\left(\phi'' - \alpha^2\phi\right) + i\alpha u_0''\phi = 0. \tag{7.1.6}$$

Für $u_0(y) =$ konst. besitzt die Lösung die Form

$$\phi(y) = C_1 e^{k_1 y} + C_2 e^{k_2 y} + C_3 e^{k_3 y} + C_4 e^{k_4 y} \quad \text{mit} \quad k_{1,2} = \pm\alpha \text{ und } k_{3,4} = \pm\sqrt{\alpha^2 + \frac{i(\alpha u_0 - \omega)}{\nu}}.$$

Für unser Problem ist dies nicht sehr hilfreich, da $u_0(y)$ durch das Blasius-Profil gegeben ist und somit alles andere als konstant ist.

Die Amplitudenfunktion setzen wir als unendliche Reihe an:

$$\phi(y) = \sum_{n=1}^{m} a_n \cdot \varphi_n(y).$$

Da die Änderungen u' und v' an der Wand und am Grenzschichtrand (oder im Unendlichen) verschwinden, muss dasselbe auch für die Amplitude der Störung gelten. Das ergibt gesamthaft vier Randbedingungen:

$$\begin{aligned} &\text{I.} \quad \phi = 0 \quad \text{und} \quad \phi' = 0 \quad \text{für } y = 0,\\ &\text{II.} \quad \phi = 0 \quad \text{und} \quad \phi' = 0 \quad \text{für } y = \delta. \end{aligned} \tag{7.1.7}$$

Die Ergebnisse zeigen, dass es keine Rolle spielt, ob man die Bedingung II. bis zur Grenzschichtdicke oder darüber hinaus erstreckt.

Aufgrund der Darstellung von ϕ gelten die Bedingungen (7.1.7) auch für jedes φ_n.

Den Reihenansatz für ϕ setzen wir in (7.1.6) ein und erhalten

$$\sum_{n=1}^{m} a_n[\nu(\varphi_n'''' - 2\alpha^2\varphi_n'' + \alpha^4\varphi_n) - i(\alpha u_0 - \omega)(\varphi_n'' - \alpha^2\varphi_n) + i\alpha u_0''\varphi_n] = 0$$

oder

$$\sum_{n=1}^{m} a_n\left[\nu(\varphi_n'''' - 2\alpha^2\varphi_n'' + \alpha^4\varphi_n) - i\alpha u_0\varphi_n'' + i\alpha^3 u_0\varphi_n + i\omega\varphi_n'' - i\alpha^2\omega\varphi_n + i\alpha u_0''\varphi_n\right] = 0.$$

Die Multiplikation mit φ_k und die anschließende Integration über y von Null bis δ liefert:

$$\sum_{n=1}^{m} a_n \left[\nu \left(\int_0^\delta \varphi_n'''' \varphi_k dy - 2\alpha^2 \int_0^\delta \varphi_n'' \varphi_k dy + \alpha^4 \int_0^\delta \varphi_n \varphi_k dy \right) - i\alpha \int_0^\delta u_0 \varphi_n'' \varphi_k dy \right.$$
$$\left. + i\alpha^3 \int_0^\delta u_0 \varphi_n \varphi_k dy + i\omega \int_0^\delta \varphi_n'' \varphi_k dy - i\alpha^2 \omega \int_0^\delta \varphi_n \varphi_k dy + i\alpha \int_0^\delta u_0'' \varphi_n \varphi_k dy \right] = 0. \qquad (7.1.8)$$

Einige Integrale werden mithilfe partieller Integration und (7.1.7) umgeformt:

1. $$\int_0^\delta \varphi_n'' \varphi_k dy = [\varphi_n' \varphi_k]_0^\delta - \int_0^\delta \varphi_n' \varphi_k' dy = - \int_0^\delta \varphi_n' \varphi_k' dy,$$
2. $$\int_0^\delta \varphi_n'''' \varphi_k dy = [\varphi_n''' \varphi_k]_0^\delta - \int_0^\delta \varphi_n''' \varphi_k' dy = -[\varphi_n'' \varphi_k']_0^\delta + \int_0^\delta \varphi_n'' \varphi_k'' dy = \int_0^\delta \varphi_n'' \varphi_k'' dy,$$
3. $$\int_0^\delta u_0 \varphi_n'' \varphi_k dy = [\varphi_n' u_0 \varphi_k]_0^\delta - \int_0^\delta \varphi_n' (u_0 \varphi_k)' dy = - \int_0^\delta \varphi_n' u_0' \varphi_k dy - \int_0^\delta \varphi_n' u_0 \varphi_k' dy,$$
4. $$\int_0^\delta u_0'' \varphi_n \varphi_k dy = [u_0' \varphi_n \varphi_k]_0^\delta - \int_0^\delta u_0' (\varphi_n \varphi_k)' dy = - \int_0^\delta u_0' \varphi_n' \varphi_k dy - \int_0^\delta u_0' \varphi_n \varphi_k' dy.$$

Mit den vier Integralen schreibt sich (7.1.8) als:

$$\sum_{n=1}^{m} a_n \left[\nu \left(\int_0^\delta \varphi_n'' \varphi_k'' dy + 2\alpha^2 \int_0^\delta \varphi_n' \varphi_k' dy + \alpha^4 \int_0^\delta \varphi_n \varphi_k dy \right) + i\alpha \int_0^\delta \varphi_n' \varphi_k' u_0 dy \right.$$
$$\left. - i\alpha \int_0^\delta \varphi_n \varphi_k' u_0' dy + i\alpha^3 \int_0^\delta \varphi_n \varphi_k u_0 dy - i\omega \int_0^\delta \varphi_n' \varphi_k' dy - i\alpha^2 \omega \int_0^\delta \varphi_n \varphi_k dy \right] = 0. \qquad (7.1.9)$$

Weiter zusammengefasst, erhält man aus (7.1.9):

$$\sum_{n=1}^{m} \nu a_n \left[\int_0^\delta \varphi_n'' \varphi_k'' dy + \left(2\alpha^2 - \frac{i\omega}{\nu} \right) \int_0^\delta \varphi_n' \varphi_k' dy + \left(\alpha^4 - \frac{i\alpha^2 \omega}{\nu} \right) \int_0^\delta \varphi_n \varphi_k dy \right.$$
$$\left. + \frac{i\alpha}{\nu} \int_0^\delta \varphi_n' \varphi_k' u_0 dy - \frac{i\alpha}{\nu} \int_0^\delta \varphi_n \varphi_k' u_0' dy + \frac{i\alpha^3}{\nu} \int_0^\delta \varphi_n \varphi_k u_0 dy \right] = 0. \qquad (7.1.10)$$

Nun ersetzen wir $y = \delta s$ und beachten, dass $dy = \delta \cdot ds$ gilt. Es folgt aus (7.1.10):

$$\sum_{n=1}^{m} \nu a_n \left[\frac{1}{\delta^3} \int_0^1 \varphi_n'' \varphi_k'' ds + \left(2\alpha^2 - \frac{i\omega}{\nu}\right) \frac{1}{\delta} \int_0^1 \varphi_n' \varphi_k' ds + \left(\alpha^4 - \frac{i\alpha^2 \omega}{\nu}\right) \delta \int_0^1 \varphi_n \varphi_k ds \right.$$
$$\left. + \frac{i\alpha}{\nu} \cdot \frac{1}{\delta} \int_0^1 \varphi_n' \varphi_k' u_0 ds - \frac{i\alpha}{\nu} \cdot \frac{1}{\delta} \int_0^1 \varphi_n \varphi_k' u_0' ds + \frac{i\alpha^3}{\nu} \delta \int_0^1 \varphi_n \varphi_k u_0 ds \right] = 0. \tag{7.1.11}$$

Die Multiplikation von (7.1.11) mit δ^3 und das Erweitern mit der Außenströmung liefert:

$$\sum_{n=1}^{m} \nu a_n \left[\int_0^1 \varphi_n'' \varphi_k'' ds + \left(2\alpha^2 \delta^2 - \frac{i\omega \delta^2}{\nu}\right) \int_0^1 \varphi_n' \varphi_k' ds \right.$$
$$+ \left(\alpha^4 \delta^4 - \frac{i\omega \delta^2}{\nu} \alpha^2 \delta^2\right) \int_0^1 \varphi_n \varphi_k ds + i\alpha\delta \cdot \frac{u_\delta \cdot \delta}{\nu} \int_0^1 \varphi_n' \varphi_k' \frac{u_0}{u_\delta} ds$$
$$\left. - i\alpha\delta \cdot \frac{u_\delta \cdot \delta}{\nu} \int_0^1 \varphi_n \varphi_k' \frac{u_0'}{u_\delta} ds + i\alpha^3 \delta^3 \cdot \frac{u_\delta \cdot \delta}{\nu} \int_0^1 \varphi_n \varphi_k \frac{u_0}{u_\delta} ds \right] = 0. \tag{7.1.12}$$

Mit $\mathrm{Re} = \frac{u_\delta \cdot \delta}{\nu}$ und der normierten Wellenzahl $\beta := \alpha\delta$ schreibt sich die Gleichung (7.1.12) zu:

$$\sum_{n=1}^{m} \nu a_n (H_{kn} + J_{kn}) = 0 \quad \text{für } k = 1, 2, \ldots, m, \quad \text{mit}$$

$$B_{kn} = \int_0^1 \varphi_n'' \varphi_k'' ds, \quad C_{kn} = \int_0^1 \varphi_n' \varphi_k' ds, \quad D_{kn} = \int_0^1 \varphi_n \varphi_k ds,$$
$$E_{kn} = \int_0^1 \varphi_n' \varphi_k' \frac{u_0}{u_\delta} ds, \quad F_{kn} = \int_0^1 \varphi_n \varphi_k' \frac{u_0'}{u_\delta} ds, \quad G_{kn} = \int_0^1 \varphi_n \varphi_k \frac{u_0}{u_\delta} ds,$$
$$H_{kn} = B_{kn} + 2\beta^2 C_{kn} + \beta^4 D_{kn} + i\beta \mathrm{Re}(E_{kn} - F_{kn}) + i\beta^3 \mathrm{Re} \cdot G_{kn} \quad \text{und}$$
$$J_{kn} = -\frac{\omega_{kn} \cdot \delta^2}{\nu} (iC_{kn} - i\beta^2 D_{kn}). \tag{7.1.13}$$

Das Gleichungssystem (7.1.3) entspricht einem Eigenwertproblem für die Größe $\frac{\omega \cdot \delta^2}{\nu}$. Die zugehörige Matrizengleichung besitzt die Gestalt:

$$\begin{pmatrix} H_{11} & \cdots & H_{1m} \\ \vdots & \ddots & \vdots \\ H_{m1} & \cdots & H_{mm} \end{pmatrix} \begin{pmatrix} a_1 \\ \vdots \\ a_m \end{pmatrix} = \frac{\omega \cdot \delta^2}{\nu} \cdot \begin{pmatrix} J_{11} & \cdots & J_{1m} \\ \vdots & \ddots & \vdots \\ J_{m1} & \cdots & J_{mm} \end{pmatrix} \begin{pmatrix} a_1 \\ \vdots \\ a_m \end{pmatrix}. \tag{7.1.14}$$

Nun gilt es, passende Basisfunktionen φ_n zu finden. Hierzu zuerst eine kleine Vorbereitung: Soll (7.1.6) im Unendlichen ausgewertet werden, dann beachtet man, dass $v = 0$, $u_0 = u_\delta$ und damit $u_0' = 0$ gilt. Aus (7.1.6) wird dann $\phi'' - \alpha^2\phi$ mit der allgemeinen Lösung $\phi(y) = C_1 e^{-\alpha y} + C_2 e^{\alpha y}$. Mit $C_2 = 0$ erreicht man die beiden notwendigen Randbedingungen $\phi = 0$ und $\phi' = 0$.

Auf der Suche nach geeigneten Basisfunktionen stößt man beispielsweise auf $\varphi_n(s) = \tanh^2(ns) \cdot e^{-\alpha\delta s}$. Diese erfüllen sämtliche vier Randbedingungen (7.1.7). Zusätzlich wird die Orr-Sommerfeld-Gleichung $\phi'' - \alpha^2\phi$ im Unendlichen gelöst, weil $\tanh(ns) \to 1$ für $s \to \infty$ und $n \in \mathbb{N}$. Exakte Lösungen von (7.1.6) sind die Funktionen $\varphi_n(s)$ aber nicht. Leider sind die so gewählten Funktionen für eine Spektralzerlegung ungeeignet, weil sie mit wachsendem n fast nicht mehr voneinender zu unterscheiden und somit nicht mehr linear unabhängig voneinander sind. Als Alternative verwendet man beispielsweise die Funktionsschar

$$\varphi_n(s) = \{\cos(ns) - \cos[(n+1)s]\} \cdot e^{-\alpha\delta s}.$$

Diese Basisfunktionen genügen ebenfalls den vier Randbedingungen (7.1.7), aber weder die Orr-Sommerfeld-Gleichung im Unendlichen noch (7.1.6) wird durch sie exakt gelöst. Trotzdem liefern sie bessere Ergebnisse bei der numerischen Auswertung.

Schließlich fehlt noch das Profil der Grundlösung $u_0(s)$. Da wir vorausgesetzt haben, dass sich diese Geschwindigkeitsverteilung auch in der Grenzschicht ausprägt, wählen wir den Verlauf gemäß Pohlhausen zu

$$\frac{u_0}{u_\delta}(s) = s(2 - 2s^2 + s^3) + \frac{\lambda}{6} s(1-s)^3$$

mit λ als Parameter. Für $\lambda = 0$ entspricht das Profil der Näherung des Blasius-Profils für die Plattenströmung.

Leider bedarf es sehr vieler Basisfunktionen, um die Eigenwerte von (7.1.14) mit hinreichender Genauigkeit zu bestimmen. Bei 20 Basisfunktionen müsste man 1260 Integrale von (7.1.13) berechnen. Bei festem β muss man Re so lange varieren, bis einer der 20 komplexen Eigenwerte erstmals reell wird. Die restlichen Eigenwerte besitzen dann alle einen negativen Realteil und die zugehörigen Anfachungen sind also allesamt gedämpft. Für weitere Werte von β muss die Rechnung wiederholt werden.

Die Werte von β werden noch mit der Verdrängungsdicke δ_1 von $\beta = \alpha\delta$ auf $\beta_1 = \alpha\delta_1$ umgerechnet. Für das Blasius-Profil gilt unter Verwendung von (4.3.10) und (4.3.14): $\delta_1 = \frac{1{,}714}{4{,}89}\delta \approx 0{,}35 \cdot \delta$. Die Reynolds-Zahl wird dann ebenfalls gebildet zu $\mathrm{Re}_{\delta_1} = \frac{u_\delta \delta_1}{\nu}$.

Tollmiens 1929 durchgeführte Rechnungen lieferten $\mathrm{Re}_{\delta_1,\mathrm{krit}} = 420$ und $\beta_{1,\mathrm{krit}} = 0{,}36$. Die Umrechnung auf die Lauflänge geschieht mit (4.3.14). Es folgt

$$\mathrm{Re}_{\delta_1} = \frac{u_\delta \delta_1}{\nu} = 1{,}714 \frac{u_\delta}{\nu}\sqrt{\frac{\nu \cdot x}{u_\delta}} = 1{,}714\sqrt{\frac{u_\delta \cdot x}{\nu}} = 1{,}714\sqrt{\mathrm{Re}_x} \quad \text{und} \quad \mathrm{Re}_x = \left(\frac{\mathrm{Re}_{\delta_1}}{1{,}714}\right)^2.$$

Der Wert von Tollmien liefert $\mathrm{Re}_{x,\mathrm{krit}} = 6 \cdot 10^4$. Mit der Definition der Wellenzahl $\alpha = \frac{2\pi}{\lambda}$ ergibt dies eine minimale Wellenlänge von

$$\lambda_{\min} = \frac{2\pi}{\beta_{1,\mathrm{krit}}} \cdot \delta_1 = \frac{2\pi}{0{,}36} \cdot 0{,}35 \cdot \delta = 6{,}11 \cdot \delta.$$

Gehen wir von einer durchschnittlichen 5 mm dicken Grenzschicht aus, dann hätte man etwa $\lambda_{\min} \approx 3{,}5$ cm. Die zugehörige maximale Frequenz für das Medium Luft folgt zu $f_{\max} \approx 9800$ Hz. Dieser Wert liegt im Obertonbereich einer menschlichen Stimme.

Das Ergebnis wurde 1940 von Schlichting verbessert. (Abb. 7.1 links, die Indifferenzkurve ist derjenigen von Schlichting nachempfunden.) Seine Auswertungen ergaben $\mathrm{Re}_{\delta_1} = 575$ oder $\mathrm{Re}_l = 1{,}1 \cdot 10^5$ mit $\beta_{1,\mathrm{krit}} = 0{,}24$ und demnach

$$\lambda_{\min} = \frac{2\pi}{\beta_{1,\mathrm{krit}}} \cdot \delta_1 = \frac{2\pi}{0{,}24} \cdot 0{,}35 \cdot \delta = 9{,}18 \cdot \delta.$$

Mit $\delta = 5$ mm ist $\lambda_{\min} \approx 4{,}6$ cm und $f_{\max} \approx 3737$ Hz. In den 60er Jahren des letzten Jahrhunderts wurde erstmals die Lösung der Orr-Sommerfeld-Gleichung mit numerischen Methoden möglich. Typische Werte liegen bei $\mathrm{Re}_{\delta_1} = 630$. Die Wellenlängen sind mit einigen Zentimetern relativ groß. Man nennt sie Tollmien-Schlichting-Wellen.

Die bestimmten Reynolds-Zahlen stellen einen Wert möglicher Anfachung dar. Zwischen diesem Wert und dem erfolgten Umschlag liegt der Übergangsbereich. Es ist möglich, Geräusche und Vibrationen so gering zu halten, dass eine laminare Strömung bis zu $\mathrm{Re} = 10^6$ aufrechterhalten werden kann.

Schlichting, Ulrich und später Pretsch (1941) führten zudem Stabilitätsrechnungen mit einem von Null verschiedenen Druckgradienten $\frac{\partial p}{\partial x}$ durch. Da die Außenströmung der Grenzschicht den Druck aufprägt, lässt sich der Einfluss des Druckgradienten auf die kritische Reynolds-Zahl durch das Profil der Außenströmung allein erfassen. Speziell für Keilströmungen ist die Außenströmung eine Funktion des Keilströmungsexponenten m oder dem Pohlhausen-Parameter λ. Durch Variation erhält man eine von λ abhängige kritische Reynolds-Zahl.

Die durchgeführten Rechnungen bestätigen, dass ein Druckanstieg die Strömungsablösung fördert, den Umschlag stark begünstigt und die kritische Reynolds-Zahl somit absinkt. Trägt man $\log(\mathrm{Re}_{\delta_1})$ gegenüber λ bzw. $\frac{\partial p}{\partial x}$ auf, so ergibt sich die in Abb. 7.1 rechts dargestellte Kurve. Dabei gilt: Mit wachsendem Druckgradient wird das Geschwindigkeitsprofil innerhalb der Grenzschicht steiler und der zugehörige Pohlhausen-Parameter sowie die kritische Reynolds-Zahl kleiner. Bei fallendem Druckgradienten flacht das Geschwindigkeitsprofil ab, was größeren Pohlhausen-Parametern und größeren kritischen Reynolds-Zahlen entspricht.

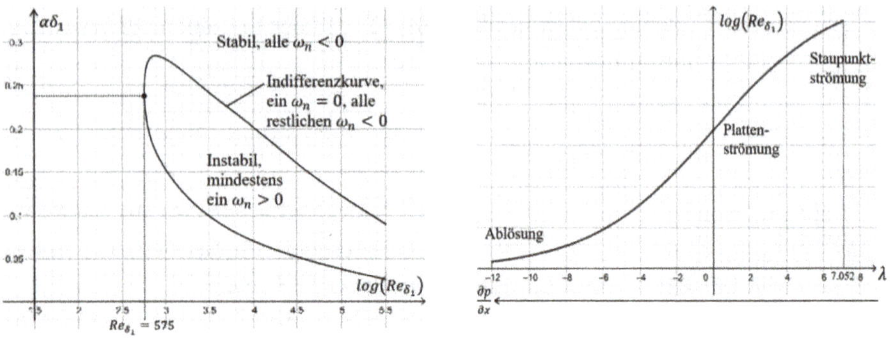

Abb. 7.1: Skizzen zur Indifferenzkurve und zum Einfluss des Druckgradienten auf die kritische Reynolds-Zahl.

7.2 Die Beschreibung der Turbulenz

Die instationären Navier-Stokes-Gleichungen gelten sowohl für laminare als auch für turbulente Strömungen. Für die numerische Simulation einer turbulenten Strömung müssen sowohl die Zeitschritte wie auch die Raumauflösung ausgesprochen fein gewählt werden, sodass es für ein kleines Strömungsgebiet eine Milliarde Gitterpunkte bedarf und damit Datenmengen von mehreren Gigabytes anfallen. Der Grund dafür liegt darin, dass Wirbel im Bereich von 0,1 mm existieren und außerdem die Anzahl der Gitterpunkte mit Re^3 wächst. Mittlerweile gibt es zwar Rechner, die das leisten, aber die Rechenzeit kann Monate in Anspruch nehmen.

In der Praxis interessiert weniger der zeitliche Verlauf des Geschwindigkeitsprofils, sondern vielmehr der gemittelte Verlauf und letztlich die zu erwartende Spannung an der umströmten Oberfläche. Deswegen wird eine turbulente Strömung immer noch mithilfe eines Turbulenzmodells und den Reynolds-Gleichungen (gemittelte Navier-Stokes-Gleichungen) beschrieben. Eine Bedingung stellen wir indes an die betrachtete turbulente Strömung: Sie soll im Mittel zeitlich stationär sein, das heißt, die Änderung der maßgeblichen Größen soll um einen zeitlich konstanten Mittelwert schwanken (Abb. 7.2 links). Dabei ist $f(\boldsymbol{r}, t)$ die an einem festen Ort $(\boldsymbol{r}, t) = (x, y, z, t)$ gemessene Größe. Mit $f'(\boldsymbol{r}, t)$ wird die zeitliche Abweichung des Mittelwerts $\overline{f}(\boldsymbol{r})$ bezeichnet.

Physikalische Größen können auf verschiedene Arten gemittelt werden. Wir verwenden die zeitliche Mittelung nach Reynolds. Sie bietet den Vorteil, dass der Mittelwert danach zeitunabhängig ist. Zur Bestimmung des Mittelwerts einer Größe f kann man bei einer Versuchsanlage in $k = 1, \ldots, n$ Zeitschritten Δt die Größe $f_k(\boldsymbol{r}, t)$ messen. Die Werte werden mit Δt multipliziert, addiert und durch die gesamte Zeitspanne dividiert:

$$\overline{f}(\boldsymbol{r}) \approx \frac{1}{n \cdot \Delta t} \sum_{k=1}^{n} f_k(\boldsymbol{r}, t) \cdot \Delta t.$$

Im besten Fall beobachtet man unendlich lange:

$$\overline{f}(\boldsymbol{r}) = \lim_{n\to\infty} \frac{1}{n \cdot \Delta t} \sum_{k=1}^{n} f_k(\boldsymbol{r}, t) \cdot \Delta t \quad \text{oder} \quad \overline{f}(\boldsymbol{r}) = \lim_{T\to\infty} \frac{1}{T} \int_0^T f(\boldsymbol{r}, t) \cdot dt.$$

Es seien f und g zwei messbare Größen, $\overline{f}, \overline{g}$ ihre Mittelwerte und f', g' ihre Abweichungen (immer am Ort $\boldsymbol{r}$ und zur Zeit t gemessen, im Folgenden weggelassen).

Aufgrund der Integrationsregeln ergeben sich unmittelbar folgende Rechenregeln:

I. $\overline{f \pm g} = \overline{f} \pm \overline{g}$.

II. $\overline{a \cdot g} = a \cdot \overline{g}$ für $a =$ konst. Insbesondere ist dann $\overline{\overline{f} \cdot g} = \overline{f} \cdot \overline{g}$.

III. $\overline{\frac{\partial f}{\partial x}} = \frac{\partial \overline{f}}{\partial x}$. Da x unabhängig von t ist, können Integration und Ableitung vertauscht werden.

IV. $\overline{f'} = 0$. Aus $f' = f - \overline{f}$ folgt $\overline{f'} = \overline{f - \overline{f}} = \overline{f} - \overline{f} = 0$. Insbesondere ist dann $\overline{\overline{f} \cdot g'} = \overline{f} \cdot \overline{g'} = 0$.

V. $\overline{f \cdot g} = \overline{(\overline{f} + f') \cdot (\overline{g} + g')} = \overline{\overline{f} \cdot \overline{g}} + \overline{\overline{f} \cdot g'} + \overline{f' \cdot \overline{g}} + \overline{f' \cdot g'} = \overline{f} \cdot \overline{g} + \overline{f' \cdot g'}$.

7.3 Die Reynolds-Gleichungen

Mithilfe der fünf Regeln I.–V. am Ende des letzten Kapitels sollen die Navier-Stokes-Gleichungen zeitlich ermittelt werden.

Herleitung von (7.3.1)–(7.3.7)

Die drei Geschwindigkeitskomponenten inklusive dem Druck werden in einen zeitlich gemittelten und einen zeitlich davon abweichenden Teil zerlegt: $u = \overline{u} + u'$, $v = \overline{v} + v'$, $w = \overline{w} + w'$, $p = \overline{p} + p'$.

Zuerst soll die Kontinuitätsgleichung ermittelt werden. Es gilt

$$\frac{\partial u}{\partial x} + \frac{\partial v}{\partial y} + \frac{\partial w}{\partial z} = \frac{\partial(\overline{u} + u')}{\partial x} + \frac{\partial(\overline{v} + v')}{\partial y} + \frac{\partial(\overline{w} + w')}{\partial z} = 0.$$

Die zeitliche Mittelung ergibt

$$\overline{\frac{\partial(\overline{u} + u')}{\partial x}} + \overline{\frac{\partial(\overline{v} + v')}{\partial y}} + \overline{\frac{\partial(\overline{w} + w')}{\partial z}} = \frac{\partial(\overline{u} + \overline{u'})}{\partial x} + \frac{\partial(\overline{v} + \overline{v'})}{\partial y} + \frac{\partial(\overline{w} + \overline{w'})}{\partial z}$$
$$= \frac{\partial \overline{u}}{\partial x} + \frac{\partial \overline{v}}{\partial y} + \frac{\partial \overline{w}}{\partial z} = 0.$$

Insbesondere folgt daraus

$$\frac{\partial u'}{\partial x} + \frac{\partial v'}{\partial y} + \frac{\partial w'}{\partial z} = 0. \tag{7.3.1}$$

Dies entspricht der 1. Gleichung im System (7.1.2), die wir schon im Zusammenhang mit der Stabilität einer laminaren Strömung hergeleitet hatten.

Für die Impulserhaltung der Navier-Stokes-Gleichung (3.2) in x-Richtung erhält man ohne den Gravitationsterm

$$\begin{aligned}&\frac{\partial(\overline{u}+u')}{\partial t}+\overline{u}\frac{\partial\overline{u}}{\partial x}+\overline{u}\frac{\partial u'}{\partial x}+u'\frac{\partial\overline{u}}{\partial x}+u'\frac{\partial u'}{\partial x}+\overline{v}\frac{\partial\overline{u}}{\partial y}+\overline{v}\frac{\partial u'}{\partial y}+v'\frac{\partial\overline{u}}{\partial y}+v'\frac{\partial u'}{\partial y}\\&+\overline{w}\frac{\partial\overline{u}}{\partial z}+\overline{w}\frac{\partial u'}{\partial z}+w'\frac{\partial\overline{u}}{\partial z}+w'\frac{\partial u'}{\partial z}+\frac{1}{\rho}\cdot\frac{\partial(\overline{p}+p')}{\partial x}\\&-\nu\left[\frac{\partial^2(\overline{u}+u')}{\partial x^2}+\frac{\partial^2(\overline{u}+u')}{\partial y^2}+\frac{\partial^2(\overline{u}+u')}{\partial z^2}\right]=0.\end{aligned}\tag{7.3.2}$$

Die zeitliche Mittelung von (7.3.2) führt zu

$$\begin{aligned}&\frac{\partial\overline{u}}{\partial t}+\overline{u}\frac{\partial\overline{u}}{\partial x}+\overline{u'\frac{\partial u'}{\partial x}}+\overline{v}\frac{\partial\overline{u}}{\partial y}+\overline{v'\frac{\partial u'}{\partial y}}+\overline{w}\frac{\partial\overline{u}}{\partial z}+\overline{w'\frac{\partial u'}{\partial z}}\\&+\frac{1}{\rho}\cdot\frac{\partial\overline{p}}{\partial x}-\nu\left[\frac{\partial^2\overline{u}}{\partial x^2}+\frac{\partial^2\overline{u}}{\partial y^2}+\frac{\partial^2\overline{u}}{\partial z^2}\right]=0.\end{aligned}\tag{7.3.3}$$

Aufgrund der Produktregel und (7.3.1) gilt

$$\begin{aligned}\frac{\partial(u')^2}{\partial x}+\frac{\partial(u'v')}{\partial y}+\frac{\partial(u'w')}{\partial z}&=2u'\frac{\partial u'}{\partial x}+u'\frac{\partial v'}{\partial y}+u'\frac{\partial w'}{\partial z}+v'\frac{\partial u'}{\partial y}+w'\frac{\partial u'}{\partial z}\\&=u'\frac{\partial u'}{\partial x}+v'\frac{\partial u'}{\partial y}+w'\frac{\partial u'}{\partial z}.\end{aligned}\tag{7.3.4}$$

Mithilfe von (7.3.4) lässt sich (7.3.3) schreiben als

$$\begin{aligned}&\frac{\partial\overline{u}}{\partial t}+\overline{u}\frac{\partial\overline{u}}{\partial x}+\overline{v}\frac{\partial\overline{u}}{\partial y}+\overline{w}\frac{\partial\overline{u}}{\partial z}+\frac{\partial\overline{(u')^2}}{\partial x}+\frac{\partial\overline{(u'v')}}{\partial y}+\frac{\partial\overline{(u'w')}}{\partial z}\\&+\frac{1}{\rho}\cdot\frac{\partial\overline{p}}{\partial x}-\nu\left[\frac{\partial^2\overline{u}}{\partial x^2}+\frac{\partial^2\overline{u}}{\partial y^2}+\frac{\partial^2\overline{u}}{\partial z^2}\right]=0.\end{aligned}\tag{7.3.5}$$

Die Impulserhaltung in die beiden anderen Richtungen ergeben sich analog. Nehmen wir die Gewichtskraft wieder hinzu, dann folgen die Reynolds-Gleichungen bis auf die Kontinuitätsgleichung aus (7.3.5) zu:

$$\begin{aligned}&\frac{\partial\overline{u}}{\partial t}+\overline{u}\frac{\partial\overline{u}}{\partial x}+\overline{v}\frac{\partial\overline{u}}{\partial y}+\overline{w}\frac{\partial\overline{u}}{\partial z}+\frac{1}{\rho}\cdot\frac{\partial\overline{p}}{\partial x}\\&+\frac{\partial}{\partial x}\left[\overline{(u')^2}-\nu\frac{\partial\overline{u}}{\partial x}\right]+\frac{\partial}{\partial y}\left[\overline{u'v'}-\nu\frac{\partial\overline{u}}{\partial y}\right]+\frac{\partial}{\partial z}\left[\overline{u'w'}-\nu\frac{\partial\overline{u}}{\partial z}\right]-g_x=0,\end{aligned}$$

$$\frac{\partial \overline{v}}{\partial t} + \overline{u}\frac{\partial \overline{v}}{\partial x} + \overline{v}\frac{\partial \overline{v}}{\partial y} + \overline{w}\frac{\partial \overline{v}}{\partial z} + \frac{1}{\rho}\cdot\frac{\partial \overline{p}}{\partial y}$$
$$+ \frac{\partial}{\partial x}\left[\overline{u'v'} - \nu\frac{\partial \overline{v}}{\partial x}\right] + \frac{\partial}{\partial y}\left[\overline{(v')^2} - \nu\frac{\partial \overline{v}}{\partial y}\right] + \frac{\partial}{\partial z}\left[\overline{v'w'} - \nu\frac{\partial \overline{v}}{\partial z}\right] - g_y = 0,$$
$$\frac{\partial \overline{w}}{\partial t} + \overline{u}\frac{\partial \overline{w}}{\partial x} + \overline{v}\frac{\partial \overline{w}}{\partial y} + \overline{w}\frac{\partial \overline{w}}{\partial z} + \frac{1}{\rho}\cdot\frac{\partial \overline{p}}{\partial z}$$
$$+ \frac{\partial}{\partial x}\left[\overline{u'w'} - \nu\frac{\partial \overline{w}}{\partial x}\right] + \frac{\partial}{\partial y}\left[\overline{v'w'} - \nu\frac{\partial \overline{w}}{\partial y}\right] + \frac{\partial}{\partial z}\left[\overline{(w')^2} - \nu\frac{\partial \overline{w}}{\partial z}\right] - g_z = 0. \qquad (7.3.6)$$

Man erkennt, dass Produkte von Änderungen durch Mittelung bestehen bleiben. Auch wenn man also nur an den Mittelwerten der Geschwindigkeitskomponenten $\overline{u}$, $\overline{v}$, $\overline{w}$ interessiert ist, bedarf es dennoch aller Abweichungen u', v', w' an jedem Ort und zu jeder Zeit! Das ist im Moment noch sehr ernüchternd.

Eine Möglichkeit, das Problem anzugehen, besteht in der Durchführung einer Messung. Greifen wir dazu irgendeinen Reibungsterm heraus:

$$\nu\frac{\partial \overline{u}}{\partial y} - \overline{u'v'} \quad \text{mit} \quad \overline{u'v'} < 0.$$

Der 1. Term beschreibt die Impulsübertragung von großen Geschwindigkeiten auf kleinere. (Multipliziert man noch mit der Dichte, dann erhält man die Spannung.) Infolge der Turbulenz wird die Impulsübertragung zusätzlich gefördert ($-\overline{u'v'} > 0$). Deswegen ersetzt man die (molekulare) Viskosität durch eine (viel größere) Viskosität, die dieser vergrößerten Molekülvermischung Rechnung trägt.

Definition. Man schreibt

$$\nu\frac{\partial \overline{u}}{\partial y} - \overline{u'v'} =: \nu_t\frac{\partial \overline{u}}{\partial y}$$

und nennt ν_t die Wirbelviskosität.

Diese muss in einer Rinne im Labor durch Auswerten von

$$\nu_t = \nu - \frac{\overline{u'v'}}{\frac{\partial \overline{u}}{\partial y}}$$

bestimmt werden.

Dazu muss man in einer Messreihe die Abweichungen u', v', w' in alle drei Raumrichtungen mithilfe einer Sonde in kleinen Zeitabschnitten erfassen, sämtliche Produkte bilden und zeitlich ermitteln. Da die Wirbelviskosität bei voller Turbulenz bei Weitem überwiegt ($\nu_t \gg \nu$), ist

$$\nu_t \approx -\frac{\overline{u'v'}}{\frac{\partial \overline{u}}{\partial y}}.$$

Idealisierung: Dabei wird auch davon ausgegangen, dass ν_t für alle möglichen Produkte gleich ist:

$$\nu_t \approx -\frac{\overline{u'v'}}{\frac{\partial\overline{u}}{\partial y}} \approx -\frac{\overline{u'w'}}{\frac{\partial\overline{u}}{\partial z}} \approx -\frac{\overline{v'w'}}{\frac{\partial\overline{u}}{\partial z}} \approx \ldots.$$

Ersetzt man alle entsprechenden Ausdrücke in (7.3.6) mit dieser einen Wirbelviskosität, so erhält man die Reynolds-Gleichungen inklusive der Kontinuitätsgleichung in ihrer üblichen Form:

$$\frac{\partial\overline{u}}{\partial x}+\frac{\partial\overline{v}}{\partial y}+\frac{\partial\overline{w}}{\partial z}=0,$$
$$\frac{\partial\overline{u}}{\partial t}+\overline{u}\frac{\partial\overline{u}}{\partial x}+\overline{v}\frac{\partial\overline{u}}{\partial y}+\overline{w}\frac{\partial\overline{u}}{\partial z}+\frac{1}{\rho}\cdot\frac{\partial\overline{p}}{\partial x}-\frac{\partial}{\partial x}\left(\nu_t\frac{\partial\overline{u}}{\partial x}\right)-\frac{\partial}{\partial y}\left(\nu_t\frac{\partial\overline{u}}{\partial y}\right)-\frac{\partial}{\partial z}\left(\nu_t\frac{\partial\overline{u}}{\partial z}\right)-g_x=0,$$
$$\frac{\partial\overline{v}}{\partial t}+\overline{u}\frac{\partial\overline{v}}{\partial x}+\overline{v}\frac{\partial\overline{v}}{\partial y}+\overline{w}\frac{\partial\overline{v}}{\partial z}+\frac{1}{\rho}\cdot\frac{\partial\overline{p}}{\partial y}-\frac{\partial}{\partial x}\left(\nu_t\frac{\partial\overline{v}}{\partial x}\right)-\frac{\partial}{\partial y}\left(\nu_t\frac{\partial\overline{v}}{\partial y}\right)-\frac{\partial}{\partial z}\left(\nu_t\frac{\partial\overline{v}}{\partial z}\right)-g_y=0,$$
$$\frac{\partial\overline{w}}{\partial t}+\overline{u}\frac{\partial\overline{w}}{\partial x}+\overline{v}\frac{\partial\overline{w}}{\partial y}+\overline{w}\frac{\partial\overline{w}}{\partial z}+\frac{1}{\rho}\cdot\frac{\partial\overline{p}}{\partial z}-\frac{\partial}{\partial x}\left(\nu_t\frac{\partial\overline{w}}{\partial x}\right)-\frac{\partial}{\partial y}\left(\nu_t\frac{\partial\overline{w}}{\partial y}\right)-\frac{\partial}{\partial z}\left(\nu_t\frac{\partial\overline{w}}{\partial z}\right)-g_z=0. \quad (7.3.7)$$

Die Reynolds-Gleichungen sind zeitgemittelte Navier-Stokes-Gleichungen. Wenn Letztere die Momentangeschwindigkeiten einer Strömung beschreiben, so gilt dies bei (7.3.7) für die mittleren Geschwindigkeiten. Bei bekannter Wirbelviskosität stellt (7.3.7) ein System aus 4 Gleichungen mit den 4 Unbekannten $\overline{u}$, $\overline{v}$, $\overline{w}$, $\overline{p}$ dar, das numerisch gelöst werden kann.

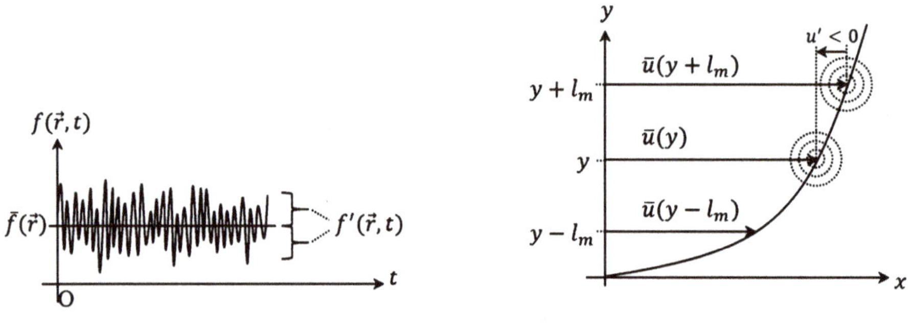

Abb. 7.2: Skizzen zur Turbulenz.

7.4 Der Mischungsweg von Prandtl

Obwohl die Wirbelviskosität experimentell bestimmt werden kann, bleibt die Frage bestehen, ob es nicht doch möglich ist, die Produktänderungen durch irgendwelche Mittelwerte anzunähern, um so die durch die Turbulenz aufgerissene Informationslücke zu schließen und damit auch die Wirbelviskosität berechenbar zu machen. Man nennt dies das „Schließungsproblem“. An diesem Punkt setzt die Idee eines Turbulenzmodells an. Prandtl stellte sich die Turbulenz als Pakete bestehend aus Ballen mit unterschiedlichem Durchmesser l_m vor. Sie bewegen sich zufällig wie Gasteilchen, bis sie durch Vermischung mit anderen Fluidballen ihre Struktur verlieren (Abb. 7.2 rechts).

Herleitung von (7.4.1)
Zur Einfachheit stellen wir uns die Platte in x- sowie in z-Richtung unendlich ausgedehnt vor, sodass wir von der partiellen zur totalen Ableitung nach y übergehen können. Wenn ein Fluidballen beispielsweise eine Bewegung nach oben um die Strecke l_m erfährt, dann steigt die mittlere Geschwindigkeitskomponente in y-Richtung von $\overline{v}$ auf $\overline{v}+v'$ mit $v' > 0$ bei gleichbleibendem Impuls in x-Richtung. Gleichzeitig besitzt dann der Fluidballen eine kleinere Geschwindigkeit gegenüber derjenigen im neuen Gebiet, in das er verschoben wurde. Für die Geschwindigkeitskomponente des Ballens in x-Richtung gilt dann $\overline{u}(y) - \overline{u}(y + l_m) = u' < 0$.

Lineare Approximation: Für kleine l_m kann man auch

$$\frac{d\overline{u}}{dy} \sim -\frac{u'}{l_m} \quad \text{oder} \quad u' \sim -l_m \frac{d\overline{u}}{dy}$$

schreiben, was der lineraren Näherung der Taylorreihe

$$\overline{u}(y + l_m) = \overline{u}(y) + l_m \cdot \frac{d\overline{u}}{dy} + \frac{l_m^2}{2} \cdot \frac{d^2\overline{u}}{dy^2} + \cdots$$

entspricht.

Dringt ein Fluidballen in y-Richtung kommend in die Fluidschicht ein, so weichen die verdrängten Fluidballen seitlich aus. Deswegen folgerte Prandtl, dass sowohl u' als auch v' dieselbe Dimension besitzen müssen:

$$|v'| \sim l_m \left|\frac{d\overline{u}}{dy}\right|.$$

Zusammen erhält man

$$u'v' = -l_m^2 \left|\frac{d\overline{u}}{dy}\right| \frac{d\overline{u}}{dy}.$$

Das Proportionalitätszeichen ist durch ein Gleichheitszeichen ersetzt worden, weil l_m noch gar nicht genauer aufgeschlüsselt wurde und der Mischungsweg damit eine eventuelle Proportionalitätskonstante beinhaltet. Daraus folgt

$$\nu_t(y) = l_m^2 \left|\frac{d\overline{u}}{dy}\right|. \tag{7.4.1}$$

Das Betragszeichen stellt sicher, dass $-\frac{d\overline{u}}{dy}$ und $\overline{u'v'}$ dasselbe Vorzeichen besitzen. Ziel ist es immer noch die Wirbelviskosität zu bestimmen. Das Problem ist zwar wieder verlagert, aber diesmal auf die Erfassung einer Länge l_m, die im besten Fall unabhängig vom Geschwindigkeitsprofil $\frac{d\overline{u}}{dy}$ ist. Die Gleichung (7.4.1) macht nochmals deutlich, dass die (lokale) Wirbelviskosität vom (lokalen) Geschwindigkeitsgradienten bestimmt wird.

7.5 Geschwindigkeitsprofile einer Plattenströmung

Im Folgenden betrachten wir die parallele stationäre Anströmung einer unendlich ausgedehnten ebenen Platte (was die totale Ableitung in y-Richtung gestattet). Durch Störungen wird die Strömung turbulent. Es sollen nun sowohl das Geschwindigkeitsprofil der viskosen Unterschicht als auch das Profil in der turbulenten Grenzschicht ermittelt werden.

Herleitung von (7.5.1)–(7.5.2)
Wir lassen die x-Achse des Koordinatensystems mit der Strömungsrichtung zusammenfallen. Die y-Achse wählen wir senkrecht dazu und z sei die Breitenrichtung. Dann ist $\overline{v} = \overline{w} = 0$ (aber $v' \neq 0, w' \neq 0$, Schwankungen sind erlaubt). Zudem ist dann $\frac{d\overline{u}}{dx} = \frac{d\overline{u}}{dz} = 0$. Somit verbleibt von Gleichung (7.3.6) nur der Impuls in x-Richtung,

$$\frac{d}{dy}\left(\nu\frac{d\overline{u}}{dy} - \overline{u'v'}\right) = 0. \tag{7.5.1}$$

Dabei sehen wir von einem möglichen Druckgradienten innerhalb der Grenzschicht ab und für eine horizontale Platte entfällt auch der Einfluss der Gravitation ($g_x = g\sin\alpha = 0$). Aus (7.5.1) folgt dann $\nu\frac{d\overline{u}}{dy} - \overline{u'v'} = \text{konst.}$ Multipliziert mit der Dichte, ergibt das $\rho\nu\frac{d\overline{u}}{dy} - \rho\overline{u'v'} = \text{konst.}$ Die Terme besitzen die Einheit einer Spannung. Die Konstante nennen wir τ_W und erhalten

$$\tau_W = \rho\nu\frac{d\overline{u}}{dy} - \rho\overline{u'v'}. \tag{7.5.2}$$

Dies können wir auch als $\tau_W = \overline{\tau} + \tau'$ schreiben. Dabei bezeichnet der 1. Term die mittlere Wandschubspannung und der 2. Term gibt den Einfluss der Mischbewegung auf diese Spannung wieder. Man bezeichnet dies auch als Reynolds-Spannung oder turbulente Scheinspannung. In Gleichung (7.5.2) ersetzen wir den 2. Term durch den Mischungswegansatz (7.4.1) nach Prandtl, was zu

$$\tau_W = \rho\nu\frac{d\overline{u}}{dy} + \rho l_m^2\left|\frac{d\overline{u}}{dy}\right|\frac{d\overline{u}}{dy}$$

führt. In Wandnähe ist der Mischungsweg Null und damit auch die Reynolds-Spannung. Es verbleibt die Spannung aufgrund der Zähigkeit. Dabei wird der Gradient $\frac{d\overline{u}}{dy}$ groß, dies aber erst innerhalb einer kleinen Schicht, der viskosen Unterschicht. Diese blieb bis dahin unerwähnt und wird somit eingeführt. Sie macht etwa 3–5 % der gesamten Grenzschichtdicke aus. Der zweite Term kann dann vernachlässigt werden. Entfernt man sich von der Wand, so sinkt der Einfluss der Zähigkeit, der Quotient $\frac{d\bar{u}}{dy}$ ist klein aber die Mischungsweglänge steigt an und damit auch die Reynolds-Spannung. In diesem Fall ist der zweite Term maßgebend.

1. Viskose Unterschicht

Idealisierung: Innerhalb dieser Schicht kann die viskose Schubspannung nahezu als konstant gleich der Wandschubspannung gesetzt werden: $\tau_W = \rho \nu \frac{d\bar{u}}{dy}$.

Herleitung von (7.5.3) und (7.5.4)

Die Division durch die Dichte ergibt $\frac{\tau_W}{\rho} = \nu \frac{d\bar{u}}{dy}$. Beide Seiten besitzen die Einheit einer Geschwindigkeit im Quadrat, sodass wir (vgl. Band 5) die sogenannte Wandschubspannungsgeschwindigkeit als $u_* := \sqrt{\frac{\tau_W}{\rho}}$ definieren können. Man erhält $\frac{d\bar{u}}{dy} = \frac{u_*^2}{\nu}$, also eine Konstante. Infolge der Haftbedingung $u(y = 0) = 0$ folgt das lineare Profil $u(y) = \frac{u_*^2}{\nu} y$. Dimensionslos schreibt es sich als

$$\frac{u(y)}{u_*} = \frac{u_* y}{\nu}. \tag{7.5.3}$$

Dabei wurde offenbar mit der viskosen Länge $l_\nu = \frac{\nu}{u_*}$ entdimensioniert, sodass aus (7.5.3) auch $\frac{u(y)}{u_*} = \frac{y}{l_\nu}$ wird. Definiert man $u_+(y) := \frac{u(y)}{u_*}$ und $y_+ := \frac{y}{l_\nu}$, so lautet das Profil der viskosen Unterschicht in knapper Form

$$u_+ = y_+. \tag{7.5.4}$$

Der Gültigkeitsbereich ist $0 < \frac{y}{l_\nu} < 5$. Zusätzlich kann man noch die Rauheit innerhalb dieser Schicht beachten. Ob eine Strömung aufgrund der Rauheit turbulent wird, hängt davon ab, ob die Unebenheiten der Wand die viskose Unterschicht durchstoßen, also vom Verhältnis der Rauheit und der viskosen Länge: $\frac{k}{l_\nu}$. Über einer rauhen Wand kann sich demnach keine viskose Unterschicht bilden. Das Kriterium für den Übergang einer glatten zu einer rauhen Wand geben wir an, sobald das Profil der Innenzone vorliegt.

2. Turbulente Innenzone

Herleitung von (7.5.5)–(7.5.10)

Wir betrachten nochmals die Wirbelviskosität (7.4.1). An diesem Punkt setzt Prandtl mit einem Ansatz für die wandnahe Turbulenz ein.

Idealisierung 1: Der Mischungsweg wird als proportional zum Wandabstand angenommen: $l_m = \kappa y$.

Nahe an der Wand sind die möglichen Wirbeldurchmesser klein. Erst mit zunehmendem Wandabstand können sich größere Durchmesser bilden. Die sogenannte von Kàrmàn-Konstante κ wurde experimentell zu $\kappa = 0{,}4$ bestimmt. Damit erhält man

$$\nu_t(y) = \kappa^2 y^2 \left| \frac{d\overline{u}}{dy} \right|.$$

Nun betrachten wir die Schubspannung τ in einer Schicht mit dem Abstand y zur Wand.

Idealisierung 2: Obwohl diese Spannung eine Funktion des Wandabstands ist, kann man in guter Näherung $\tau = \tau_W$ setzen, da die größten Geschwindigkeitsunterschiede hauptsächlich in Wandnähe auftreten.

Unter Verwendung von (7.4.1) folgt

$$\tau = \tau_W = \rho \nu_t \left| \frac{d\overline{u}}{dy} \right| = \rho \kappa^2 y^2 \left(\frac{d\overline{u}}{dy} \right)^2.$$

Mithilfe der weiter oben eingeführten Wandschubspannung $\tau_W = \rho u_*^2$, erhält man

$$\left| \frac{d\overline{u}}{dy} \right| = \frac{u_*}{\kappa} \cdot \frac{1}{y}$$

und die Integration liefert

$$\frac{\overline{u}(y)}{u_*} = \frac{1}{\kappa} \cdot \ln y + C_1. \tag{7.5.5}$$

Zudem folgt auch, falls u_* vorliegt,

$$\nu_t(y) = \kappa^2 y^2 \cdot \frac{u_*}{\kappa} \cdot \frac{1}{y} = \kappa u_* y. \tag{7.5.6}$$

Damit kann man bei gemessener Geschwindigkeit u_* die Wirbelviskosität in (7.3.3) durch $\nu_t = \kappa u_* y$ ersetzen und die Strömung modellieren. Eine etwas gröbere Mittelung ist auch denkbar:

$$\overline{\nu}_t = \frac{1}{b-a} \int_a^b \kappa u_* y dy = \frac{\kappa u_*}{2(b-a)} (b^2 - a^2) = \frac{\kappa u_* (a+b)}{2}.$$

Die Grenzen a und b sind dann je nach Oberflächenbeschaffenheit gesetzt. Aus (7.4.1) wird deutlich, dass die Wirbelviskosität stark vom Geschwindigkeitsgradienten abhängt. Bei einer glatten Wand ist dies in der viskosen Unterschicht der Fall. Deswegen würde man für eine Mittelung die Grenzen der turbulenten Innenzone verwenden: $a = 30 l_\nu$ und $b = 500 l_\nu$ (vgl. (7.5.10)), was $\overline{\nu}_t = 265 \kappa u_* l_\nu = 106 \nu$ ergibt. Daran sieht man, um wieviel größer die Wirbelviskosität gegenüber der molekularen (innerhalb der turbulenten Innenzone) wächst.

Die raue Wand mit $a = \frac{k}{30}$ und $b = 500 l_\nu$ liefert

$$\overline{\nu}_t = \frac{\kappa u_* (\frac{k}{30} + 500\frac{\nu}{u_*})}{2} = 100\nu + \frac{u_* k}{150}.$$

Diese Ausdrücke für $\overline{\nu}_t$ könnte man wiederum in (7.3.3) anstelle von ν_t ersetzen. Solange die Sohlreibung groß (u_* groß) und/oder die Geschwindigkeitsgradienten klein bleiben (vgl. (7.4.1), Streuung klein), liefert die Mittelung innerhalb des betrachteten Bereichs ein sinnvolles Maß für die Wirbelviskosität.

Nun wenden wir uns wieder der Gleichung (7.5.5) zu. Wie schon bei der viskosen Unterschicht, soll anstelle des Abstands die dimensionslose Länge $y_+ = \frac{y}{l_\nu}$ verwendet werden. Dazu schreibt man mithilfe einer anderen Konstanten

$$\frac{\overline{u}(y)}{u_*} = \frac{1}{\kappa} \cdot \ln\left(\frac{y}{l_\nu}\right) + C. \tag{7.5.7}$$

In Kurzform erhält man

$$u_+(y) = \frac{1}{\kappa} \cdot \ln(y_+) + C. \tag{7.5.8}$$

Um die Konstante C zu bestimmen, müssen wir den Übergang von viskoser Unterschicht zur darüber liegenden turbulenten Schicht (=Innenzone) betrachten. Abermals sind Messungen notwendig, um die Grenze zwischen den Gültigkeitsbereichen beider Profile zu ziehen. Den Übergang bestimmt man bei einem Wandabstand von

$$\delta_{\text{vis}} = 11{,}64 \cdot l_\nu. \tag{7.5.9}$$

Die Gleichungen (7.5.4) und (7.5.8) wertet man an dieser Grenze aus und erhält

$$y_+ = \frac{1}{\kappa} \cdot \ln(y_+) + C, \qquad 11{,}64 = \frac{1}{\kappa} \cdot \ln(11{,}64) + C$$

und schließlich $C = 11{,}64 - 2{,}5 \cdot \ln(11{,}64) = 5{,}5$.

Damit folgt das logarithmische Wandgesetz:

$$\frac{\overline{u}(y)}{u_*} = 2{,}5 \cdot \ln\left(\frac{y}{l_\nu}\right) + 5{,}5. \tag{7.5.10}$$

Messungen zeigen, dass die Gültigkeit etwa für $30 < \frac{y}{l_\nu} < 500$ gewährleistet ist. Dem Übergangsbereich $5 < \frac{y}{l_\nu} < 30$ kann kein eindeutiges Geschwindigkeitsprofil zugeordnet werden.

Herleitung von (7.5.11)–(7.5.14)

Bevor das Profil für raue Wände hergeleitet wird, werfen wir nochmals einen Blick auf die Gleichung (7.5.1) bzw. den x-Impuls von (7.3.3), diesmal einschließlich der Schwerkraft, das heißt

$$\frac{d}{dy}\left(\nu\frac{d\bar{u}}{dy} - \overline{u'v'}\right) - g\sin\alpha = 0 \quad \text{oder} \quad -\frac{d}{dy}\left(\nu_t\frac{d\bar{u}}{dy}\right) - g\sin\alpha = 0. \tag{7.5.11}$$

Setzt man den Mischungsweg (7.4.1) ein, so folgt

$$\frac{d}{dy}\left[\kappa^2 y^2\left(\frac{d\bar{u}}{dy}\right)^2\right] + g\sin\alpha = 0.$$

Nun entdimensionieren wir wie bei der viskosen Unterschicht und der turbulenten Innenzone unter Verwendung von $u_+ = \frac{u}{u_*}$ und $y_+ = \frac{y}{l_\nu}$. Es gilt

$$\frac{d\bar{u}}{dy} = u_* \cdot \frac{du_+}{dy} = u_* \cdot \frac{du_+}{dy_+} \cdot \frac{dy_+}{dy} = u_* \cdot \frac{du_+}{dy_+} \cdot \frac{1}{l_\nu} = \frac{u_*}{l_\nu} \cdot \frac{du_+}{dy_+} \quad \text{und}$$
$$\frac{d}{dy} = \frac{d}{dy_+} \cdot \frac{dy_+}{dy} = \frac{1}{l_\nu} \cdot \frac{d}{dy_+}.$$

Eingesetzt folgt:

$$\frac{1}{l_\nu} \cdot \frac{d}{dy_+}\left[\kappa^2 (l_\nu y_+)^2 \cdot \left(\frac{u_*}{l_\nu} \cdot \frac{du_+}{dy_+}\right)^2\right] + g\sin\alpha = 0,$$
$$u_*^2 \cdot \frac{d}{dy_+}\left[\kappa^2 y_+^2\left(\frac{du_+}{dy_+}\right)^2\right] + g l_\nu \sin\alpha = 0,$$
$$\frac{u_*}{u_*}\frac{l_\nu}{l_\nu} \cdot \frac{d}{dy_+}\left[\kappa^2 y_+^2\left(\frac{du_+}{dy_+}\right)^2\right] + \frac{g l_\nu}{u_*^2}\sin\alpha = 0,$$
$$\frac{\nu}{u_* \cdot l_\nu} \cdot \frac{d}{dy_+}\left[\kappa^2 y_+^2\left(\frac{du_+}{dy_+}\right)^2\right] + \frac{g l_\nu}{u_*^2}\sin\alpha = 0$$

und schließlich

$$\frac{1}{\mathrm{Re}_{l_\nu}} \cdot \frac{d}{dy_+}\left[\kappa^2 y_+^2\left(\frac{du_+}{dy_+}\right)^2\right] + \frac{1}{\mathrm{Fr}^2}\sin\alpha = 0.$$

Dabei wurde die vor allem bei Gerinneströmungen wichtige Froude-Zahl mit der viskosen Länge und der Sohlschubspannung gebildet:

$$\mathrm{Fr} = \frac{u_*}{\sqrt{g l_\nu}} = \sqrt{\frac{u_*^2}{g l_\nu}} = \sqrt{\frac{u_*^3}{g\nu}}.$$

Es besteht aber ein wichtiger Unterschied zu den bisherigen Kennzahlbildungen, denn die so gebildete Reynolds-Zahl beträgt

$$\mathrm{Re}_{l_\nu} = \frac{u_* \cdot l_\nu}{\nu} = \frac{\nu}{\nu} = 1!$$

Man könnte sich die Reynolds-Zahl auch irgendwie anders gebildet denken, beispielsweise mithilfe der Wassertiefe oder einer endlichen Platten- oder Gerinnelänge, aber entscheidend ist: Wird die Reynolds-Zahl (und die Froude-Zahl) auf die oben beschriebene Weise gebildet, dann beträgt sie eins. Folglich entstehen unabhängig davon, ob eine Platten-, eine Rohrströmung (Froude-Zahl hat keinen Einfluss) oder eine Gerinnströmung vorliegt, immer die Geschwindigkeitsprofile (7.5.3) und (7.5.10). Deshalb ist das Profil universell und der Verlauf wird durch Messungen bestätigt. Es gibt noch einen weiteren Unterschied: In einer laminaren Grenzschicht bilden sich (bloß) ähnliche, also ortsabhängige Profile. Bei einer Turbulenz bleiben die Geschwindigkeitsprofile, bei konstanten hydraulischen Bedingungen, entlang des gesamten Weges bestehen.

Nun kommen wir zur Rauheit. Ist die Platte rau, so werten wir Gleichung (7.5.5) auf der Höhe der Rauheit $y = k$ aus. Die zugehörige mittlere Geschwindigkeit bezeichnen wir vorerst als $\overline{u}_k$ und schreiben $C_1 = \frac{\overline{u}_k}{u_*} - 2{,}5 \cdot \ln k$. Mithilfe von Experimenten bestimmt man $\frac{\overline{u}_k}{u_*} = 8{,}5$ und erhält

$$\frac{\overline{u}}{u_*} = 2{,}5 \cdot \ln\left(\frac{y}{k}\right) + 8{,}5. \tag{7.5.12}$$

Die untere Grenze des Gültigkeitsbereichs wird durch $\overline{u} = 0$ und einem zugehörigen Wandabstand y_0 bestimmt. Man erhält $\ln(\frac{y_0}{k}) = -\frac{8{,}5}{2{,}5}$ und daraus $y_0 \approx \frac{k}{30}$. Hieran sieht man, dass die untere Schranke von der Rauheit der Wand abhängt. Demnach kann man (7.5.12) auch schreiben als

$$\frac{\overline{u}}{u_*} = 2{,}5 \cdot \ln\left(\frac{y}{y_0}\right). \tag{7.5.13}$$

Unterhalb des logarithmischen Profils existiert weder ein Übergangsbereich noch eine viskose Unterschicht.

Nun sind wir in der Lage, eine glatte von einer rauen Wand zu unterscheiden. Dazu müssen die maßgebenden Vergleichslängen l_ν und y_0 der glatten bzw. rauhen Wand miteinander verglichen werden. Wir schreiben (7.5.10) als

$$\frac{\overline{u}}{u_*} = 2{,}5 \cdot \ln\left(\frac{y}{l_\nu}\right) + 2{,}5 \cdot \ln(9) = 2{,}5 \cdot \ln\left(\frac{9y}{l_\nu}\right) = 2{,}5 \cdot \ln\left(\frac{9u_*}{\nu}\right).$$

Der Vergleich mit (7.5.13) liefert $\frac{30}{k} = \frac{9u_*}{\nu}$ und folglich

$$\mathrm{Re}_k := \frac{u_* \cdot k}{\nu} = 3{,}33. \tag{7.5.14}$$

Die linke Seite der Gleichung entspricht einer Reynolds-Zahl. Man nennt sie Korn-Reynolds-Zahl. Damit erhält man das Ergebnis, dass eine Wand als hydraulisch glatt gilt, falls $\mathrm{Re}_k < 3{,}33$ und hydraulisch rauh, wenn $\mathrm{Re}_k > 3{,}33$ ist. Gleichung (7.5.14) entspricht auch $k = 3{,}33 \cdot l_v$.

Schließlich kann man noch angeben, in welcher Tiefe man die Geschwindigkeit u_* messen sollte. Dazu muss

$$\frac{\overline{u}(y)}{u_*} = 2{,}5 \cdot \ln\left(\frac{9y}{l_v}\right) = 1$$

sein, was bei

$$y = \frac{l_v}{9} e^{0{,}4} \quad \text{oder} \quad y = \frac{k}{30} e^{0{,}4}$$

erreicht wird.

Rauheit und Sandrauheit

Spätestens an dieser Stelle bedarf es einer Klärung zwischen dem Begriff der Rauheit k und der effektiven Korn- oder Sandrauheit k_s. Wir rechneten bisher und werden es in diesem Band auch weiterhin so handhaben, mit einer repräsentativen Rauheit k. Diese entspricht nicht der eigentlichen Größe der Unebenheiten. Eine Oberfläche wie die Sohle eines Gewässers kann relativ einheitlich aus Sand oder Kies mit demselben Korndurchmesser d bestehen oder sie kann aus Kies, Steinen und Schutt verschiedener Größe bestehen. Je inhomogener die Zusammensetzung, umso schwieriger ist es, der Oberfläche einen einheitlichen Korndurchmesser zuzuordnen. Man greift dazu einige repräsentative Durchmesser wie beispielsweise d_{30}, d_{60} oder d_{90} heraus. Der Index bezeichnet dabei den Durchmesser in mm. Danach bildet man den Mittelwert d_m inklusive der jeweiligen Häufigkeit. Messungen haben ergeben, dass der Zusammenhang $k \approx 3{,}25 \cdot d_m$ besteht.

Neben der eigentlichen Kornrauheit, kann man noch die sich wiederholenden Unebenheiten wie beispielsweise die Rippel am Meeresboden beachten. Diese sogenannte Formrauheit müsste man, falls vorhanden, mit der Kornrauheit zu einer Gesamtrauheit zusammenfügen.

3. Turbulente Außenzone

Je weiter man die turbulente Grenzschicht in positiver y-Richtung durchschreitet, umso kleiner wird der Einfluss der Viskosität.

Herleitung von (7.5.15)
Setzen wir die nächste Grenze am Übergang zwischen turbulenter Innenzone und Außenströmung (Geschwindigkeit $u = u_\infty$) und bezeichnen mit $y = \delta_t$ den äußersten Rand der neuen Zone, so folgt aus (7.5.4)

$$\frac{u_\infty}{u_*} = 2{,}5 \cdot \ln \delta_t + C$$

und daraus

$$\frac{u_\infty - \overline{u}(y)}{u_*} = -2{,}5 \cdot \ln\left(\frac{y}{\delta_t}\right).$$

Allerdings muss das Ergebnis modifiziert werden, da von der Außenströmung nichtturbulente Fluidteilchen ständig beigemischt werden. Dieser Effekt vergrößert das Geschwindigkeitsprofil mit wachsendem y und beeinflusst etwa 85 % der äußeren turbulenten Grenzschicht. Um dies zu berücksichtigen, fügt man eine empirisch bestimmte „Nachlauffunktion" hinzu. Insgesamt erhält man

$$\frac{u_\infty - \overline{u}(y)}{u_*} = -2{,}5 \cdot \ln\left(\frac{y}{\delta_t}\right) + 2{,}75 \cdot \cos^2\left(\frac{\pi}{2} \cdot \frac{y}{\delta_t}\right). \tag{7.5.15}$$

Da die Rauheit hier keine Rolle spielt, kann man (7.5.15) auch für eine raue Platte verwenden. Messungen bestätigen die Umrechnung $\delta_t \approx 3333{,}33 \cdot l_v$, sodass man die Gültigkeit von (7.5.15) anstelle von $\frac{y}{l_v} > 500$ auch durch $0{,}15 < \frac{y}{\delta_t} < 1$ angeben kann. Näherungsweise kann anstelle von (7.5.15) ebenfalls das Profil

$$\frac{\overline{u}(y)}{u_\infty} = \left(\frac{y}{\delta_t}\right)^{\frac{1}{7}}$$

(u_∞ ist die Geschwindigkeit der Aussenströmung) verwendet werden, das wir im Zusammenhang mit Rohrströmungen in Band 5 kennengelernt haben (Beweis Kap. 7.7). Die folgende Tabelle wird ergänzt durch das bekannte Geschwindigkeitsprofil einer laminaren Strömung bis vor dem Umschlag in Turbulenz. In Abb. 7.3 sind die verschiedenen Zonen dargestellt. Es bezeichnen:
δ_l: Grenzschichtdicke der laminaren Strömung
δ_t: Grenzschichtdicke der turbulenten Strömung
u_*: Wandschubspannungsgeschwindigkeit
u_∞: Geschwindigkeit der Aussenströmung
l_v: viskose Länge

Zone	Geschwindigkeitsprofil Platte	Gültigkeitsbereich
Laminare Grenzschicht	$\frac{u}{u_{\delta_{\text{vis}}}} = \frac{y}{\delta_{\text{vis}}}[2 - 2(\frac{y}{\delta_l})^2 + (\frac{y}{\delta_l})^3]$	Bis zum Umschlag
	Turbulente glatte Strömung, $\text{Re}_k < 3{,}33$	
Viskose Unterschicht	$\frac{u}{u_*} = \frac{y}{l_v}$	$0 < \frac{y}{l_v} < 5$
Übergangsbereich	-	$5 < \frac{y}{l_v} < 30$
Turbulente Innenzone	$\frac{\bar{u}}{u_*} = 2{,}5 \cdot \ln(\frac{y}{l_v}) + 5{,}5$	$30 < \frac{y}{l_v} < 500$
Turbulente Außenzone	$\frac{u_\infty - \bar{u}}{u_*} = -2{,}5 \cdot \ln(\frac{y}{\delta_t}) + 2{,}75 \cdot \cos^2(\frac{\pi}{2} \cdot \frac{y}{\delta_t})$	$\frac{y}{l_v} > 500$ oder
	oder $\frac{\bar{u}}{u_\infty} = (\frac{y}{\delta_t})^{\frac{1}{7}}$ $(10^5 < \text{Re}_{\delta_t} < 10^7)$	$0{,}15 < \frac{y}{\delta_t} < 1$
Außenströmung	$u = u_\infty$	$y \geq \delta_t$
	Turbulente raue Strömung, $\text{Re}_k > 3{,}33$	
Turbulente Innenzone	$\frac{\bar{u}}{u_*} = 2{,}5 \cdot \ln(\frac{y}{y_0})$ mit $y_0 = \frac{k}{30}$	$y \geq \frac{k}{30}$

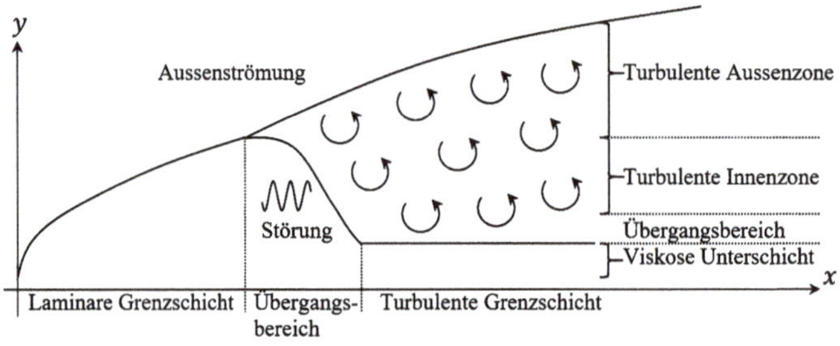

Abb. 7.3: Skizze zu den Strömungszonen.

Beispiel. Ein Flußbett besitzt die Rauheit $k = 0{,}001\,\text{m}$. Weiter ist $u_* = 2 \cdot 10^{-3}\,\frac{\text{m}}{\text{s}}$ und $\nu = 10^{-6}\,\frac{\text{m}^2}{\text{s}}$.

a) Bildet sich an der Sohle eine viskose Unterschicht?
b) Wenn ja, wie lautet das zugehörige Geschwindigkeitsprofil und wie groß ist die mittlere Fließgeschwindigkeit auf der Höhe $y = k$?
c) Bestimmen Sie das über der viskosen Unterschicht liegende Geschwindigkeitsprofil der turbulenten Innenzone, dessen Gültigkeitsbereich und die Fließgeschwindigkeit an der unteren Grenze des Gültigkeitsbereichs.
d) Nun sei $k = 0{,}02\,\text{m}$. Welches Geschwindigkeitsprofil bildet sich aus?
e) Welches ist der Gültigkeitsbereich des Profils aus d) und wie groß ist die Geschwindigkeit auf der Höhe $y = k$?

Lösung.

a) Das Kriterium für eine glatte oder raue Wand wird durch (7.5.14) bestimmt. Wir bilden

$$\text{Re}_k := \frac{u_* \cdot k}{\nu} = \frac{2 \cdot 10^{-3} \cdot 0{,}001}{10^{-6}} = 2 < 3{,}33.$$

Damit ist die Wand glatt und eine viskose Unterschicht existiert.

b) Das Profil besitzt nach (7.5.3) die Gestalt

$$\frac{u(y)}{u_*} = \frac{y}{l_v} \quad \text{oder} \quad u(y) = \frac{2 \cdot 10^{-3}}{0{,}5 \cdot 10^{-3}} \cdot y = 4y.$$

Daraus folgt $u(k) = 4k = 0{,}004\,\frac{\text{m}}{\text{s}}$.

c) Gleichung (7.5.10) liefert

$$\frac{\overline{u}(y)}{u_*} = 2{,}5 \cdot \ln\left(\frac{y}{l_v}\right) + 5{,}5 = 2{,}5 \cdot \ln\left(\frac{9y}{l_v}\right) \quad \text{oder} \quad \overline{u}(y) = 5 \cdot 10^{-3} \cdot \ln\left(\frac{9y}{l_v}\right).$$

Streng genommen ist der Gültigkeitsbereich auf $30 < \frac{y}{l_v} < 500$, $30l_v < y < 500l_v$ oder $0{,}015\,\text{m} < y < 0{,}25\,\text{m}$ beschränkt. Man kann die Gültigkeit aber in guter Näherung auch auf die Außenzone ausweiten. Schließlich ist noch

$$\overline{u}(30l_v) = 5 \cdot 10^{-3} \cdot \ln\left(\frac{9 \cdot 30l_v}{l_v}\right) = 0{,}028\,\frac{\text{m}}{\text{s}}.$$

d) Eine viskose Unterschicht existiert in diesem Fall nicht. Nach (7.5.13) gilt

$$\frac{\overline{u}}{u_*} = 2{,}5 \cdot \ln\left(\frac{30y}{k}\right) \quad \text{oder} \quad \overline{u}(y) = 2{,}5u_* \cdot \ln(1500y).$$

Dabei ist u_* nicht identisch mit demjenigen Wert der glatten Wand, sondern man müsste u_* wieder vorgeben. Die Geschwindigkeit u_* lässt sich nur über eine direkte Messung oder mithilfe einer Geschwindigkeitsmessung in einer Tiefe y bestimmen.

e) Das Profil aus d) ist gültig für $y \geq \frac{k}{30} = 6{,}66 \cdot 10^{-4}\,\text{m}$ und man erhält $\overline{u}(k) = 2{,}5u_* \cdot \ln(30) = 8{,}50 \cdot u_*$.

Messung der Sohlschubspannung

In Wandnähe sind die Verwirbelungen praktisch null, sodass $\tau_B \approx \overline{\tau} = \rho u_*^2$ gilt. Man misst in diesem Fall direkt die Sohlschubspannungsgeschwindigkeit. Aufwendiger ist es, etwas weiter von der Wand weg die Turbulenzverteilung, das heißt die Schwankungen u' und v', und damit die Sohlschubspannung über $\tau_W \approx \tau' = -\rho\overline{u'v'}$, zu ermitteln.

Meistens bestimmt man ungeachtet der Bodenbeschaffenheit die gesuchte Spannung, indem man in den Boden auf Federn gelagerte Teile einsetzt, die direkt die zur Auslenkung benötigten Kräfte und damit die Spannung messen. Neben diesen direkten Methoden existieren indirekte Messmethoden, die das Geschwindigkeitsprofil messen und diese je nach Wandbeschaffenheit mittels (7.5.3), (7.5.10) oder (7.5.13) auswerten.

7.6 Geschwindigkeitsprofile einer Rohrströmung

Die Übersicht aus dem vorherigen Kapitel lässt sich mit einigen Anpassungen fast gänzlich übernehmen. Bei einer Rohrströmung bezeichnet die „Außenzone“ den Rohrkern. Wir wollen zusätzlich eine Unterscheidung bezüglich der Beschaffenheit des Rohrs treffen.

1. Viskose Unterschicht

Das lineare Gesetz (7.5.3) kann man inklusive des Gültigkeitsbereichs übernehmen. Weiter gelten dieselben Aussagen bezüglich der Rauheit.

2. Turbulente Wandzone

In diesem Fall verwendet man ebenfalls (7.5.10), aber mit dem Gültigkeitsbereich $30 < \frac{y}{l_v} < 10^5$. Zudem gelten dieselben Aussagen bezüglich der Rauheit, und es können (7.5.12) und (7.5.13) für den Bereich $\frac{k}{30} < y < 0{,}15 \cdot R$ übernommen werden.

3. Turbulente Kernzone

Herleitung von (7.6.1)

Dazu wird die Gleichung (7.5.4) im Rohrzentrum für $y = R$ und $u = \overline{u}_{\max}$ ausgewertet. Das ergibt $C_1 = \frac{\overline{u}_{\max}}{u_*} - 2{,}5 \cdot \ln R$ und damit

$$\frac{\overline{u}_{\max} - \overline{u}}{u_*} - 2{,}5 \cdot \ln\left(\frac{y}{R}\right). \quad (7.6.1)$$

Die Gleichung ist für den Kernbereich $\frac{y}{l_v} < 0{,}15$ gültig. Einer Korrektur mit einer Nachlauffunktion wie bei der Plattenströmung bedarf es nicht, weil im Zentrum immer eine voll ausgebildete Strömung besteht. Die untere Grenze des Gültigkeitsbereichs wird durch $\overline{u} = 0$ bestimmt. Da die Rauheit hier keine Rolle spielt, kann man (7.6.1) auch für ein raues Rohr verwenden.

Ergänzt wird die folgende Tabelle durch das Profil einer laminaren Strömung vor dem Umschlag. Es bezeichnen:

y: Abstand von der Wand

R: Rohrradius

r: Abstand vom Rohrzentrum

Zone	Geschwindigkeitsprofil Rohr	Gültigkeitsbereich
	$\frac{u}{u_{\max}} = 1 - (\frac{r}{R})^2$, laminare Strömung	Bis zum Umschlag
	Turbulente glatte Strömung, $\mathrm{Re}_k < 3{,}33$	
Viskose Unterschicht	$\frac{u}{u_*} = \frac{y}{l_v}$	$0 < \frac{y}{l_v} < 5$
Übergangsbereich	-	$5 < \frac{y}{l_v} < 30$
Turbulente Wandzone	$\frac{\overline{u}}{u_*} = 2{,}5 \cdot \ln(\frac{y}{l_v}) + 5{,}5$	$30 < \frac{y}{l_v} < 10^5$
Turbulente Kernzone	$\frac{\overline{u}_{\max} - \overline{u}}{u_*} = -2{,}5 \cdot \ln(\frac{y}{R})$	$y > 0{,}15 \cdot R$
	Turbulente raue Strömung, $\mathrm{Re}_k > 3{,}33$	
Turbulente Wandzone	$\frac{\overline{u}}{u_*} = 2{,}5 \cdot \ln(\frac{y}{y_0})$ mit $y_0 = \frac{k}{30}$	$\frac{k}{30} < y < 0{,}15 \cdot R$
Beliebige Zone	$\frac{\overline{u}}{\overline{u}_{\max}} = (1 - \frac{r}{R})^{\frac{1}{n}}, n = 6, 7, 8, \ldots$	Beliebig

Das Potenzgesetz der letzten Tabellenzeile beweisen wir im nächsten Kapitel.

7.7 Reibungswiderstand und Grenzschichtdicke der Rohrströmung

I. Der Reibungswiderstand

Herleitung von (7.7.1)–(7.7.12)
Wir betrachten das turbulente Geschwindigkeitsprofil in der Kernzone:

$$\frac{\overline{u}_{\max} - \overline{u}_{\text{Rohr}}}{u_*} = -2{,}5 \cdot \ln\left(\frac{y}{R}\right).$$

Da $y = R - r$, folgt $\frac{y}{R} = 1 - \frac{r}{R}$, sodass daraus $\overline{u} = \overline{u}_{\max} + 2{,}5 u_* \cdot \ln(1 - \frac{r}{R})$ wird. Als Nächstes berechnen wir die örtlich ermittelte Geschwindigkeit $\overline{u}_{\text{Rohr}}$. Um diese besser von der zeitlichen Mittelung zu unterscheiden, definieren wir $\overline{u}_{\text{Rohr}} =: c$. Mit dem Volumenstrom $\dot{V}$ gilt

$$c = \frac{\dot{V}}{\pi R^2} = \frac{1}{\pi R^2} \int_0^R 2\pi r \cdot \overline{u}(r) dr = \frac{2\overline{u}_{\max}}{R^2} \int_0^R r dr + 5u_* \int_0^R \frac{r}{R^2} \cdot \ln\left(1 - \frac{r}{R}\right) dr.$$

Das 1. Integral ergibt $\overline{u}_{\max}$. Bis auf den Faktor $5u_*$ lautet das 2. Integral

$$\int_0^1 x \cdot \ln(1 - x) dx \quad \text{mit} \quad \frac{r}{R} = x.$$

Eine weitere Substitution, $z = 1 - x$, führt zu

$$\int_0^1 x \cdot \ln(1-x)dx = -\int_1^0 (1-z) \cdot \ln z \cdot dz = \int_0^1 (1-z) \cdot \ln z \cdot dz.$$

Die partielle Integration zerlegt das neue Integral in

$$\int_0^1 (1-z) \cdot \ln z \cdot dz = \left[\left(z - \frac{z^2}{2}\right)\ln z\right]_0^1 - \int_0^1 \left(z - \frac{z^2}{2}\right) \cdot \frac{1}{z} \cdot dz.$$

Der Wert des letzten Integrals beträgt

$$\int_0^1 \left(1 - \frac{z}{2}\right)dz = \left[z - \frac{z^2}{4}\right]_0^1 = \frac{3}{4}.$$

Es fehlt noch die Auswertung von

$$\left[\left(z - \frac{z^2}{2}\right)\ln z\right]_0^1.$$

An der Stelle $z = 1$ erhält man Null. Für $z = 0$ ergibt sich mit der Regel von de L'Hospital

$$\lim_{z\to 0} \frac{\ln z}{\frac{2}{2z-z^2}} = \lim_{z\to 0} \frac{\frac{1}{z}}{-\frac{2(2-2z)}{(2z-z^2)^2}} = \lim_{z\to 0} \frac{z(2-z)^2}{-4(1-z)} = 0.$$

Insgesamt erhalten wir

$$c = \overline{u}_{\max} + 5u_* \cdot \left(-\frac{3}{4}\right) \quad \text{oder} \quad \frac{c}{u_*} - \frac{\overline{u}_{\max}}{u_*} = 3{,}75. \tag{7.7.1}$$

Die Gleichung gibt den Wert an, um den sich die mittlere Geschwindigkeit im Mittel von der maximalen Geschwindigkeit im Zentrum relativ zur Schubspannungsgeschwindigkeit unterscheidet. Der gemessene Unterschied beträgt hingegen 4,07. Die Abweichung zum theoretischen Wert ist damit zu begründen, dass wir das Geschwindigkeitsprofil der turbulenten Kernzone bis auf die Wandzone ausgeweitet haben.

In einem nächsten Schritt sollen die für die Reibungskräfte an der Wand maßgeblichen Größen, die Wandschubspannung und die damit verknüpfte Rohrreibungszahl λ, eingebracht werden. Die Schubspannung einer laminaren Strömung hatten wir mit dem Newton'schen Ansatz $\tau(r) = \eta\frac{\partial u}{\partial r}$ modelliert. Das zugehörige Geschwindigkeitsprofil (3.14),

$$u(r) = -\frac{R^2}{4\eta} \cdot \frac{\Delta p_V}{l} \cdot \left[1 - \left(\frac{r}{R}\right)^2\right],$$

wird eingesetzt und ergibt $\tau_{\text{lam}}(r) = \frac{\Delta p_V}{l} \cdot \frac{r}{2}$. Dabei ist Δp_V der Druckverlust auf einer Strecke l. Für den turbulenten Fall können wir kein ähnliches Ergebnis für das Profil und somit der Abnahme der Schubspannung im Rohrinnern mit der Wandschubspannung heranziehen (das zugehörige 1/7-Profil soll ja hergeleitet werden).

In Analogie kann man auch hier an der Wand ansetzen:

$$\overline{\tau}_{W,\text{tur}} = \frac{\Delta p_V}{l} \cdot \frac{R}{2}. \tag{7.7.2}$$

Aber im Inneren ist $\overline{\tau}_{\text{tur}}(r) \neq \frac{\Delta p_V}{l} \cdot \frac{r}{2}$. Schreiben wir ebenfalls in Analogie zum laminaren Fall $\overline{\tau}_{W,\text{tur}} = \rho u_*^2$, so erhalten wir an der Wand $\Delta p_V = \frac{2l\rho u_*^2}{R}$.

Da noch kein Geschwindigkeitsprofil vorliegt, mit dessen Hilfe wir die Schubspannung in jedem Abstand zur Wand darstellen können, gehen wir den Umweg über den Druckverlust, den wir ebenfalls mit dem Ansatz von Weisbach erfassen können. Es gilt (vgl. Band 5)

$$\Delta \overline{p}_V = \lambda_t \frac{l}{d} \rho \frac{c^2}{2}. \tag{7.7.3}$$

Daraus erhalten wir $\lambda \frac{l\rho c^2}{4R} = \frac{2l\rho u_*^2}{R}$ (Index t weggelassen) und schließlich

$$\lambda = 8\left(\frac{u_*}{c}\right)^2. \tag{7.7.4}$$

Diese Gleichung in (7.7.1) eingefügt, ergibt

$$\sqrt{\frac{8}{\lambda}} = \frac{\overline{u}_{\max}}{u_*} - 3{,}75. \tag{7.7.5}$$

Weiter wird (7.5.10) im Zentrum ausgewertet und l_v durch $\frac{\nu}{u_*}$ ersetzt. Dies führt zu

$$\frac{\overline{u}_{\max}}{u_*} = 2{,}5 \cdot \ln\left(\frac{Ru_*}{\nu}\right) + 5{,}5.$$

Diesen Ausdruck fügen wir in (7.7.5) ein und erhalten

$$\sqrt{\frac{8}{\lambda}} = 2{,}5 \cdot \ln\left(\frac{Ru_*}{\nu}\right) + 5{,}5 - 3{,}75. \tag{7.7.6}$$

Danach schreiben wir $\frac{Ru_*}{\nu}$ als

$$\frac{u_*}{c} \cdot \frac{c \cdot 2R}{2\nu} = \frac{u_*}{c} \cdot \frac{c \cdot d}{\nu} \cdot \frac{1}{2} = \sqrt{\frac{\lambda}{8}} \cdot \text{Re}_d \cdot \frac{1}{2} = \text{Re}_d \sqrt{\lambda} \cdot \frac{1}{4\sqrt{2}}.$$

Dies wird (7.7.6) einverleibt, was zu

$$\frac{1}{\sqrt{\lambda}} = \frac{2{,}5}{\sqrt{8}} \cdot \ln\left(\mathrm{Re}\sqrt{\lambda} \cdot \frac{1}{4\sqrt{2}}\right) + \frac{1{,}75}{\sqrt{8}}$$

(Index d weggelassen) führt. Weiter vereinfacht, erhält man

$$\frac{1}{\sqrt{\lambda}} = \frac{2{,}5}{\sqrt{8}} \cdot \ln(\mathrm{Re}\sqrt{\lambda}) + \frac{2{,}5}{\sqrt{8}} \cdot \ln\left(\frac{1}{4\sqrt{2}}\right) + \frac{1{,}75}{\sqrt{8}} \quad \text{und}$$
$$\frac{1}{\sqrt{\lambda}} = 0{,}883 \cdot \ln(\mathrm{Re}\sqrt{\lambda}) - 1{,}53 + 0{,}62.$$

Umgerechnet auf den Zehner-Logarithmus wird daraus

$$\frac{1}{\sqrt{\lambda}} = -2 \cdot \log_{10}\left(\frac{1}{\mathrm{Re}\sqrt{\lambda}}\right) - 2 \cdot \log_{10}(20{,}35) + 1{,}75.$$

Die Werte 20,35 bzw. 1,75 werden durch experimentell bestimmte Werte angepasst:

$$\frac{1}{\sqrt{\lambda}} = -2 \cdot \log_{10}\left(\frac{1}{\mathrm{Re}\sqrt{\lambda}}\right) - 2 \cdot \log_{10}(18{,}7) + 1{,}74.$$

Für hydraulisch glatte Rohre erhält man somit

$$\frac{1}{\sqrt{\lambda}} = 1{,}74 - 2 \cdot \log_{10}\left(\frac{18{,}7}{\mathrm{Re}\sqrt{\lambda}}\right). \tag{7.7.7}$$

Da λ nur implizit gegeben ist, fand Blasius die Näherungsformel

$$\lambda \approx \frac{0{,}316}{\mathrm{Re}_d^{\frac{1}{4}}}. \tag{7.7.8}$$

Ist das Rohr hydraulisch rau, dann ziehen wir das zugehörige Geschwindigkeitsprofil (7.5.12) heran. Ausgewertet im Zentrum, folgt daraus

$$\frac{\overline{u}_{\max}}{u_*} = 2{,}5 \cdot \ln\left(\frac{R}{k}\right) + 8{,}5.$$

In diesem Fall schreibt sich (7.7.1) nacheinander als:

$$\frac{c}{u_*} = 2{,}5 \cdot \ln\left(\frac{R}{k}\right) + 8{,}5 - 3{,}75,$$
$$\sqrt{\frac{8}{\lambda}} = 2{,}5 \cdot \ln\left(\frac{R}{k}\right) + 4{,}75,$$
$$\frac{1}{\sqrt{\lambda}} = \frac{2{,}5}{\sqrt{8}} \cdot \ln\left(\frac{R}{k}\right) + \frac{4{,}75}{\sqrt{8}},$$

$$\frac{1}{\sqrt{\lambda}} = 0{,}883 \cdot \ln\left(\frac{R}{k}\right) + 1{,}68 \quad \text{und}$$

$$\frac{1}{\sqrt{\lambda}} = -2 \cdot \log_{10}\left(\frac{k}{R}\right) + 1{,}68.$$

Mit einer kleinen Korrektur infolge von Messergebnissen folgt

$$\frac{1}{\sqrt{\lambda}} = 1{,}74 - 2 \cdot \log_{10}\left(\frac{2k}{d}\right). \tag{7.7.9}$$

Die Kombination von (7.7.7) mit (7.7.9) führt schließlich zur Formel von Colebrook-White

$$\frac{1}{\sqrt{\lambda}} = 1{,}74 - 2 \cdot \log_{10}\left(\frac{2k}{d} + \frac{18{,}7}{\mathrm{Re}\sqrt{\lambda}}\right). \tag{7.7.10}$$

Mit der Näherungsformel von Blasius (7.7.8) kann man auch die Reibungskraft $F_{W,\mathrm{tur}}$ explizit angeben. Es gilt mit (7.7.2)

$$F_{W,\mathrm{tur}} = \overline{\tau}_W \cdot 2\pi R l = \frac{\Delta\overline{p}_V}{l} \cdot \frac{R}{2} \cdot 2\pi R l = \Delta\overline{p}_V \cdot \pi R^2.$$

Die Gleichung stellt nichts anderes als die Gleichgewichtsbedingung für eine stationäre Rohrströmung dar. In diesem Fall muss das Produkt aus der Wandspannung und dem benetzten Umfang gleich groß wie das Produkt aus Druckverlust und Querschnittsfläche sein. Mit (7.7.3) und (7.7.8) erhält man daraus weiter

$$F_{W,\mathrm{tur}} = \lambda \frac{l}{2R} \rho \frac{c^2}{2} \cdot \pi R^2 = \lambda \frac{\pi \rho R l c^2}{4}. \tag{7.7.11}$$

Den Ausdruck von (7.7.8) eingesetzt, liefert

$$\frac{0{,}316}{\mathrm{Re}^{\frac{1}{4}}} \cdot \frac{\pi}{4} l \rho R c^2 = \frac{0{,}316 \cdot \pi}{4} \cdot \frac{\rho^{-\frac{1}{4}} \cdot c^{-\frac{1}{4}} (2R)^{-\frac{1}{4}}}{\eta^{-\frac{1}{4}}} \cdot l \rho R c^2$$

und schließlich

$$F_{W,\mathrm{tur}} = 0{,}209 \cdot \rho \cdot \nu^{\frac{1}{4}} \cdot R^{\frac{3}{4}} \cdot l \cdot c^{\frac{7}{4}}. \tag{7.7.12}$$

Einerseits wird die Rohrreibungszahl selbst als Reibungswiderstandsbeiwert bezeichnet, anderseits benutzt man die Bezeichnung im Zusammenhang mit der üblichen Schreibweise $F_W = \frac{1}{2} c_W \rho A c^2$. Mit $A = 2\pi R l$ (benetzte Oberfläche) folgt $F_W = c_W \pi \rho R l c^2$ und der Vergleich mit (7.7.11) liefert $\lambda = 4 c_W$. Dieser Zusammenhang gilt sowohl für laminare wie auch turbulente Strömungen.

II. Das 1/7-Potenzprofil einer turbulenten Rohrströmung

Herleitung von (7.7.13)–(7.7.16)

Ausgangspunkt ist die Gleichung (7.7.12). Wir dividieren sie durch die benetzte Fläche $A = 2\pi Rl$ und erhalten die Wandschubspannung

$$\overline{\tau}_W = \frac{F_W}{A} = \frac{0{,}209}{2\pi} \cdot \rho \cdot \nu^{\frac{1}{4}} \cdot R^{-\frac{1}{4}} \cdot c^{\frac{7}{4}}. \tag{7.7.13}$$

Das Geschwindigkeitsprofil soll durch eine Potenzfunktion der Art $\overline{u}(r) = \overline{u}_{\max} \cdot (\frac{y}{R})^n$ mit $y = R - r$ und einem unbekannten n angenähert werden. Aus $\overline{u}_{\max} = \overline{u} \cdot R^n \cdot y^{-n}$ und $\overline{u}_{\max} = a \cdot c$ mit $a \in \mathbb{R}$ folgt $a \cdot c = \overline{u} \cdot R^n \cdot y^{-n}$. Diese Gleichung potenzieren wir mit $\frac{7}{4}$ und erhalten $c^{\frac{7}{4}} = a^{-\frac{7}{4}} \cdot \overline{u}^{\frac{7}{4}} \cdot R^{\frac{7n}{4}} \cdot y^{-\frac{7n}{4}}$. Eingesetzt in (7.7.13) folgt

$$\overline{\tau}(y) = \frac{0{,}209}{2\pi} \cdot a^{-\frac{7}{4}} \cdot \rho \cdot \nu^{\frac{1}{4}} \cdot R^{\frac{7n-1}{4}} \cdot y^{-\frac{7n}{4}} \cdot \overline{u}^{\frac{7}{4}}. \tag{7.7.14}$$

Dabei haben wir angenommen, dass die Gleichung (7.7.13) außer an der Wand ebenfalls für einen Wandabstand y Gültigkeit behält. Dies angenommen, haben Prandtl und von Kàrmàn zusätzlich die Annahme getroffen, dass die Schubspannung unabhängig vom Radius sein sollte. Dann muss in (7.7.14) aber $\frac{7n-1}{4} = 0$ sein, was $n = \frac{1}{7}$ nach sich zieht. Insgesamt folgt das turbulente Profil zu

$$\overline{u}(r) = \overline{u}_{\max} \cdot \left(1 - \frac{r}{R}\right)^{\frac{1}{7}}. \tag{7.7.15}$$

Für die örtlich gemittelte Geschwindigkeit erhält man

$$\begin{aligned} c &= \frac{1}{\pi R^2} \int_0^R 2\pi r \cdot \overline{u}(r) \cdot dr = \frac{2 \cdot \overline{u}_{\max}}{R^2} \int_0^R r \cdot \overline{u}(r) \cdot dr \\ &= 2 \cdot \overline{u}_{\max} \int_0^1 x \cdot (1-x)^{\frac{1}{7}} \cdot dx \quad \text{mit} \quad x = \frac{r}{R} \end{aligned}$$

und daraus

$$c = \frac{49}{60} \overline{u}_{\max}. \tag{7.7.16}$$

Der Gültigkeitsbereich von (7.7.15) ist identisch mit demjenigen der Näherungsformel (7.7.8), nämlich $\mathrm{Re} < 10^5$. Eine Unschönheit beinhaltet das 1/7-Profil anscheinend: Die Auswertung der Spannung an der Wand ergibt einen unendlich großen Wert. Dies ist aber nicht weiter schlimm, da die viskose Unterschichtdicke, $\frac{y}{l_\nu} = 5$, die untere Grenze des Gültigkeitsbereichs darstellt.

III. Die Grenzschichtdicke

Herleitung von (7.7.17)–(7.7.19)

Die viskose Unterschicht bildet sich nur langsam unterhalb der turbulenten Strömung in der wandnahen Zone aus. Deshalb kann eine eindeutige Dicke der viskosen Unterschicht δ_{vis} nicht angegeben werden. Wie schon mit (7.5.9) bekannt, ist $\delta_{\text{vis}} = 11{,}64 \cdot l_\nu$. Dies ergibt sich natürlich auch als Schnittpunkt von (7.5.3) mit (7.5.10), aber das ist kein Beweis, da das Profil von (7.5.10) mithilfe der Messung (7.5.9) erst hergeleitet wurde. Die viskose Dicke wird umgeschrieben zu $\delta_{\text{vis}} = 11{,}64 \cdot \frac{\nu}{u_*} = 11{,}64 \cdot \nu\sqrt{\frac{\rho}{\tau_W}}$.

Zuerst quadrieren wir die Gleichung und dividieren sie anschließend durch d^2. Dies führt zu

$$\frac{\delta_{\text{vis}}^2}{d^2} = 11{,}64^2 \cdot \frac{\nu^2}{d^2} \cdot \frac{\rho}{\tau_W}. \tag{7.7.17}$$

Die Wandspannung lässt sich nicht mithilfe der Definition $\tau_W = \eta \cdot \left.\frac{d\bar{u}}{dr}\right|_W$ ausdrücken, weil wie schon erwähnt, der Wert an der Wand unendlich groß wird. Hingegen verwenden wir wieder (7.7.2) und (7.7.3) und finden

$$\tau_W = \frac{\Delta p_V}{l} \cdot \frac{d}{4} = \frac{\lambda}{4}\rho c^2. \tag{7.7.18}$$

Dies fügen wir in (7.7.17) ein:

$$\frac{\delta_{\text{vis}}^2}{d^2} = 11{,}64^2 \cdot \frac{\nu^2}{d^2} \cdot \frac{4\rho}{\lambda\rho c^2} = \frac{4 \cdot 11{,}64^2}{\lambda} \cdot \frac{1}{\text{Re}_d^2}.$$

Schließlich wird noch die Näherung (7.7.8) eingesetzt und man erhält

$$\frac{\delta_{\text{vis}}^2}{d^2} = \frac{4 \cdot 11{,}64^2}{0{,}316} \cdot \frac{\text{Re}_d^{\frac{1}{4}}}{\text{Re}_d^2} \quad \text{oder} \quad \frac{\delta_{\text{vis}}}{d} = \frac{41{,}40}{\text{Re}_d^{\frac{7}{8}}}. \tag{7.7.19}$$

7.8 Reibungswiderstand und Grenzschichtdicke der Plattenströmung

I. Die Grenzschichtdicke

Herleitung von (7.8.1)–(7.8.4)

Mit der Gleichung (4.6.3) hatten wir die Impulserhaltung innerhalb der laminaren Grenzschicht in integraler Form hergeleitet. Die Gleichung gilt auch für Strömungen innerhalb einer turbulenten Grenzschicht, sofern das Profil innerhalb derselben bekannt ist. Im Fall einer Plattenströmung ist die Außenströmung $u_\delta = u_\infty$ = konst. und deshalb $u'_\delta = 0$. Es verbleibt dann

$$\tau_W(x) = \rho u_\infty^2 \cdot \delta_2'(x) = \rho u_\infty^2 \frac{d}{dx}\left[\int_0^\delta \frac{\overline{u}}{u_\infty}\left(1 - \frac{\overline{u}}{u_\infty}\right)dy\right]. \tag{7.8.1}$$

Die Impulsverlustdicke δ_2 wird dabei gemäß (4.3.12) verwendet. Es stellt sich noch die Frage nach dem Geschwindigkeitsprofil. Eine Aufteilung in eine laminare Unterschicht und eine turbulente Zone wäre denkbar. Prandtl überträgt hingegen das 1/7-Profil der Rohrströmung auf die Plattenströmung, indem er die maximale Geschwindigkeit $\overline{u}_{max}$ mit der Außenströmung u_∞, den Rohrradius R mit der turbulenten Grenzschichtdicke $\delta_{tur}(x)$ und schließlich die Differenz $R - r$ mit dem Wandabstand y identifiziert. Aus der Rohrströmungsgleichung (7.7.15) mit $\frac{\overline{u}}{\overline{u}_{max}} = (\frac{R-r}{R})^{\frac{1}{7}}$ wird nun $\frac{\overline{u}}{u_\infty} = (\frac{y}{\delta})^{\frac{1}{7}}$ für die Plattenströmung. Aus (7.8.1) entsteht

$$\tau_W(x) = \rho u_\infty^2 \frac{d}{dx}\left[\int_0^\delta \left(\frac{y}{\delta}\right)^{\frac{1}{7}}\left(1 - \left(\frac{y}{\delta}\right)^{\frac{1}{7}}\right)dy\right]$$

$$= \rho u_\infty^2 \frac{d}{dx}\left[\frac{7y}{8}\cdot\left(\frac{y}{\delta}\right)^{\frac{8}{7}} - \frac{7y}{9}\cdot\left(\frac{y}{\delta}\right)^{\frac{9}{7}}\right]_0^\delta = \rho u_\infty^2 \frac{d}{dx}\left(\frac{7\delta}{8} - \frac{7\delta}{9}\right) \quad \text{und}$$

$$\tau_W(x) = \rho u_\infty^2 \cdot \frac{7}{72} \cdot \frac{d\delta_{tur}}{dx}. \tag{7.8.2}$$

Für die Wandspannung verwenden wir (7.7.18), woraus mit (7.7.8) und (7.7.16)

$$\tau_W = \frac{0{,}316}{8 \cdot \mathrm{Re}_d^{\frac{1}{4}}} \cdot \rho \cdot \left(\frac{49}{60}\right)^2 \cdot \overline{u}_{max}^2$$

wird. Die weitere Verrechnung ergibt

$$\tau_W = 0{,}023 \cdot \rho \cdot u_\infty^2 \cdot \left(\frac{\nu}{u_\infty \cdot \delta_{tur}}\right)^{\frac{1}{4}}. \tag{7.8.3}$$

Im letzten Schritt wurde wieder $\overline{u}_{max}$ mit u_∞ und R mit δ_{tur} identifiziert.
Der Vergleich von (7.8.2) mit (7.8.3) liefert

$$\frac{d\delta}{dx} = 0{,}240 \cdot \left(\frac{\nu}{u_\infty \cdot \delta}\right)^{\frac{1}{4}}$$

und danach

$$\delta^{\frac{1}{4}} \cdot d\delta = 0{,}240 \cdot \left(\frac{\nu}{u_\infty}\right)^{\frac{1}{4}} dx.$$

Die Integration führt mit $\delta(0) = 0$ nacheinander auf

$$\frac{4}{5} \cdot \delta^{\frac{5}{4}} = 0{,}240 \cdot \left(\frac{\nu}{u_\infty}\right)^{\frac{1}{4}} x, \quad \delta = 0{,}381 \cdot \left(\frac{\nu}{u_\infty}\right)^{\frac{1}{5}} x^{\frac{4}{5}}, \quad \frac{\delta}{x} = 0{,}381 \cdot \left(\frac{\nu}{u_\infty x}\right)^{\frac{1}{5}}$$

und schließlich

$$\frac{\delta}{x} = \frac{0{,}381}{\mathrm{Re}_x^{\frac{1}{5}}}. \tag{7.8.4}$$

II. Der Reibungswiderstand

Herleitung von (7.8.5)–(7.8.7)

Aus $\tau_W(x) = \frac{1}{2} c_f(x) \rho u_\infty^2$ erhält man mithilfe von (7.8.2) und (7.8.4) den lokalen Reibungsbeiwert

$$c_f(x) = \frac{2 \cdot \tau_W(x)}{\rho u_\infty^2} = \frac{14}{72} \cdot \frac{d\delta}{dx} = 0{,}047 \cdot \left(\frac{\nu}{u_\infty \cdot \delta}\right)^{\frac{1}{4}} = \frac{0{,}047}{0{,}381^{\frac{1}{4}}} \cdot \left(\frac{\nu \cdot u_\infty^{\frac{1}{5}} \cdot x^{\frac{1}{5}}}{u_\infty \cdot x \cdot \nu^{\frac{1}{5}}}\right)^{\frac{1}{4}}$$

$$= 0{,}059 \cdot \left[\left(\frac{\nu}{u_\infty \cdot x}\right)^{\frac{4}{5}}\right]^{\frac{1}{4}} \quad \text{und} \quad c_f(x) = \frac{0{,}059}{\mathrm{Re}_x^{\frac{1}{5}}}. \tag{7.8.5}$$

Der Widerstand an einer Platte mit Breite b und Länge dx an der Stelle x beträgt $dF_W(x) = \tau_W(x) \cdot dA = \tau_W(x) \cdot b \cdot dx$. Für den gesamten Widerstand entlang der Strecke l ergibt sich mit (7.8.5)

$$F_W = b \int_0^l \tau_W(x) \cdot dx = 0{,}030 \cdot b \cdot \rho u_\infty^2 \int_0^l \frac{1}{\mathrm{Re}_x^{\frac{1}{5}}} \cdot dx = 0{,}030 \cdot b \cdot \rho u_\infty^2 \cdot \left(\frac{\nu}{u_\infty}\right)^{\frac{1}{5}} \cdot \frac{5}{4} \cdot l^{\frac{4}{5}}$$

und schließlich

$$F_{W,\mathrm{tur}} = 0{,}037 \cdot b \cdot \rho \cdot \nu^{\frac{1}{5}} \cdot u_\infty^{\frac{9}{5}} \cdot l^{\frac{4}{5}}. \tag{7.8.6}$$

Der Faktor 0,030 wird dabei infolge von Messungen auf 0,037 korrigiert, weil damit eine bessere Übereinstimmung mit der Theorie erzielt wird.

Da der Umschlag zur turbulenten Strömung nicht schon an der Vorderkante der Platte eintritt, ist die vorhin durchgeführte Integration eigentlich falsch. Der Fehler nimmt mit der laminaren Lauflänge l_{lam} zu. Um das zu berücksichtigen, überlegen wir uns zuerst, dass der Ort des Umschlags und somit l_{lam} bekannt wäre, falls die kritische Reynolds-Zahl $\mathrm{Re}_{\mathrm{krit}}$ für die jeweilige Strömung angegeben werden kann. Man versieht somit den über das Intervall $[0, x]$ gemittelten Reibungsbeiwert mit einem von $\mathrm{Re}_{\mathrm{krit}}$ abhängigen Korrekturglied.

Im Einzelnen berechnen wir

$$\overline{c_f}(x) = \frac{1}{x}\int_0^x \frac{0{,}059}{\mathrm{Re}_x^{\frac{1}{5}}}dx = \frac{0{,}059}{x}\cdot\left(\frac{\nu}{u_\infty}\right)^{\frac{1}{5}}\int_0^x x^{-\frac{1}{5}}dx = \frac{0{,}059}{x}\cdot\left(\frac{\nu}{u_\infty}\right)^{\frac{1}{5}}\cdot\frac{5}{4}\cdot x^{\frac{4}{5}}$$

$$= 0{,}074\cdot\left(\frac{\nu}{u_\infty x}\right)^{\frac{1}{5}} = \frac{0{,}074}{\mathrm{Re}_x^{\frac{1}{5}}} = \frac{5}{4}\cdot c_f(x).$$

Prandtl schlägt die Korrektur dieses Wertes als

$$\overline{c_f}(x) = \frac{0{,}074}{\mathrm{Re}_x^{\frac{1}{5}}} - \frac{A(\mathrm{Re}_{\mathrm{krit}})}{\mathrm{Re}_x}$$

vor. Dabei ist A eine von $\mathrm{Re}_{\mathrm{krit}}$ abhängige Zahl.

Der gesamte Reibungswiderstand (laminar und turbulent) auf einer Lauflänge l lautet dann

$$F_{w,\mathrm{lam+tur}} = \frac{1}{2}b\rho u_\infty^2\cdot\left[\frac{0{,}074}{\mathrm{Re}_l^{\frac{1}{5}}} - \frac{A(\mathrm{Re}_{\mathrm{krit}})}{\mathrm{Re}_l}\right]. \quad (7.8.7)$$

Falls l_{lam} gegenüber der turbulenten Lauflänge l_{tur} vernachlässigt werden kann, dann braucht man diese Korrektur nicht anzuwenden. Die folgende Tabelle erfasst einige Messwerte der Zahl A für die entsprechende kritische Reynolds-Zahl.

$\mathrm{Re}_{\mathrm{krit}}$	10^5	$3\cdot 10^5$	$5\cdot 10^5$	10^6	$3\cdot 10^6$
A	350	1050	1700	3300	8700

Daraus lassen sich Zwischenwerte mithilfe einer quadratischen Interpolation gewinnen:

$$\mathrm{Re}_{\mathrm{krit}} = 0{,}008\cdot A^2 + 277\cdot A + 2342. \quad (7.8.8)$$

Es gibt Formeln für (7.8.7) und (7.8.8), die zusätzlich die Rauheit der Oberfläche berücksichtigen.

Einschränkung: Somit gelten die eben genannten Gleichungen nur für glatte Oberflächen. Zudem könnte man die gesamten Rechnungen als Alternative zum 1/7-Profil auch mit dem zugehörigen logarithmischen Geschwindigkeitsprofil der turbulenten Innenzone durchführen.

Schließlich fügen wir eine Übersicht einschließlich der laminaren Strömung bei, welche die Grenzschichtdicken und die Reibungskräfte enthält. Für die Platte meint die Reibungskraft immer die auf einer Seite wirkende Kraft. Es bezeichnen:

ρ: Dichte
η: Dynamische Viskosität
ν: Kinematische Viskosität
R: Rohrradius
d: Rohrdurchmesser
c: Mittlere Rohrgeschwindigkeit
l: Plattenlänge
b: Plattenbreite
u_∞: Geschwindigkeit der Aussenströmung
δ_{lam}: Grenzschichtdicke der laminaren Strömung
δ_{vis}: Grenzschichtdicke der viskosen Unterschicht
δ_{tur}: Grenzschichtdicke der turbulenten Strömung
Re_d: Reynolds-Zahl gebildet mit dem Rohrdurchmesser d
Re_x: Reynolds-Zahl gebildet mit der Lauflänge x
Re_l: Reynolds-Zahl gebildet mit der Länge l

Strömung	**Begrenzung**	**Reibungswiderstand**	**Grenzschichtdicke**
Laminar	Rohr	$F_{W,\text{lam}} = 8\pi \cdot \eta \cdot c \cdot l$	$\frac{\delta_{\text{lam}}}{x} = \frac{4{,}89}{\sqrt{\text{Re}_x}}, x = d$
	Platte	$F_{W,\text{lam}} = 0{,}662 \cdot b \cdot \rho \cdot \nu^{\frac{1}{2}} \cdot u_\infty^{\frac{3}{2}} \cdot l^{\frac{1}{2}}$	
Turbulent	Rohr	$F_{W,\text{tur}} = 0{,}209 \cdot \rho \cdot \nu^{\frac{1}{4}} \cdot R^{\frac{3}{4}} \cdot c^{\frac{7}{4}} \cdot l$	$\frac{\delta_{\text{vis}}}{x} = \frac{41{,}40}{\text{Re}_x^{\frac{7}{8}}}, x = d$
	Platte	$F_{W,\text{tur}} = 0{,}037 \cdot b \cdot \rho \cdot \nu^{\frac{1}{5}} \cdot u_\infty^{\frac{9}{5}} \cdot l^{\frac{4}{5}}$ oder $F_{w,\text{lam+tur}} = \frac{1}{2} b \rho u_\infty^2 \cdot \left[\frac{0{,}074}{\text{Re}_l^{\frac{1}{5}}} - \frac{A(\text{Re}_{\text{krit}})}{\text{Re}_l}\right]$	$\frac{\delta_{\text{tur}}}{x} = \frac{0{,}381}{\text{Re}_x^{\frac{1}{5}}}, x = d$

Beispiel 1. Durch eine nicht scharfkantige Öffnung eines langen glatten Rohrs mit dem Radius $R = 5\,\text{cm}$ sollen 20 Liter Wasser pro Sekunde fließen (Abb. 7.4 links). Die Stoffwerte des Wassers sind $\rho = 1000\,\frac{\text{kg}}{\text{m}^3}$ und $\nu = 1{,}5 \cdot 10^{-6}\,\frac{\text{m}^2}{\text{s}}$. Zudem beträgt die kritische Reynolds-Zahl $\text{Re}_{\text{krit}} = 5 \cdot 10^5$.

a) Wie groß ist die Strömungsgeschwindigkeit?
b) Welche gemittelte, maximale Geschwindigkeit $\overline{u}_{\max}$ entsteht im Rohr?
c) Bestimmen Sie die Lauflänge l_{lam} der laminaren Strömung und die Dicke der zugehörigen Grenzschicht am Ende dieser Lauflänge.
d) Bevor die Strömung im gesamten Rohr turbulent wird, benötigt sie einen Anlaufweg l_a. Die Länge dieses Wegs wird durch das Aufeinandertreffen der turbulenten Grenzschichten im Zentrum der Röhre bestimmt. Wie groß wird l_a?
e) Bestimmen Sie den Reibungswiderstand pro Länge aufgrund der Turbulenz alleine.
f) Wie dick wird die unter der turbulenten Grenzschicht liegende laminare Unterschicht?

g) Berechnen Sie die Rohrreibungszahl λ und mit deren Hilfe die Wandschubspannungsgeschwindigkeit u_*.

Lösung.

a) Es gilt

$$c = \frac{\dot{V}}{\pi R^2} = \frac{20 \cdot 10^{-3}}{\pi \cdot 0{,}05^2} = 2{,}55\,\frac{\text{m}}{\text{s}}.$$

b) Aus Gleichung (7.7.16) folgt

$$\overline{u}_{\text{max}} = \frac{60}{49} c = 3{,}12\,\frac{\text{m}}{\text{s}}.$$

c) Mit $\text{Re}_{\text{krit}} = \frac{c \cdot l_{\text{lam}}}{\nu}$ erhält man

$$l_{\text{lam}} = \frac{\text{Re}_{\text{krit}} \cdot \nu}{c} = \frac{5 \cdot 10^5 \cdot 1{,}5 \cdot 10^{-6}}{2{,}55} = 29{,}45\,\text{cm}.$$

Damit liefert die Gleichung (4.3.10) oder die obige Übersicht

$$\delta_{\text{lam}} = \frac{4{,}89 \cdot l_{\text{am}}}{\sqrt{\text{Re}_{\text{krit}}}} = 2{,}03\,\text{mm}.$$

d) Die turbulente Grenzschicht wächst gemäß der Gleichung (7.8.4) oder der obigen Tabelle. Daraus erhält man die Bestimmungsgleichung $R = \frac{\delta_{\text{tur}}}{2}$ oder

$$0{,}05 = \frac{0{,}381 \cdot x}{\left(\frac{2{,}55 \cdot x}{1{,}5 \cdot 10^{-6}}\right)^{\frac{1}{5}}}$$

und somit $l_a = 2{,}85$ m. Von der Rohröffnung gemessen, ergibt sich $l_{\text{total}} = l_{\text{lam}} + l_a = 3{,}15$ m.

e) Mithilfe von (7.7.12) folgt

$$\frac{F_W}{l} = 0{,}209 \cdot \rho \cdot \nu^{\frac{1}{4}} \cdot R^{\frac{3}{4}} \cdot c^{\frac{7}{4}} = 3{,}97\,\text{N}.$$

f) Nach (7.7.19) oder abermals nach der obenstehenden Tabelle gilt

$$\delta_{\text{vis}} = \frac{41{,}4 \cdot 0{,}1}{\left(\frac{2{,}55 \cdot 0{,}1}{1{,}5 \cdot 10^{-6}}\right)^{\frac{7}{8}}} = 0{,}11\,\text{mm}.$$

g) Die Colebrook-White-Gleichung (7.7.10) ergibt für $k = 0$ und $\text{Re} = \text{Re}_{\text{krit}}$ den Wert $\lambda = 0{,}0132$. Aus (7.7.4) folgt $u_* = 0{,}10\,\frac{\text{m}}{\text{s}}$.

Beispiel 2. Zur Simulation des Reibungswiderstands an einem Tragflügel wird eine dünne rechteckige Platte der Länge $l = 10\,\mathrm{m}$ und der Breite $b = 2\,\mathrm{m}$ einseitig mit Luft der Geschwindigkeit $u = 200\,\frac{\mathrm{km}}{\mathrm{h}}$ angeströmt. Die Stoffdaten der Luft betragen $\rho = 1{,}21\,\frac{\mathrm{kg}}{\mathrm{m}^3}$ und $\nu = 15 \cdot 10^{-6}\,\frac{\mathrm{m}^2}{\mathrm{s}}$. Die kritische Reynolds-Zahl liegt mit $\mathrm{Re}_{\mathrm{krit}} = 4 \cdot 10^5$ vor.

a) Kann die Strömung als inkompressibel betrachtet werden?
b) Wie groß werden die laminaren und turbulenten Lauflängen l_{lam} und l_{tur}?
c) Bestimmen Sie den gesamten Reibungswiderstand.

Lösung.

a) Nach der Bemerkung am Ende von Kap. 4.2 ist dies zulässig, falls $\mathrm{Ma} < 0{,}3$. Mit einer Schallgeschwindigkeit von $c \approx 340\,\frac{\mathrm{m}}{\mathrm{s}}$ erhält man $\mathrm{Ma} = \frac{u}{c} = 0{,}16$, also ist die Strömung inkompressibel.
b) Es gilt

$$l_{\mathrm{lam}} = \frac{\mathrm{Re}_{\mathrm{krit}} \cdot \nu}{u} = \frac{4 \cdot 10^5 \cdot 15 \cdot 10^{-6}}{55{,}55} = 10{,}8\,\mathrm{cm} \quad \text{und} \quad l_{\mathrm{tur}} = l - l_{\mathrm{lam}} = 1{,}89\,\mathrm{m}.$$

c) Mit (4.3.19) erhält man

$$F_{W,\mathrm{lam}} = 0{,}662 \cdot 10 \cdot 1{,}21 \cdot \sqrt{15 \cdot 10^{-6}} \cdot 55{,}55^{1{,}5} \cdot 0{,}108^{0{,}5} = 4{,}22\,\mathrm{N}.$$

Die Gleichung (7.8.6) liefert

$$F_{W,\mathrm{tur}} = 0{,}037 \cdot 10 \cdot 1{,}21 \cdot (15 \cdot 10^{-6})^{0{,}2} \cdot 55{,}55^{1{,}8} \cdot 1{,}89^{0{,}8} = 111{,}75\,\mathrm{N}.$$

Man erhält gesamthaft $F_W = F_{W,\mathrm{lam}} + F_{W,\mathrm{tur}} = 115{,}97\,\mathrm{N}$. Da $l_{\mathrm{lam}} \ll l_{\mathrm{tur}}$, ist keine Korrektur mit (7.8.7) vonnöten.

Beispiel 3. Eine quadratische Platte mit der Kantenlänge $l = 1\,\mathrm{m}$ und der Dicke $h = 1\,\mathrm{cm}$ wird mit der Geschwindigkeit $u = 2\,\frac{\mathrm{m}}{\mathrm{s}}$ horizontal durch ein Wasserbecken gezogen. Die Stoffwerte des Wassers sind $\rho = 1000\,\frac{\mathrm{kg}}{\mathrm{m}^3}$, $\nu = 1{,}4 \cdot 10^{-6}\,\frac{\mathrm{m}^2}{\mathrm{s}}$ und die kritische Reynolds-Zahl beträgt $\mathrm{Re}_{\mathrm{krit}} = 4 \cdot 10^5$ vor.

a) Bestimmen Sie die laminare und turbulente Lauflänge.
b) Wie groß wird der gesamte Reibungswiderstand? Verwenden Sie dazu (4.3.19), (7.8.6) und korrigieren Sie gegebenenfalls das Ergebnis mithilfe von (7.8.7). Der Druckwiderstand soll unbeachtet bleiben. Nun wird dieselbe Platte mit der Kraft $F = 200\,\mathrm{N}$ durch das Wasser gezogen.
c) Geben Sie die laminare und die turbulente Lauflänge als Funktion der unbekannten Geschwindigkeit u an, falls keine Ablösung der turbulenten Grenzschicht entlang der Platte erfolgt.
d) Mit welcher maximalen Geschwindigkeit u kann die Platte ohne Ablösung der turbulenten Grenzschicht bewegt werden?

e) Wiederholen Sie die Teilaufgabe d) für den Fall, dass sich die turbulente Grenzschicht praktisch am Ende der Platte ablöst und berücksichtigen Sie nun zusätzlich den Druckwiderstand, indem Sie mit einem Druckbeiwert von $c_D = 0{,}6$ rechnen.
f) Berechnen Sie die laminaren Lauflängen für die ermittelten Geschwindigkeiten in d) und e).

Lösung.
a) Man erhält $l_{\mathrm{lam}} = \frac{\mathrm{Re}_{\mathrm{krit}} \cdot \nu}{u} = 0{,}28\,\mathrm{m}$ und demnach $l_{\mathrm{tur}} = l - l_{\mathrm{lam}} = 0{,}72\,\mathrm{m}$.
b) Aus (4.3.19) folgt

$$F_{W,\mathrm{lam}} = 0{,}662 \cdot 1 \cdot 1000 \cdot \sqrt{1{,}4 \cdot 10^{-6}} \cdot 2^{1{,}5} \cdot 0{,}28^{0{,}5} \cdot 2 = 2{,}34\,\mathrm{N}$$

und gemäß (7.8.6) gilt

$$F_{W,\mathrm{tur}} = 0{,}037 \cdot 1 \cdot 1000 \cdot (1{,}4 \cdot 10^{-6})^{0{,}2} \cdot 2^{1{,}8} \cdot 0{,}72^{0{,}8} \cdot 2 = 13{,}37\,\mathrm{N}.$$

Gesamthaft ergibt das $F_W = F_{W,\mathrm{lam}} + F_{W,\mathrm{tur}} = 15{,}71\,\mathrm{N}$. Da l_{lam} einen relativ großen Teil der gesamten Länge ausmacht, muss der Wert unter Benutzung von (7.8.7) korrigiert werden. Zuerst bestimmt man $A(\mathrm{Re}_{\mathrm{krit}})$. Die Interpolationsgleichung (7.8.8) liefert $A = 1380$.
Damit erhält man

$$F_{W,\mathrm{lam+tur}} = \frac{1}{2} \cdot 1 \cdot 1000 \cdot 2^2 \left[\frac{0{,}074}{\left(\frac{2 \cdot 1}{1{,}4 \cdot 10^{-6}}\right)^{0{,}2}} - \frac{1380}{\frac{2 \cdot 1}{1{,}4 \cdot 10^{-6}}} \right] \cdot 2 = 13{,}53\,\mathrm{N}.$$

c) Es gilt

$$l_{\mathrm{lam}} = \frac{4 \cdot 10^5 \cdot 1{,}4 \cdot 10^{-6}}{u} = \frac{0{,}56}{u}, \quad l_{\mathrm{tur}} = l - l_{\mathrm{lam}} = 2 - \frac{0{,}56}{u}.$$

d) Die Gleichung (4.3.19) liefert

$$F_{W,\mathrm{lam}} = 0{,}662 \cdot 1 \cdot 1000 \cdot \sqrt{1{,}4 \cdot 10^{-6}} \cdot u^{1{,}5} \cdot \left(\frac{0{,}56}{u}\right)^{0{,}5} \cdot 2$$

und aus (7.8.6) folgt

$$F_{W,\mathrm{tur}} = 0{,}037 \cdot 1 \cdot 1000 \cdot (1{,}4 \cdot 10^{-6})^{0{,}2} \cdot u^{1{,}8} \cdot \left(1 - \frac{0{,}56}{u}\right)^{0{,}8} \cdot 2.$$

Die Bedingung $F_{W,\mathrm{lam}} + F_{W,\mathrm{tur}} = 200\,\mathrm{N}$ führt zu $u = 7{,}82\,\frac{\mathrm{m}}{\mathrm{s}}$.
e) Die turbulente Lauflänge kann beibehalten werden, da die Ablösung praktisch am Ende der Platte erfolgt. Der Druckwiderstand beträgt gemäß (4.1)

$$F_D = \frac{1}{2} c_D \rho \cdot bh \cdot u^2 = \frac{1}{2} 0{,}6 \cdot 1000 \cdot 1 \cdot 0{,}01 \cdot u^2 = 3u^2.$$

Aus $F_{W,\text{lam}} + F_{W,\text{tur}} + F_D = 200\,\text{N}$ erhält man $u = 5{,}56\,\frac{\text{m}}{\text{s}}$.

f) Mit $l_{\text{lam}} = \frac{0{,}56}{u}$ folgen die Lauflängen $l_{\text{lam}} = 7{,}16\,\text{cm}$ resp. $l_{\text{lam}} = 10{,}07\,\text{cm}$.

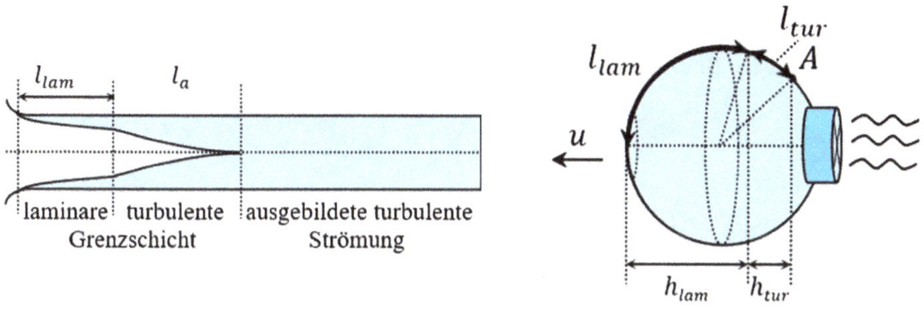

Abb. 7.4: Skizzen zu den Beispielen 1 und 4.

Beispiel 4. Ein Tiefseeboot besitzt die Form einer Kugel mit Radius $R = 1\,\text{m}$ und bewegt sich mit der Geschwindigkeit $u = 0{,}25\,\frac{\text{m}}{\text{s}}$ (Abb. 7.4 rechts). Die Stoffwerte des Meerwassers sind $\rho = 1025\,\frac{\text{kg}}{\text{m}^3}$ und $\nu = 1{,}4 \cdot 10^{-6}\,\frac{\text{m}^2}{\text{s}}$.

a) Bestimmen Sie die Reynolds-Zahl Re_d gebildet mit dem Kugeldurchmesser.

b) Welcher laminaren Lauflänge l_{lam} und welchem Mittelpunktswinkel α_{lam} entspricht Re_d?

c) Bei der in a) bestimmten Reynolds-Zahl löst die turbulente Strömung für $\alpha_{\text{tur}} = 135°$ ab.
Wie groß ist demnach die turbulente Lauflänge l_{tur}?

d) Gesucht ist die Antriebsleistung des Motors um den gesamten Widerstand zu überwinden. Rechnen Sie mit einem Druckbeiwert von $c_D = 0{,}09$ (vgl. Abb. 4.1).

Lösung.

a) Man erhält

$$\text{Re}_d = \frac{u \cdot d}{\nu} = \frac{0{,}25 \cdot 2}{1{,}4 \cdot 10^{-6}} = 3{,}57 \cdot 10^5.$$

b) Es gilt $l_{\text{lam}} = d = 2\,\text{m}$. Das entspricht $\alpha_{\text{lam}} = \frac{2}{\pi} \cdot 180° \approx 114{,}59°$.

c) Die zugehörige Lauflänge ergibt sich zu $l_{\text{tur}} = \frac{3}{4}\pi - 2 = 0{,}36\,\text{m}$.

d) In Gleichung (4.3.19) und (7.8.6) taucht die Breite b auf. Dies muss man für die Kugeloberfläche umrechnen. Die Fläche A einer Kugelkappe wie auch einer Kugelschicht berechnet man mittels $A = 2\pi R h$. Dabei ist h die zugehörige Teilstrecke des Durchmessers (siehe Abb. 7.4 rechts). Für die laminare Lauflänge ist demnach b derart gesucht, dass $l_{\text{lam}} \cdot b = 2\pi R h$ gilt. Mit

$$h_{\text{lam}} = |\cos(\alpha)| + R = |\cos(2)| + 1 = 1{,}42\,\text{m}$$

folgt

$$b_{\text{lam}} = \frac{2\pi R \cdot h_{\text{lam}}}{l_{\text{lam}}} = 4{,}45\,\text{m}.$$

Analog für l_{tur} findet man

$$h_{\text{tur}} = \left|\cos\left(\frac{3}{4}\pi\right)\right| + 1 - 1{,}42 = 0{,}29\,\text{m}$$

und aus $l_{\text{tur}} \cdot b = 2\pi Rh$ folgt

$$b_{\text{tur}} = \frac{2\pi R \cdot h_{\text{tur}}}{l_{\text{tur}}} = 5{,}13\,\text{m}.$$

So erhalten wir

$$\begin{aligned} F_{W,\text{lam}} &= 0{,}662 \cdot b_{\text{lam}} \cdot \rho\sqrt{\nu} \cdot u^{1{,}5} \cdot l_{\text{lam}}^{0{,}5} \\ &= 0{,}662 \cdot 4{,}45 \cdot 1025 \cdot \sqrt{1{,}4 \cdot 10^{-6}} \cdot 0{,}25^{1{,}5} \cdot 2^{0{,}5} = 0{,}63\,\text{N} \quad \text{und} \\ F_{W,\text{tur}} &= 0{,}037 \cdot b_{\text{tur}} \cdot \rho \cdot \nu^{0{,}2} \cdot u^{1{,}8} \cdot l_{\text{tur}}^{0{,}8} \\ &= 0{,}037 \cdot 5{,}13 \cdot 1025 \cdot (1{,}4 \cdot 10^{-6})^{0{,}2} \cdot 0{,}25^{1{,}8} \cdot 0{,}36^{0{,}8} = 0{,}47\,\text{N}. \end{aligned}$$

Der Druckwiderstand folgt schließlich nach (4.1) zu

$$F_D = \frac{1}{2}c_D\rho \cdot \pi R^2 \cdot u^2 = \frac{1}{2} \cdot 0{,}09 \cdot 1025 \cdot \pi \cdot 1^2 \cdot 0{,}25^2 = 9{,}07\,\text{N}.$$

Gesamthaft hat man $F_W = F_{W,\text{lam}} + F_{W,\text{tur}} + F_D = 10{,}17\,\text{N}$ und die Leistung folgt zu $P = F_W \cdot u = 10{,}17 \cdot 0{,}25 = 2{,}54\,\text{W}$.

Beispiel 5. Segelboote besitzen am Rumpf einen Kiel (Abb. 7.5 links). Dieser hat die Form eines Trapezes mit $h = 1\,\text{m}$ Tiefe und einer oberen und unteren Breite von 0,5 m resp. 0,25 m. Wir behandeln die Umströmung des Kiels wie die einer dünnen Platte. Das Boot segelt mit einer Geschwindigkeit von $u = 10\,\frac{\text{m}}{\text{s}}$. Die Stoffwerte des Salzwassers sind $\rho = 1025\,\frac{\text{kg}}{\text{m}^3}$ und $\nu = 1{,}4 \cdot 10^{-6}\,\frac{\text{m}^2}{\text{s}}$. Durch Messung sei bekannt, dass dieses Profil eine kritische Reynolds-Zahl von $\text{Re}_{\text{krit}} = 4 \cdot 10^5$ zulässt, bevor die Strömung turbulent wird.

a) Bestimmen Sie die Lauflänge l_{lam} der laminaren Strömung und die zugehörige Grenzschichtdicke am Ende dieser Lauflänge.
   Für die weiteren Teilaufgaben treffen wir die Annahme, dass die nach der Lauflänge l_{lam} einsetzende turbulente Strömung sich entlang der restlichen Lauflänge des Kiels nicht ablöst.

b) Bestimmen Sie die turbulente Grenzschichtdicke $\delta_{\text{tur}}(h)$ in Abhängigkeit der Wassertiefe h (von unten gemessen) und insbesondere die Grenzschichtdicke am oberen Kielrand.

c) Wie groß wird der gesamte Widerstand? Zur Berechnung des Druckwiderstands nehmen wir an, dass der Kiel in Strömungsrichtung spitz zuläuft, aber eine durchschnittliche Dicke von $d = 5\,\text{cm}$ aufweist. Rechnen Sie zudem mit einem entsprechenden Druckbeiwert von $c_D = 0{,}2$.

Lösung.

a) Es gilt $l_{\text{lam}} = \frac{\text{Re}_{\text{krit}} \cdot \nu}{u} = 5{,}6\,\text{cm}$. Dies ist die maximal mögliche Lauflänge entlang der Kielkontur vor dem Umschlag in eine turbulente Strömung. Die zugehörige Grenzschichtdicke an dieser Stelle wäre unter Verwendung von (4.3.10)

$$\delta_{\text{lam}} = \frac{4{,}89 \cdot l_{\text{am}}}{\sqrt{\text{Re}_{\text{krit}}}} = 0{,}43\,\text{mm}.$$

b) Die turbulente Lauflänge l_{tur} ergibt sich aus der Differenz $l_{\text{tur}} = l(h) - l_{\text{lam}}$, wobei gilt: $l(h) = 0{,}25h + 0{,}25$. Mit der Gleichung (7.8.4) erhält man

$$\delta_{\text{tur}}(h) = l_{\text{tur}} \cdot \frac{0{,}381}{(\text{Re}_{l_{\text{tur}}})^{\frac{1}{5}}} = l_{\text{tur}}(h) \cdot \frac{0{,}381}{\left[\frac{10 \cdot l_{\text{tur}(h)}}{\nu}\right]^{\frac{1}{5}}} = \frac{0{,}381 \cdot (0{,}25h + 0{,}194)}{\left[\frac{10 \cdot (0{,}25h+0{,}194)}{\nu}\right]^{\frac{1}{5}}}.$$

Insbesondere ist

$$\delta_{\text{tur}}(1) = \frac{0{,}381 \cdot 0{,}444}{\left(\frac{10 \cdot 0{,}444}{1{,}4 \cdot 10^{-6}}\right)^{\frac{1}{5}}} = 8{,}45\,\text{mm}.$$

c) Für den Reibungswiderstand $F_{W,\text{lam}}$, den die laminare Strömung auf beiden Seiten des Kiels ausübt, nehmen wir die Gleichung (4.3.19). Diese liefert

$$\begin{aligned} F_{W,\text{lam}} &= 0{,}662 \cdot b\rho\sqrt{\nu} \cdot u^{1{,}5} \cdot l_{\text{lam}}^{0{,}5} \cdot 2 \\ &= 0{,}662 \cdot 1 \cdot 1025 \cdot \sqrt{1{,}4 \cdot 10^{-6}} \cdot 10^{1{,}5} \cdot 0{,}056^{0{,}5} \cdot 2 = 12{,}02\,\text{N}. \end{aligned}$$

Der Reibungswiderstand $F_{W,\text{tur}}$ infolge des Umschlags in eine turbulente Strömung lautet gemäß (7.8.6) (dh entspricht der Breite b):

$$dF_{W,\text{tur}} = 0{,}037 \cdot \rho \cdot \nu^{0{,}2} \cdot u^{1{,}8} \cdot l(h)^{0{,}8} \cdot dh \cdot 2.$$

Dann folgt

$$F_{W,\text{tur}} = 0{,}037 \cdot \rho \cdot \nu^{0{,}2} \cdot u^{1{,}8} \int_0^1 (0{,}25h + 0{,}194)^{0{,}8} dh \cdot 2 = 128{,}94\,\text{N}.$$

Es fehlt noch der Druckwiderstand:

$$F_D = \frac{1}{2} c_D \rho \cdot d \cdot l \cdot u^2 = \frac{1}{2} \cdot 0{,}2 \cdot 1025 \cdot 0{,}05 \cdot 1 \cdot 10^2 = 512{,}50\,\text{N}.$$

Gesamthaft hätte man $F_W = F_{W,\text{lam}} + F_{W,\text{tur}} + F_D = 653{,}46\,\text{N}$.

Beispiel 6. Nach heftigen Regenfällen führt ein 10 m tiefer Fluss Hochwasser. Die Fließgeschwindigkeit u ist von der Wassertiefe h abhängig und beträgt $u(h) = 0{,}05h^2$ (von der Sohle gemessen). Die Stoffwerte des Wassers sind $\rho = 1000\,\frac{\text{kg}}{\text{m}^3}$ und $\nu = 1{,}4 \cdot 10^{-6}\,\frac{\text{m}^2}{\text{s}}$ und die kritische Reynolds-Zahl beträgt $\text{Re}_{\text{krit}} = 4 \cdot 10^5$. Ein linsenförmiger Pfeiler (Abb. 7.5 mitte). wird vom Fluss umströmt, ohne dass sich die entstehende turbulente Grenzschicht entlang der gesamten Pfeilerkontur ablöst.

a) Wie lautet die Funktionsgleichung zur Beschreibung der Pfeilerkontur?
b) Bestimmen Sie die Bogenlänge auf einer Seite des Pfeilers.
c) In welcher Wassertiefe setzt entlang der Pfeilerkontur erstmals eine turbulente Strömung ein?
d) Berechnen Sie den gesamten Reibungswiderstand.

Lösung.

a) Die Funktion lautet $f(x) = -\frac{1}{16}x^2 + 1$.
b) Für die Bogenlänge erhält man

$$l_B = 2\int_0^4 \sqrt{1 + f'(x)^2} = 2\int_0^4 \sqrt{1 + \frac{x^2}{64}} = 8{,}32\,\text{m}.$$

c) Zuerst bestimmt man diejenige Geschwindigkeit u_{krit}, bei der erstmals die laminare Lauflänge kürzer als die Bogenlänge l_B wird:

$$u_{\text{krit}} = \frac{\text{Re}_{\text{krit}} \cdot \nu}{l_B} = \frac{4 \cdot 10^5 \cdot 1{,}4 \cdot 10^{-6}}{8{,}32} = 0{,}07\,\frac{\text{m}}{\text{s}}.$$

Die zugehörige Tiefe folgt aus $0{,}07 = 0{,}05h^2$ zu $h_{\text{krit}} = 1{,}16\,\text{m}$.

d) Für $h > h_{\text{krit}}$ berechnet sich die laminare Lauflänge mittels

$$l_{\text{lam}}(h) = \frac{\text{Re}_{\text{krit}} \cdot \nu}{u(h)} = \frac{11{,}2}{h^2}.$$

Damit erhalten wir

$$\begin{aligned} dF_{W,\text{lam}} &= dF_{W,\text{lam1}} + dF_{W,\text{lam2}} \\ &= 0{,}662 \cdot dh \cdot \rho \cdot \sqrt{\nu} \cdot u(h)^{1,5} \cdot l_B^{0,5} \cdot 2 \\ &\quad + 0{,}662 \cdot dh \cdot \rho \cdot \sqrt{\nu} \cdot u(h)^{1,5} \cdot l_{\text{lam}}^{0,5}(h) \cdot 2 \end{aligned}$$

und somit

$$F_{W,\mathrm{lam}} = 0{,}662 \cdot 1000 \cdot \sqrt{1{,}4 \cdot 10^{-6}} \cdot \int_0^{1{,}16} (0{,}05h^2)^{1{,}5} dh \cdot 8{,}32^{0{,}5} \cdot 2$$

$$+\, 0{,}662 \cdot 1000 \cdot \sqrt{1{,}4 \cdot 10^{-6}} \cdot \int_{1{,}16}^{10} \left[(0{,}05h^2)^{1{,}5} \cdot \left(\frac{11{,}2}{h^2}\right)^{0{,}5} \right] dh \cdot 2$$

$$= 0{,}02\,\mathrm{N} + 19{,}51\,\mathrm{N} = 19{,}53\,\mathrm{N}.$$

Weiter gilt

$$dF_{W,\mathrm{tur}} = 0{,}037 \cdot dh \cdot \rho \cdot \nu^{0{,}2} \cdot u(h)^{1{,}8} \cdot (l_B - l_{\mathrm{lam}}(h))^{0{,}8} \cdot 2$$

und damit

$$F_{W,\mathrm{tur}} = 0{,}037 \cdot 1000 \cdot (1{,}4 \cdot 10^{-6})^{0{,}2} \cdot \int_{1{,}16}^{10} \left[(0{,}05h^2)^{1{,}8} \cdot \left(8{,}32 - \frac{11{,}2}{h^2}\right)^{0{,}8} \right] dh \cdot 2$$

$$= 1051{,}09\,\mathrm{N}.$$

Der gesamte Reibungswiderstand folgt zu $F_W = 1070{,}62\,\mathrm{N}$. Dabei ist der laminare Beitrag völlig vernachlässigbar.

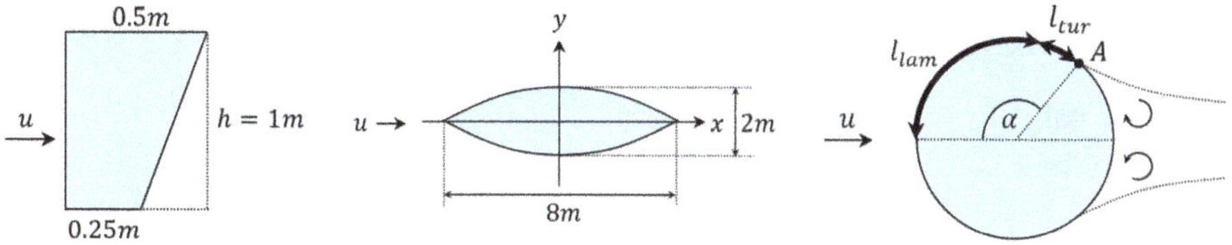

Abb. 7.5: Skizzen zu den Beispielen 5, 6 und 9.

Beispiel 7. Auf einem mit der Geschwindigkeit $c = 1\,\frac{\mathrm{m}}{\mathrm{s}}$ (relativ zu einem Beobachter am Ufer) fließender Fluss fährt ein Motorboot zuerst stromaufwärts und danach stromabwärts. In beiden Fällen soll die Bootsgeschwindigkeit $u = 5\,\frac{\mathrm{m}}{\mathrm{s}}$ (relativ zu einem Beobachter am Ufer) betragen. Um die Aufgabe wie eine Plattenströmung zu behandeln, wählen wir einen flachen, rechteckigen Bootsrumpf mit 10 m Länge und 2 m Breite. Die Stoffwerte des Wassers sind $\rho = 1000\,\frac{\mathrm{kg}}{\mathrm{m}^3}$ und $\nu = 1{,}4 \cdot 10^{-6}\,\frac{\mathrm{m}^2}{\mathrm{s}}$. Die kritische Reynolds-Zahl liegt mit $\mathrm{Re}_{\mathrm{krit}} = 4 \cdot 10^5$ ebenfalls vor.

a) Bestimmen Sie die laminaren und turbulenten Lauflängen stromaufwärts und stromabwärts.

b) Berechnen Sie den Gesamtwiderstand des Bootes stromaufwärts und stromabwärts.
c) Welcher Unterschied der Motorenleistung ergibt sich daraus?

Lösung.
a) Stromaufwärts beträgt die Relativgeschwindigkeit des Schiffs gegenüber dem Fluss $u = 6\,\mathrm{m/s}$ und man erhält

$$l_{\mathrm{lam}} = \frac{\mathrm{Re}_{\mathrm{krit}} \cdot \nu}{u} = \frac{4 \cdot 10^5 \cdot 1{,}4 \cdot 10^{-6}}{6} = 9{,}33\,\mathrm{cm}, \quad l_{\mathrm{tur}} = 9{,}86\,\mathrm{m}.$$

Stromabwärts ist die Relativgeschwindigkeit Schiff gegenüber Fluss $u = 4\,\mathrm{m/s}$ mit $l_{\mathrm{lam}} = 14\,\mathrm{cm}$, $l_{\mathrm{tur}} = 9{,}91\,\mathrm{m}$.
b) Stromaufwärts. Aus (4.3.19) folgt

$$F_{W,\mathrm{lam}} = 0{,}662 \cdot 2 \cdot 1000 \cdot \sqrt{1{,}4 \cdot 10^{-6}} \cdot 6^{1{,}5} \cdot 0{,}093^{0{,}5} = 7{,}03\,\mathrm{N} \quad \text{und}$$
$$F_{W,\mathrm{tur}} = 0{,}037 \cdot 2 \cdot 1000 \cdot (1{,}4 \cdot 10^{-6})^{0{,}2} \cdot 6^{1{,}8} \cdot 9{,}91^{0{,}8} = 786{,}81\,\mathrm{N}.$$

Total ergibt sich $F_{W,\mathrm{auf}} = 793{,}85\,\mathrm{N}$.
Stromabwärts. Es folgt

$$F_{W,\mathrm{lam}} = 0{,}662 \cdot 2 \cdot 1000 \cdot \sqrt{1{,}4 \cdot 10^{-6}} \cdot 4^{1{,}5} \cdot 0{,}14^{0{,}5} = 4{,}69\,\mathrm{N},$$
$$F_{W,\mathrm{tur}} = 0{,}037 \cdot 2 \cdot 1000 \cdot (1{,}4 \cdot 10^{-6})^{0{,}2} \cdot 4^{1{,}8} \cdot 9{,}86^{0{,}8} = 377{,}80\,\mathrm{N}.$$

und total $F_{W,\mathrm{ab}} = 382{,}49\,\mathrm{N}$.
c) Man erhält

$$\Delta P = F_{W,\mathrm{auf}} \cdot u_{\mathrm{auf}} - F_{W,\mathrm{ab}} \cdot u_{\mathrm{ab}} = 793{,}85 \cdot 6 - 382{,}49 \cdot 4 = 3233{,}11\,\mathrm{W}.$$

Beispiel 8. Für einen Hochgeschwindigkeitsrekord am Boden wird ein $b = 1\,\mathrm{m}$ breites Fahrzeug entworfen, dessen Querschnittsprofil durch die Funktion $f(x) = 2{,}5 \cdot x \cdot e^{-2x}$ gegeben ist. Die Stoffwerte der umgebenden Luft sind $\rho = 1{,}21\,\frac{\mathrm{kg}}{\mathrm{m}^3}$ und $\nu = 15 \cdot 10^{-6}\,\frac{\mathrm{m}^2}{\mathrm{s}}$. Außerdem beträgt die kritische Reynolds-Zahl $\mathrm{Re}_{\mathrm{krit}} = 4 \cdot 10^5$. Es soll eine Geschwindigkeit von $u = 350\,\frac{\mathrm{m}}{\mathrm{s}}$ erreicht werden.
a) Welche Bereiche des Profils kommen für eine Grenzschichtablösung infrage?
b) Da die Strömung im kritischen Bereich von i) turbulent ist, wird sie sich auch länger an der Profiloberfläche halten. Nehmen wir an, dass es, falls notwendig, durch Absaugen gelingt, die Ablösung entlang der gesamten Kontur zu verhindern. Unter diesen Annahmen sollen die laminare und die turbulente Lauflänge bestimmt werden.

c) Damit die turbulente Grenzschicht auch am Heck nicht abgelöst wird, stellen wir uns das Profil ab dem Heck linear in eine Spitze zulaufend vor. Um wieviel steigt dadurch die turbulente Lauflänge?

d) Berechnen Sie den gesamten Reibungswiderstand des Profils. Rechnen Sie mit einem Druckbeiwert von $c_D = 0{,}05$. Der Widerstand an den Seitenflächen soll nicht beachtet werden.

Lösung.

a) Der Bereich zwischen dem Funktionsmaximum und dem Wendepunkt ($0{,}5 \leq x \leq 1$) wie auch das Heck des Gefährts ($x = 2$).

b) Man erhält

$$l_{\text{lam}} = \frac{\text{Re}_{\text{krit}} \cdot \nu}{u} = \frac{4 \cdot 10^5 \cdot 15 \cdot 10^{-6}}{350} = 1{,}71\,\text{cm}.$$

Für die turbulente Lauflänge muss zuerst die Bogenlänge der Kontur berechnet werden: $l_B = \int_0^4 \sqrt{1 + f'(x)^2} = 2{,}28\,\text{m}$. Damit ist $l_{\text{tur}} = l_B - l_{\text{lam}} = 2{,}26\,\text{m}$.

c) Der Verlauf für die Verlängerung setzen wir als $g(x) = mx + q$ an und erhalten $g(x) = (20 - 7{,}5x)e^{-4}$. Die zusätzliche turbulente Lauflänge folgt zu $l_{\text{tur+}} = \sqrt{25e^{-8} + \frac{4}{9}} = 0{,}67\,\text{m}$.

d) Die Gleichung (4.3.19) liefert

$$F_{\text{lam}} = 0{,}662 \cdot 1 \cdot 1{,}21 \cdot \sqrt{15 \cdot 10^{-6}} \cdot 350^{1{,}5} \cdot 0{,}017^{0{,}5} = 2{,}66\,\text{N}.$$

Nach (7.8.6) gilt

$$\begin{aligned} F_{W,\text{tur}} &= 0{,}037 \cdot b \cdot \rho \cdot \nu^{0{,}2} \cdot u^{1{,}8} \cdot l_{\text{tur}}^{0{,}8} \quad \text{mit} \\ l_{\text{tur}} &= l_B + l_{\text{tur+}} - l_{\text{lam}} \\ &= 2{,}95\,\text{m} = 0{,}037 \cdot 1 \cdot 1{,}21 \cdot (15 \cdot 10^{-6})^{0{,}2} \cdot 350^{1{,}8} \cdot 2{,}95^{0{,}8} = 437{,}75\,\text{N}. \end{aligned}$$

Es fehlt noch der Formwiderstand. Außerdem ist $f(0{,}5) = 0{,}46$. Man erhält

$$F_D = \frac{1}{2} c_D \rho \cdot b \cdot h \cdot u^2 = \frac{1}{2} \cdot 0{,}05 \cdot 1{,}21 \cdot 1 \cdot 0{,}46 \cdot 350^2 = 1704{,}03\,\text{N}$$

und insgesamt $F_W = F_{W,\text{lam}} + F_{W,\text{tur}} + F_D = 2144{,}44\,\text{N}$.

Beispiel 9. Ein zylinderförmiger Pfeiler mit konstantem Durchmesser $d = 0{,}8\,\text{m}$ wird mit Wasser und einer Reynolds-Zahl von $\text{Re}_d = 4{,}5 \cdot 10^5$ angeströmt (Abb. 7.5 rechts). Wir nehmen an, die Geschwindigkeit sei auf einer Höhe von $h = 2\,\text{m}$ konstant. Als Näherung behandeln wir diese Aufgabe als Umströmung einer leicht gekrümmten Platte. Die Stoffwerte des Wassers lauten $\rho = 1000\,\frac{\text{kg}}{\text{m}^3}$ und $\nu = 1{,}4 \cdot 10^{-6}\,\frac{\text{m}^2}{\text{s}}$. Wir nehmen an, dass nach einer laminaren Lauflänge l_{lam} die Strömung auf einer Strecke von l_{tur} turbulent verläuft und sich im Punkt A ablöst. Der zugehörige Mittelpunktwinkel sei $\alpha = 125°$.

a) Welcher Anströmgeschwindigkeit entspricht dies?
b) Bestimmen Sie die Lauflänge l_{lam}.
c) Wie groß wird l_{tur}?
d) Bestimmen Sie den gesamten Widerstand des Körpers. Nehmen Sie zur Berechnung des Druckwiderstands einen Druckbeiwert von $c_D = 0{,}35$ an (vgl. Abb. 4.1).

Lösung.

a) Aus $\mathrm{Re}_d = \frac{u \cdot d}{\nu}$ folgt

$$u = \frac{\mathrm{Re}_d \cdot \nu}{d} = \frac{4{,}2 \cdot 10^5 \cdot 1{,}4 \cdot 10^{-6}}{0{,}8} = 0{,}74\,\frac{\mathrm{m}}{\mathrm{s}}.$$

b) Es gilt $l_{lam} = d = 0{,}8\,\mathrm{m}$.
c) Der Winkel $\alpha = 130°$ entspricht einer Bogenlänge von $l_B = 0{,}91\,\mathrm{m}$. Damit ist $l_{tur} = l_B - l_{lam} = 0{,}11\,\mathrm{m}$.
d) Der gesamte Widerstand setzt sich zusammen aus dem laminaren Reibungswiderstand $F_{W,\mathrm{lam}}$, dem turbulenten Widerstand $F_{W,\mathrm{tur}}$ und dem Formwiderstand F_D. Dabei sind beide Reibungswiderstände vernachlässigbar klein.
Die Gleichung (4.3.19) liefert

$$F_{\mathrm{lam}} = 0{,}662 \cdot 2 \cdot 1000 \cdot \sqrt{1{,}4 \cdot 10^{-6}} \cdot 0{,}74^{1{,}5} \cdot 0{,}8^{0{,}5} \cdot 2 = 1{,}77\,\mathrm{N}$$

und mit (7.8.6) ist

$$F_{W,\mathrm{tur}} = 0{,}037 \cdot 2 \cdot 1000 \cdot \left(1{,}4 \cdot 10^{-6}\right)^{0{,}2} \cdot 0{,}74^{1{,}8} \cdot 0{,}11^{0{,}8} \cdot 2 = 0{,}96\,\mathrm{N}.$$

Für den Druckwiderstand gilt nach (4.1)

$$F_D = \frac{1}{2} c_D \rho \cdot d \cdot h \cdot u^2 = \frac{1}{2} \cdot 0{,}35 \cdot 1000 \cdot 0{,}8 \cdot 2 \cdot 0{,}74^2 = 151{,}26\,\mathrm{N}.$$

Der gesamte Widerstand beträgt $F_W = 153{,}99\,\mathrm{N}$.

Beispiel 10. Ein Tiefsee-U-Boot besitzt die Form eines Zylinders mit je einer aufgesetzten Halbkugel am Bug und Heck. Die Masse entnimmt man der Abb. 7.6 links. Das U-Boot bewegt sich in einer gewissen Tiefe mit der Geschwindigkeit $u = 3{,}5\,\frac{\mathrm{m}}{\mathrm{s}}$. Als Näherung behandeln wir diese Aufgabe als Umströmung einer leicht gekrümmten Platte. Die kritische Reynolds-Zahl liegt mit $\mathrm{Re}_{\mathrm{krit}} = 4 \cdot 10^5$ vor. Weiter sind die Stoffwerte der Salzwassers $\rho = 1025\,\frac{\mathrm{kg}}{\mathrm{m}^3}$ und $\nu = 1{,}4 \cdot 10^{-6}\,\frac{\mathrm{m}^2}{\mathrm{s}}$ und die kritische Reynolds-Zahl liegt mit $\mathrm{Re}_{\mathrm{krit}} = 4 \cdot 10^5$ vor.

a) Wie groß wird die laminare Lauflänge am Bug?

b) Wir nehmen an, dass sich die turbulente Strömung erst im Punkt A ablöst. Bestimmen sie die Dicke der turbulenten Grenzschicht im Punkt P.

c) Wie groß wird der gesamte Widerstand entlang der U-Boot-Oberfläche? Vernachlässigen Sie dazu den laminaren Widerstand und nehmen Sie eine vom Staupunkt startende turbulente Lauflänge an. Rechnen Sie mit einem Druckwiderstand von $c_D = 0{,}09$.

Lösung.

a) Man erhält

$$l_{\text{lam}} = \frac{\text{Re}_{\text{krit}} \cdot \nu}{u} = \frac{4 \cdot 10^5 \cdot 1{,}4 \cdot 10^{-6}}{3{,}5} = 16\,\text{cm}.$$

b) Es gilt

$$l_{\text{tur}} = \frac{\pi R}{2} - l_{\text{lam}} = 1{,}41\,\text{m}, \qquad \delta(l_{\text{tur}}) = \frac{0{,}381 \cdot l_{\text{tur}}}{(\text{Re}_{l_{\text{tur}}})^{0{,}2}} = 2{,}64\,\text{cm}.$$

c) Mit (7.8.6) folgt

$$\begin{aligned} F_{W,\text{tur}} &= 0{,}037 \cdot 4R \cdot \rho \cdot \nu^{0{,}2} \cdot u^{1{,}8} \cdot l_{\text{tur}}^{0{,}8} \\ &= 0{,}037 \cdot 4 \cdot 1 \cdot 1025 \cdot (1{,}4 \cdot 10^{-6})^{0{,}2} \cdot 3{,}5^{1{,}8} \cdot \left(\frac{\pi}{2} + 2\right)^{0{,}8} = 270{,}24\,\text{N}. \end{aligned}$$

Für den Druckwiderstand gilt nach (4.1)

$$F_D = \frac{1}{2} c_D \rho \cdot \pi R^2 \cdot u^2 = \frac{1}{2} \cdot 0{,}09 \cdot 1025 \cdot \pi \cdot 3{,}5^2 = 1775{,}10\,\text{N}.$$

Gesamthaft ist $F_W = F_{W,\text{tur}} + F_D = 2045{,}34\,\text{N}$.
Der Faktor $4R$ entsteht aus der Gleichung $l_{\text{tur}} \cdot x = O_{\text{Halbkugel}}$, d. h. $\frac{\pi R}{2} \cdot x = 2\pi R^2$.

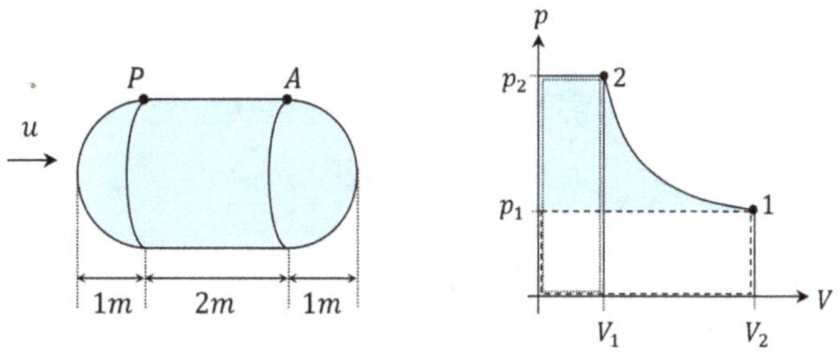

Abb. 7.6: Skizzen zum Beispiel 10 und zur technischen Arbeit.

7.9 Die Mittelung der Energieerhaltung

Analog zur Impulserhaltung, die durch zeitliche Mittelung zu den Reynolds-Gleichungen führte, soll nun die Energieerhaltung (5.13) zeitlich ermittelt werden. Zu den Größen $u = \overline{u} + u'$, $v = \overline{v} + v'$, $w = \overline{w} + w'$, $p = \overline{p} + p'$ gesellt sich noch $T = \overline{T} + T'$. Ein Balken bezeichnet den über einen Zeitraum gemittelten Wert und der Strich die (kleine) Änderung gegenüber dem Mittelwert. Setzt man die Ausdrücke in die linke Seite von (5.13) ein, so verbleibt nach der Mittelung

$$\begin{aligned}
&\rho c_p\left(\frac{\partial\overline{T}}{\partial t}+\overline{u}\frac{\partial\overline{T}}{\partial x}+\overline{u'\frac{\partial T'}{\partial x}}+\overline{v}\frac{\partial\overline{T}}{\partial y}+\overline{v'\frac{\partial T'}{\partial y}}+\overline{w}\frac{\partial\overline{T}}{\partial z}+\overline{w'\frac{\partial T'}{\partial z}}\right)\\
&\quad-\left(\frac{\partial\overline{p}}{\partial t}+\overline{u}\frac{\partial\overline{p}}{\partial x}+\overline{u'\frac{\partial p'}{\partial x}}+\overline{v}\frac{\partial\overline{p}}{\partial y}+\overline{v'\frac{\partial p'}{\partial y}}+\overline{w}\frac{\partial\overline{p}}{\partial z}+\overline{w'\frac{\partial p'}{\partial z}}\right)-\lambda\left(\frac{\partial^2\overline{T}}{\partial x^2}+\frac{\partial^2\overline{T}}{\partial y^2}+\frac{\partial^2\overline{T}}{\partial z^2}\right).
\end{aligned}$$

Einsetzen der Ausdrücke auf der rechten Seite, dem Dissipationsterm, liefert

$$\begin{aligned}
=\eta\Bigg\{&2\left[\left(\frac{\partial\overline{u}}{\partial x}+\frac{\partial u'}{\partial x}\right)^2+\left(\frac{\partial\overline{v}}{\partial y}+\frac{\partial v'}{\partial y}\right)^2+\left(\frac{\partial\overline{w}}{\partial z}+\frac{\partial w'}{\partial z}\right)^2\right]+\left(\frac{\partial\overline{u}}{\partial y}+\frac{\partial u'}{\partial y}+\frac{\partial\overline{v}}{\partial x}+\frac{\partial v'}{\partial x}\right)^2\\
&+\left(\frac{\partial\overline{u}}{\partial z}+\frac{\partial u'}{\partial z}+\frac{\partial w}{\partial x}+\frac{\partial w'}{\partial x}\right)^2+\left(\frac{\partial\overline{v}}{\partial z}+\frac{\partial v'}{\partial z}+\frac{\partial\overline{w}}{\partial y}+\frac{\partial w'}{\partial y}\right)^2\Bigg\}.
\end{aligned}$$

Alle Klammerausdrücke werden zuerst ausmultipliziert, dann wird gemittelt. Zusammen erhält man:

$$\begin{aligned}
&\rho c_p\left(\frac{\partial\overline{T}}{\partial t}+\overline{u}\frac{\partial\overline{T}}{\partial x}+\overline{u'\frac{\partial T'}{\partial x}}+\overline{v}\frac{\partial\overline{T}}{\partial y}+\overline{v'\frac{\partial T'}{\partial y}}+\overline{w}\frac{\partial\overline{T}}{\partial z}+\overline{w'\frac{\partial T'}{\partial z}}\right)\\
&\quad-\left(\frac{\partial\overline{p}}{\partial t}+\overline{u}\frac{\partial\overline{p}}{\partial x}+\overline{u'\frac{\partial p'}{\partial x}}+\overline{v}\frac{\partial\overline{p}}{\partial y}+\overline{v'\frac{\partial p'}{\partial y}}+\overline{w}\frac{\partial\overline{p}}{\partial z}+\overline{w'\frac{\partial p'}{\partial z}}\right)-\lambda\left(\frac{\partial^2\overline{T}}{\partial x^2}+\frac{\partial^2\overline{T}}{\partial y^2}+\frac{\partial^2\overline{T}}{\partial z^2}\right)\\
&=\eta\Bigg\{2\left[\left(\frac{\partial\overline{u}}{\partial x}\right)^2+\overline{\left(\frac{\partial u'}{\partial x}\right)^2}+\left(\frac{\partial\overline{v}}{\partial y}\right)^2+\overline{\left(\frac{\partial v'}{\partial y}\right)^2}+\left(\frac{\partial\overline{w}}{\partial z}\right)^2+\overline{\left(\frac{\partial w'}{\partial z}\right)^2}\right]\\
&\quad+\left(\frac{\partial\overline{u}}{\partial y}\right)^2+2\frac{\partial\overline{u}}{\partial y}\cdot\frac{\partial\overline{v}}{\partial x}+\left(\frac{\partial\overline{v}}{\partial x}\right)^2+\overline{\left(\frac{\partial u'}{\partial y}\right)^2}+2\overline{\frac{\partial u'}{\partial y}\cdot\frac{\partial v'}{\partial x}}+\overline{\left(\frac{\partial v'}{\partial x}\right)^2}\\
&\quad+\left(\frac{\partial\overline{u}}{\partial z}\right)^2+2\frac{\partial\overline{u}}{\partial z}\cdot\frac{\partial\overline{w}}{\partial x}+\left(\frac{\partial\overline{w}}{\partial x}\right)^2+\overline{\left(\frac{\partial u'}{\partial z}\right)^2}+2\overline{\frac{\partial u'}{\partial z}\cdot\frac{\partial w'}{\partial x}}+\overline{\left(\frac{\partial w'}{\partial x}\right)^2}\\
&\quad+\left(\frac{\partial\overline{v}}{\partial z}\right)^2+2\frac{\partial\overline{v}}{\partial z}\cdot\frac{\partial\overline{w}}{\partial y}+\left(\frac{\partial\overline{w}}{\partial y}\right)^2+\overline{\left(\frac{\partial v'}{\partial z}\right)^2}+2\overline{\frac{\partial v'}{\partial z}\cdot\frac{\partial w'}{\partial y}}+\overline{\left(\frac{\partial w'}{\partial y}\right)^2}\Bigg\}.
\end{aligned} \tag{7.9.1}$$

Die Gleichung (7.9.1) kann numerisch ausgewertet werden. Viel wichtiger sind in der Praxis die Nusselt- und Übergangszahlen vom Fluid auf einen Festkörper, um den Wärmeverlust bestimmen zu können.

7.10 Die Nusselt-Zahl bei laminarer und turbulenter Strömung

Viel wichtiger sind in der Praxis die Nusselt- und Übergangszahlen vom Fluid auf einen Festkörper, um den Wärmeverlust bestimmen zu können.

Für die Anströmung einer Platte, einer Rohrströmung und die Umströmung eines Zylinders sollen die zugehörigen empirisch oder teilweise empirisch ermittelten Formeln zusammentragen werden.

Herleitung von (7.10.1)–(7.10.4)

1. Anströmung einer Platte

a) Laminare Strömung. In diesem Fall liegt die Nusselt-Zahl mit der untersten Gleichung der Liste (7.8.6) vor. Die Gleichung deckt den wichtigsten Prandtl-Bereich ab. Wir wiederholen sie an dieser Stelle nochmals:

$$\mathrm{Nu}_{m,\mathrm{lam}} = 0{,}662 \cdot \mathrm{Re}_l^{\frac{1}{2}} \cdot \mathrm{Pr}^{\frac{1}{3}} \cdot \left(\frac{\mathrm{Pr}}{\mathrm{Pr}_W}\right)^{0{,}25} \quad \text{für } 0{,}6 \le \mathrm{Pr} \le 2000 \text{ und } \mathrm{Re} < 10^5.$$

b) Turbulente Strömung. Nach Petukhov und Popov gilt

$$\mathrm{Nu}_{m,\mathrm{tur}} = \frac{0{,}037 \cdot \mathrm{Re}^{0{,}8} \cdot \mathrm{Pr}}{1 + 2{,}443 \cdot \mathrm{Re}^{-0{,}1} \cdot (\mathrm{Pr}^{\frac{2}{3}} - 1)} \cdot \left(\frac{\mathrm{Pr}}{\mathrm{Pr}_W}\right)^{0{,}25}$$
$$\text{für } 0{,}6 \le \mathrm{Pr} \le 2000 \text{ und } 5 \cdot 10^5 < \mathrm{Re} < 10^7. \tag{7.10.1}$$

c) Übergangsbereich. Nach Gnielinski kann derjenige Bereich, der nicht klar einer laminaren oder turbulenten Strömung zugeordnet werden kann, durch die Nusselt-Zahl $\mathrm{Nu}_m = \sqrt{\mathrm{Nu}_{m,\mathrm{lam}}^2 + \mathrm{Nu}_{m,\mathrm{tur}}^2}$ charakterisiert werden. Insbesondere darf der Gültigkeitsbereich auf $10 < \mathrm{Re} < 10^7$ erweitert werden.

2. Rohrströmung

In diesem Zusammenhang wählen wir ξ für Rohreibungszahl, weil λ schon belegt ist.

a) Laminare Strömung. Bei anlaufender laminarer Strömung gilt

$$\mathrm{Nu}_{m,\mathrm{lam}} = \left[3{,}66^3 + 0{,}7^3 + \left\{\left(\mathrm{Re}_d \cdot \mathrm{Pr} \cdot \frac{d}{l}\right)^{\frac{1}{3}} - 0{,}7\right\}^3\right]^{\frac{1}{3}} \cdot \left(\frac{\mathrm{Pr}}{\mathrm{Pr}_W}\right)^{0{,}11}$$
$$\text{für } \mathrm{Pr} \ge 0{,}1 \text{ und } \mathrm{Re} < 2300.$$

Bei voll ausgebildeter laminarer Strömung ist $l \to \infty$ und damit

$$\mathrm{Nu}_{m,\mathrm{lam}} = 3{,}66 \cdot \left(\frac{\mathrm{Pr}}{\mathrm{Pr}_W}\right)^{0{,}11}. \tag{7.10.2}$$

b) Turbulente Strömung. Bei voll ausgebildeter turbulenter Strömung gilt nach Gnielinski

$$\mathrm{Nu}_{m,\mathrm{tur}} = \frac{\frac{\xi}{8}\cdot \mathrm{Re}_d \cdot \mathrm{Pr}}{1+12{,}7\cdot\sqrt{\frac{\xi}{8}}\cdot(\mathrm{Pr}^{\frac{2}{3}}-1)} \cdot \left[1+\left(\frac{d}{l}\right)^{\frac{2}{3}}\right]\cdot\left(\frac{\mathrm{Pr}}{\mathrm{Pr}_W}\right)^{0{,}11}$$

$$\text{für } 0{,}1 \le \mathrm{Pr} \le 1000 \text{ und } 10^4 < \mathrm{Re} < 10^6. \qquad (7.10.3)$$

Die Rohreibungszahl kann über $\xi = (1{,}8 \cdot \log_{10} \mathrm{Re}_d - 1{,}5)^{-2}$ (nach Konakov) oder mithilfe von (7.7.10) bestimmt werden.

c) Übergangsbereich. Gnielinski schlägt für den Bereich $2300 < \mathrm{Re} < 10^4$ vor:

$$\mathrm{Nu}_m = (1-\gamma)\cdot \mathrm{Nu}_{m,\mathrm{lam}}(\mathrm{Re}_d = 2300) + \gamma\cdot \mathrm{Nu}_{m,\mathrm{tur}}(\mathrm{Re}_d = 10^4). \qquad (7.10.4)$$

Die einzelnen Nusselt-Zahlen werden mit den Grenzwert-Reynolds-Zahlen des Übergangsbereichs und die Gewichtung gemäß

$$\gamma = \frac{\mathrm{Re}_d - 2300}{10^4 - 2300}$$

gebildet.

3. Zylinderumströmung

Es gelten sämtliche Formeln und Gültigkeitsbereiche wie bei der Plattenströmung bis auf die Bestimmung der Nusselt-Zahl im Übergangsbereich. Diese sollte bestimmt werden gemäß $\mathrm{Nu}_m = 0{,}3 + \sqrt{\mathrm{Nu}^2_{m,\mathrm{lam}} + \mathrm{Nu}^2_{m,\mathrm{tur}}}$.

Beispiel 1. Ein veraltetes Hausdach der Länge $l = 6\,\mathrm{m}$ und Breite $b = 4\,\mathrm{m}$ besteht lediglich aus einer dünnen Holzkonstruktion mit aufgelegten $d = 2\,\mathrm{cm}$ dicken Dachziegeln aus Ton der Wärmeleitfähigkeit $\lambda_D = 1\,\frac{\mathrm{W}}{\mathrm{mK}}$.

Idealisierung: Wir fassen dabei die Dachziegel als durchgehende Platte auf und vernachlässigen die Wärmeleitung der Holzkonstruktion.

Weiter ist die Wärmeübergangszahl des Innenraums auf die Ziegel mit $\alpha_i = 35\,\frac{\mathrm{W}}{\mathrm{m^2K}}$ gegeben.

a) An einem warmen Tag beträgt die Temperatur innen wie außen 25 °C. Plötzlich weht ein etwas kälterer Wind mit der Geschwindigkeit $u = 10\,\frac{\mathrm{m}}{\mathrm{s}}$ und der Temperatur $T_a = 15\,°\mathrm{C}$ parallel zur Längsseite des Dachs. Welcher Wärmestrom $\dot{Q}_{ia}$ fließt vom Innenraum an die Umgebungsluft?

b) Um das Dach zu isolieren, wird unterhalb der Ziegel eine $s = 10\,\mathrm{cm}$ dicke Glaswollmatte mit der Wärmeleitfähigkeit $\lambda_I = 0{,}035\,\frac{\mathrm{W}}{\mathrm{mK}}$ befestigt. Wie groß wird nun $\dot{Q}_{ia}$?

Lösung.

a) Die Stoffwerte müssen bei einer Bezugstemperatur von 20 °C gebildet werden. Die Tabelle am Ende von Kap. 5.6 liefert $\nu = 1{,}535 \cdot 10^{-5}\,\frac{\mathrm{m}^2}{\mathrm{s}}$, $\lambda = 0{,}0257\,\frac{\mathrm{W}}{\mathrm{mK}}$ und Pr = 0,7148.

Weiter erhält man

$$\mathrm{Re}_d = \frac{u \cdot l}{\nu} = \frac{10 \cdot 6}{1{,}535 \cdot 10^{-5}} = 3{,}909 \cdot 10^6.$$

Die Gleichung (7.10.1) ergibt dann

$$\mathrm{Nu}_{m,\mathrm{tur}} = \frac{0{,}037 \cdot (3{,}909 \cdot 10^6)^{0{,}8} \cdot 0{,}7148}{1 + 2{,}443 \cdot (3{,}909 \cdot 10^6)^{-0{,}1} \cdot (0{,}7148^{\frac{2}{3}} - 1)} = 5563{,}61.$$

Daraus folgt

$$\alpha_a = \frac{\mathrm{Nu}_{m,\mathrm{tur}} \cdot \lambda}{l} = \frac{5563{,}61 \cdot 0{,}0257}{6} = 23{,}83\,\frac{\mathrm{W}}{\mathrm{m}^2\mathrm{K}}.$$

Für den Wärmestrom muss man beachten, dass die Wärme von innen durch die Ziegel nach außen fließt. Damit sind zwei Wärmeübergänge und eine Wärmeleitung beteiligt. Nach Band 4 gilt für die Platte:

$$\dot{Q}_{ia} = \frac{A \cdot (T_i - T_a)}{\frac{1}{\alpha_i} + \frac{d}{\lambda_D} + \frac{1}{\alpha_a}}.$$

Dabei ist A die Austauschfläche, in unserem Fall die Dachfläche $A = l \cdot b$. Damit ergibt sich

$$\dot{Q}_{ia} = \frac{6 \cdot 4 \cdot (25 - 15)}{\frac{1}{35} + \frac{0{,}02}{1} + \frac{1}{23{,}83}} = 2650{,}94\,\mathrm{W}.$$

b) Zur Berechnung des neuen Wärmestroms müssen wir lediglich die Isolation dazwischenschalten:

$$\dot{Q}_{ia} = \frac{A \cdot (T_i - T_a)}{\frac{1}{\alpha_i} + \frac{s}{\lambda_I} + \frac{d}{\lambda_D} + \frac{1}{\alpha_a}} = \frac{6 \cdot 4 \cdot (25 - 15)}{\frac{1}{35} + \frac{0{,}1}{0{,}035} + \frac{0{,}02}{1} + \frac{1}{23{,}83}} = 81{,}42\,\mathrm{W}.$$

Beispiel 2. Durch ein Kupferrohr der Länge $l = 50\,\mathrm{m}$ mit einem Durchmesser $d = 0{,}2\,\mathrm{m}$ und einer konstanten Temperatur von $T_W = 190\,°\mathrm{C}$ fließt Wasserdampf der Temperatur $T_\infty = 210\,°\mathrm{C}$. Die Stoffwerte des Wasserdampfs bei der Bezugstemperatur von 200 °C betragen $\nu = 3{,}51 \cdot 10^{-5}\,\frac{\mathrm{m}^2}{\mathrm{s}}$, $\lambda = 0{,}033\,\frac{\mathrm{W}}{\mathrm{mK}}$ und Pr = 0,947. Zusätzlich ist $\mathrm{Pr}_W = 0{,}950$ bei 190 °C.

Idealisierung: Eigentlich ändert sich die Dichte mit der Temperatur, sodass die Prandtl-Zahl nicht konstant bleibt. Dieser Umstand soll aber nicht berücksichtigt werden.

Die Geschwindigkeit des Wasserdampfs beträgt:

a) $u = 0{,}2\,\frac{\text{m}}{\text{s}}$,

b) $u = 2{,}5\,\frac{\text{m}}{\text{s}}$,

c) $u = 1\,\frac{\text{m}}{\text{s}}$.

Bestimmen Sie in jedem Fall die Reynolds-Zahl, die Rohrreibungszahl, die Nusselt-Zahl und schließlich den Wärmestrom hin zur Wand, bei voll ausgebildeter Fließart.

d) Das Kupferrohr ist 2 mm dick und steht ohne Isolation im direkten Austausch mit einer Umgebungsluft von $T_a = 20\,°\text{C}$. Die Wärmeleitfähigkeit von Kupfer ist $\lambda_K = 380\,\frac{\text{W}}{\text{mK}}$. Der Wärmeübergangskoeffizient von der Luft zum Rohr beträgt $\alpha_a = 35\,\frac{\text{W}}{\text{m}^2\text{K}}$. Zeigen Sie für den Fall b), dass die dargestellte Situation zu einer Rohrtemperatur von etwa $T_W = 190°$ führt.

Lösung.

a) Man erhält

$$\text{Re}_d = \frac{u \cdot d}{\nu} = \frac{0{,}2 \cdot 0{,}2}{3{,}51 \cdot 10^{-5}} = 1140,$$

also laminar. Bei voll ausgebildeter laminarer Strömung gilt nach (7.10.2)

$$\text{Nu}_{m,\text{lam}} = 3{,}66 \cdot \left(\frac{0{,}947}{0{,}950}\right)^{0{,}11} = 3{,}659.$$

Aus

$$\dot{q}_W = \frac{\dot{Q}}{A} = \frac{\dot{Q}}{2\pi Rl}, \quad \alpha = \frac{\dot{q}_W}{T_\infty - T_W} \quad \text{und} \quad \text{Nu} = \frac{\alpha \cdot d}{\lambda}$$

folgt

$$\dot{Q} = \text{Nu}_{m,\text{lam}} \cdot \lambda(T_\infty - T_W) \cdot \pi \cdot l = 3{,}659 \cdot 0{,}033 \cdot 20 \cdot \pi \cdot 50 = 379{,}31\,\text{W}.$$

b) Es ist $\text{Re}_d = 14245$, also turbulent. Bei voll ausgebildeter turbulenter Strömung erhält man mithilfe von $\xi = (1{,}8 \cdot \log_{10} \text{Re}_d - 1{,}5)^{-2}$ oder (7.7.10) $\xi = 0.028$ und unter Verwendung von (7.10.3)

$$\text{Nu}_{m,\text{tur}} = \frac{\frac{0{,}028}{8} \cdot 14245 \cdot 0{,}947}{1 + 12{,}7 \cdot \sqrt{\frac{0{,}028}{8}} \cdot (0{,}947^{\frac{2}{3}} - 1)} \cdot \left[1 + \left(\frac{0{,}2}{50}\right)^{\frac{2}{3}}\right] \cdot \left(\frac{0{,}947}{0{,}950}\right)^{0{,}11} = 50{,}1.$$

Daraus folgt

$$\dot{Q} = \mathrm{Nu}_{m,\mathrm{tur}} \cdot \lambda(T_\infty - T_W) \cdot \pi \cdot l = 50{,}1 \cdot 0{,}033 \cdot 20 \cdot \pi \cdot 50 = 5193{,}49\,\mathrm{W}.$$

c) Es gilt $\mathrm{Re}_d = 5698$, also Übergangsbereich. Zuerst werden $\mathrm{Nu}_{m,\mathrm{lam}}(\mathrm{Re}_d = 2300)$ mit (7.10.2) und $\mathrm{Nu}_{m,\mathrm{tur}}(\mathrm{Re}_d = 10^4)$ mit (7.10.3) gebildet. Man erhält $\mathrm{Nu}_{m,\mathrm{lam}}(\mathrm{Re}_d = 2300) = 3{,}73$ bzw. $\mathrm{Nu}_{m,\mathrm{tur}}(\mathrm{Re}_d = 10^4) = 38{,}60$ mit $\xi = 0{,}031$. Die Gleichung (7.10.4) liefert

$$\gamma = \frac{\mathrm{Re}_d - 2300}{10^4 - 2300} = \frac{5698 - 2300}{10^4 - 2300} = 0{,}44$$

und damit

$$\mathrm{Nu}_m = (1-\gamma)\mathrm{Nu}_{m,\mathrm{lam}} + \gamma \mathrm{Nu}_{m,\mathrm{tur}} = 0{,}56 \cdot 3{,}73 + 0{,}44 \cdot 38{,}60 = 19{,}07.$$

Der Wärmestrom beträgt dann

$$\dot{Q} = \mathrm{Nu}_m \cdot \lambda(T_\infty - T_W) \cdot \pi \cdot l = 1982{,}02\,\mathrm{W} = 19{,}07 \cdot 0{,}033 \cdot 20 \cdot \pi \cdot 50 = 1977{,}22\,\mathrm{W}.$$

d) Da Kupfer ein sehr guter Wärmeleiter ist, wird sich die Temperatur von T_{Wi} und T_{Wa} auf dem Weg durch die Kupferschicht praktisch nicht ändern. Für die Wärmeübergangszahl erhält man

$$\alpha_i = \frac{\mathrm{Nu}_{m,\mathrm{tur}} \cdot d}{\lambda} = \frac{50{,}1 \cdot 0{,}2}{0{,}033} = 303{,}6.$$

Der Wärmestrom mit zwei Wärmeübergangszahlen α_i, α_a und einer Wärmeleitung durch eine Zylinderwand berechnet sich (vgl. Band 4) zu

$$\dot{Q} = \frac{2\pi l r_a (T_i - T_a)}{\frac{1}{\alpha_i} + \frac{r_2}{\lambda_k} \cdot \ln(\frac{r_2}{r_1}) + \frac{1}{\alpha_a}} = \frac{2\pi \cdot 50 \cdot 0{,}102(483{,}15 - 293{,}15)}{\frac{1}{303{,}6} + \frac{0{,}102}{380} \cdot \ln(\frac{0{,}102}{0{,}1}) + \frac{1}{35}} = 1{,}91 \cdot 10^5\,\mathrm{W}.$$

Idealisierung: Dabei ist der Betrag des mittleren Terms im Nenner vernachlässigbar klein.
Für die Temperatur $T_{\mathrm{Wi}} \approx T_{\mathrm{Wa}} = T_W$ ist

$$\dot{Q} = \frac{2\pi l r_a (T_W - T_a)}{\frac{1}{\alpha_a}} \quad \text{oder}$$

$$T_W = T_a + \frac{\dot{Q}}{2\pi l r_a \alpha_a} = 20 + \frac{1{,}91 \cdot 10^5 W}{2\pi \cdot 50 \cdot 0{,}102 \cdot 35} = 190{,}33\,^\circ\mathrm{C}.$$

Beispiel 3. Eine $l = 100$ m lange Erdölleitung mit dem Durchmesser $d = 0{,}4$ cm verläuft in einer gewissen Wassertiefe am Boden einer 100 m breiten Bucht. Die Geschwindigkeit und Temperatur des Öls betragen $u_{\mathrm{Öl}} = 2\,\frac{\mathrm{m}}{\mathrm{s}}$ bzw. $T_{\mathrm{Öl}} = 30\,^\circ\mathrm{C}$. Aufgrund der Enge der

Bucht sind die Gezeitenströme auch am Boden etwas spürbar. Bei Ebbe entsteht am Boden eine Strömungsgeschwindigkeit $u_W = 0{,}1\,\frac{\text{m}}{\text{s}}$ senkrecht zum Rohr. Die Wassertemperatur ist dabei konstant $T_W = 10\,^\circ\text{C}$. Folgende Daten bezüglich der Temperatur $T_B = 20\,^\circ\text{C}$ liegen vor: $\nu_{\text{Öl}} = 2{,}60 \cdot 10^{-6}\,\frac{\text{m}^2}{\text{s}}$, $\lambda_{\text{Öl}} = 0{,}14\,\frac{\text{W}}{\text{mK}}$ und $\text{Pr}_{\text{Öl}} = 34{,}6$ bzw. $\nu_W = 10^{-6}\,\frac{\text{m}^2}{\text{s}}$, $\lambda_W = 0{,}60\,\frac{\text{W}}{\text{mK}}$ und $\text{Pr}_W = 6{,}99$. Gesucht ist der gesamte Wärmestrom vom Öl hin zum Wasser während der beschriebenen Situation. Dabei kann der Korrekturfaktor $K = 1$ gesetzt werden.

Lösung. Der gesamte Wärmestrom setzt sich aus zwei Teilströmen $\dot{Q}_{\text{I}}$ und $\dot{Q}_{\text{II}}$ zusammen, die sich nicht beeinflussen.

I. Für die Ölströmung bestimmen wir

$$\text{Re}_d = \frac{u_{\text{Öl}} \cdot d}{\nu_{\text{Öl}}} = 3{,}077 \cdot 10^6$$

und daraus $\xi = 0{,}0144$.
Die Gleichung (7.10.3) liefert $\text{Nu}_{m,\text{tur},\text{Öl}} = 3178{,}9$. Daraus erhält man

$$\dot{Q}_{\text{I}} = \text{Nu}_{m,\text{tur},\text{Öl}} \cdot \lambda_{\text{Öl}} \cdot \Delta T \cdot \pi \cdot l = 2{,}796 \cdot 10^6\,\text{W}.$$

II. Für die Wasserströmung wird mithilfe der Lauflänge $l = \pi d$ die Reynolds-Zahl zu

$$\text{Re}_l = \frac{u_W \cdot \pi d}{\nu_W} = 1{,}257 \cdot 10^6$$

ermittelt. Die Gleichung (7.10.1) liefert $\text{Nu}_{m,\text{tur},W} = 1033{,}1$ und daraus erhält man

$$\dot{Q}_{\text{II}} = \text{Nu}_{m,\text{tur},W} \cdot \lambda_W \cdot \Delta T \cdot \pi \cdot d = 15'578{,}86\,\text{W}.$$

Insgesamt folgt der gesamte Wärmestrom zu $\dot{Q}_{\text{Total}} = \dot{Q}_{\text{I}} + \dot{Q}_{\text{II}} = 2{,}812 \cdot 10^6\,\text{W}$.

Beispiel 4. Eine Wasserleitung mit dem Durchmesser $d = 0{,}2\,\text{cm}$ verläuft auf einer Länge von $l = 100\,\text{m}$ oberhalb der Erdoberfläche. Bevor die Leitung in Betrieb genommen wird, beträgt die Temperatur innerhalb wie außerhalb des Rohrs $T_a = 20\,^\circ\text{C}$.

a) Bei Inbetriebnahme fließt Wasser der Temperatur $T_i = 30\,^\circ\text{C}$ und der Geschwindigkeit $u = 2\,\frac{\text{m}}{\text{s}}$ durch das Rohr. Die zugehörigen Stoffwerte bei 25 °C sind $\nu_{25^\circ} = 0{,}903 \cdot 10^{-6}\,\frac{\text{m}^2}{\text{s}}$, $\lambda_{25^\circ} = 0{,}606\,\frac{\text{W}}{\text{mK}}$ und $\text{Pr}_{25^\circ} = 6{,}210$. Zusätzlich beträgt die Prandtl-Zahl der Wand (bei 20 °C) $\text{Pr}_{W,20^\circ} = 6{,}990$. Bestimmen Sie den zugehörigen Wärmestrom vom Wasser hin zur Wand.
b) Gleiche Anfangsverhältnisse wie bei a), aber die Wassertemperatur beträgt $T_i = 10\,^\circ\text{C}$.
Die zugehörigen Stoffwerte bei 15 °C sind $\nu_{15^\circ} = 1{,}151 \cdot 10^{-6}\,\frac{\text{m}^2}{\text{s}}$, $\lambda_{15^\circ} = 0{,}589\,\frac{\text{W}}{\text{mK}}$ und $\text{Pr}_{15^\circ} = 8{,}225$. Bestimmen Sie wiederum den Wärmestrom.

Lösung.

a) Es gilt

$$\mathrm{Re}_d = \frac{u \cdot d}{\nu_{25^\circ}} = 4{,}430 \cdot 10^6$$

und daraus folgt $\xi = 0{,}01346$.
Die Gleichung (7.10.3) liefert

$$\mathrm{Nu}_{m,\mathrm{tur}} = \frac{\frac{0{,}01346}{8} \cdot 4{,}430 \cdot 10^6 \cdot 6{,}210}{1 + 12{,}7 \cdot \sqrt{\frac{0{,}01346}{8}} \cdot (6{,}210^{\frac{2}{3}} - 1)} \cdot \left[1 + \left(\frac{0{,}2}{100}\right)^{\frac{2}{3}}\right] \cdot \left(\frac{6{,}210}{6{,}990}\right)^{0{,}11} = 2073{,}1.$$

Daraus erhält man

$$\dot{Q} = \mathrm{Nu}_{m,\mathrm{tur}} \cdot 0{,}606 \cdot 10 \cdot \pi \cdot 100 = 3{,}949 \cdot 10^6\,\mathrm{W}.$$

b) Aus

$$\mathrm{Re}_d = \frac{u \cdot d}{\nu_{15^\circ}} = 3{,}475 \cdot 10^6$$

folgt $\xi = 0{,}01408$.
Mit (7.10.3) ergibt sich

$$\mathrm{Nu}_{m,\mathrm{tur}} = \frac{\frac{0{,}01408}{8} \cdot 3{,}475 \cdot 10^6 \cdot 8{,}225}{1 + 12{,}7 \cdot \sqrt{\frac{0{,}01408}{8}} \cdot (8{,}225^{\frac{2}{3}} - 1)} \cdot \left[1 + \left(\frac{0{,}2}{100}\right)^{\frac{2}{3}}\right] \cdot \left(\frac{8{,}225}{6{,}990}\right)^{0{,}11} = 1972{,}4.$$

Daraus erhält man

$$\dot{Q} = \mathrm{Nu}_{m,\mathrm{tur}} \cdot 0{,}589 \cdot 10 \cdot \pi \cdot 100 = 3{,}650 \cdot 10^6\,\mathrm{W},$$

also etwas weniger als bei a). Die Aufgabe soll zeigen, dass die Richtung des Wärmestroms eine Rolle spielt.

7.11 Die Aufteilung der Energieerhaltung

In diesem Kapitel soll die vollständige Energiebilanz einer Rohrströmung aufgestellt werden. Konkret geht es darum, die Bernoulli-Gleichung in die neue Energiebilanz einzubetten. Zudem soll diese auch den weiter oben in vielfacher Weise berechneten Wärmestrom infolge der Reibung beinhalten. Schließlich wollen wir die allfällige Wärmeleitung bei einer Rohrströmung miteinbeziehen.

Herleitung von (7.11.1)–(7.11.4)

Eigentlich liegt die gesuchte Gleichung mit (5.12) schon vor, aber die einzelnen Energieterme wurden anders zusammengefasst (siehe dazu die 2. Bemerkung am Ende des Systems (7.11.6) und (7.11.7)).

1. Rohstoffe wie Erdöl, Erdgas aber auch Wasser werden über lange Rohre transportiert. Druckunterschiede bringen das Fluid in Bewegung. Die einsetzende Strömung führt Druckenergie, kinetische und, falls das Rohr nicht horizontal verläuft, auch potentielle Energie mit sich. Diese drei Energieteile fasst man zum mechanischen Energieteil zusammenfassen. Die zugehörige Energieerhaltung wird mit der vorerst reibungsfreien kompressiblen Bernoulli-Gleichung in der Druckform formuliert: $\int \frac{dp}{\rho(p)} + \frac{1}{2}u^2 + gh = \text{konst.}$ Multipliziert man die Gleichung mit dem Massenstrom $\dot{m}$, so erhält man

$$\dot{R} = \dot{m} \int \frac{dp}{\rho(p)} + \frac{1}{2}\dot{m}u^2 + \dot{m}gh = \text{konst.} \tag{7.11.1}$$

2. Auf dem Weg durch ein Rohr wird sich das Fluid an der Berandung, an Nahtstellen, Ventilen, Krümmungen und Abzweigungen reiben und damit erwärmen. Man kann diese Hindernisse wie kleine Wärmequellen auffassen, welche die Temperatur des Fluids und der Bauteile erhöhen. Nehmen wir die Temperaturen T_1 und T_2 in den Bezugspunkten 1 und 2, dann transportiert die Strömung aufgrund der Temperaturdifferenz $T_2 - T_1$ nicht nur Masse, sondern auch Wärme der Größe

$$\dot{U} = c_p \cdot \dot{m} \cdot \Delta T. \tag{7.11.2}$$

   Die zugehörige spezifische Wärmekapazität muss somit bei einem Bezugsdruck $p = \frac{p_1+p_2}{2}$ gebildet werden. Die Fluidtemperatur wird bei ausgebildeter Strömung radialsymmetrisch hin zur Rohrwand abfallen. Die Rohrtemperatur selbst kann infolge der eben beschriebenen Temperaturerhöhung mit zurückgelegter Strecke also nicht ganz auf einer konstanten Temperatur gehalten werden. Die Temperaturänderung bleibt aber klein.

3. Steht das Fluid mit der Umgebung im Austausch, so fließt Wärme zu oder ab, je nachdem, ob es sich um eine Erwärmung oder um eine Abkühlung handelt. Der sich einstellende Wärmestrom entspricht demjenigen im Zusammenhang mit der Nusselt-Zahl des vorigen Kapitels. Im Fall einer Rohrströmung gilt die Wärme als zu- oder abgeführt, sobald die Wärme das Fluid oder das betrachtete Kontrollvolumen verlässt und an das Rohr übergeben wird. Bezogen auf den Massenstrom schreiben wir dafür

$$\dot{Q} = \dot{m} \cdot q \quad \text{mit} \quad q = \frac{\dot{Q}}{\dot{m}}. \tag{7.11.3}$$

4. Schließlich kann man einen Verbraucher anschließen, wie zum Beispiel eine Turbine. In diesem Fall wird Leistung über die Welle an die Turbine abgegeben. Umge-

kehrt kann man aufgrund des Druckverlusts entlang der Transportstrecke im Fall einer Flüssigkeit eine Pumpe und im Fall eines Gases einen Verdichter anschließen, um den treibenden Druck zu erhöhen und so die Strömung auch für lange Strecken zu gewährleisten. In diesem Fall muss die Apparatur den Massenstrom aufsaugen, verdichten und wieder ausstoßen. Dafür muss Leistung aufgenommen werden. In beiden Fällen wird sogenannte technische Arbeit verrichtet.

Zur Klärung des Begriffs holen wir etwas aus. In der Thermodynamik unterscheidet man zwischen geschlossenem, abgeschlossenem und offenem System. Einem geschlossenen System kann nur Energie in Form von Wärme oder Arbeit (und Strahlung) zu- oder abgeführt werden, aber keine Masse. Beispielsweise verrichtet ein Kolben Volumenänderungsarbeit W_{Vol} an der Luft, die in einem Zylinder eingeschlossen ist. Drückt man die Luft zusammen, so leistet man Kompressionsarbeit $W_{\text{Vol}} = -\int_{V_1}^{V_2} p(V)dV$ (positiv bei Kompresssion, da $V_2 < V_1$). Expandiert die Luft wieder, so wird Energie frei, die Luft gibt Arbeit an den Kolben ab. Ist das System nahezu vollständig isoliert (adiabat, abgeschlossenes System), dann verlässt keine Wärme den Zylinder und die gesamte Arbeit erhöht die innere Energie. Bei einer weniger starken Isolation, wird ein Teil der verrichteten Arbeit als Wärme abgeführt.

Bei einem offenen System findet zusätzlich noch ein Massenstrom statt, weil das zu verdichtende Volumen erst zur Verfügung gestellt und nach der Kompression wieder freigegeben werden muss. Ein Kompressor benötigt somit im Vergleich zur Volumenänderungsarbeit des Kolbens alleine zwei zusätzliche Arbeitsvorgänge. Die Arbeit überträgt der Kompressor dem Fluid dabei kontinuierlich. Man bezeichnet sie als technische Arbeit W_t. Auch hier kann man das Gehäuse des Apparats isolieren, sodass zwar keine Wärme abgeführt wird, aber die Reibung an den Lagern oder die Verwirbelung des Gases wird einen Teil der Energie dissipieren. Deswegen kann man die technische Arbeit in einen reversiblen und einen dissipierten Teil zerlegen: Arbeit $W_t = W_{t,\text{rev}} + W_{t,\text{diss}}$. Diese Zerlegung gilt natürlich für alle Strömungsmaschinen und legt damit deren Wirkungsgrad $\eta = \frac{W_{t,\text{rev}}}{W_t}$ fest.

Es gilt, nun die Größe $W_{t,\text{rev}}$ zu berechnen. Zuerst wird das Volumen V_1 mit dem Druck p_1 angesaugt. Dies ist ein isobarer Prozess, weil der Gesamtdruck sich infolge des kleinen Zusatzraums des Kompressors nur unmerklich ändert. Die zugehörige Arbeit $W_1 = -p_1V_1$ ist negativ, weil sie von der Luft am Kolben verrichtet wird. Die Energie wird vom Druck in der Luft selbst aufgebracht. Danach wird bei der (nicht mehr isobaren) Kompression Arbeit der Größe $W_{\text{Vol}} = -\int_{V_1}^{V_2} p(V)dV$ an der Luft verrichtet. Trotz des Vorzeichens ist $W_{\text{Vol}} > 0$ aufgrund von $V_2 < V_1$. Im letzten Schritt wird die verdichtete Luft hinausgeschoben. Es wird ebenfalls Arbeit an der Luft der Größe $W_2 = p_2V_2$ verrichtet und wieder findet dieser Vorgang analog zum Ansaugen isobar statt. In dieser Abfolge erhält man $W_{t,\text{rev}} = -p_1V_1 - \int_{V_1}^{V_2} pdV + p_2V_2$.

Dies soll noch kompakter geschrieben werden. Dazu betrachten wir die Produktregel in der Form $d(pV) = dpV + pdV$. Die bestimmte Integration ergibt:

$$\int\limits_{p_1V_1}^{p_2V_2} d(pV) = \int\limits_{p_1}^{p_2} Vdp + \int\limits_{V_1}^{V_2} pdV,$$

$$p_2V_2 - p_1V_1 = \int\limits_{p_1}^{p_2} Vdp + \int\limits_{V_1}^{V_2} pdV \quad \text{und} \quad W_{t,\text{rev}} = \int\limits_{p_1}^{p_2} Vdp.$$

Die technische Arbeit unterscheidet sich von der Volumenänderungsarbeit um die beiden zusätzlichen Verschiebungsarbeiten. Gesamthaft hat man

$$W_t = \int\limits_{p_1}^{p_2} Vdp + W_{t,\text{diss}}.$$

Auf den Massenstrom bezogen ist

$$\dot{m} \cdot w_t = \dot{W}_t = P_t \quad \text{oder} \quad \dot{m} \cdot w_t = \dot{m} \cdot (w_{t,\text{rev}} + w_{t,\text{diss}}). \tag{7.11.4}$$

Der Zusammenhang zwischen technischer Arbeit und Volumenänderungsarbeit lässt sich auch graphisch herstellen (Abb. 7.6 rechts). Rechnet man zum Integral unter der Kurve von V_1 bis V_2 (Volumenänderungsarbeit) den Flächeninhalt p_2V_2 (punktiert) dazu und subtrahiert von der Summe den Flächeninhalt p_1V_1 (gestrichelt), so erhält man den Flächeninhalt der blau markierten Fläche, die den Betrag der technischen Arbeit repräsentiert.

Bevor wir zur Gesamtenergiebilanz schreiten, sollen die eben genannten Arbeitsarten für die Kompression von Luft durchgerechnet werden.

Beispiel. Es sollen 1,5 m^3 Luft innerhalb von 120 Sekunden von 1 bar auf 4 bar komprimiert werden. Die Luft fassen wir dabei als ideales Gas auf.

a) Bestimmen Sie zuerst eine Formel für die Arbeitsbeträge für W_{Vol}, $W_{t,\text{rev}}$ bei gegebener Verschiebungsarbeit $W_{\text{Ver}} := -p_1V_1 + p_2V_2$ und bestätigen Sie $W_{t,\text{rev}} = W_{\text{Vol}} + W_{\text{Ver}}$. Die Verdichtung soll dabei isotherm verlaufen.
b) Wie groß wird die im Fall a) aufzubringende technische Leistung des Kompressors?
c) Wiederholen Sie die Aufgabenteile a) und b) für den Fall einer adiabaten Verdichtung.

Lösung.

a) Für zwei beliebige Zustände gilt $p_1V_1 = p_2V_2$.
Man erhält

$$W_{\text{Vol}} = -\int\limits_{V_1}^{V_2} p(V)dV = -p_1V_1 \int\limits_{V_1}^{V_2} \frac{dV}{V} = -p_1V_1 \ln\left(\frac{V_2}{V_1}\right)$$

$$= -p_1V_1 \ln\left(\frac{p_1}{p_2}\right) = p_1V_1 \ln\left(\frac{p_2}{p_1}\right).$$

Weiter hat man

$$W_{t,\text{rev}} = \int_{p_1}^{p_2} V(p)dp = p_1V_1 \int_{p_1}^{p_2} \frac{dp}{p} = p_1V_1 \ln\left(\frac{p_2}{p_1}\right).$$

Da $W_{\text{Ver}} = -p_1V_1 + p_2V_2 = 0$, folgt $W_{\text{Vol}} = W_{t,\text{rev}}$.

b) Es ergibt sich

$$W_{t,\text{rev}} = p_1V_1 \ln\left(\frac{p_2}{p_1}\right) = 10^5 \cdot 1{,}5 \cdot \ln\left(\frac{4}{1}\right) = 2{,}08 \cdot 10^5\,\text{J}$$

und damit $P_{t,\text{rev}} = \frac{W_{t,\text{rev}}}{\Delta t} = 1{,}73\,\text{kW}$.
Diese Leistung muss der Luft zugeführt werden.

c) Für zwei beliebige Zustände gilt $p_1V_1^k = p_2V_2^k$ (Poisson-Gleichung, vgl. 5. Band) mit dem Adiabatenexponenten $\kappa = 1{,}4$ für Luft. Man erhält:

$$W_{\text{Vol}} = -\int_{V_1}^{V_2} p(V)dV = -p_1V_1^k \int_{V_1}^{V_2} \frac{dV}{V^\kappa} = -\frac{p_1V_1^k}{1-\kappa}[V_2^{1-k} - V_1^{1-k}]$$

$$= \frac{p_1V_1}{\kappa-1}V_1^{k-1}[V_2^{1-k} - V_1^{1-k}] = \frac{p_1V_1}{\kappa-1}\left[\left(\frac{V_2}{V_1}\right)^{1-\kappa} - 1\right]$$

$$= \frac{p_1V_1}{\kappa-1}\left[\left(\frac{p_1}{p_2}\right)^{\frac{1-\kappa}{\kappa}} - 1\right] = \frac{p_1V_1}{\kappa-1}\left[\left(\frac{p_2}{p_1}\right)^{\frac{\kappa-1}{\kappa}} - 1\right].$$

Weiter gilt

$$W_{t,\text{rev}} = \int_{p_1}^{p_2} V(p)dp = p_1^{\frac{1}{k}}V_1 \int_{p_1}^{p_2} \frac{dp}{p^{\frac{1}{k}}} = p_1^{\frac{1}{k}}V_1\frac{\kappa}{\kappa-1}[p_2^{\frac{\kappa-1}{\kappa}} - p_1^{\frac{\kappa-1}{\kappa}}]$$

$$= \frac{\kappa}{\kappa-1}p_1V_1p_1^{\frac{1-\kappa}{\kappa}}[p_2^{\frac{\kappa-1}{\kappa}} - p_1^{\frac{\kappa-1}{\kappa}}] = \frac{\kappa p_1V_1}{\kappa-1}\left[\left(\frac{p_2}{p_1}\right)^{\frac{\kappa-1}{\kappa}} - 1\right].$$

Schließlich folgt noch

$$W_{\text{Ver}} = -p_1V_1 + p_2V_2 = -p_1V_1 + p_1V_1\left(\frac{p_2V_2}{p_1V_1}\right)$$

$$= p_1V_1\left[\frac{p_2V_2}{p_1V_1} - 1\right] = p_1V_1\left[\frac{p_2}{p_1}\left(\frac{p_1}{p_2}\right)^{\frac{1}{\kappa}} - 1\right] = p_1V_1\left[\left(\frac{p_2}{p_1}\right)^{\frac{\kappa-1}{\kappa}} - 1\right].$$

Der Vergleich liefert $W_{t,\text{rev}} = W_{\text{Vol}} + W_{\text{Ver}}$.
Die einzelnen Arbeitsbeiträge sind $W_{\text{Vol}} = 1{,}82 \cdot 10^5\,\text{J}$, $W_{\text{Ver}} = 0{,}73 \cdot 10^5\,\text{J}$ und $W_{t,\text{rev}} = 2{,}55 \cdot 10^5\,\text{J}$.
Die zu erbringende Leistung ist $P_{t,\text{rev}} = \frac{W_{t,\text{rev}}}{\Delta t} = 2{,}13\,\text{kW}$.

Diese ist höher als bei der isothermen Kompression, weil die dabei erzeugte Wärme nicht mit der Umgebung ausgetauscht werden kann.

Herleitung von (7.11.5)–(7.11.7)

In der Praxis lässt sich weder eine vollständig isotherme noch eine vollständig adiabate Kompression realisieren. Im 1. Fall muss die Lufttemperatur noch während der Kompression gekühlt werden. Dies kann mit einer Be- und Entlüftung der Apparatur, aber auch durch ein Kühlbad geschehen. Bei adiabatem Betrieb erwärmen sich die Bauteile sehr stark, und mechanische Schäden sind vorhersehbar. Es ist möglich, die entstehende Wärme in einem Zusatzbehälter aufzufangen. Häufiger kommt die annähernd isotherme Kompression mit Luftkühlung zum Einsatz, wobei die Kühlung in mehreren Kompressorstufen erfolgt. Die abgeführte Wärme wird dabei nicht verwertet.

Wenn man demnach annähernd isotherme Kompression voraussetzt, dann ist der Wert $W_{t,\mathrm{rev}}$ in b) zu tief und der Wert $W_{t,\mathrm{rev}}$ in c) zu hoch. Da Isothermie einfach Adiabasie für $\kappa = 1$ bedeutet, wählt man zur Arbeits- und Leistungsberechnung von Kompressoren einen Zwischenwert, den sogenannten Polytropenexponenten. Nehmen wir den Mittelwert $\kappa = 1{,}2$, so ergibt sich im obigen Beispiel der Wert $W_{t,\mathrm{rev}} = 2{,}33 \cdot 10^5$ J.

Die Dissipation der entlang einer Rohrströmung platzierten Apparate erzeugen jeweils einen lokalen Wärmeverlust. Im Vergleich dazu findet der Reibungsverlust entlang der Rohrströmung kontinuierlich statt. In der Praxis befinden sich Kompressoren oberhalb- aber auch unterhalb der Erdoberfläche in Stollen und seit einigen Jahren nicht mehr auf Plattformen an der Wasseroberfläche, sondern am Meeresboden.

Leistungsbilanz: Die einzelnen Terme (7.11.1)–(7.11.4) ergeben $\dot{R} + \dot{U} + \dot{W}_t + \dot{Q} = 0$ oder

$$\dot{m}\int \frac{dp}{\rho(p)} + \frac{1}{2}\dot{m}u^2 + \dot{m}gh + c_p\dot{m}\Delta T + \dot{m}w_t + \dot{m}q = 0.$$

Die Division durch den Massenstrom führt zu

$$\int \frac{dp}{\rho(p)} + \frac{1}{2}u^2 + gh + c_p\Delta T - w_t - q = 0. \tag{7.11.5}$$

Die einzelnen Terme (wieder mit der Masse multipliziert) bezeichnen in dieser Reihenfolge die Verschiebearbeit des Drucks, die kinetische Energie, die potentielle Energie, die innere Energie, die mechanische Arbeit und die zu- oder abgeführte Wärmeenergie.

Die Gleichung (7.11.5) lässt sich in zwei Teilbilanzen zerlegen. Es folgt das System

$$\begin{aligned} &\textit{Mechanische Teilbilanz:} \quad \int \frac{dp}{\rho(p)} + \frac{1}{2}u^2 + gh - w_t + \varphi_{\mathrm{diss}} = 0, \\ &\textit{Thermische Teilbilanz:} \quad c_p\Delta T - \varphi_{\mathrm{diss}} - q = 0. \end{aligned}$$

Ist das transportierte Medium inkompressibel, so kann die konstante Dichte vor das Integral gezogen werden und man erhält:

$$\text{Mechanische Teilbilanz:} \quad \frac{p_1}{\rho} + \frac{1}{2}u_1^2 + gh_1 = \frac{p_2}{\rho} + \frac{1}{2}u_2^2 + gh_2 - w_t + \varphi_{\text{diss}}, \tag{7.11.6}$$

$$\text{Thermische Teilbilanz:} \quad c_pT_1 = c_pT_2 - \varphi_{\text{diss}} - q. \tag{7.11.7}$$

Die technische Arbeit w_t muss dabei dem mechanischen Energieanteil zugeschrieben werden.

In (7.11.6) und (7.11.7) entsteht zusätzlich ein spezifischer Dissipationsterm, d. h. $m \cdot \varphi_{\text{diss}} = \phi_{\text{diss}}$. Dieser beschreibt die Umwandlung von mechanischer Energie in Wärme. Deswegen kann die Dissipation nicht in der Gesamtbilanz (7.11.5) auftauchen (rein mathematisch infolge der verschiedenen Vorzeichen). Folglich gilt (7.11.7) unabhängig davon, ob $\varphi_{\text{diss}} = 0$ oder $\varphi_{\text{diss}} \neq 0$ ist.

Bemerkungen.

1. Die SI-Einheit der Teilbeträge in (7.11.6) und (7.11.7) ist $\frac{\text{m}^2}{\text{s}^2}$. Besser ist es, sich diese Größen als Arbeit pro Masse oder als eine Leistung pro Massenstrom vorzustellen (vgl. (7.11.3)).
2. Wie schon am Kapitelanfang erwähnt, stellt das System (7.11.6) und (7.11.7) gegenüber der Energiebilanz (5.12) nichts Neues dar. Es wurden lediglich Energieteile anders geordnet und zusammengefasst. Beispielsweise gilt nun mit dortiger Notation $d\dot{E} = 0$, weil es sich jetzt um eine stationäre Strömung handelt. Der Term $d\dot{G}$ entspricht in unserer jetzigen Bilanz dem Term $c_pT_1 + \frac{1}{2}u_1^2 - (c_pT_2 + \frac{1}{2}u_2^2)$ (auch Änderung der Enthalpie genannt). Weiter kann man den Betrag $d\dot{D}$ mit $\frac{p_1}{\rho} - \frac{p_2}{\rho}$ identifizieren. Der Änderung $d\dot{Q}$ entspricht in unserem System q. Schließlich wird die Dissipation $d\dot{L}$ mit φ_{diss} gleichgesetzt. Die Änderung der potentiellen Energie $g(h_1 - h_2)$ taucht in (5.12) nicht auf, da es sich um eine erzwungene Konvektion handelte. Erst bei der natürlichen Konvektion findet dieser Term ebenfalls Eingang in die Energiebilanz. Letztlich kann (5.12) wie im System (7.11.6) und (7.11.7) noch explizit um eine eventuelle technische Arbeit w_t erweitert werden, beispielsweise eine Welle, das von der Konvektionsströmung angetrieben wird.

Folgend einige Spezialfälle zum System (7.11.6) und (7.11.7):

I. Es gilt $w_t = 0$ und $q = 0$. Letzteres bedeutet, dass kein Wärmeaustausch mit der Umgebung stattfindet, die Strömung somit vollständig abiabat verläuft. Wird zusätzlich eine reibungslose Strömung, also $\varphi_{\text{diss}} = 0$ gefordert, dann ergibt (7.11.7) schlicht $T_1 = T_2$ und (7.11.6) stellt die reibungslose Bernoulli-Gleichung einer idealisierten Strömung dar.

II. Es gilt $w_t = 0$, $q = 0$ und $\varphi_{\text{diss}} \neq 0$. Die Gleichung (7.11.6) wird zur reibungsbehafteten Bernoulli-Gleichung. Dabei führt die Reibung zu einem Druckverlust, den man mithilfe des Ansatzes von Weisbach (7.7.3) bestimmen kann. Da die Strömung wiederum adiabat verläuft, ergibt (7.11.7) $\varphi_{\text{diss}} = c_p(T_2 - T_1)$ oder $Q_{\text{diss}} = c_p m(T_2 - T_1)$ und die gesamte entstandene Wärme erhöht die innere Energie und damit die Temperatur des Fluids.

III. Es gilt $w_t = 0$, $q \neq 0$ und $\varphi_{\text{diss}} \neq 0$. Aus (7.11.6) entsteht abermals die reibungsbehaftete Bernoulli-Gleichung. Das Rohr ist nicht vollständig isoliert und ein Teil oder die gesamte im Fluid gespeicherte Wärme kann mit der Umgebung ausgetauscht werden. Die Gleichung (7.11.7) behält ihre Gestalt.

Da mechanische Energie in Wärme umgewandelt werden kann, hat die Änderung der mechanischen Bilanz (7.11.6) einen Einfluss auf die thermische Bilanz (7.11.7). Umgekehrt haben Änderungen thermischer Größen (beispielsweise die Fluidtemperatur selbst) oder Änderungen der thermischen Randbedingungen (beispielsweise adiabater oder isothermer Betrieb) keine Auswirkungen auf die mechanische Bilanz. Insbesondere bleibt die Dissipation gleich hoch.

Zum Gleichungssystem (7.11.6) und (7.11.7) gesellt sich noch die Kontinuitätsgleichung, die wir nicht vergessen dürfen. Für inkompressible Fluide lautet sie $A_1 u_1 = A_2 u_2$, falls das Rohr seinen Querschnitt ändert. Bei konstantem Querschnitt verbleibt $u_1 = u_2$. Insbesondere bedeutet dies, dass die Strömung beim Durchlauf durch eine Pumpe oder einen Kompressor nicht etwa beschleunigt wird, sondern die Apparatur baut lediglich einen neuen Druckunterschied auf. Für kompressible Fluide schreibt sich die Kontinuitätsgleichung als $\rho_1 A_1 u_1 = \rho_2 A_2 u_2$.

Beispiel 1. Durch ein horizontal verlegtes Rohr der Länge $l = 100\,\text{m}$ und einem Durchmesser $d = 0{,}2\,\text{m}$ fließt Wasser der Temperatur $T = 10\,^\circ\text{C}$ mit einer Geschwindigkeit von $u = 0{,}75\,\frac{\text{m}}{\text{s}}$. Die Stoffwerte sind $\nu = 1{,}30 \cdot 10^{-6}\,\frac{\text{m}^2}{\text{s}}$ und $\rho = 999{,}7\,\frac{\text{kg}}{\text{m}^3}$.

a) Bestimmen Sie die Reynolds-Zahl Re_d, die Rohrreibungszahl ξ und den durch die Reibung entstandenen Druckverlust Δp_V.
b) Wie sieht die mechanische Energiebilanz aus?
c) Welcher Widerstandskraft F_W entspricht der Druckunterschied aus a)?
d) Zeigen Sie, dass die in c) bestimmte Widerstandskraft mit derjenigen von (7.7.12) gleichzusetzen ist.
e) Das bestehende Rohr ist nun 5 km lang. In welcher maximalen Entfernung zum Einlauf müsste eine Pumpe installiert werden, damit bei einem Einlaufdruck von $p_1 = 1{,}1\,\text{bar}$ der Mindestdruck von $p_2 = 0{,}5\,\text{bar}$ nicht unterschritten wird?

Lösung.

a) Es gilt

$$\text{Re}_d = \frac{u \cdot d}{\nu} = \frac{0{,}75 \cdot 0{,}2}{1{,}30 \cdot 10^{-6}} = 1{,}15 \cdot 10^5.$$

Die Gleichung (7.7.10) liefert $\xi = 0{,}0175$.

Den Druckverlust berechnet man mithilfe von (7.7.3) und erhält $\Delta p_V = \xi \cdot \frac{l}{d} \cdot \rho \cdot \frac{u^2}{2}$.

Daraus folgt

$$\Delta p_V = 0{,}0175 \cdot \frac{100}{0{,}2} \cdot 999{,}7 \cdot \frac{0{,}75^2}{2} = 2457{,}65\,\text{Pa}.$$

b) Die Gleichung (7.11.6) reduziert sich aufgrund von $u_1 = u_2 = u$ (Kontinuitätsgleichung) und $h_1 = h_2$ zu $p_1 = p_2 + \Delta p_V$.

c) Aus $\Delta p_V = \frac{F_W}{A}$ folgt

$$F_W = \Delta p_V \cdot \pi R^2 = 2457{,}65 \cdot \pi \cdot 0{,}1^2 = 77{,}21\,\text{N}.$$

d) Es gilt

$$\begin{aligned} F_{W,\text{tur}} &= 0{,}209 \cdot \rho \cdot \nu^{\frac{1}{4}} \cdot R^{\frac{3}{4}} \cdot l \cdot c^{\frac{7}{4}} \\ &= 0{,}209 \cdot 999{,}7 \cdot (1{,}30 \cdot 10^{-6})^{\frac{1}{4}} \cdot 0{,}1^{\frac{3}{4}} \cdot 100 \cdot 0{,}75^{\frac{7}{4}} = 75{,}83N \approx F_W. \end{aligned}$$

e) Mit b) folgt $p_1 - p_2 = \xi \cdot \frac{l}{d} \cdot \rho \cdot \frac{u^2}{2}$ und daraus

$$l = \frac{2d(p_1 - p_2)}{\xi \cdot \rho \cdot u^2} = \frac{2 \cdot 0{,}2(1{,}1 \cdot 10^5 - 0{,}5 \cdot 10^5)}{0{,}0175 \cdot 999{,}7 \cdot 0{,}75^2} = 2{,}44\,\text{km}.$$

Beispiel 2. Ein horizontales Rohr der Länge $l = 400$ m mit einem Durchmesser $d = 0{,}2$ m wird von Wasser mit einer Temperatur von $T_i = 40\,^\circ\text{C}$ und der Geschwindigkeit $u = 3\,\frac{\text{m}}{\text{s}}$ durchflossen.

a) Das Rohr sei vollständig isoliert. Demnach werden die Stoffgrößen bezüglich der Temperatur 40 °C und 3 bar gebildet. (Der Druckwert ergibt sich als Mittelwert zwischen Start- und Enddruck, wenn man für diese beiden beispielsweise $p_1 = 4$ bar und $p_2 = 2$ bar ansetzt. Die Stoffwerte bleiben für kleine Druckänderungen praktisch unverändert.) Es gilt demnach $\nu = 0{,}658 \cdot 10^{-6}\,\frac{\text{m}^2}{\text{s}}$, $\rho = 992{,}3\,\frac{\text{kg}}{\text{m}^3}$, $c_p = 4{,}178 \cdot 10^3\,\frac{\text{J}}{\text{kg}\cdot\text{K}}$ und $\lambda = 0{,}631\,\frac{\text{W}}{\text{mK}}$. Bestimmen Sie die Reynolds-Zahl Re_d, die Rohrreibungszahl ξ und den Druckverlust Δp_V.

b) *Idealisierung:* Wir nehmen an, dass die gesamte durch Reibung entstandene Wärme vom Wasser aufgenommen wird.
Wie sieht die thermische Bilanz aus, welche maximale Temperaturerhöhung des Wassers entlang der Rohrlänge ergibt sich daraus und wie groß wird der zugehörige Wärmestrom in Fließrichtung?

c) Nun sei das Rohr frei von jeglicher Isolation und im direkten Austausch mit einer Umgebungsluft von $T_a = 20\,^\circ\text{C}$. Da die Angleichung der Wassertemperatur an die Umgebungstemperatur sehr lange dauert, bleiben alle Stoffgrößen für die betrachtete Strecke unverändert. Bestimmen Sie daraus den Wärmeübergangskoeffizienten α_i zwischen dem Wasser und der Rohrwand. Vernachlässigen Sie dabei den Korrekturfaktor K in (7.10.3) und setzen Sie schlicht $\text{Pr}_W = \text{Pr}$.

d) Die Rohrwand sei 2 mm dick und aus Kupfer, das eine Wärmeleitfähigkeit von $\lambda_K = 380\,\frac{\text{W}}{\text{mK}}$ besitzt. Die Übergangszahl der Luft und dem Rohr nehmen wir als $\alpha_a = 35\,\frac{\text{W}}{\text{m}^2\text{K}}$ an.
Welcher Wärmestrom $\dot{Q}_{ia}$ vom Wasser hin zur Umgebungsluft stellt sich ein? (Rechnen Sie dabei mit einer konstanten Fluidtemperatur $T_i = 40°$ weiter.)

e) Bestimmen Sie mithilfe des Ergebnisses aus d) die Temperatur der Rohrwand $T_W \approx T_{\text{Wi}} \approx T_{\text{Wa}}$. Dabei kann die Wärmeleitung innerhalb des Rohrmantels vernachlässigt werden (eigentlich auch im Aufgabenteil d), vgl. auch Kap. 7.10, Beispiel 2.d).

f) Stellen Sie die thermische Energiebilanz auf und berechnen Sie daraus die Temperaturerhöhung des Wassers in Fließrichtung unter Annahme einer:
   i) konstanten Wassertemperatur $T_i = 40°$ inklusive auftretender Dissipation,
   ii) mittleren Wassertemperatur $T_i = 40 + \frac{0{,}03}{2} = 40{,}015\,°\text{C}$ (hier wird die Dissipation schon mit der leichten Temperaturerhöhung erfasst, wobei der Wert von 0,03 K der höchstmöglichen Temperaturänderung aus Aufgabe b) entspricht),
   iii) mit der Strecke dx veränderlichen Wassertemperatur ohne Berücksichtigung der Dissipation.

g) Wir nehmen an, die in f)ii) bestimmte Temperaturänderung von $\Delta T_i - 0{,}46$ K würde infolge eines als konstant angenommenen Wärmestroms $\dot{Q}_{ia}$ so weiterverlaufen. Nach welcher Rohrstrecke s wäre der Temperaturausgleich des Wassers mit der Umgebungsluft vollzogen?

Lösung.

a) Es gilt

$$\text{Re}_d = \frac{3 \cdot 0{,}2}{0{,}658 \cdot 10^{-6}} = 9{,}12 \cdot 10^5.$$

Aus (7.7.10) folgt $\xi = 0{,}0118$ und mit (7.7.3) erhält man

$$\Delta p_V = 0{,}0118 \cdot \frac{400}{0{,}2} \cdot 992{,}3 \cdot \frac{3^2}{2} = 1{,}06\,\text{bar}.$$

b) Da kein Wärmeaustausch zwischen dem Wasser und der Umgebung (und auch nicht mit dem Rohr selber) stattfindet, ist $q = 0$ und (7.11.7) reduziert sich zu $c_p T_{i1} = c_p T_{i2} - \varphi_{\text{diss}}$ oder $c_p \Delta T_i = \varphi_{\text{diss}}$. Die gesamte Dissipationswärme erhöht die innere Energie des Wassers (und eigentlich auch des Rohrs). Die Dissipation führt zu dem in a) berechneten Druckunterschied. Der Vergleich mit (7.11.6) liefert $\varphi_{\text{diss}} = \frac{\Delta p_V}{\rho}$ und damit $c_p \rho \Delta T_i = \Delta p_V$ oder

$$\Delta T_i = \frac{\Delta p_V}{\rho \cdot c_p} = \frac{1{,}06 \cdot 10^5}{992{,}3 \cdot 4{,}178 \cdot 10^3} = 0{,}03\,\text{K}.$$

Der zugehörige Wärmestrom in Fließrichtung beträgt dann

$$\dot{\phi} = \Delta p_V \cdot \dot{V} = \Delta p_V \cdot A \cdot u = 1{,}06 \cdot 10^5 \cdot \pi \cdot 0{,}1^2 \cdot 3 = 9967\,\text{W}.$$

c) Die Prandtl-Zahl ergibt sich zu

$$\Pr = \frac{\nu \cdot \rho \cdot c_p}{\lambda} = \frac{0{,}658 \cdot 10^{-6} \cdot 992{,}3 \cdot 4{,}178 \cdot 10^3}{0{,}631} = 4{,}32.$$

Mit der Gleichung (7.10.3) folgt $\text{Nu}_{m,\text{tur}} = 3246$ und daraus

$$\alpha_i = \frac{\text{Nu}_{m,\text{tur}} \cdot \lambda}{d} = \frac{3246 \cdot 0{,}631}{0{,}2} = 10242\,\frac{\text{W}}{\text{m}^2\text{K}}.$$

d) Gemäß Band 4 gilt für den Wärmestrom mit zwei Wärmeübergangszahlen α_i, α_a und einer Wärmeleitung durch eine Zylinderwand

$$\dot{Q}_{ia} = \frac{2\pi l r_a (T_i - T_a)}{\frac{1}{\alpha_i} + \frac{r_a}{\lambda_K} \cdot \ln(\frac{r_a}{r_i}) + \frac{1}{\alpha_a}} = \frac{2\pi \cdot 400 \cdot 0{,}102(40 - 20)}{\frac{1}{10242} + \frac{0{,}102}{380} \cdot \ln(\frac{0{,}102}{0{,}1}) + \frac{1}{35}} = 1{,}78803 \cdot 10^5\,\text{W}.$$

e) Aus

$$\dot{Q}_{ia} = \dot{Q}_{\text{Wa}} = \frac{2\pi l r_a (T_W - T_a)}{\frac{1}{\alpha_a}}$$

folgt

$$T_W = \frac{\dot{Q}_{ia}}{2\pi l r_a \alpha_a} + T_a = \frac{1{,}79 \cdot 10^5}{2\pi \cdot 400 \cdot 0{,}102 \cdot 35} + 20 = 39{,}93\,^\circ\text{C}.$$

f) i) Die Gleichung (7.11.7) ergibt $c_p \Delta T_i = |-\varphi_{\text{diss}}| - q$. Die einzelnen Anteile lauten $\varphi_{\text{diss}} = \frac{\Delta p_V}{\rho}$ und $q = \frac{\dot{Q}_{ia}}{\dot{m}}$. Dann folgt

$$\varphi_{\text{diss}} = \frac{1{,}06 \cdot 10^5}{992{,}3} = 106{,}57\,\frac{\text{W}}{\text{kg/s}}$$

und mit dem Ergebnis von d)

$$q = \frac{\dot{Q}_{ia}}{\rho \cdot A \cdot u} = \frac{1{,}788 \cdot 10^5}{992{,}3 \cdot \pi \cdot 0{,}1^2 \cdot 3} = 1911{,}52\,\frac{\text{W}}{\text{kg/s}}.$$

Nach 400 m wird damit effektiv

$$|q_{\text{eff}}| = |\varphi_{\text{diss}} - q| = |106{,}57 - 1911{,}52| = 1804{,}95\,\frac{\text{W}}{\text{kg/s}}$$

vom Wasser abgegeben, wenn wir annehmen, dass die durch Reibung entstandene Wärme vollständig dem Wasser zugeführt wird. Die thermische Bilanz ergibt $4178 \cdot \Delta T_i = -1804{,}95$ und daraus $\Delta T_i = -0{,}43\,\mathrm{K}$.

ii) Mit einer über die ganze Strecke gemittelten Fluidtemperatur von $T_i = 40{,}015\,^\circ\mathrm{C}$ erhalten wir $\dot{Q}_{ia} = 1{,}78938 \cdot 10^5\,\mathrm{W}$, $T_W = 39{,}94\,^\circ\mathrm{C}$, $q_{\text{eff}} = 1913{,}32\,\frac{\mathrm{W}}{\mathrm{kg/s}}$, die Bilanz $c_p \Delta T_i = -q_{\text{eff}}$ und daraus $\Delta T_i = -0{,}46\,\mathrm{K}$.

iii) *Bilanz und lineare Approximation:* Für die exakte Rechnung führen wir eine Bilanz an einem infinitesimal kleinen Querschnitt der Dicke dx durch: $c_p \cdot dT_i = -d\varphi_{\text{diss}} - dq$. Mit $\varphi_{\text{diss}} \approx 0$ folgt $c_p \cdot dT_i = -dq$. Die Größe q wurde entlang der gesamten Länge l ermittelt. Für eine Strecke dx kann man dann schreiben (zum wiederholten Mal aufgrund der linearen Approximation $T_i(x + dx) - T_i(x) \approx \frac{dT_i}{dx} dx$)

$$c_p \cdot dT_i = -\frac{q}{l} dx \quad \text{oder} \quad dT_i = -\frac{\dot{Q}_{ia}}{c_p \cdot \rho \cdot A \cdot u \cdot l} dx.$$

Mit der Vereinfachung für $\dot{Q}_{ia}$ aus e) folgt

$$dT_i = -\frac{2\pi r_a \alpha_a (T_i - T_a)}{c_p \cdot \rho \cdot A \cdot u} dx \quad \text{und} \quad \frac{dT_i}{T_i - T_a} = -\frac{2\pi r_a \alpha_a}{c_p \cdot \rho \cdot A \cdot u} dx.$$

Die Integration liefert

$$\int_{T_{i1}}^{T_{i2}(x)} \frac{dT_i}{T_i - T_a} = -\int_0^x \frac{2\pi r_a \alpha_a}{c_p \cdot \rho \cdot A \cdot u} dx$$

und daraus

$$\ln\left[\frac{T_{i2}(x) - T_a}{T_{i1} - T_a}\right] = -\frac{2\pi r_a \alpha_a x}{c_p \cdot \rho \cdot A \cdot u}.$$

Setzt man die Werte ein, so ergibt sich

$$\ln\left[\frac{T_{i2}(x) - 20}{40 - 20}\right] = -\frac{2\pi \cdot 0{,}102 \cdot 35 \cdot x}{4178 \cdot 992{,}3 \cdot \pi \cdot 0{,}1^2 \cdot 3},$$

$$\ln\left[\frac{T_{i2}(x) - 20}{20}\right] = -5{,}741 \cdot 10^{-5} x$$

und schließlich $T_{i2}(x) = 20 \cdot e^{-5{,}741 \cdot 10^{-5} x} + 20$. Für $x = l$ folgt $T_{i2}(l) = 39{,}55\,^\circ\mathrm{C}$ und damit $\Delta T_i = -0{,}45\,\mathrm{K}$. Die Temperatur innerhalb des Rohres fällt somit exponentiell, wenngleich sehr langsam. Bei kurzen Rohrlängen ist offenbar die Annahme einer konstanten Wassertemperatur für die Berechnungen ausreichend.

g) Wenn auf 400 m die Rohrwandtemperatur um 0,46 K sinkt, dann wird sie auf einer Strecke von $s = \frac{20}{0{,}46} \cdot 400 = 17{,}47$ km um 20 K gesunken sein.
Die Wassertemperatur wird sich mit zunehmender Strecke ändern, bis im Grenzwert Wasser, Rohr und Luft dieselbe Temperatur besitzen. Genau gesehen wird der Ausgleich erst nach einer unendlich langen Rohrlänge erreicht. Im Grenzfall ist $q = 0$ und $\Delta T_i = \varphi_{\text{diss}}$. Dann wird nur noch die dissipierte Energie an das strömende Fluid abgegeben. Wird das Rohr in den Erdboden verlegt, dann läuft der Temperaturausgleich viel schneller ab.

Instationäre Wärmeströme

Spätestens nach dem eben besprochenen 2. Beispiel bedarf es eines Querverweises zur instationären Wärmeleitung im Zusammenhang mit dem erwähnten Temperaturausgleich. Sämtliche bisher besprochenen und auch nachfolgende Rechnungen gehen von einem stationären Wärmestrom aus. Eigentlich handelt es sich dabei (wie schon im besagten Beispiel erwähnt) um einen über die betrachtete Strecke gemittelten Wärmestrom. Dieser ist zeitabhängig und kommt im Temperaturausgleich zum Erliegen. Zeitabhängige Wärmeströme sind in Band 4 für die Platte, den Zylinder und die Kugel bei drei verschiedenen Randbedingungen vollständig gelöst worden. Nehmen wir als Beispiel eine Rohrströmung mit Fluidkühlung, bei der also die Innentemperatur höher, als die Außentemperatur ist. Gelingt es, die Rohrwandtemperatur (nahezu) konstant zu halten, $T_W =$ konst., dann handelt es sich um eine sogenannte Dirichlet-Randbedingung und der zeitliche Ausgleich verläuft entsprechend wie in Band 4 dargestellt. Bei einer Newton-Randbedingung wird das Rohr ohne jegliche Isolation der Umgebungstemperatur ausgesetzt. Schließlich kann zwischen der Umgebung und dem Fluid ein (nahezu) konstanter Wärmestrom angesetzt werden. In diesem Fall hat man es mit einer Neumann-Randbedingung zu tun. Ist der Wärmestrom null, so entspricht dies einer adiabaten Wand.

7.12 Gasströmungen in Rohren

Vieles dazu wurde schon im 5. Band hergeleitet und angewandt. Der Druckverlust Δp_V lässt sich bei einem Gas infolge der relativ starken Temperaturabhängigkeit der Dichte nicht unmittelbar mit (7.7.3) bestimmen.

Herleitung von (7.12.1) und (7.12.2)

Man muss den Druckunterschied zuerst für eine infinitesimale Strecke dl betrachten. Deswegen kann auch die Bernoulli-Gleichung inklusive Druckverlust nicht angewandt werden, sondern wir müssen zum Ursprung, zur reibungsbehafteten Euler-Gleichung (sieh Band 5) zurückkehren. Diese gibt die Bilanz für ein infinitesimales Volumen wieder.

Bilanz: $dp + \rho u \cdot du + \rho g \cdot dh + dp_V = 0.$

Der hydrostatische Druckanteil bei einem Gas ist aufgrund der kleinen Dichte klein gegenüber den anderen Druckanteilen.

Idealisierung: Für ein Gas kann $\rho g \cdot dh \approx 0$ gesetzt werden.

Damit verbleibt $\frac{dp}{\rho} + u \cdot du + \frac{dp_V}{\rho} = 0$. Mit (7.7.3), dem Ansatz von Weisbach, erhält man

$$\frac{dp}{\rho} + u \cdot du + \xi \frac{dl}{d} \cdot \frac{u^2}{2} = 0. \tag{7.12.1}$$

Innerhalb einer infinitesimalen Strecke ist sowohl die Dichte als auch die Geschwindigkeit u konstant. Es braucht also keine Mittelung entlang der Laufstrecke dl. (Natürlich sind die Geschwindigkeiten aber wie immer bezüglich des Durchmessers gemittelt, d. h. vom Zentrum hin zur Wand.) Das Gas sei ideal und die Zustandsänderung verlaufe adiabat mit dem Adiabatenexponenten κ. Im Fall der Isothermie ist dann $\kappa = 1$. Die Poisson-Gleichung für einen beliebigen Zustand lautet $pV^\kappa = \text{konst.}$ oder $\frac{p}{\rho^\kappa} = \text{konst.}$. Daraus folgt $\rho = \rho_1 p_1^{-\frac{1}{\kappa}} p^{\frac{1}{\kappa}}$, falls der Index 1 einem Anfangszustand entspricht. Die Kontinuitätsgleichung $\rho u = \text{konst.}$ führt zu $u = u_1 p_1^{\frac{1}{\kappa}} p^{-\frac{1}{\kappa}}$ und folglich $du = -\frac{1}{\kappa} u_1 p_1^{\frac{1}{\kappa}} p^{-\frac{1}{\kappa}-1} dp$. Weiter ergibt sich $u \cdot du = -\frac{u_1^2}{\kappa} p_1^{\frac{2}{\kappa}} p^{-\frac{2}{\kappa}-1} dp$. Die Gleichung (7.12.1) schreibt sich dann als

$$\frac{p_1^{\frac{1}{\kappa}} dp}{\rho_1 p^{\frac{1}{\kappa}}} - \frac{u_1^2}{\kappa} p_1^{\frac{2}{\kappa}} p^{-\frac{2}{\kappa}-1} dp + \xi \frac{dl}{2d} (u_1 p_1^{\frac{1}{\kappa}} p^{-\frac{1}{\kappa}})^2 = 0.$$

Die Division durch $(u_1 p_1^{\frac{1}{\kappa}} p^{-\frac{1}{\kappa}})^2$ liefert

$$\frac{p_1^{-\frac{1}{\kappa}}}{\rho_1 u_1^2} \cdot p^{\frac{1}{\kappa}} dp - \frac{1}{\kappa} \cdot \frac{dp}{p} + \xi \frac{dl}{2d} = 0.$$

Diese Gleichung entspricht der reibungsbehafteten Euler-Gleichung für Gase mit adiabater Zustandsänderung. Nach einer Integration,

$$\frac{p_1^{-\frac{1}{\kappa}}}{\rho_1 u_1^2} \int_{p_1}^{p_2} p^{\frac{1}{\kappa}} dp - \frac{1}{\kappa} \int_{p_1}^{p_2} \frac{dp}{p} + \frac{\xi}{2d} \int_0^l dl,$$

erhält man die Bernoulli-Gleichung für inkompressible, reibungsbehaftete Fluide mit adiabater Zustandsänderung

$$\frac{\kappa}{\kappa+1} \cdot \frac{p_1^{-\frac{1}{\kappa}}}{\rho_1 u_1^2} (p_2^{\frac{\kappa+1}{\kappa}} - p_1^{\frac{\kappa+1}{\kappa}}) - \frac{1}{\kappa} \cdot \ln\left(\frac{p_2}{p_1}\right) + \frac{\xi l}{2d} = 0. \tag{7.12.2}$$

Beispiel 1. Durch ein Rohr der Länge $l = 1\,\text{km}$ und einem Durchmesser $d = 0{,}2\,\text{m}$ strömt Wasserdampf der Temperatur $T = 400\,^\circ\text{C}$ mit einer Anfangsgeschwindigkeit $u_1 = 24\,\frac{\text{m}}{\text{s}}$

und einem Anfangsdruck von $p_1 = 25\,\text{bar}$. Die Stoffwerte des Wasserdampfs sind bei einem Druck von 24 bar ermittelt und betragen $\rho_1 = 7{,}981\,\frac{\text{kg}}{\text{m}^3}$ und $\nu_1 = 3{,}056 \cdot 10^{-5}\,\frac{\text{m}^2}{\text{s}}$. Zusätzlich nehmen wir eine Rauheit von $k = 0{,}1\,\text{mm}$ an. Bestimmen Sie den Druckverlust für den:

a) isothermen Betrieb unter Vernachlässigung der kinetischen Energieänderung,
b) isothermen Betrieb unter Einbezug der kinetischen Energieänderung,
c) adiabaten Betrieb unter Vernachlässigung der kinetischen Energieänderung,
d) adiabaten Betrieb unter Einbezug der kinetischen Energieänderung.
e) Berechnen Sie im Fall d) die maximal mögliche Temperaturerhöhung und den Wärmestrom in Fließrichtung, falls $c_p = 2{,}230 \cdot 10^3\,\frac{\text{J}}{\text{kg}\cdot\text{K}}$ beträgt.

Lösung.

a) In diesem Fall kann man $\kappa = 1$ setzen und erhält aus (7.12.2) die Gleichung

$$\frac{p_2^2 - p_1^2}{2\rho_1 u_1^2 p_1} - \ln\left(\frac{p_2}{p_1}\right) + \frac{\xi l}{2d} = 0. \tag{7.12.3}$$

Die Änderung der kinetischen Energie wird nicht beachtet. Aus (7.12.3) wird dann

$$\frac{p_2^2 - p_1^2}{\rho_1 u_1^2 p_1} + \frac{\xi l}{d} = 0. \tag{7.12.4}$$

Da die Geschwindigkeit u_2 nach einer Strecke von 1 km unbekannt ist, starten wir die Iteration mit $\overline{u} = u_1 = 24\,\frac{\text{m}}{\text{s}}$. Dann folgt

$$\text{Re}_d = \frac{u_1 \cdot d}{\nu_1} = \frac{24 \cdot 0{,}2}{3{,}056 \cdot 10^{-5}} = 1{,}571 \cdot 10^6.$$

Mit (7.7.10) erhält man $\xi = 0{,}01928$. Dies in (7.11.4) eingefügt, ergibt $p_2 = 2267640\,\text{Pa}$. Aus der Kontinuitätsgleichung folgt $u_2 = u_1 \frac{p_1}{p_2} = 26{,}46\,\frac{\text{m}}{\text{s}}$ und damit die neue Durchschnittsgeschwindigkeit

$$\overline{u} = \frac{u_1 + u_2}{2} = \frac{24 + 26{,}46}{2} = 25{,}23\,\frac{\text{m}}{\text{s}}$$

für den nächsten Iterationsschritt. Zur Berechnung der Reynolds-Zahl wird dabei die kinematische Viskosität beibehalten und dafür den einen oder anderen zusätzlichen Iterationsschritt in Kauf genommen. Man erhält

$$\text{Re}_d = \frac{\overline{u} \cdot d}{\nu_1} = 1{,}651 \cdot 10^6,$$

$\xi = 0{,}01918$ und $p_2 = 2268907\,\text{Pa}$, dann $p_2 = 2268899\,\text{Pa}$ und im nächsten Schritt die Bestätigung dieses Wertes.

Somit ist $p_2 = 22{,}69\,\text{bar}$ und der gesuchte Druckunterschied $\Delta p_V = p_1 - p_2 = 2{,}31\,\text{bar}$.

b) Die Änderung der kinetischen Energie wird mit einbezogen. Somit gilt es, (7.12.3) zu lösen. Die Startwerte sind diejenigen von a), nämlich $\mathrm{Re}_d = 1{,}571 \cdot 10^6$ und $\xi = 0{,}01928$. Dies in (7.12.3) eingefügt, ergibt $p_2 = 2267145$ Pa. Die nächsten beiden Iterationsschritte liefern $p_2 = 2268417$ Pa, $p_2 = 2268410$ Pa und im darauffolgenden Schritt folgt die Bestätigung des letzten Werts. Also beträgt der Unterschied zu a) lediglich 489 Pa.

c) Für einen adiabaten Betrieb bedarf es des Adiabatenexponenten. In unserem Fall beträgt er $\kappa = 1{,}29$. Wieder vernachlässigen wir vorerst die Änderung der kinetischen Energie. Dann gilt es,

$$\frac{1{,}29}{2{,}29} \cdot \frac{p_1^{-\frac{1}{1{,}29}}}{\rho_1 u_1^2}\left(p_2^{\frac{2{,}29}{1{,}29}} - p_1^{\frac{2{,}29}{1{,}29}}\right) + \frac{\xi l}{2d} = 0$$

zu lösen. Die ersten beiden Startgrößen $\mathrm{Re}_d = 1{,}571 \cdot 10^6$ und $\xi = 0{,}01928$ ergeben, eingesetzt in die obige Gleichung, den Druck $p_2 = 2270193$ Pa, in den nächsten beiden Schritten $p_2 = 2271416$ Pa, $p_2 = 2271409$ Pa und im darauffolgenden die Bestätigung des letzten Wertes. Somit ist $p_2 = 22{,}71$ bar und der gesuchte Druckunterschied $\Delta p_V = p_1 - p_2 = 2{,}29$ bar. Der Unterschied der Druckänderung zum isothermen Fall a) beträgt 2510 Pa.

d) Mit Einbezug der kinetischen Energieänderung muss (7.12.2) gelöst werden. Man erhält nacheinander $p_2 = 2269822$ Pa, $p_2 = 2271050$ Pa, $p_2 = 2271043$ Pa und die Bestätigung des letzten Wertes. Die mittlere Geschwindigkeit ist $\overline{u} = 25{,}21\,\frac{\mathrm{m}}{\mathrm{s}}$. Der Unterschied zu c) ist lediglich 366 Pa.
Die Berechnung zeigt, dass man zur Druckverlustrechnung die Änderung der kinetischen Energie vernachlässigen kann und in einem etwas größeren Rahmen auch die Randbedingung der Strömung.

e) Es gilt $\Delta T = \frac{\Delta p_V}{\rho \cdot c_p}$. In unserem Fall ist $c_p = 2{,}230 \cdot 10^3\,\frac{\mathrm{J}}{\mathrm{kg \cdot K}}$ und man erhält

$$\Delta T = \frac{231633\,\mathrm{Pa}}{7{,}981 \cdot 2{,}230 \cdot 10^3} = 12{,}98\,\mathrm{K}.$$

Der zugehörige Wärmestrom in Fließrichtung beträgt dann

$$\dot{\phi} = \Delta p_V \cdot \dot{V} = \Delta p_V \cdot A \cdot \overline{u} = 228957 \cdot \pi \cdot 0{,}1^2 \cdot 25{,}21 = 4{,}57 \cdot 10^6\,\mathrm{W}.$$

Beispiel 2. Durch ein Rohr der Länge $l = 1$ km und einem Durchmesser $d = 0{,}2$ m strömt Wasserdampf der Temperatur $T = 300\,^\circ\mathrm{C}$ mit einer Anfangsgeschwindigkeit $u_1 = 25\,\frac{\mathrm{m}}{\mathrm{s}}$ und einem Anfangsdruck p_1 bei einem isothermen Betrieb. Am Ende des Rohrs stellt sich ein Druck von $p_2 = 48$ bar ein. Die Stoffwerte des Wasserdampfs sind bei einem Druck von 50 bar ermittelt und betragen $\rho_1 = 22{,}052\,\frac{\mathrm{kg}}{\mathrm{m}^3}$ und $\nu_1 = 0{,}897 \cdot 10^{-5}\,\frac{\mathrm{m}^2}{\mathrm{s}}$. Das Rohr sei glatt. Bestimmen Sie den Anfangsdruck p_1 und den Druckverlust Δp_V mittels Iteration. Vernachlässigen Sie dabei die Änderung der kinetischen Energie.

Lösung. Verwendet man (7.12.4), so gilt es,

$$\frac{p_2^2 - p_1^2}{\rho_1 u_1^2 p_1} + \frac{\xi l}{d} = 0$$

zu lösen. Zuerst bestimmt man

$$\mathrm{Re}_d = \frac{u_1 \cdot d}{\nu_1} = \frac{25 \cdot 0{,}2}{0{,}897 \cdot 10^{-5}} = 5{,}574 \cdot 10^6$$

und $\xi = 0{,}00884$. In die obige Gleichung eingesetzt, folgt $p_1 = 51{,}07$ bar. Aus der Kontinuitätsgleichung erhält man $u_2 = u_1 \frac{p_1}{p_2} = 26{,}60\,\frac{\mathrm{m}}{\mathrm{s}}$ und damit die neue Durchschnittsgeschwindigkeit

$$\overline{u} = \frac{u_1 + u_2}{2} = \frac{25 + 26{,}60}{2} = 25{,}80\,\frac{\mathrm{m}}{\mathrm{s}}.$$

Der nächste Schritt ergibt $\mathrm{Re}_d = 5{,}573 \cdot 10^6$, $\xi = 0{,}00880$, danach $p_1 = 51{,}06$ bar und die Bestätigung dieses Wertes im nächsten Schritt. Damit ist $\Delta p_V = p_1 - p_2 = 3{,}06$ bar.

8 Gerinneströmungen 2. Teil

Dieses Kapitel schließt an den 1. Teil der Gerinneströmungen aus Band 5 an.

Idealisierung: Wir fassen den Abfluss einer turbulenten Gerinneströmung in einer Näherung als Grenzschichtströmung entlang einer Platte auf.

Es handelt sich also vielmehr um den Versuch oder die Annahme, gewonnene Erkenntnisse von der Platte auf ein Gerinne zu übertragen. Dazu gehören die Geschwindigkeitsprofile der turbulenten Plattenströmung (7.5.3) und (7.5.10). Zum Vergleich soll noch das laminare Profil hinzugefügt werden. Dies liegt mit Gleichung (3.26) schon vor. Dieses wandelt man ausgehend von

$$u(y) = \frac{g \sin \alpha}{2\nu} \cdot y(2h - y)$$

mithilfe von (8.1.5) um zu

$$u(y) = \frac{u_*^2}{2\nu h} \cdot y(2h - y).$$

Man erhält folgende Übersicht:

Fließart	**Geschwindigkeitsprofil Gerinne**	**Gültigkeitsbereich**
laminar	$\frac{u}{u_*} = \frac{u_*}{\nu} \cdot y \cdot (1 - \frac{y}{2h})$	$0 \leq y \leq h$
viskose Unterschicht	$\frac{u}{u_*} = \frac{y}{l_\nu}$	$0 < \frac{y}{l_\nu} < 5$
Übergangsbereich	–	$5 < \frac{y}{l_\nu} < 30$
turbulent glatt, $Re_k < 3{,}33$	$\frac{\overline{u}}{u_*} = 2{,}5 \cdot \ln(\frac{9y}{l_\nu})$	$30 < \frac{y}{l_\nu} < 500$, als Näherung $\frac{y}{l_\nu} \geq 500$
turbulent rau, $Re_k > 3{,}33$	$\frac{\overline{u}}{u_*} = 2{,}5 \cdot \ln(\frac{30y}{k})$	$y \geq \frac{k}{30}$

Zur Unterscheidung zwischen laminarer und turbulenter Gerinneströmung ist es üblich, die Reynolds-Zahl mithilfe der mittleren Geschwindigkeit und dem hydraulischen Radius zu bilden, also $Re_{r_H} = \frac{\overline{u} \cdot r_H}{\nu}$. Bei einer Rohrströmung liegt der Umschlag bei einer kritischen Reynolds-Zahl von $Re_{d,\text{krit}} = \frac{\overline{u} \cdot d}{\nu} = 2300$. Setzt man $d = d_H$, so entspräche das $Re_{r_{H,\text{krit}}} = \frac{\overline{u} \cdot d}{4\nu} = 575$ für ein Gerinne. Infolge der vielfältigen Gerinnequerschnitte und des sich damit gegenüber einer Rohrströmung ändernden Geschwindigkeitsprofils, schwankt die kritische Reynolds-Zahl bei Gerinneströmungen. Es gilt etwa $500 \leq Re_{r_{H,\text{krit}}} \leq 2000$.

Die Navier-Stokes-Gleichungen bzw. Reynolds-Gleichungen gelten auch für Gerinneströmungen, zu deren Charakterisierung es zweier Kennzahlen bedarf: der Reynolds-

https://doi.org/10.1515/9783111345871-008

und der Froude-Zahl. Erstere entscheidet darüber, ob eine Strömung laminar oder turbulent und Letztere ob die Fließart strömend oder schießend verläuft (beispielsweise vor und nach einem Wehr). Bei einer laminaren Gerinneströmung überwiegen sowohl die Zähigkeit als auch die Schwerkraft gegenüber der Trägheitskraft (vgl. dazu Bsp. 7 in Kap. 3.1 und Gleichung (3.24)), sodass beide Kennzahlen in die Beschreibung der Strömung einfließen. In diesem Fall erhält man sehr kleine Geschwindigkeiten wie vor einem Wehr und/oder kleine Wassertiefen wie bei einem Abfluss nach einem Regenschauer oder der fortlaufenden Verschmierung einer geneigten Platte mit einer zähen Flüssigkeit. Im Allgemeinen kann man von einer turbulenten Strömung ausgehen, in der die Trägheitskraft die dominierende Kraft darstellt und sich der Einfluss der Viskosität bekanntlich auf einen Grenzschichtbereich beschränkt. In diesem Fall stellt die für die Charakterisierung maßgebende Größe die Froude-Zahl dar (vgl. Kap. 4.4). Mit der Annahme eines breiten Gerinnes lauten die Kennzahlen $\mathrm{Re}_h = \frac{\overline{u} \cdot h}{\nu}$ und $\mathrm{Fr} = \frac{\overline{u}}{\sqrt{g \cdot h}}$.

Zum Schluss dieses Kapitels bestätigen wir noch den Impulsbeiwert von $\beta = 1$ aus Band 5 für eine turbulente Gerinneströmung mit einem Rechteck als Querschnitt der Breite b.

Herleitung von (8.1)

Wir tun dies für ein turbulent glattes Rohr einschließlich der viskosen Unterschicht. Letztere erweitern wir auf den Bereich $0 < \frac{y}{l_\nu} < 30$ und erhalten für den Impulsbeiwert eine obere Schranke. Weiter setzen wir $z = \frac{y}{l_\nu}$, erhalten $u_{\text{vis}}(z) = u_* \cdot z$ bzw. $u_{\text{tur}}(z) = u_* \cdot \ln(9z)$. Wir berechnen

$$\int_A v \cdot dA = u_* b \int_0^{30} z \cdot dz = u_* b \frac{30^2}{2}, \quad \int_A v^2 \cdot dA = u_*^2 b \int_0^{30} z^2 \cdot dz = u_*^2 b \frac{30^3}{3}$$

und erhalten

$$\beta_{\text{vis}} = \frac{30 b u_*^2 b \frac{30^3}{3}}{u_*^2 b^2 \frac{30^4}{4}} = 1{,}333.$$

Anderseits gilt

$$\int_A v \cdot dA = u_* b \int_{30}^{500} \ln(9z) \cdot dz = 3568 \cdot u_* b \quad \text{und}$$

$$\int_A v^2 \cdot dA = u_*^2 b \int_{30}^{500} [\ln(9z)]^2 \cdot dz = 27303 \cdot u_*^2 b,$$

woraus

$$\beta_{\text{tur}} = \frac{(500 - 30) \cdot b \cdot 27303 \cdot u_*^2 b}{(3568 \cdot u_* b)^2} = 1{,}008$$

entsteht. Das Verhältnis zwischen turbulenter Zone und viskoser Unterschicht beträgt 47:3. Damit ergibt sich

$$\beta \leq \frac{3 \cdot 1{,}333 + 47 \cdot 1{,}008}{95} = 1{,}03 \approx 1. \tag{8.1}$$

Wie auch bei der Rohrströmung kann der Impulsbeiwert $\beta = 1$ gesetzt werden.

8.1 Die Wirbelviskosität und Sohlschubspannung einer Gerinneströmung

Neben der Wassertiefe und der Geschwindigkeit spielt bei Gerinneströmungen die Spannung an der Sohle, die Sohlschubspannung τ_B, eine wichtige Rolle (vgl. Kap. 7.5). Diese entspricht der Wandreibung τ_W bei einer Rohr- oder Plattenströmung.

In einem natürlichen Flussbett kann an ihrer Größe abgelesen werden, ob sich Sediment zu bewegen beginnt.

Herleitung von (8.1.1)–(8.1.9)

Eine stationäre Gerinneströmung gestattet es normalerweise, die Geschwindigkeitsänderungen in seitlicher z-Richtung und in Strömungsrichtung x zu vernachlässigen, sodass nur der Geschwindigkeitsgradient in vertikaler y-Richtung massgebend ist:

$$\tau_{xy}(y) = \rho \nu_t(y) \frac{d\bar{u}}{dy}. \tag{8.1.1}$$

(Wir ersetzen die partielle Ableitung durch die totale, falls das Gerinne sehr breit und sehr lang ist.) Die Sohlschubspannung ist umso größer, je steiler das Geschwindigkeitsprofil von der Sohle ansteigt. Damit ist die Berechnung von τ_{xy} auf die Bestimmung des Geschwindigkeitsprofils und die Ermittlung der Wirbelviskosität ν_t verlagert. Bis hierhin stellen die Aussagen nichts Neues dar. Der Unterschied zur Plattenströmung besteht nun darin, dass bei einem Gerinne durch die Wassertiefe eine natürliche obere Grenze gegeben ist, woraus zwangsweise folgen muss, dass die Wirbelviskosität, verglichen mit der theoretisch unendlich mit dem Wandabstand anwachsenden Wirbelviskosität bei der Platte, zur Oberfläche hin auf null absinken muss. Demnach wird auch die Mischungsweglänge eine andere Form erhalten. Selbstverständlich kann ν_t auch bei einem Gerinne über eine Messung, wie am Ende von Kap. 8.3 beschrieben, ermittelt werden. Gesucht ist aber eine Formel in Analogie zu derjenigen der Platte (7.5.6).

Die Reynolds-Gleichungen (7.3.7) reduzieren sich in diesem Fall (Strömungsrichtung x, vertikale Richtung y, Breitenrichtung z) und

$$\boldsymbol{g} = (g \cdot \sin \alpha, -g \cdot \cos \alpha, 0)$$

zu

$$-\frac{d}{dy}\left(\nu_t \frac{d\overline{u}}{dy}\right) - g \sin \alpha = 0, \tag{8.1.2}$$

$$\frac{1}{\rho} \cdot \frac{d\overline{p}}{dy} + g \cos \alpha = 0. \tag{8.1.3}$$

Dieses System gilt sowohl für eine Rohr-, Platten- oder Gerinneströmung. Nehmen wir Normalabfluss an, also eine gleichbleibende Wassertiefe, so kann man bei einem Gerinne (8.1.3) von der Sohle bis zu einer Tiefe h integrieren. (Beim Rohr würde h dem Rohrradius R entsprechen, bei der Platte gibt es keine Entsprechung.) Man erhält

$$\int_{\overline{p}_h}^{\overline{p}(y)} d\overline{p} = -\rho g \cos \alpha \int_h^y dy$$

und daraus $\overline{p}(y) - \overline{p}_h = -\rho g \cos \alpha (y - h)$. Dabei muss h nicht zwangsweise mit der Wassertiefe zusammenfallen. Sinnvoll ist es, h so zu wählen, dass der gemittelte Referenzdruck $\overline{p}_h$ in dieser Tiefe bekannt ist. Wichtiger ist, dass man $\overline{p}(y) = \overline{p}_h + \rho g \cos \alpha (h - y)$ entnimmt, dass in einer turbulenten Rohr- oder Gerinneströmung bei Normalabfluss wie bei der laminaren Gerinneströmung der gemittelte Druck hydrostatisch verläuft.

Um (8.1.2) aufzuschlüsseln, holen wir etwas aus. Eine Möglichkeit, die Sohlschubspannung zu bestimmen, hatten wir in Band 5 hergeleitet. Sie besteht darin, die über der Sohle befindliche Wassermenge als starre Säule zu behandeln. Die Wassermasse würde dann wie ein fester Körper auf einer schiefen Ebene heruntergleiten. Aus

$$\frac{F_R}{F_G} = \sin \alpha \approx \tan \alpha = J_S$$

erhält man

$$\tau_B = \frac{F_R}{A} = \frac{F_G \cdot J_S}{A} = \frac{mgJ_S}{A} = \frac{\rho A h g J_S}{A} = \rho g h J_S. \tag{8.1.4}$$

Die auf diese Weise über die gemessene Sohlneigung bestimmte Sohlschubspannung, auch Schleppspannung genannt, ist zulässig für ein relativ breites Gerinne. Dabei genügt die Bedingung $b \geq 5h$. Demnach würde die gesamte Bewegungsenergie nur an der Sohle verloren gehen. Tatsache ist aber, dass die kinetische Energie auch aufgrund der Viskosität des Fluids (in der Schleppspannung taucht diese ja gar nicht auf), der inneren Reibung der Fluidteilchen untereinander und zusätzlich durch Turbulenzen dissipiert wird. Aus der Schleppspannung entnimmt man $\frac{\tau_B}{\rho} \approx gh \sin \alpha$ und mithilfe der Definition der Sohlschubspannungsgeschwindigkeit gilt

$$u_*^2 \approx gh \sin \alpha. \tag{8.1.5}$$

Weiter setzen wir (8.1.1) und (8.1.5) in (8.1.2) ein und erhalten

$$\frac{1}{\rho} \cdot \frac{d\tau_{xy}(y)}{dy} + \frac{u_*^2}{h} = 0.$$

Die Integration von einer Tiefe y bis zur Wassertiefe h zusammen mit der Randbedingung $\tau_{xy}(h) = 0$ liefert

$$\int_{\tau_{xy}(y)}^{0} d\tau_{xy} = -\frac{\rho u_*^2}{h} \int_{y}^{h} dy, \quad -\tau_{xy}(y) = -\frac{\rho u_*^2}{h}(h - y)$$

und schließlich

$$\tau_{xy}(y) = \rho u_*^2 \left(1 - \frac{y}{h}\right) \quad \text{oder} \quad \tau_{xy}(y) = \tau_B \left(1 - \frac{y}{h}\right). \tag{8.1.6}$$

Diese lineare Spannungsverteilung ist identisch mit derjenigen einer laminaren Gerinneströmung. Die linke Seite von (8.1.6) können wir abermals durch (8.1.1) ausdrücken, was zu

$$\nu_t(y) \frac{d\bar{u}}{dy} = u_*^2 \left(1 - \frac{y}{h}\right)$$

führt. Unter der Annahme, dass das logarithmische Geschwindigkeitsprofil (7.5.5) Gültigkeit besitzt, folgt mit

$$\left|\frac{d\bar{u}}{dy}\right| = \frac{u_*}{\kappa} \cdot \frac{1}{y},$$

dass die gesuchte Formel zur rechnerischen Ermittlung der Wirbelviskosität sich schreiben lässt als:

$$\nu_t(y) = \kappa u_* y \left(1 - \frac{y}{h}\right). \tag{8.1.7}$$

Dieses Ergebnis kann für die Simulation einer Gerinneströmung mithilfe von (7.3.7) verwendet werden. Im Gegensatz zur Linearität (7.5.6) der Platte und des Rohrs, besitzt (8.1.7) einen parabelförmigen Verlauf. Die Gleichung (7.4.1) liefert den Zusammenhang mit dem Mischungsweg. Aus $\nu_t(y) = l_m^2 |\frac{d\bar{u}}{dy}|$ folgt mithilfe von (7.5.5)

$$\kappa u_* y \left(1 - \frac{y}{h}\right) = l_m^2 \cdot \frac{u_*}{\kappa} \cdot \frac{1}{y}$$

und schließlich

$$l_m(y) = \kappa y \sqrt{1 - \frac{y}{h}}. \tag{8.1.8}$$

Für eine Darstellung wählen wir keine Normierung, sondern ein konkretes Beispiel. Kurz vor der Mittleren Brücke bei Basel ist der Rhein etwa $h = 5\,\mathrm{m}$ tief. Die Sohlschubspannungsgeschwindigkeit schwankt zwischen $0{,}3 \le u_* \le 0{,}9$. Für einen Mittelwert von $u_* = 0{,}5\,\frac{\mathrm{m}}{\mathrm{s}}$ ergibt das die Verteilung

$$\nu_t(y) = \frac{y}{5}\left(1 - \frac{y}{5}\right)$$

(Abb. 8.1 links) mit einem maximalen Wert von (Abb. 8.1 rechts)

$$\nu_{t,\max} = 0{,}25\,\frac{\mathrm{m}^2}{\mathrm{s}} \quad \text{und} \quad l_m(y) = \frac{2y}{5}\sqrt{1 - \frac{y}{5}}.$$

In beiden Abbildungen ist eine Abnahme sowohl der Wirbelviskosität und folglich auch des Mischungswegs hin zur freien Oberfläche ersichtlich. Im Zentrum hingegen besitzen die Wirbel etwas mehr Platz, um sich vergrößern zu können.

Wie auch bei der Platte kann man eine Mittelung von (8.1.7), diesmal über die Wassertiefe, vornehmen:

$$\overline{\nu}_t = \frac{1}{h}\kappa u_* \int_0^h y\left(1 - \frac{y}{h}\right)dy = \frac{\kappa u_*}{h}\left(\frac{h^2}{2} - \frac{h^3}{3h}\right) = \frac{\kappa u_* h}{6}. \tag{8.1.9}$$

Unser Zahlenbeispiel liefert dafür $\overline{\nu}_t = 0{,}17\,\frac{\mathrm{m}^2}{\mathrm{s}}$, was sich ebenfalls für eine Simulation mit (7.3.7) eignen würde, solange die Sohlreibung groß und/oder die Geschwindigkeitsgradienten klein bleiben.

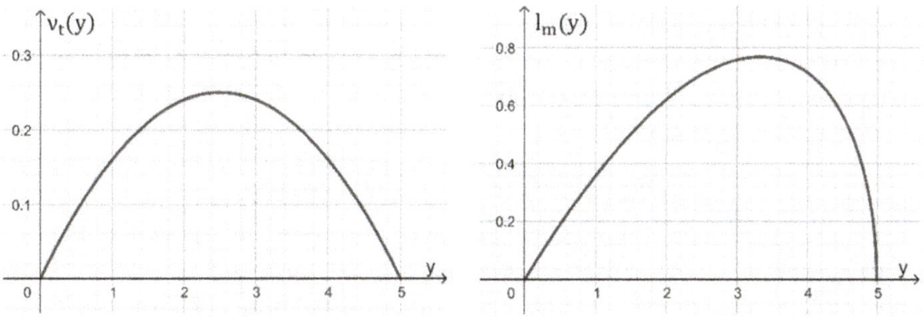

Abb. 8.1: Graphen zu (8.1.7) und (8.1.8).

Die Sohlschubspannung selbst kann man auch bei einem Gerinne nicht über die Definition ermitteln, sei es in unmittelbarer Wandnähe bei glatter Oberfläche ($\tau_B \approx \rho u_*^2 = \rho \nu \frac{d\overline{u}}{dy}$, Reynolds-Spannungen vernachlässigbar, ν ist die molekulare Viskosität), oder etwas weiter von der (glatten oder rauen) Wand entfernt ($\tau_B \approx \rho \nu_t \frac{d\overline{u}}{dy}$, Zähigkeit vernachlässigbar), es läuft doch immer auf eine Messung der Geschwindigkeit u_* hinaus. Die Gleichung (8.1.7) hilft diesbezüglich ebenfalls nicht weiter. Hingegen bietet sich beim Gerinne die Möglichkeit, bei bekannter Sohlneigung mithilfe von (8.1.4) die Sohlschubspannung zu ermitteln. Zudem bestehen weiterhin die am Ende von Kap. 7.5 beschriebenen Messmethoden und die indirekten Methoden über die Auswertung des Geschwindigkeitsprofils (vgl. anschließendes Beispiel).

Man könnte auf die Idee kommen, die Gleichung (7.8.6) zur Berechnung von τ_B heranzuziehen. Das wäre aber falsch, weil sämtliche Geschwindigkeitsprofile und die daraus resultierenden Widerstände aus den Kapiteln 7.5–7.8 ohne Berücksichtigung der Gravitation hergeleitet wurden.

Beispiel. Bei einer turbulenten, hydraulisch rauen Gerinneströmung soll die Rauheit und die Sohlschubspannungsgeschwindigkeit über zwei Messungen ermittelt werden. Auf 1 m Sohlhöhe herrscht die Geschwindigkeit $0{,}75\,\frac{\mathrm{m}}{\mathrm{s}}$ und in 5 m Höhe die Geschwindigkeit $1\,\frac{\mathrm{m}}{\mathrm{s}}$.

a) Bestimmen Sie daraus das logarithmische Geschwindigkeitsprofil gemäß (7.5.13).
b) Wie groß werden die Sohlschubspannung und die Rauheit falls $\rho = 10^3\,\frac{\mathrm{kg}}{\mathrm{m}^3}$ ist?
c) In welcher Höhe beträgt die Geschwindigkeit u_*?

Lösung.

a) Aus dem Gleichungssystem $0{,}75 = 2{,}5u_* \cdot \ln(\frac{1}{y_0})$ und $1 = 2{,}5u_* \cdot \ln(\frac{5}{y_0})$ folgt durch Division mit $2{,}5u_*$ nacheinander

$$\frac{4}{3}\ln\left(\frac{1}{y_0}\right) = \ln\left(\frac{5}{y_0}\right), \quad \ln\left(\frac{1}{y_0}\right)^{\frac{4}{3}} = \ln\left(\frac{5}{y_0}\right), \quad \left(\frac{1}{y_0}\right)^{\frac{4}{3}} = \frac{5}{y_0}, \quad y_0^{\frac{1}{3}} = \frac{1}{5}$$

und schließlich $y_0 = 5^{-3} = 0{,}008\,\mathrm{m}$.

Eingesetzt in einer der beiden Gleichungen, erhält man $1 = 2{,}5u_* \cdot \ln(5^4)$ und daraus $u_* = \frac{1}{10\cdot\ln 5} = 0{,}062\,\frac{\mathrm{m}}{\mathrm{s}}$. Insgesamt folgt

$$\overline{u}(y) = 2{,}5u_* \cdot \ln\left(\frac{y}{y_0}\right) = 0{,}155 \cdot \ln(125y).$$

b) Es gilt $\tau_B = \rho u_*^2 = 10^3 \cdot 0{,}062^2 = 3{,}86\,\frac{\mathrm{N}}{\mathrm{m}^2}$ und $k = 30y_0 = 0{,}24\,\mathrm{m}$.
c) Dafür muss $2{,}5 \cdot \ln(\frac{y}{y_0}) = 1$ gelten, was für $y = y_0 \cdot e^{0{,}4} = 0{,}01\,\mathrm{m}$ der Fall ist.

Herleitung von (8.1.10)

Eine weitere Möglichkeit, nebst der Schleppspannungsbeziehung, die Sohlschubspannung zu bestimmen, ergibt sich aus der endlichen Wassertiefe, die im Gegensatz zur Plattenströmung, eine Tiefenmittelung sinnvoll erscheinen lässt. Dazu wird das Profil (7.5.13), $\frac{\overline{u}}{u_*} = 2{,}5 \cdot \ln(\frac{y}{y_0})$, über den Gültigkeitsbereich von y_0 bis zu einer Tiefe h gemittelt (Tiefenmittelung). Dabei bezeichnet h nicht zwangsweise die Wassertiefe. Auf jeden Fall entfällt damit die Abhängigkeit der Geschwindigkeit mit dem Wandabstand y.

(Der 1. Querbalken über der Fließgeschwindigkeit bezeichnet die zeitliche Mittelung und der 2. Balken die Tiefenmittelung.)

Man erhält

$$\bar{\bar{u}} = \frac{2{,}5u_*}{h-y_0} \cdot \int_{y_0}^{h} \ln\left(\frac{y}{y_0}\right) dy = \frac{2{,}5u_*}{h-y_0} \cdot \left[y \cdot \ln\left(\frac{y}{y_0}\right) - y\right]_{y_0}^{h}$$
$$= \frac{2{,}5u_*}{h-y_0} \cdot \left[h \cdot \ln\left(\frac{h}{y_0}\right) - h + y_0\right] = 2{,}5u_* \cdot \left[\frac{h}{h-y_0} \cdot \ln\left(\frac{h}{y_0}\right) - 1\right].$$

Idealisierung: Da $y_0 \ll h$, können wir dafür

$$\bar{\bar{u}} \approx 2{,}5u_* \cdot \left[\ln\left(\frac{h}{y_0}\right) - 1\right] = 2{,}5u_* \cdot \ln\left(\frac{h}{e \cdot y_0}\right)$$

schreiben.

Offenbar wird diese Geschwindigkeit in der Höhe $y = \frac{h}{e} = 0{,}37h$ erreicht. Damit haben wir den Bezugspunkt $y = y_0 e^{0{,}4}$ der Geschwindigkeit u_* auf den Bezugspunkt $y = 0{,}37h$ der Geschwindigkeit $\bar{\bar{u}}$ verschoben. Fügt man noch $y_0 = \frac{k}{30}$ ein, so erhält man $\bar{\bar{u}} = 2{,}5u_* \cdot \ln(\frac{11{,}04 \cdot h}{k})$. Die Näherung von vorhin ($h - y_0 \approx h$) gleicht man durch einen Wert von 12 aus, was zu $\bar{\bar{u}} = 2{,}5u_* \cdot \ln(\frac{12 \cdot h}{k})$ führt.

Die Gerinneströmung der Tiefe h kann man sich als eine Strömung der Tiefe $0{,}37h$ ersetzt denken, die auf dieser Ersatzhöhe durchwegs mit der Geschwindigkeit $\bar{\bar{u}}$ fließt. Damit kann die Sohlschubspannungsgeschwindigkeit bei vorhandener gemittelter Geschwindigkeit, die beispielsweise mit Messung des Durchflusses vorliegt, bestimmt werden. Für die Sohlschubspannung ergibt sich die Formel von Nikuradse:

$$\tau_B = \rho u_*^2 = \frac{0{,}16 \cdot \rho}{[\ln(\frac{12 \cdot h}{k})]^2} \bar{\bar{u}}^2 . \tag{8.1.10}$$

Will man die Rauheit bis auf die Korngrößen aufschlüsseln, dann wäre $k = 3{,}25 \cdot d_m$ mit dem mittleren Korndurchmesser d_m zu setzen. Es gibt weitere tiefengemittelte Formeln. Bei allen fließt die mittlere Geschwindigkeit quadratisch ein, wie es bei einem Oberflächen- oder Luftwiderstand üblich ist.

Die Formel (8.1.1) ist ungültig für Wasserwellen, weil diese gegenüber einem Gerinne ganz andere Charakteristika besitzen, beispielsweise was den Massentransport oder das Geschwindigkeitsprofil betrifft (vgl. 5. Band, Airy-Wellen).

8.2 Die universelle Fließformel einer Gerinneströmung

Bei laminaren Gerinneströmungen entstehen sehr kleine Wassertiefen und/oder sehr kleine Fließgeschwindigkeiten mit dem zugehörigen Profil (3.26). Eine Tiefenmittelung ergibt für die stationäre Strömung

$$\overline{u} = \frac{g \sin\alpha}{2h\nu} \cdot \int_0^h (2hy - y^2)dy = \frac{g \sin\alpha}{2h\nu} \cdot \left(h^3 - \frac{h^3}{3}\right) = \frac{gh^2 \sin\alpha}{3\nu}.$$

Setzt man noch $\sin\alpha \approx \tan\alpha = J_S$, so folgt, wie schon in Band 5 oder mit (3.27) hergeleitet, die Fließformel bei Normalabfluss für laminare Gerinne zu $\overline{u} = \frac{gh^2 J_S}{3\nu}$. Im Allgemeinen sind Gerinneströmungen turbulent. Für den stationären Fall hatten wir in Band 5 drei Fließformeln besprochen. Es sind dies die Formeln von de Chézy, Gauckler/Manning/Strickler und Weisbach. Sie lauten in dieser Reihenfolge

$$\overline{u} = C\sqrt{d_H \cdot J_S}, \quad \overline{u} = k_{\mathrm{Str}} \cdot \left(\frac{d_H}{4}\right)^{\frac{2}{3}} \cdot \sqrt{J_S} \tag{8.2.1}$$

und

$$\overline{u} = \sqrt{\frac{2g}{\lambda}} \cdot \sqrt{d_H \cdot J_S}. \tag{8.2.2}$$

Dabei bezeichnet d_H den hydraulischen Durchmesser, J_S das Sohlgefälle und C, k_{Str}, λ sind Beiwerte bzw. Reibungszahlen. Wir richten im Folgenden unser Augenmerk auf die letzten zwei Fließformeln. Die Rohrreibungszahl λ wird durch die Colebrook-White-Gleichung (7.7.10) bestimmt, wobei für ein Gerinne der Durchmesser d des Rohrs durch den hydraulischen Durchmesser $d_H = \frac{4A}{U}$ ersetzt wird. Dabei bezeichnet A den Gerinnequerschnitt und U den benetzten Umfang. Entsprechend wird die Reynolds-Zahl ebenfalls mithilfe von d_H gebildet: $\mathrm{Re}_{d_H} = \frac{\overline{u} \cdot d_H}{\nu}$.

Herleitung von (8.2.3)–(8.2.6)

In den bisherigen Berechnungen wurden die Reynolds-Zahl und die Gleichungen (7.7.10) bzw. (8.2.2) immer getrennt voneinander belassen, was zu längeren Iterationen bei bestimmten Fragestellungen führte. Nehmen wir als Beispiel den Fall, dass d_H, k, ν, J_S bekannt sind und $\overline{u}$ zu ermitteln ist. Bisher musste man für $\overline{u}$ einen Startwert schätzen und damit Re_{d_H} bestimmen. Mit (7.7.10) ergibt sich ein Wert für λ, den man in (8.2.2) einsetzt und ein neues $\overline{u}$ erhält. Diese Schritte führt man so lange durch, bis die Werte in etwa konstant bleiben.

Das Ziel soll nun sein, eine Formel herzuleiten, die aus den vier genannten Größen die mittlere Geschwindigkeit direkt ermittelt. Dazu schreiben wir (7.7.10) um zu

$$\frac{1}{\sqrt{\lambda}} = -2 \cdot \log_{10}(0{,}135) - 2 \cdot \log_{10}\left(\frac{18{,}7}{\mathrm{Re}_{d_H}\sqrt{\lambda}} + \frac{2k}{d_H}\right) \quad \text{oder}$$

$$\frac{1}{\sqrt{\lambda}} = -2 \cdot \log_{10}\left(\frac{2{,}51}{\mathrm{Re}_{d_H}\sqrt{\lambda}} + \frac{k}{3{,}71 \cdot d_H}\right). \tag{8.2.3}$$

Weiter folgt mit (8.2.2)

$$\mathrm{Re}_{d_H} = \frac{\bar{u} \cdot d_H}{\nu} = \sqrt{\frac{2g}{\lambda}} \cdot \frac{d_H}{\nu} \cdot \sqrt{d_H \cdot J_S} \tag{8.2.4}$$

und

$$\mathrm{Re}_{d_H}\sqrt{\lambda} = \frac{\sqrt{2g}}{\nu} \cdot d_H \cdot \sqrt{d_H \cdot J_S}. \tag{8.2.5}$$

Aus (8.2.5) erhält man

$$\frac{1}{\sqrt{\lambda}} = \frac{\bar{u}}{\sqrt{2g \cdot d_H \cdot J_S}}.$$

Diese Identität zusammen mit (8.2.5) wird der Gleichung (8.2.3) einverleibt und führt zu

$$\bar{u} = -2 \cdot \log_{10}\left(\frac{2{,}51 \cdot \nu}{d_H\sqrt{2g \cdot d_H \cdot J_S}} + \frac{k}{3{,}71 \cdot d_H}\right)\sqrt{2g \cdot d_H \cdot J_S}.$$

Noch gilt diese Gleichung nur für Rohre. Charakteristisch dafür sind die Formfaktoren $f_g = 2{,}51$ und $f_r = 3{,}71$, die offenbar ein Maß für die Glattheit bzw. Rauheit des Rohrs darstellen. Ermutigt infolge guter Ergebnisse, wurde versucht, unter Beibehaltung der Gleichung lediglich die Formfaktoren für vom Kreis abweichende Querschnitte anzupassen – mit Erfolg. Damit lautet die universelle Fließformel

$$\bar{u} = -2 \cdot \log_{10}\left(\frac{f_g \cdot \nu}{d_H\sqrt{2g \cdot d_H \cdot J_S}} + \frac{k}{f_r \cdot d_H}\right)\sqrt{2g \cdot d_H \cdot J_S}. \tag{8.2.6}$$

Für einige Gerinnequerschnitte sind die zugehörigen Formfaktoren in der nachstehenden Tabelle zusammengetragen:

Querschnittsform	f_g	f_r
Rechteck $b = h$	2,80	3,45
Rechteck $b = 2h$	2,90	3,30
Rechteck $b = 4h$	2,95	3,23
Rechteck $b \to \infty$	3,05	3,05
Kreisrohr	2,51	3,71
Halbkreis mit $h = \frac{d}{2}$	2,70	3,60
Trapez (Mittelwerte)	2,90	3,16

Herleitung von (8.2.7)–(8.2.8)

Betrachten wir die Fließformel (8.2.1), so erkennen wir, dass die Rauheit k nicht explizit erscheint, sondern im Stricklerbeiwert k_{Str} enthalten ist. Es gibt Tabellen, denen man für alle möglichen Oberflächenbeschaffenheiten den jeweilig passenden Wert k_{Str} entnehmen kann. Das Ziel ist es deshalb, k_{Str} und k miteinander zu verknüpfen. Dazu schreiben wir (8.2.1) als

$$k_{\text{Str}} = \overline{u} \cdot \left(\frac{d_H}{4}\right)^{-\frac{2}{3}} \cdot J_S^{-\frac{1}{2}},$$

ersetzen $\overline{u}$ durch (8.2.2) und erhalten

$$k_{\text{Str}} = \sqrt{\frac{2g}{\lambda}} \cdot \sqrt{d_H \cdot J_S} \cdot \left(\frac{d_H}{4}\right)^{-\frac{2}{3}} \cdot J_S^{-\frac{1}{2}} = \sqrt{\frac{2g}{\lambda}} \cdot \sqrt{d_H} \cdot \left(\frac{d_H}{4}\right)^{-\frac{2}{3}}. \tag{8.2.7}$$

Idealisierung: Weiter gehen wir von genügend großen Reynolds-Zahlen aus, sodass in (8.2.3) der 1. Term in der Klammer gegenüber dem 2. Term vernachlässigt werden kann.

Daraus entsteht

$$\frac{1}{\sqrt{\lambda}} = -2 \cdot \log_{10}\left(\frac{k}{3{,}71 \cdot d_H}\right). \tag{8.2.8}$$

Idealisierung: Die rechte Seite der Gleichung (8.2.8) kann man durch

$$0{,}184^{-\frac{1}{2}} \cdot \left(\frac{k}{d_H}\right)^{-\frac{1}{6}}$$

„recht gut" approximieren.

Die Potenz ist so gewählt, dass nach dem Einsetzen von (8.2.7) der hydraulische Durchmesser d_H entfällt. Im Einzelnen setzt man (8.2.8) in (8.2.7) unter Verwendung der Approximation ein und erhält

$$k_{\text{Str}} = \frac{0{,}184^{-\frac{1}{2}} \cdot \sqrt{2g}}{4^{-\frac{2}{3}}} \cdot \frac{1}{k^{\frac{1}{6}}} \cdot d_H^{\frac{1}{6}} \cdot d_H^{\frac{1}{2}} \cdot d_H^{-\frac{2}{3}} \approx \frac{26}{k^{\frac{1}{6}}}.$$

Zusammen mit (8.2.1) folgt

$$\overline{u} = \frac{26}{k^{\frac{1}{6}}} \cdot \left(\frac{d_H}{4}\right)^{\frac{2}{3}} \cdot \sqrt{J_S}. \tag{8.2.9}$$

Die oben als „recht gut" bezeichnete Übereinstimmung ist gewährleistet, falls sowohl k als auch d_H groß sind. Deswegen muss der Gültigkeitsbereich von (8.2.9) auf $35\,\frac{\text{m}^{\frac{1}{3}}}{\text{s}} \leq k_{\text{Str}} \leq 65\,\frac{\text{m}^{\frac{1}{3}}}{\text{s}}$ bzw. $0{,}004\,\text{m} \leq k \leq 0{,}168\,\text{m}$ beschränkt werden.

Beispiel 1. Gegeben ist ein Trapezgerinne mit einer Sohlbreite $b = 3\,\mathrm{m}$, einer gleichbleibenden Wassertiefe $h = 1\,\mathrm{m}$ und einer Wasserspiegelbreite $a = 5\,\mathrm{m}$. Sohlneigung und Rauheit betragen $J_S = 0{,}002$ und $k = 0{,}01\,\mathrm{m}$ respektive. Die kinematische Viskosität (des Wassers) ist $\nu = 1{,}3 \cdot 10^{-6}\,\frac{\mathrm{m}^2}{\mathrm{s}}$. Gesucht ist die mittlere Fließgeschwindigkeit bei Normalabfluss mithilfe von:

a) Gleichung (8.2.9),
b) Gleichung (8.2.6).

Lösung. Die Querschnittsfläche beträgt

$$A = \frac{a+b}{2} \cdot h = \frac{5+3}{2} \cdot 1 = 4\,\mathrm{m}^2$$

und der benetzte Umfang ist $U = 3 + 2\sqrt{2}$. Damit ergibt sich der hydraulische Durchmesser zu $d_H = \frac{4A}{U} = 2{,}75\,\mathrm{m}$.

a) Gleichung (8.2.9) liefert

$$\overline{u} = \frac{26}{0{,}01^{\frac{1}{6}}} \cdot \left(\frac{2{,}75}{4}\right)^{\frac{2}{3}} \cdot \sqrt{0{,}002} = 1{,}95\,\frac{\mathrm{m}}{\mathrm{s}}.$$

b) Die Formwerte entnimmt man aus der Tabelle zu $f_g = 2{,}90$ und $f_r = 3{,}16$. Eingesetzt in (8.2.6) erhält man:

$$\begin{aligned}\overline{u} &= -2 \cdot \log_{10}\left(\frac{2{,}90 \cdot 1{,}3 \cdot 10^{-6}}{2{,}75 \cdot \sqrt{2 \cdot 9{,}81 \cdot 2{,}75 \cdot 0{,}002}} + \frac{0{,}01}{3{,}16 \cdot 2{,}75}\right)\sqrt{2 \cdot 9{,}81 \cdot 2{,}75 \cdot 0{,}001} \\ &= 1{,}93\,\frac{\mathrm{m}}{\mathrm{s}}.\end{aligned}$$

Beispiel 2. Durch eine Rechteckrinne der Breite $b = 4\,\mathrm{m}$ und der Rauheit $k = 0{,}02\,\mathrm{m}$ fließt Wasser mit einer mittleren Geschwindigkeit $\overline{u} = 1\,\frac{\mathrm{m}}{\mathrm{s}}$ und einer kinematischen Viskosität von $\nu = 1{,}3 \cdot 10^{-6}\,\frac{\mathrm{m}^2}{\mathrm{s}}$. Die Wassertiefe bleibt dabei konstant $h = 1\,\mathrm{m}$. Bestimmen Sie die zugehörige Sohlneigung dieses Abflusses mithilfe von:

a) Gleichung (8.2.9),
b) Gleichung (8.2.6).

Lösung. Für den hydraulischen Durchmesser erhält man

$$d_H = \frac{4bh}{b+2h} = \frac{4 \cdot 4 \cdot 1}{4 + 2 \cdot 1} = 2{,}67\,\mathrm{m}.$$

Die unveränderliche Wassertiefe weist auf einen Normalabfluss hin.

a) Aus (8.2.9) folgt

$$1 = \frac{26}{0{,}02^{\frac{1}{6}}} \cdot \left(\frac{2{,}67}{4}\right)^{\frac{2}{3}} \cdot \sqrt{J_S}$$

und daraus $J_S = 0{,}00069$.

b) Die zugehörigen Formwerte werden der obigen Tabelle entnommen und Gleichung (8.2.6) liefert

$$1 = -2 \cdot \log_{10}\left(\frac{2{,}95 \cdot 1{,}3 \cdot 10^{-6}}{2{,}67 \cdot \sqrt{2 \cdot 9{,}81 \cdot 2{,}67 \cdot J_S}} + \frac{0{,}02}{3{,}23 \cdot 2{,}67}\right)\sqrt{2 \cdot 9{,}81 \cdot 2{,}67 \cdot J_S}$$

und damit $J_S = 0{,}00069$.

Beispiel 3. Durch eine Rechteckrinne der Breite $b = 20$ m, der Rauheit $k = 0{,}04$ m und einer Sohlneigung $J_S = 0{,}001$ fließt durchschnittlich $Q = 100\,\frac{\text{m}^3}{\text{s}}$ Wasser mit einer kinematischen Viskosität von $\nu = 1{,}3 \cdot 10^{-6}\,\frac{\text{m}^2}{\text{s}}$. Bestimmen Sie die sich bei Normalabfluss einstellende Wassertiefe h mithilfe von:

a) Gleichung (8.2.9),
b) Gleichung (8.2.6),
c) Gleichung (8.1.10).

Lösung.

Idealisierung: Aufgrund der großen Breite gegenüber der (noch unbekannten) Höhe, kann man der Einfachheit halber $d_H = \frac{4bh}{b+2h} \approx 4h$ setzen, wobei die Aufgabe auch mit dem genauen d_H zu bewerkstelligen ist.

Weiter gilt für den Abfluss $Q = A\overline{u} = bh\overline{u}$, also $\overline{u} = \frac{Q}{bh}$.

a) Gleichung (8.2.9) liefert

$$\frac{Q}{bh} = \frac{26}{k^{\frac{1}{6}}} \cdot h^{\frac{2}{3}} \cdot \sqrt{J_S}, \qquad \frac{Q \cdot k^{\frac{1}{6}}}{26 \cdot 4^{\frac{2}{3}} \cdot b\sqrt{J_S}} = h^{\frac{5}{3}}$$

und damit eine explizite Formel für die Wassertiefe

$$h = \left(\frac{Q \cdot k^{\frac{1}{6}}}{26 \cdot b\sqrt{J_S}}\right)^{\frac{3}{5}}.$$

Man erhält $h = 2{,}141$ m.

b) Die zugehörigen Formparameter können in diesem Fall $f_g = f_r = 3{,}05$ gesetzt werden.

Mit (8.2.6) folgt die Bestimmungsgleichung zu

$$\frac{100}{20 \cdot h} = -2 \cdot \log_{10}\left(\frac{3{,}05 \cdot 1{,}3 \cdot 10^{-6}}{4h \cdot \sqrt{2 \cdot 9{,}81 \cdot 4h \cdot 0{,}001}} + \frac{0{,}04}{3{,}05 \cdot 4h}\right)\sqrt{2 \cdot 9{,}81 \cdot 4h \cdot 0{,}001}.$$

Es ergibt sich eine Wassertiefe von $h = 2{,}157$ m.

c) Benutzt man die Schleppspannung (8.1.4), so folgt mit (8.1.10) die Gleichung

$$\rho g h J_S = \frac{0{,}16 \cdot \rho}{[\ln(\frac{12 \cdot h}{k})]^2} \overline{u}^2$$

und daraus die Bestimmungsgleichung

$$g h J_S = \frac{0{,}16}{[\ln(\frac{12 \cdot h}{k})]^2} \cdot \frac{Q^2}{b^2 h^2}$$

und für unser Beispiel

$$9{,}81 \cdot 0{,}001 \cdot h. \frac{0{,}16}{[\ln(\frac{12 \cdot h}{0{,}04})]^2} \cdot \frac{100^2}{20^2 h^2}.$$

Man erhält $h = 2{,}137$ m.

Beispiel 4. Gegeben ist ein Rechteckgerinne der Breite $b = 10$ m und einer gleichbleibenden Wassertiefe $h = 1$ m. Sohlneigung und Rauheit betragen $J = 0{,}001$ und $k = 0{,}05$ m respektive. Die kinematische Viskosität (des Wassers) ist $\nu = 1{,}3 \cdot 10^{-6}\ \frac{\text{m}^2}{\text{s}}$.

Gesucht ist die mittlere Fließgeschwindigkeit bei Normalabfluss mithilfe von:

a) Gleichung (8.2.9),

b) Gleichung (8.2.6).

Lösung.

a) Der hydraulische Durchmesser ergibt sich zu

$$d_H = \frac{4bh}{b + 2h} = \frac{4 \cdot 10 \cdot 1}{10 + 2 \cdot 1} = 3{,}2\,\text{m}.$$

Gleichung (8.2.9) liefert

$$\overline{u} = \frac{26}{0{,}05^{\frac{1}{6}}} \cdot \left(\frac{3{,}2}{4}\right)^{\frac{2}{3}} \cdot \sqrt{0{,}001} = 1{,}17\,\frac{\text{m}}{\text{s}}.$$

b) Die Formwerte entnimmt man aus der Tabelle zu $f_g = f_r = 3{,}05$.

Eingesetzt in (8.2.6) erhält man

$$\overline{u} = -2 \cdot \log_{10}\left(\frac{3{,}05 \cdot 1{,}3 \cdot 10^{-6}}{3{,}2 \cdot \sqrt{2 \cdot 9{,}81 \cdot 3{,}2 \cdot 0{,}001}} + \frac{0{,}05}{3{,}05 \cdot 3{,}2}\right)\sqrt{2 \cdot 9{,}81 \cdot 3{,}2 \cdot 0{,}001} = 1{,}15\,\frac{\text{m}}{\text{s}}.$$

Beispiel 5. Durch eine Trapezrinne mit einer Sohlbreite $b = 6\,\mathrm{m}$, einer gleichbleibenden Wassertiefe $h = 2\,\mathrm{m}$, einer Wasserspiegelbreite $a = 10\,\mathrm{m}$ und einer Rauheit $k = 0{,}08\,\mathrm{m}$ fließt durchschnittlich $Q = 24\,\frac{\mathrm{m}^3}{\mathrm{s}}$ Wasser mit einer kinematischen Viskosität von $\nu = 1{,}3 \cdot 10^{-6}\,\frac{\mathrm{m}^2}{\mathrm{s}}$. Bestimmen Sie die zugehörige Sohlneigung J unter der Annahme eines Normalabflusses mithilfe von:

a) Gleichung (8.2.9),

b) Gleichung (8.2.6).

Lösung. Es gilt $A = \frac{10+6}{2} \cdot 2 = 16\,\mathrm{m}^2$. Für den hydraulischen Durchmesser erhält man

$$d_H = \frac{4 \cdot A}{U} = \frac{64}{6 + 4\sqrt{2}} = 5{,}49\,\mathrm{m}.$$

Damit ist $\overline{u} = \frac{Q}{A} = \frac{24}{16} = 1{,}5\,\frac{\mathrm{m}}{\mathrm{s}}$.

a) Aus (8.2.9) folgt

$$1{,}5 = \frac{26}{0{,}08^{\frac{1}{6}}} \cdot \left(\frac{5{,}49}{4}\right)^{\frac{2}{3}} \cdot \sqrt{J}$$

und daraus $J = 0{,}00094$.

b) Die zugehörigen Formwerte werden der obigen Tabelle entnommen und Gleichung (8.2.6) liefert

$$1{,}5 = -2 \cdot \log_{10}\left(\frac{2{,}90 \cdot 1{,}3 \cdot 10^{-6}}{5{,}49 \cdot \sqrt{2 \cdot 9{,}81 \cdot 5{,}49 \cdot J}} + \frac{0{,}08}{3{,}16 \cdot 5{,}49}\right)\sqrt{2 \cdot 9{,}81 \cdot 5{,}49 \cdot J}$$

und damit $J = 0{,}00096$.

8.3 Die Windschubspannung

In allen bisherigen Gerinneströmungen wurde die Scherwirkung der Umgebungsluft auf das Fluid immer vernachlässigt. Infolge dieser Reibung wird die maximale Geschwindigkeit auch etwas unterhalb der Wasseroberfläche erreicht. Bei ruhender Luft ist die Änderung des Geschwindigkeitsprofils im Wasser klein, hingegen bei stärkerem Wind, beträchtlich größer.

In diesem und den nächsten beiden Kapiteln soll der Einfluss der Windschubspannung an der Wasseroberfläche auf das Strömungsverhalten des darunterliegenden Wassers untersucht werden. Dazu betrachten wir die zugehörigen Geschwindigkeitsprofile der Luft $\overline{u}_L(y)$ und des Wassers $\overline{u}_W(y)$ ohne Wind (Abb. 8.2, durchgezogene Linien). Wasser und Wind tauschen an ihrer gemeinsamen Grenzfläche laufend Impulse aus, weswegen nicht nur die Geschwindigkeit, sondern auch die Spannung und damit der Geschwindigkeitsgradient an dieser Grenze gleich groß sein müssen (Abb. 8.2, gestrichelte

Linien). Der Geschwindigkeitsgradient ist zwar klein, aber er verschwindet nicht, sonst wäre die Spannung null (Abb. 8.2, punktierte Linien). Schließlich nimmt das Wasserprofil die Gestalt $\overline{u}_{\mathrm{WL}}(y)$ an. Dabei wird im Fall gleichgerichteter Strömungsgeschwindigkeiten der Wasserspiegel fallen, ansonsten steigen.

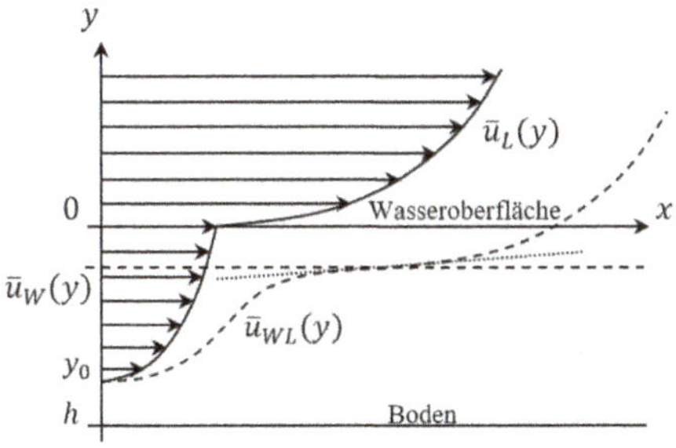

Abb. 8.2: Skizze zum Windeinfluss.

Herleitung von (8.3.1)–(8.3.4)

Vorerst konzentrieren wir uns auf das Windprofil alleine. Die Luftströmung kann man als Grenzschichtströmung zur Wasseroberfläche auffassen. Dann wird das darüberliegende Luftprofil eine logarithmische Form besitzen, das wir als

$$\frac{\overline{u}_L(y)}{u_{*,L}} = 2{,}5 \cdot \ln\left(\frac{y}{y_{0,L}}\right)$$

ansetzen können. Dabei bezeichnen $u_{*,L}$ und $y_{0,L}$ die Windschubspannungsgeschwindigkeit und die untere Gültigkeitsgrenze resp. Im Unterschied zur konstanten Sohlrauheit ist die Rauheit an der Wasseroberfläche von der Windgeschwindigkeit und damit von $u_{*,L}$ abhängig. Bei kleinen Windgeschwindigkeiten wird die Oberfläche gekräuselt, bei größerem $\overline{u}_L(y)$ entstehen hohe Wellen. (Wäre die Wasseroberfläche absolut fest, dann würde sich schlicht eine Plattengrenzschichtströmung ausbilden.) An dieser Stelle muss man auf Messungen zurückgreifen, die folgenden Zusammenhang liefern:

$$y_{0,L} = a \cdot \frac{u_{*,L}^2}{g} \quad \text{mit} \quad a = 0{,}01\text{–}0{,}03. \tag{8.3.1}$$

Die Zahl a nennt man Charnock-Konstante. Je weiter man sich von der Küste entfernt, umso kleiner werden die Werte von a. Damit erhält man

$$\frac{\overline{u}_L(y)}{u_{*,L}} = 2{,}5 \cdot \ln\left(\frac{g \cdot y}{a \cdot u_{*,L}^2}\right). \tag{8.3.2}$$

Um $u_{*,L}$ zu bestimmen, muss die Geschwindigkeit in irgendeiner Höhe ausgewertet werden. Üblicherweise geschieht dies auf 10 m über dem Boden (oder in unserem Fall über der Wasseroberfläche). Dazu verwendet man die Abkürzung u_{10}. Liegt $u_{*,L}$ mit (8.3.2) vor, dann beträgt die Windschubspannung $\tau_L = \rho_L \cdot u_{*,L}^2$. Dies gilt nur, falls das darunterliegende Wasser als ruhend betrachtet wird (siehe dazu das weiter unten folgende Beispiel).

Im Grenzfall $u_{10} = 0$ muss $u_{*,L}$ ebenfalls null ergeben. Dieses Ergebnis müsste auch (8.3.2) liefern.

Beweis. Bis auf den Faktor 2,5 gilt

$$\lim_{u_{*,L}\to 0} u_{*,L} \cdot \ln\left(\frac{g \cdot 10}{a \cdot u_{*,L}^2}\right) = -2 \lim_{u_{*,L}\to 0} u_{*,L} \cdot \ln(u_{*,L}) = -2 \lim_{u_{*,L}\to 0} \frac{\ln(u_{*,L})}{\frac{1}{u_{*,L}}}$$

$$= 2 \lim_{u_{*,L}\to 0} \frac{\frac{1}{u_{*,L}}}{\frac{1}{u_{*,L}^2}} = 2 \lim_{u_{*,L}\to 0} u_{*,L} = 0. \qquad \text{q. e. d.}$$

Dabei wurde im vorletzten Schritt die Regel von de L'Hospital angewendet. Um die implizite Abhängigkeit von $u_{*,L}$ in (8.3.2) aufzuheben, setzt man eine direkte Abhängigkeit der Windschubspannung mit dem Quadrat der Relativgeschwindigkeit $u_{10} - \overline{u}$ zwischen Wind und Wasser an:

$$\tau_L = \rho_L \cdot c_L \cdot (u_{10} - \overline{u}) \cdot |u_{10} - \overline{u}|. \tag{8.3.3}$$

Dabei ist c_L ein Widerstandsbeiwert und das einmalige Betragszeichen berücksichtigt die unter Umständen verschiedenen Vorzeichen von u_{10} und $\overline{u}$.

Folgende Beiwerte können verwendet werden:

$$c_L = \begin{cases} 0{,}565 \cdot 10^{-3} & \text{für } u_{10} \le 5\,\frac{\text{m}}{\text{s}}, \\ (0{,}137 \cdot u_{10} - 0{,}12) \cdot 10^{-3} & \text{für } 5\,\frac{\text{m}}{\text{s}} \le u_{10} \le 19{,}2\,\frac{\text{m}}{\text{s}}, \\ 2{,}513 \cdot 10^{-3} & \text{für } u_{10} \ge 19{,}2\,\frac{\text{m}}{\text{s}}. \end{cases} \tag{8.3.4}$$

Für kleine Windgeschwindigkeiten bis zu $5\,\frac{\text{m}}{\text{s}}$ treten praktisch keine Wellen auf, weswegen c_L konstant ist. Ab Geschwindigkeiten über $19{,}2\,\frac{\text{m}}{\text{s}}$ ist der Beiwert ebenfalls konstant, weil die Wellen nicht weiter anwachsen, sondern zu brechen beginnen. Graphisch besitzt c_L eine Stufenform, die man auch durch eine hyperbolische Funktion

$$c_L(u_{10}) = 0{,}565 \cdot 10^{-3} + 0{,}974 \cdot 10^{-3} \cdot \left[1 + \tanh\left(\frac{u_{10}}{6} - 2\right)\right]$$

approximieren kann.

Beispiel 1. Ein Wind der Geschwindigkeit $u_{10} = 15\,\frac{\text{m}}{\text{s}}$ bläst über einen Fluss mit der Geschwindigkeit $u_W = 4\,\frac{\text{m}}{\text{s}}$. Zudem ist die Konstante $a = 0{,}015$ zur Berechnung der unteren Windprofilgrenze gegeben. Die Dichte der Luft beträgt $\rho_L = 1{,}21\,\frac{\text{kg}}{\text{m}^3}$.

a) Wie lautet das Geschwindigkeitsprofil der Windströmung?
b) Bestimmen Sie aus dem Ergebnis von a) die Windschubspannung und vergleichen Sie das Resultat mithilfe von (8.3.3) und (8.3.4).
c) Setzen Sie für die untere Windprofilgrenze $y_{0,L}$ wie beim Geschwindigkeitsprofil im Wasser den Wert $\frac{k}{30}$ ein, falls k die Rauheit bezeichnet. Wie groß wäre die Auslenkung der Wasseroberfläche, wenn man diese mit der Rauheit gleichsetzt?

Lösung.

a) Gleichung (8.3.2) liefert

$$\frac{15}{u_{*,L}} = 2{,}5 \cdot \ln\left(\frac{9{,}81 \cdot 10}{0{,}015 \cdot u_{*,L}^2}\right),$$

woraus $u_{*,L} = 0{,}61\,\frac{\text{m}}{\text{s}}$ folgt.
Das Windprofil lautet demnach

$$\overline{u}_L(y) = 2{,}5 \cdot u_{*,L} \cdot \ln\left(\frac{g \cdot y}{a \cdot u_{*,L}^2}\right) = 1{,}537 \cdot \ln(1729{,}96 \cdot y).$$

b) Nach Definition ist

$$\tau_L = \rho_L \cdot u_{*,L}^2 = 1{,}21 \cdot 0{,}42^2 = 0{,}46\,\frac{\text{N}}{\text{m}^2}.$$

Zum Vergleich liefern (8.3.2) und (8.3.3)

$$\tau_L = 1{,}21 \cdot (0{,}137 \cdot 15 - 0{,}12) \cdot 10^{-3} \cdot (15 - 4)^2 = 0{,}28\,\frac{\text{N}}{\text{m}^2}.$$

Der Unterschied erklärt sich daraus, dass $u_{*,L}$ bei einer Absolutgeschwindigkeit $u_{10} = 15\,\frac{\text{m}}{\text{s}}$, also einer ruhenden Wasseroberfläche, bestimmt wurde. Deswegen muss (8.3.2) nochmals für $\overline{u}_L(10) = u_{10} - u_W = 11\,\frac{\text{m}}{\text{s}}$ ermittelt werden, woraus $u_{*,L} = 0{,}42\,\frac{\text{m}}{\text{s}}$ und $\tau_L = 0{,}21\,\frac{\text{N}}{\text{m}^2}$ entsteht.

c) Aus $y_{0,L} = \frac{k}{30}$ folgt mit (8.3.1) $\frac{k}{30} = 0{,}015 \cdot \frac{0{,}42^2}{9{,}81}$ und daraus $k = 8\,\text{mm}$.

Beispiel 2. Ein Wind bläst über einen ruhenden See. In 5 m bzw. 20 m über der Wasseroberfläche betragen die Windgeschwindigkeiten $15{,}5\,\frac{\text{m}}{\text{s}}$ bzw. $18\,\frac{\text{m}}{\text{s}}$. Die Dichte der Luft ist $\rho = 1{,}21\,\frac{\text{kg}}{\text{m}^3}$.

a) Bestimmen Sie das Geschwindigkeitsprofil der Windströmung und die Windschubspannung.

b) Vergleichen Sie das Ergebnis für die Windschubspannung aus a) mithilfe der Gleichungen (8.3.3) und (8.3.4).

Lösung.

a) Aus (8.3.2) entsteht das System

$$\frac{15}{u_*} = 2{,}5 \cdot \ln\left(\frac{9{,}81 \cdot 10}{a \cdot u_*^2}\right) \quad \text{und} \quad \frac{18}{u_*} = 2{,}5 \cdot \ln\left(\frac{9{,}81 \cdot 20}{a \cdot u_*^2}\right)$$

mit der Lösung $u_* = 0{,}72\,\frac{\text{m}}{\text{s}}$ und $a = 0{,}017$. Daraus folgt

$$\overline{u}(y) = 2{,}5 \cdot 0{,}72 \cdot \ln\left(\frac{9{,}81 \cdot y}{0{,}017 \cdot 0{,}72}\right) = 1{,}803 \cdot \ln(1080{,}94 \cdot y) \quad \text{und}$$

$$\tau_B = \rho \cdot u_*^2 = 1{,}21 \cdot 0{,}72^2 = 0{,}63\,\frac{\text{N}}{\text{m}^2}.$$

b) Für den Vergleich benötigt man u_{10}. Mit dem Ergebnis aus a) erhält man

$$\overline{u}(10) = 1{,}803 \cdot \ln(1080{,}94 \cdot 10) = 16{,}75\,\frac{\text{m}}{\text{s}}.$$

Gleichung (8.3.3) liefert somit

$$\tau_B = \rho_L \cdot c_L \cdot u_{10}^2 = 1{,}21 \cdot (0{,}137 \cdot 16{,}75 - 0{,}12) \cdot 10^{-3} \cdot 16{,}75^2 = 0{,}74\,\frac{\text{N}}{\text{m}^2}.$$

8.4 Die Wassertiefe einer Gerinneströmung unter Windeinfluss

Um den Windeinfluss zu erfassen, könnte man die Impulsbilanz aus Band 5 lediglich um einen die Windkraft beschreibenden Term erweitern. Wir gehen bei der folgenden Herleitung aber nochmals einen Schritt zurück und formulieren diese für einen beliebigen Abfluss.

Herleitung von (8.4.1)–(8.4.4)

Wir greifen ein Kontrollvolumen des Gerinnes mit Länge l und konstanter Breite b heraus.

Bilanz und Approximation: Impulsbilanz am Kontrollvolumen (Abb. 8.3).

Die zeitliche Änderung des Impulses ist definiert als die Summe aller am Kontrollvolumen angreifenden Kräfte. Diese setzen sich zusammen aus dem ein- und austretenden Impulsstrom, der antreibenden Gewichtskraft, der bremsenden Reibungskraft an der Sohle und der vorwärtstreibenden Windkraft. Solange noch kein Normalabfluss vorliegt, sind die Querschnittsflächen A_1 und A_2 senkrecht zur Mittellinie gewählt. Zusätzlich ist zu beachten, dass die Gewichtskraftkomponente und das Energiegefälle mit dem Winkel β gebildet werden muss. Man erhält

$$\frac{dI}{dt} = \dot{I}_{\text{ein}} - \dot{I}_{\text{aus}} + F_G \sin\beta - F_R + F_L.$$

Für kleine Winkel ist $\sin\beta \approx \tan\beta = J_\beta = J_E$ (Energiegefälle) was zu

$$\frac{dI}{dt} = \dot{I}_{\text{ein}} - \dot{I}_{\text{aus}} + F_G \cdot J_E - \tau_B \cdot A_M + \tau_L \cdot A_L$$

führt. Die Reibung beschreiben wir durch den Ansatz von Weisbach mit einer (örtlich) gemittelten Geschwindigkeit $\overline{u}_M = \frac{u_1+u_2}{2}$ und einer gemittelten Querschnittsfläche $A_M = \frac{A_1+A_2}{2}$. Die antreibende Windkraft wirkt entlang der Wasseroberfläche $A_L = l \cdot b$. Mit Gleichung (8.3.3) folgt dann

$$\begin{aligned}\frac{dI}{dt} &= \beta\rho_W A_1 u_1^2 - \beta\rho_W A_2 u_2^2 + mgJ_E - \lambda\frac{l}{d_H}\rho_W \frac{\overline{u}_M \cdot |\overline{u}_M|}{2} \cdot A_M \\ &\quad + \rho_L c_L A_L (u_{10} - \overline{u}_M) \cdot |u_{10} - \overline{u}_M|. \end{aligned} \tag{8.4.1}$$

Dabei bezeichnet β den Impulsbeiwert, für den man im turbulenten Fall gemäß (8.1) $\beta = 1$ setzen kann.

Einschränkung: Im Fall eines Normalabflusses entspricht J_E dem Sohlgefälle $J_\alpha = J_S$, weiter ist $h_1 = h_2$ und damit $A_1 = A_2 = A_M = A$.

Aus der Kontinuitätsgleichung, $A_1 u_1 = A_2 u_2$, folgt auch die örtliche Konstanz der Fließgeschwindigkeit $u_1 = u_2 = \overline{u}$ und damit die Gleichung

$$\rho_W g \cdot A \cdot l \cdot J_S - \frac{\lambda}{d_H}\rho_W \cdot A \cdot l \cdot \frac{\overline{u} \cdot |\overline{u}|}{2} + \rho_L \cdot c_L \cdot A_L \cdot (u_{10} - \overline{u}) \cdot |u_{10} - \overline{u}| = 0.$$

Idealisierung: Für ein breites Gerinne kann $d_H \approx 4h$ gesetzt werden.

Weiter erhält man über einen Volumenvergleich $A_L \cdot h = A \cdot l$. Dies erzeugt die Gleichung

$$\rho_W g \cdot A \cdot l \cdot J_S - \frac{\lambda}{4h}\rho_W \cdot A \cdot l \cdot \frac{\overline{u} \cdot |\overline{u}|}{2} + \rho_L \cdot c_L \cdot \frac{A \cdot l}{h} \cdot (u_{10} - \overline{u}) \cdot |u_{10} - \overline{u}| = 0$$

und folglich

$$\rho_W gh \cdot J_S - \frac{\lambda}{8}\rho_W \cdot \overline{u} \cdot |\overline{u}| + \rho_L \cdot c_L \cdot (u_{10} - \overline{u}) \cdot |u_{10} - \overline{u}| = 0. \tag{8.4.2}$$

Gleichung (8.4.2) lässt sich auch kurz schreiben als

$$\rho_W ghJ_S - \tau_B + \tau_L = 0. \tag{8.4.3}$$

Sie gibt den Zusammenhang zwischen der Schleppspannung, der Sohlschubspannung und der Windschubspannung bei Normalabfluss wieder. Die Vorzeichen von τ_B und τ_L werden erst durch die Strömungs- und Windrichtung bestimmt.

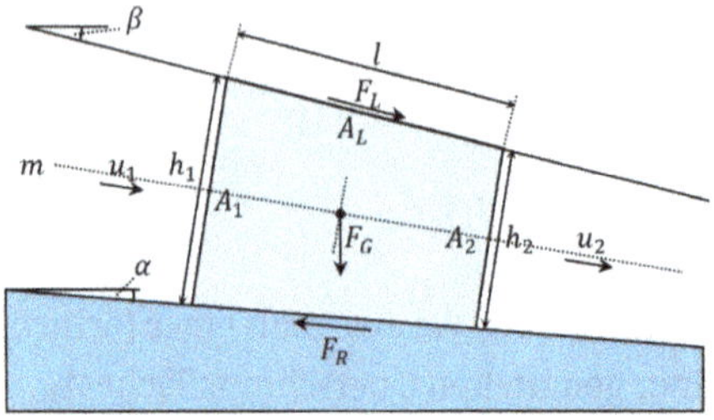

Abb. 8.3: Skizze zur Impulsbilanz mit Windeinfluss.

Drückt man die mittlere Geschwindigkeit $\overline{u}$ mit dem Durchfluss Q aus, $\overline{u} = \frac{Q}{b \cdot h}$, so geht (8.4.2) über in

$$\rho_W g h J_S - \frac{\lambda}{8}\rho_W \cdot \frac{Q}{b \cdot h} \cdot \left|\frac{Q}{b \cdot h}\right| + \rho_L \cdot c_L \cdot \left(u_{10} - \frac{Q}{b \cdot h}\right) \cdot \left|u_{10} - \frac{Q}{b \cdot h}\right| = 0$$

und schließlich

$$gJ_S h^3 - \frac{\lambda}{8b^2} \cdot Q \cdot |Q| + \frac{\rho_L}{\rho_W} \cdot c_L \cdot h^2 \cdot \left(u_{10} - \frac{Q}{b \cdot h}\right) \cdot \left|u_{10} - \frac{Q}{b \cdot h}\right| = 0. \qquad (8.4.4)$$

Für eine Darstellung wählen wir $J_S = 0{,}0001$, $b = 2\,\mathrm{m}$, $\lambda = 0{,}03$, $Q = 0{,}1\,\frac{\mathrm{m}^3}{\mathrm{s}}$, $\rho_L = 1{,}21\,\frac{\mathrm{kg}}{\mathrm{m}^3}$ und $\rho_W = 10^3\,\frac{\mathrm{kg}}{\mathrm{m}^3}$. Die Windgeschwindigkeit variiert zwischen $-30\,\frac{\mathrm{m}}{\mathrm{s}} \leq u_{10} \leq 30\,\frac{\mathrm{m}}{\mathrm{s}}$ und wir bestimmen sowohl die sich einstellende Wassertiefe mit und ohne Wind. Die Differenz $h_{\text{mit Wind}} - h_{\text{ohne Wind}} = h_{\text{Stau}}$ nennt man Windstau. Die Wassertiefe ohne Windeinfluss kann man aus

$$gJ_S h^3 - \frac{\lambda}{8b^2} \cdot Q \cdot |Q| = 0$$

explizit mit

$$h_{\text{ohne Wind}} = \sqrt[3]{\frac{\lambda \cdot Q^2}{8b^2 g J_S}}$$

angeben. Man erhält $h_{\text{ohne Wind}} = 0{,}212\,\mathrm{m}$. Da der Beiwert c_L von der Windgeschwindigkeit abhängt, muss dieser mithilfe der Übersicht (8.3.4) angepasst werden. Die Auswertung ergibt die nachstehende Tabelle:

u_{10} [$\frac{m}{s}$]	$h_{\text{mit Wind}}$ [m]	$h_{\text{ohne Wind}}$ [m]	h_{Stau} [m]
−30	0,652	0,212	0,441
−25	0,481	0,212	0,268
−20	0,357	0,212	0,145
−15	0,281	0,212	0,069
−10	0,239	0,212	0,027
−5	0,219	0,212	0,007
0	0,212	0,212	0
5	0,206	0,212	−0,006
10	0,173	0,212	−0,039
15	0,123	0,212	−0,089
20	0,087	0,212	−0,125
25	0,071	0,212	−0,141
30	0,060	0,212	−0,152

Graphisch erhält man den in Abb. 8.4 festgehaltenen Verlauf.

Für die beiden maximalen Windgeschwindigkeiten und für den fehlenden Wind geben wir die entsprechenden mittleren Fließgeschwindigkeiten an. Mit $\overline{u} = \frac{Q}{b \cdot h}$ erhält man $\overline{u}_{-30} = \frac{0{,}1}{2 \cdot 0{,}652} = 0{,}08\,\frac{m}{s}$, $\overline{u}_0 = \frac{0{,}1}{2 \cdot 0{,}212} = 0{,}25\,\frac{m}{s}$ und $\overline{u}_{30} = \frac{0{,}1}{2 \cdot 0{,}060} = 0{,}83\,\frac{m}{s}$.

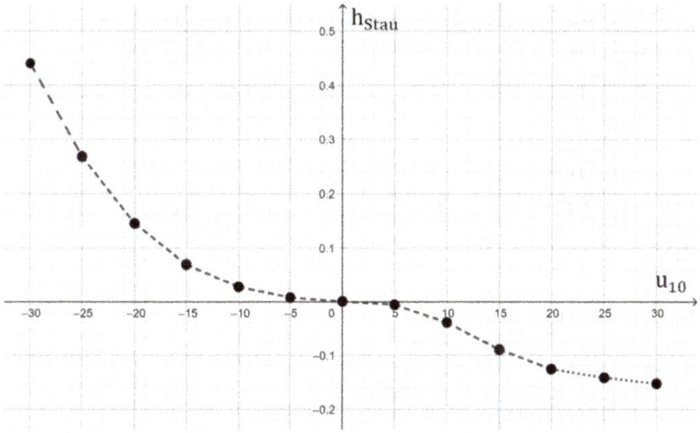

Abb. 8.4: Verlauf des Windstaus bei veränderlicher Windgeschwindigkeit.

Beispiel 1. Berechnen Sie den Spannungsunterschied einer Windströmung von $u_{10} = 15\,\frac{m}{s}$ auf die Wasseroberfläche eines Gerinnes, falls das Gerinne praktisch ruht und anderseits mit $\overline{u} = 3\,\frac{m}{s}$ in die gleiche Richtung wie der Wind strömt. Die Dichte der Luft beträgt $\rho_L = 1{,}21\,\frac{kg}{m^3}$.

Lösung. Bei einem ruhenden Gerinne liefert (8.3.3) $\tau_{L,0} = \rho_L \cdot c_L \cdot u_{10}^2$ und für das mitbewegte Gerinne $\tau_{L,1} = \rho_L \cdot c_L \cdot (u_{10} - \overline{u})^2$. Der Spannungsunterschied beträgt dann unter Verwendung von (8.3.3)

$$\begin{aligned}\Delta\tau = \tau_{L,0} - \tau_{L,1} &= \rho_L \cdot c_L \cdot [u_{10}^2 - (u_{10} - \overline{u})^2] \\ &= \rho_L \cdot (0{,}137 \cdot u_{10} - 0{,}12) \cdot 10^{-3} \cdot [u_{10}^2 - (u_{10} - \overline{u})^2] \\ &= 1{,}21 \cdot (0{,}137 \cdot 15 - 0{,}12) \cdot 10^{-3} \cdot [15^2 - (15-2)^2] = 0{,}13\,\frac{\mathrm{N}}{\mathrm{m}^2}.\end{aligned}$$

Beispiel 2. Welche Gerinnegeschwindigkeit erzeugt bei einer Windströmung von $u_{10} = 15\,\frac{\mathrm{m}}{\mathrm{s}}$ eine Oberflächenspannung von $\tau_L = \pm 0{,}20\,\frac{\mathrm{N}}{\mathrm{m}^2}$, wenn sich Gerinne und Wind in dieselbe Richtung bewegen? Die Dichte der Luft beträgt $\rho_L = 1{,}21\,\frac{\mathrm{kg}}{\mathrm{m}^3}$.

Lösung. Gleichung (8.3.3) in der Form $0{,}2 = 1{,}21 \cdot (0{,}137 \cdot u_{10} - 0{,}12) \cdot (15 - \overline{u})^2$ liefert beide Lösungen. Man erhält $\overline{u}_1 = 1{,}59\,\frac{\mathrm{m}}{\mathrm{s}}$ ($\overline{u}_1 < u_{10}$, $\tau_L > 0$, Spannung wirkt in Strömungsrichtung) und $\overline{u}_2 = 22{,}41\,\frac{\mathrm{m}}{\mathrm{s}}$ ($\overline{u}_2 > u_{10}$, $\tau_L < 0$, Spannung wirkt in Gegenrichtung).

Beispiel 3. Durch eine $b = 3\,\mathrm{m}$ breite Rechteckrinne mit einer Sohlneigung von $J = 0{,}0002$ und einer Rohreibungszahl $\lambda = 0{,}02$ fließt durchschnittlich $Q = 1\,\frac{\mathrm{m}^3}{\mathrm{s}}$ Wasser der Dichte $\rho_W = 10^3\,\frac{\mathrm{kg}}{\mathrm{m}^3}$.

a) Bestimmen Sie die sich bei Normalabfluss einstellende Wassertiefe.
b) Beantworten Sie die Frage aus a) für den Fall, dass gleichzeitig ein Wind mit der Geschwindigkeit $u_{10} = 30\,\frac{\mathrm{m}}{\mathrm{s}}$ über die Gerinneoberfläche bläst. Die Dichte der Luft beträgt $\rho_L = 1{,}21\,\frac{\mathrm{kg}}{\mathrm{m}^3}$.
c) Welche mittlere Fließgeschwindigkeit des Gerinnes stellt sich im Fall b) ein?
d) Wie groß ist im Fall b) die Windschubspannung?

Lösung.

a) Gleichung (8.4.4) reduziert sich zu $gJh^3 - \frac{\lambda Q^2}{8b^2} = 0$. Daraus folgt

$$9{,}81 \cdot 0{,}0002 \cdot h^3 - \frac{0{,}02 \cdot 1^2}{8 \cdot 3^2} = 0$$

und man erhält $h = 0{,}521\,\mathrm{m}$.

b) Die vollständige Gleichung (8.4.4) liefert

$$9{,}81 \cdot 0{,}0002 \cdot h^3 - \frac{0{,}02 \cdot 1^2}{8 \cdot 3^2} + \frac{1{,}21}{1000} \cdot 2{,}513 \cdot 10^{-3} \cdot h^2 \cdot \left(30 - \frac{1}{3 \cdot h}\right)^2 = 0$$

und daraus $h = 0{,}298\,\mathrm{m}$.

c) Es gilt

$$\overline{u} = \frac{Q}{b \cdot h} = \frac{1}{3 \cdot 0{,}298} 1{,}12\,\frac{\mathrm{m}}{\mathrm{s}}.$$

d) Aus (8.3.4) folgt

$$\tau_L = 1{,}21 \cdot 2{,}513 \cdot 10^{-3} \cdot (30 - 1{,}12)^2 = 2{,}54\,\frac{\mathrm{N}}{\mathrm{m}^2}.$$

8.5 Das Geschwindigkeitsprofil einer Gerinneströmung unter Windeinfluss

Betrachten wir nochmals den Verlauf der Schubspannung innerhalb des Gerinnes, so besagt Gleichung (8.1.6), dass die Spannung von der Sohle bis zur Wasseroberfläche vom Wert der Sohlschubspannung τ_B linear auf null abfällt. Nehmen wir nun eine Windströmung hinzu, so besteht kein Grund zum Zweifel, dass das Spannungsprofil ebenfalls linear von τ_B bis zum Windschubspannungswert τ_L absinkt. Diese Behauptung wollen wir bestätigen.

Beweis. Dazu schreiben wir die Impulsgleichung (8.1.2) unter abermaliger Verwendung von $\sin\alpha \approx \tan\alpha = J_E$ in der Form $-\frac{d}{dy}(\nu_t \frac{d\bar{u}}{dy}) - gJ_E = 0$. Mithilfe von (8.1.1) wird daraus $\frac{1}{\rho_W} \cdot \frac{d\tau_{xy}(y)}{dy} + gJ_E = 0$.

Nun flechtet man Gleichung (8.4.3) bei Normalabfluss ein, was zu $\frac{d\tau_{xy}(y)}{dy} + \frac{\tau_B - \tau_L}{h} = 0$ führt. Mit der Randbedingung $\tau_{xy}(h) = \tau_L$ wird integriert:

$$\int_{\tau_{xy}(y)}^{\tau_L} d\tau_{xy} = -\frac{\tau_B - \tau_L}{h} \int_y^h dy.$$

Die Auswertung ergibt

$$\tau_L - \tau_{xy}(y) = -\frac{\tau_B - \tau_L}{h}(h - y), \quad \tau_{xy}(y) = (\tau_B - \tau_L)\left(1 - \frac{y}{h}\right) + \tau_L$$

und schließlich

$$\tau_{xy}(y) = \tau_B\left(1 - \frac{y}{h}\right) + \tau_L \cdot \frac{y}{h}. \tag{8.5.1}$$

Damit ist die Linearität gezeigt. q. e. d.

Herleitung von (8.5.2)–(8.5.6)

Die linke Seite von (8.5.1) wird durch (8.1.1) und der darin enthaltene Ausdruck für die Wirbelviskosität durch (8.1.7) ersetzt. Dann erhält man

$$\tau_{xy}(y) = \kappa \rho_W u_* y\left(1 - \frac{y}{h}\right) \cdot \frac{d\bar{u}}{dy}.$$

Gleichung (8.5.1) schreibt sich zu

$$\kappa \rho_W u_* y \left(1 - \frac{y}{h}\right) \cdot \frac{d\bar{u}}{dy} = \tau_B \left(1 - \frac{y}{h}\right) + \tau_L \cdot \frac{y}{h}.$$

Aufgelöst ergibt sich

$$\frac{d\bar{u}}{dy} = \frac{2{,}5 \cdot \tau_B}{\rho_W u_*} \cdot \frac{1}{y} + \frac{2{,}5 \cdot \tau_L}{\rho_W u_*} \cdot \frac{1}{h - y}.$$

Diese Gleichung integrieren wir von der unteren Gültigkeitsgrenze y_0 bis zu einer Höhe y. Wir erhalten

$$\bar{u}(y) = \frac{2{,}5 \cdot \tau_B}{\rho_W u_*} \cdot \int_{y_0}^{y} \frac{dy}{y} + \frac{2{,}5 \cdot \tau_L}{\rho_W u_*} \cdot \int_{y_0}^{y} \frac{dy}{h - y}$$

und danach

$$\bar{u}(y) = \frac{2{,}5 \cdot \tau_B}{\rho_W u_*} \cdot \ln\left(\frac{y}{y_0}\right) - \frac{2{,}5 \cdot \tau_L}{\rho_W u_*} \cdot \ln\left(\frac{h - y}{h - y_0}\right). \qquad (8.5.2)$$

Die auftretende Spannungsgeschwindigkeit u_* kann nicht mit derjenigen ohne Wind identifiziert werden. Die Windschubspannung wird sich innerhalb der gesamten Flüssigkeitssäule bemerkbar machen. Als Maß für die vorhandenen Spannungen hängt sie sowohl von τ_B als auch von τ_L ab. Messungen bestätigen den Zusammenhang:

$$\rho_W u_*^2 = |\tau_B| + |\tau_L|. \qquad (8.5.3)$$

Damit wird aus (8.5.2)

$$\frac{\bar{u}(y)}{u_*} = \frac{2{,}5 \cdot \tau_B}{|\tau_B| + |\tau_L|} \cdot \ln\left(\frac{y}{y_0}\right) - \frac{2{,}5 \cdot \tau_L}{|\tau_B| + |\tau_L|} \cdot \ln\left(\frac{h - y}{h - y_0}\right)$$

und danach

$$\frac{\bar{u}(y)}{u_*} = \frac{2{,}5 \cdot \tau_B}{|\tau_B| + |\tau_L|} \cdot \ln\left(\frac{y}{y_0}\right) - \frac{2{,}5 \cdot \tau_L}{|\tau_B| + |\tau_L|} \cdot \ln\left[\frac{h}{h - y_0}\left(1 - \frac{y}{h}\right)\right]. \qquad (8.5.4)$$

Idealisierung: Da $y_0 \ll h$, kann der Quotient $\frac{h}{h-y_0} = 1$ gesetzt werden.

Man kann (8.5.4) auch nur mit den zwei Spannungen ausdrücken, wenn man die Wassertiefe der Bedingung (8.4.3) entnimmt. Man erhält $h = \frac{\tau_B - \tau_L}{\rho_W g J_S}$ und in (8.5.4) eingefügt

$$\frac{\bar{u}(y)}{u_*} = \frac{2{,}5 \cdot \tau_B}{|\tau_B| + |\tau_L|} \cdot \ln\left(\frac{y}{y_0}\right) - \frac{2{,}5 \cdot \tau_L}{|\tau_B| + |\tau_L|} \cdot \ln\left(1 - \frac{\rho_W g J_S}{\tau_B - \tau_L} \cdot y\right). \qquad (8.5.5)$$

Ersetzt man schließlich noch u_* gemäß (8.5.3), so folgt

$$\overline{u}(y) = \sqrt{\frac{|\tau_B| + |\tau_L|}{\rho_W}} \cdot \left\{ \frac{2{,}5 \cdot \tau_B}{|\tau_B| + |\tau_L|} \cdot \ln\left(\frac{y}{y_0}\right) - \frac{2{,}5 \cdot \tau_L}{|\tau_B| + |\tau_L|} \cdot \ln\left(1 - \frac{\rho_W g J_S}{\tau_B - \tau_L} \cdot y\right) \right\}. \quad (8.5.6)$$

Wiederum kann $y_0 = \frac{k}{30}$ mit der Rauheit k ersetzt werden.

Beispiel 1. Für eine Darstellung könnte man natürlich zwei Werte für die Spannungen vorgeben. Wir bringen hingegen die Profile in Zusammenhang mit der in Kap. 8.4 aufgeführten Tabelle, zumal die Tiefe h die sich einstellende Wassertiefe bei Normalabfluss bezeichnet. Dazu wählen wir zwei Windgeschwindigkeiten $u_{10+} = 10\,\frac{\mathrm{m}}{\mathrm{s}}$ und $u_{10-} = -10\,\frac{\mathrm{m}}{\mathrm{s}}$, eine in Strömungs- und eine in Gegenrichtung. Zusätzlich geben wir dieselben Größen wie in Kap. 8.4 zur Bestimmung der Wassertiefe bei Normalabfluss vor: $J_S = 0{,}0001$, $b = 2\,\mathrm{m}$, $\lambda = 0{,}03$, $Q = 0{,}1\,\frac{\mathrm{m}^3}{\mathrm{s}}$, $\rho_L = 1{,}21\,\frac{\mathrm{kg}}{\mathrm{m}^3}$ und $\rho_W = 10^3\,\frac{\mathrm{kg}}{\mathrm{m}^3}$. Die zugehörigen Wassertiefen sind dann $h_+ = 0{,}173\,\mathrm{m}$ bzw. $h_- = 0{,}239\,\mathrm{m}$.

a) Bestimmen Sie im Fall von u_{10+} die Größen $\overline{u}$, τ_{Schlepp}, τ_B und τ_L.
b) Wie lauten dieselben Größen von a) ohne Wind?
c) Ermitteln Sie das Geschwindigkeitsprofil $\overline{u}_+(y)$.
d) Wiederholen Sie alle Rechenschritte für a) bis c) für u_{10-}.
e) Bestimmen Sie die zugehörigen Profile ohne Wind.

Lösung.

a) Im Fall von u_{10+} erhält man für die mittlere Strömungsgeschwindigkeit

$$\overline{u} = \frac{Q}{b \cdot h} = \frac{0{,}1}{2 \cdot 0{,}173} = 0{,}289\,\frac{\mathrm{m}}{\mathrm{s}}.$$

Daraus lassen sich mit (8.4.3) die einzelnen Spannungen vergleichen. Es ergibt sich

$$\tau_{\text{Schlepp}} = \rho_W g h \cdot J_S = 1000 \cdot 9{,}81 \cdot 0{,}173 \cdot 0{,}0001 = 0{,}170\,\frac{\mathrm{N}}{\mathrm{m}^2},$$
$$\tau_B = \frac{\lambda}{8}\rho_W \cdot \overline{u}^2 = \frac{0{,}03}{8} \cdot 1000 \cdot 0{,}289^2 = 0{,}313\,\frac{\mathrm{N}}{\mathrm{m}^2} \quad \text{und}$$
$$\tau_L = \rho_L \cdot c_L \cdot (u_{10} - \overline{u})^2 = 1{,}21 \cdot (0{,}137 \cdot 10 - 0{,}12) \cdot 10^{-3} \cdot (10 - 0{,}289)^2$$
$$= 0{,}143\,\frac{\mathrm{N}}{\mathrm{m}^2}.$$

Mithilfe von (8.4.2) kontrolliert man die Werte: $0{,}170 - 0{,}313 + 0{,}143 = 0$.
Für u_{10-} ergeben sich $\overline{u} = \frac{0{,}1}{2 \cdot 0{,}239} = 0{,}209\,\frac{\mathrm{m}}{\mathrm{s}}$. Daraus folgen

$$\tau_{\text{Schlepp}} = 1000 \cdot 9{,}81 \cdot 0{,}239 \cdot 0{,}0001 = 0{,}234\,\frac{\mathrm{N}}{\mathrm{m}^2},$$
$$\tau_B = \frac{0{,}03}{8} \cdot 1000 \cdot 0{,}209^2 = 0{,}164\,\frac{\mathrm{N}}{\mathrm{m}^2} \quad \text{und}$$

$$\tau_L = 1{,}21 \cdot 0{,}565 \cdot 10^{-3} \cdot (10 - 0{,}209)^2 = -0{,}071\,\frac{\mathrm{N}}{\mathrm{m}^2}.$$

Die Kontrolle liefert 0,234 – 0,164 – 0,071 ≈ 0 (Rundungsfehler von h).

b) Zum Vergleich bestimmen wir die Spannungen ohne Wind. Die Wassertiefe beträgt $h = 0{,}212$ m und man erhält $\bar{u} = \frac{0{,}1}{2 \cdot 0{,}212} = 0{,}236\,\frac{\mathrm{m}}{\mathrm{s}}$. Damit folgt $\tau_{\mathrm{Schlepp}} = \tau_B = 0{,}208\,\frac{\mathrm{N}}{\mathrm{m}^2}$.

c) Im Fall von u_{10+} erhält man

$$u_* = \sqrt{\frac{|\tau_B| + |\tau_L|}{\rho_W}} = \sqrt{\frac{0{,}313 + 0{,}143}{1000}} = 0{,}021\,\frac{\mathrm{m}}{\mathrm{s}}.$$

Zusätzlich wählen wir noch $k = 1$ cm, was zu $y_0 = \frac{1}{3000}$ m führt.
Zuerst setzen wir die entsprechenden Werte für u_{10+} in (8.5.5) ein und erhalten

$$\bar{u}_+(y) = 0{,}021 \cdot \left\{ \frac{2{,}5 \cdot 0{,}313}{0{,}456} \cdot \ln(3000y) - \frac{2{,}5 \cdot 0{,}143}{0{,}456} \cdot \ln\left(1 - \frac{1000 \cdot 9{,}81 \cdot 0{,}0001}{0{,}170} \cdot y\right) \right\} \quad \text{oder} \tag{8.5.7}$$

$$\bar{u}_+(y) = 0{,}053 \cdot \left\{ \frac{313}{456} \cdot \ln(3000y) - \frac{143}{456} \cdot \ln\left(1 - \frac{981}{170} \cdot y\right) \right\}. \tag{8.5.8}$$

d) Dasselbe für u_{10-} ergibt

$$u_* = \sqrt{\frac{|\tau_B| + |\tau_L|}{\rho_W}} = \sqrt{\frac{0{,}164 + 0{,}071}{1000}} = 0{,}015\,\frac{\mathrm{m}}{\mathrm{s}}$$

und folglich

$$\bar{u}_-(y) = 0{,}015 \cdot \left\{ \frac{2{,}5 \cdot 0{,}164}{0{,}235} \cdot \ln(3000y) + \frac{2{,}5 \cdot 0{,}071}{0{,}235} \cdot \ln\left(1 - \frac{1000 \cdot 9{,}81 \cdot 0{,}0001}{0{,}235} \cdot y\right) \right\} \quad \text{oder}$$

$$\bar{u}_-(y) = 0{,}038 \cdot \left\{ \frac{164}{235} \cdot \ln(3000y) + \frac{71}{235} \cdot \ln\left(1 - \frac{981}{235} \cdot y\right) \right\}. \tag{8.5.9}$$

e) Zum Vergleich stellen wir den beiden Profilen noch das Profil ohne Wind gegenüber. Gleichung (8.5.5) reduziert sich wie bekannt zu

$$\bar{u}(y) = \sqrt{\frac{\tau_B}{\rho_W}} \cdot 2{,}5 \cdot \ln\left(\frac{y}{y_0}\right).$$

Mit $\sqrt{\frac{\tau_B}{\rho_W}} = 0{,}014\,\frac{\mathrm{m}}{\mathrm{s}}$ erhält man

$$\bar{u}(y) = 0{,}036 \cdot \ln(3000y). \tag{8.5.10}$$

Die drei Profile (8.5.8)–(8.5.10) sind in Abb. 8.5 festgehalten.

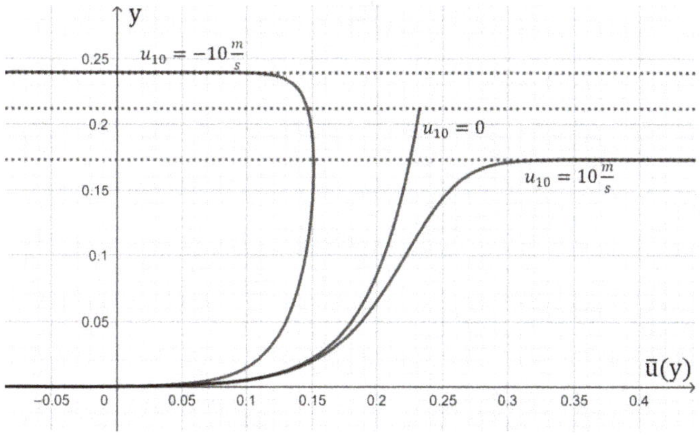

Abb. 8.5: Graphen von (8.5.8) bis (8.5.10).

Aus der Abbildung lassen sich die absoluten Geschwindigkeiten $\overline{u}$ in jeder Tiefe y ablesen.

Beispiel 2. Ein Wind der Geschwindigkeit $u_{10} = 15\,\frac{\text{m}}{\text{s}}$ greift an der Oberfläche eines in gleicher Richtung wie der Wind fließenden rechteckigen Gerinnes an. Wir nehmen an, dass die Windschubspannung dreimal so groß wie die Sohlschubspannung ist. Zusätzlich sind folgende Größen gegeben: $J = 0{,}0002$, $b = 3\,\text{m}$, $\lambda = 0{,}02$, $Q = 0{,}5\,\frac{\text{m}^3}{\text{s}}$, $k = 1{,}5\,\text{cm}$, $\rho_L = 1{,}21\,\frac{\text{kg}}{\text{m}^3}$ und $\rho_W = 10^3\,\frac{\text{kg}}{\text{m}^3}$.

a) Bestimmen Sie die sich einstellende Wassertiefe h.
b) Wie lautet das dimensionslose Geschwindigkeitsprofil $\frac{\overline{u}(y)}{u_*}$ der Gerinneströmung?
c) Wie groß wird die Fließgeschwindigkeit auf halber Gerinnehöhe als Vielfaches von u_*?
d) Auf welcher Höhe beträgt die dimensionslose Fließgeschwindigkeit 3,05?

Lösung.

a) Gleichung (8.4.4) liefert

$$9{,}81 \cdot 0{,}0002 \cdot h^3 - \frac{0{,}02}{8 \cdot 3^2} \cdot 0{,}5^2 + \frac{1{,}21}{1000}(0{,}137 \cdot 15 - 0{,}12) \cdot 10^{-3} \cdot h^2\left(15 - \frac{0{,}5}{3 \cdot h}\right)^2 = 0$$

mit der Lösung $h = 0{,}169\,\text{m}$.

b) Mit $y_0 = \frac{k}{30} = \frac{1}{2000}\,\text{m}$ folgt

$$\frac{\tau_B}{|\tau_B| + |\tau_L|} = \frac{1}{4} \quad \text{und} \quad \frac{\tau_L}{|\tau_B| + |\tau_L|} = \frac{3}{4}.$$

Demnach führt (8.5.5) zu

$$\frac{\overline{u}_+(y)}{u_*} = \frac{1}{4} \cdot 2{,}5 \cdot \ln(2000y) - \frac{3}{4} \cdot 2{,}5 \cdot \ln\left[\frac{338}{337} \cdot \left(1 - \frac{y}{0{,}169}\right)\right]$$
$$= \frac{5}{8} \cdot \ln(2000y) - \frac{15}{8} \cdot \ln\left(1 - \frac{y}{0{,}169}\right).$$

c) Mit dem Ergebnis aus b) erhält man $\frac{\overline{u}_+}{u_*}(\frac{0{,}169}{2}) = 4{,}51$ und somit $\overline{u}_+ = 4{,}51 \cdot u_*$.

d) Aus $\frac{\overline{u}_+}{u_*} = 3{,}05$ folgt $y = 0{,}034$ m und demnach $y \approx \frac{1}{5}h$.

8.6 Der Windstau an Ufern und Küsten

Die bisherigen Gerinneströmungen verliefen immer parallel zum Ufer oder zur Küste. Nun betrachten wir Strömungen, die senkrecht auf eine natürliche Begrenzung treffen. Künstliche Wehre oder Dämme mit einer Sohle aus festem Material kommen zwar auch infrage, aber bei diesen stellt sich die Frage nach einem Sedimenttransport durch die auftretende Zirkulationsströmung nicht, sodass die Sohle unangetastet bleibt. Wir betrachten dazu das Ufer oder die Küste eines Gewässers ohne Eigenströmung. Hingegen soll ein wehender Wind das Wasser senkrecht zur Küste vor sich hertreiben (Abb. 8.6).

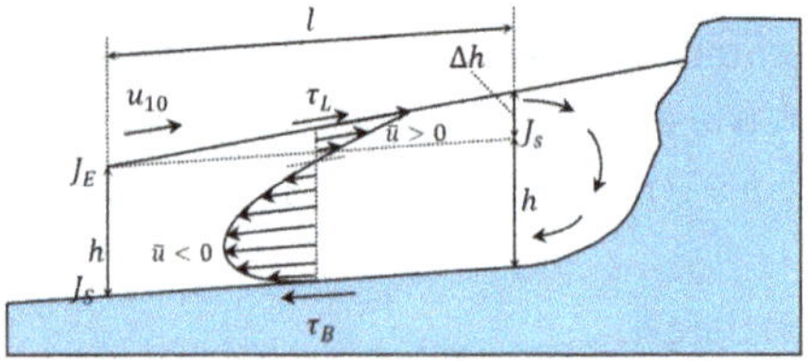

Abb. 8.6: Skizze zum Windstau an einer Küste.

Ist die Böschung genügend hoch, sodass sie nicht überflutet werden kann, dann stellt sich nach einer gewissen Zeit, unter der Annahme eines mit konstanter Geschwindigkeit sich fortbewegenden Windes, ein stationärer Strömungszustand ein. Dieser soll ermittelt werden.

Herleitung von (8.6.1)–(8.6.5)

Der Wasserspiegel wird hin zum Ufer offensichtlich ansteigen. Zudem muss das anfallende Wasser in tieferen Schichten und insbesondere an der Sohle wieder abgeführt werden, wodurch auch Sediment weggespült wird. Auf diese Weise können ganze Strandabschnitte verschwinden und beispielsweise als Sandbänke anderswo wiederauftauchen. Mit großem Energieaufwand fördern Pumpen den Sand aus dem offenen Meer und transportieren ihn wieder an die Küste.

Winde ändern laufend ihre Richtung und Stärke. Für unser Modell wählen wir eine Windströmung entlang der Strecke l mit konstanter Geschwindigkeit u_{10}. Die Wassertiefe h wird durch den Punkt bestimmt, an dem der Wind an der Wasseroberfläche angreift. In einem stationären Zustand bildet sich das eingezeichnete Strömungsprofil aus, das in ähnlicher Form entlang der gesamten Strecke l besteht. Die Zunahme der Wassertiefe oder der Windstau Δh wird mit der Länge l ansteigen. Der Windstau wird durch das Energiegefälle oder die Oberflächenneigung J_E bestimmt.

Die erwähnte Zirkulationsströmung erfassen wir damit, dass die über die (nahezu) gesamte Wassertiefe gemittelte Strömungsgeschwindigkeit null sein soll: $\int_{y_0}^{h} \overline{u}(y)dy = 0$.

Angewandt auf die Gleichung (8.5.2) ergibt das nacheinander

$$\frac{2{,}5 \cdot \tau_B}{\rho_W u_*} \cdot \int_{y_0}^{h} \ln\left(\frac{y}{y_0}\right)dy - \frac{2{,}5 \cdot \tau_L}{\rho_W u_*} \cdot \int_{y_0}^{h} \ln\left(\frac{h-y}{h-y_0}\right)dy = 0,$$

$$\tau_B \cdot \int_{y_0}^{h} \ln\left(\frac{y}{y_0}\right)dy - \tau_L \cdot \int_{y_0}^{h} \ln\left(\frac{h-y}{h-y_0}\right)dy = 0,$$

$$\tau_B \cdot \left[y \cdot \ln\left(\frac{h}{y_0}\right) - y\right]_{y_0}^{h} - \tau_L \cdot \left[(y-h) \cdot \ln\left(\frac{h-y}{h-y_0}\right) - y\right]_{y_0}^{h} = 0 \quad \text{und}$$

$$\tau_B \cdot \left[h \cdot \ln\left(\frac{h}{y_0}\right) - h + y_0\right] - \tau_L \cdot [y_0 - h] = 0. \tag{8.6.1}$$

Dabei wurde im 2. Summanden der Grenzwert $\lim_{x \to 0} x \cdot \ln(x) = 0$ benutzt.

Die Gleichung (8.6.1) liefert den Zusammenhang

$$\tau_B = -\frac{h - y_0}{h \cdot [\ln(\frac{h}{y_0}) - 1] + y_0} \cdot \tau_L. \tag{8.6.2}$$

Der Zähler ist in jedem Fall positiv. Wir zeigen kurz, dass es der Nenner ebenfalls ist.

Beweis. Aus

$$h \cdot \left[\ln\left(\frac{h}{y_0}\right) - 1\right] + y_0 \geq 0$$

folgt

$$\ln\left(\frac{h}{y_0}\right) \geq 1 - \frac{y_0}{h}.$$

Wir setzen $x := \frac{h}{y_0}$ und müssen zeigen, dass $1 - \frac{1}{x} \leq \ln x$ gilt. Zusätzlich leiten wir noch eine obere Schranke her. Bricht man die Exponentialreihe vorzeitig ab, dann erhält man

$e^x \geq 1 + x$ für $x \in \mathbb{R}$. Ersetzt man x durch $\ln x$, so folgt daraus $e^{\ln x} \geq 1 + \ln x$ und damit

$$\ln x \leq x - 1 \quad \text{für } x \in \mathbb{R}^+. \tag{8.6.3}$$

Weiter gilt $\ln(\frac{1}{x}) = -\ln x$, woraus nach der Ersetzung von $\frac{1}{x}$ anstelle von x für (8.6.3) $-\ln x = \ln(\frac{1}{x}) \leq \frac{1}{x} - 1$, schließlich $\ln x \geq 1 - \frac{1}{x}$ für $x \in \mathbb{R}^+$ und damit die Behauptung folgt. Insgesamt hat man $1 - \frac{1}{x} \leq \ln x \leq x - 1$ für $x \in \mathbb{R}^+$. q. e. d.

Die Gleichung (8.6.2) besagt, dass es bei dieser Art Strömung genügt, eine der beiden Schubspannungen (bei vorhandener Tiefe und Rauheit) zu kennen, um die andere zu ermitteln. Damit lässt sich die Gleichung (8.5.4) mit einer Spannung allein schreiben.

Da es sich um eine Zirkulationsströmung handelt, ist

$$\rho_W A_1 u_1^2 - \rho_W A_2 u_2^2 = 0,$$

weil der einfließende Impulsstrom dem ausfließenden entspricht und zudem kehrt die Richtung der Sohlschubspannung am Boden um. Man erhält

$$\rho_W g h J_E + \tau_B + \tau_L = 0. \tag{8.6.4}$$

Im Unterschied zum Normalabfluss ist somit die Sohlneigung durch die Oberflächenneigung zu ersetzen. Dies leuchtet auch ein, denn der Wind trägt auch bei horizontalem Boden Wasser an die Küste. Setzt man

$$\alpha := -\frac{h - y_0}{h \cdot [\ln(\frac{h}{y_0}) - 1] + y_0},$$

so schreibt sich (8.5.5) als

$$\begin{aligned}
\bar{u}(y) &= \sqrt{\frac{|\tau_B| + |\tau_L|}{\rho_W}} \cdot \left\{\frac{2{,}5 \cdot \tau_B}{|\tau_B| + |\tau_L|} \cdot \ln\left(\frac{y}{y_0}\right) - \frac{2{,}5 \cdot \tau_L}{|\tau_B| + |\tau_L|} \cdot \ln\left(1 - \frac{\rho_W g J_E}{-\tau_B - \tau_L} \cdot y\right)\right\}, \\
\bar{u}(y) &= \sqrt{\frac{|-\alpha \cdot \tau_L| + |\tau_L|}{\rho_W}} \cdot \left\{-\frac{2{,}5 \cdot \alpha \cdot \tau_L}{|-\alpha \cdot \tau_L| + |\tau_L|} \cdot \ln\left(\frac{y}{y_0}\right)\right. \\
&\quad \left. - \frac{2{,}5 \cdot \tau_L}{|-\alpha \cdot \tau_L| + |\tau_L|} \cdot \ln\left(1 - \frac{\rho_W g J_E}{\alpha \cdot \tau_L - \tau_L} \cdot y\right)\right\} \quad \text{oder} \\
\bar{u}(y) &= \sqrt{\frac{(\alpha + 1)|\tau_L|}{\rho_W}} \cdot \left\{-\frac{2{,}5 \cdot \alpha}{\alpha + 1} \cdot \ln\left(\frac{y}{y_0}\right) - \frac{2{,}5}{\alpha + 1} \cdot \ln\left(1 - \frac{\rho_W g J_E}{(\alpha - 1)\tau_L} \cdot y\right)\right\}.
\end{aligned} \tag{8.6.5}$$

Beispiel 1. Wir nehmen an, dass sich in der Nähe eines Ufers eine Wassertiefe von $h = 0{,}5\,\text{m}$ einstellt. Weiter sei $u_{10} = 15\,\frac{\text{m}}{\text{s}}$, $k = 1\,\text{cm}$, $\rho_L = 1{,}21\,\frac{\text{kg}}{\text{m}^3}$ und $\rho_W = 10^3\,\frac{\text{kg}}{\text{m}^3}$ gegeben.

a) Bestimmen Sie die Größen y_0, τ_L, τ_B und J_E.

b) Wie lautet das dimensionslose Profil $\frac{\overline{u}(y)}{u_*}$? (Bisher hatten wir Gerinnegefälle mit einem Pluszeichen belegt, weshalb hier konsequenterweise ein Minuszeichen bei einem Anstieg entsteht.)
c) Ermitteln Sie den Umkehrpunkt der Strömungsrichtung und die maximale Rückströmgeschwindigkeit.

Lösung.
a) Es gilt $y_0 = \frac{k}{30} = \frac{1}{3000}$ m und mit (8.6.2) ist

$$\tau_B = -\frac{0{,}5 - 3{,}33 \cdot 10^{-4}}{0{,}5 \cdot [\ln(1500) - 1] + 3{,}33 \cdot 10^{-4}} \cdot \tau_L = -0{,}158 \cdot \tau_L.$$

Die mittlere Geschwindigkeit ist null, sodass die Windschubspannung selbst einen Wert von

$$\tau_L = 1{,}21 \cdot (0{,}137 \cdot 15 - 0{,}12) \cdot 10^{-3} \cdot (15 - 0)^2 = 0{,}527\,\frac{\text{N}}{\text{m}^2}$$

annimmt. Daraus folgt

$$\tau_B = -0{,}158 \cdot 0{,}527 = -0{,}083\,\frac{\text{N}}{\text{m}^2}$$

und mit (8.6.4) die Oberflächenneigung des Wassers zu

$$J_E = -\frac{\tau_B + \tau_L}{\rho_W g h} = -\frac{-0{,}083 + 0{,}527}{1000 \cdot 9{,}81 \cdot 0{,}5} = -9{,}1 \cdot 10^{-5}.$$

b) Die Gleichung (8.5.4) liefert das Geschwindigkeitsprofil

$$\frac{\overline{u}(y)}{u_*} = \frac{-2{,}5 \cdot 0{,}158 \cdot 0{,}527}{1{,}158 \cdot |0{,}527|} \cdot \ln(3000y) - \frac{2{,}5 \cdot 0{,}527}{1{,}158 \cdot |0{,}527|} \cdot \ln(1 - 2y)$$

und daraus (Abb. 8.7)

$$\frac{\overline{u}(y)}{u_*} = -0{,}341 \cdot \ln(3000y) - 2{,}159 \cdot \ln(1 - 2y). \qquad (8.6.6)$$

c) Aus $\overline{u}(y) = 0$ erhält man den Umkehrpunkt der Strömungsrichtung in einer Tiefe von 0,332 m. Auf zwei Drittel der gesamten Wassertiefe findet somit eine Rückströmung statt. Die maximale Rückströmgeschwindigkeit ergibt sich mittels $\frac{d\overline{u}(y)}{dy} = 0$ in einer Tiefe von 0,068 m.

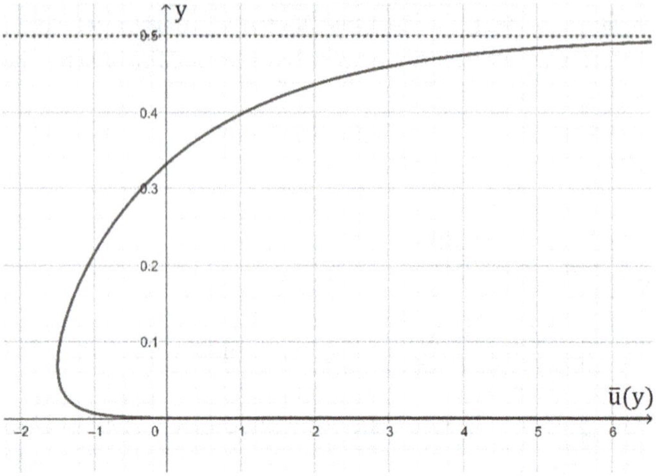

Abb. 8.7: Graph von (8.6.6).

Das Beispiel soll verallgemeinert werden.

Herleitung von (8.6.7)
Die Gleichung (8.6.4) liefert $J_E = -\frac{\tau_B + \tau_L}{\rho_W g h}$. Setzt man das Ergebnis (8.6.2) ein, so folgt

$$J_E = -\frac{\tau_L}{\rho_W g h} \cdot \left\{1 - \frac{h - y_0}{h \cdot [\ln(\frac{h}{y_0}) - 1] + y_0}\right\}.$$

Fügt man noch die Windschubspannung gemäß (8.3.3) ein, so entsteht

$$J_E = -\frac{\rho_L \cdot c_L}{\rho_W g} \cdot u_{10}^2 \cdot \frac{1}{h} \cdot \left\{1 - \frac{h - y_0}{h \cdot [\ln(\frac{h}{y_0}) - 1] + y_0}\right\}. \tag{8.6.7}$$

Damit lässt sich das Oberflächengefälle als Funktion der Windgeschwindigkeit und der Wassertiefe direkt berechnen.

Beispiel 2. Gegeben sind die Werte $k = 1\,\text{cm}$, $\rho_L = 1{,}21\,\frac{\text{kg}}{\text{m}^3}$ und $\rho_W = 10^3\,\frac{\text{kg}}{\text{m}^3}$. Für die Wassertiefe nehmen wir $h = 0{,}5\,\text{m}$, $1\,\text{m}$, $2\,\text{m}$ und variieren die Windgeschwindigkeit zwischen $u_{10} = 10\,\frac{\text{m}}{\text{s}}$, $20\,\frac{\text{m}}{\text{s}}$, $30\,\frac{\text{m}}{\text{s}}$, $40\,\frac{\text{m}}{\text{s}}$, $50\,\frac{\text{m}}{\text{s}}$. Die Beiwerte c_L entnimmt man wieder (8.3.4).

a) Bestimmen Sie die zugehörigen Energieliniengefälle J_E und stellen Sie alle Daten in einem Koordinatensystem dar.
b) Bestimmen Sie den Windstau Δh, falls $u_{10} = 50\,\frac{\text{m}}{\text{s}}$, $h = 1\,\text{m}$ und $l = 1\,\text{km}$ gilt.

Lösung.

a) Wieder folgt $y_0 = \frac{1}{3000}$ m. Man erhält die in folgender Tabelle festgehaltenen Werte für die Oberflächenneigung:

u_{10} [$\frac{m}{s}$]	10	20	30	40	50
$\lvert J_{E,0,5}\rvert$ [10^{-5}]	2,66	4,37	9,83	17,48	27,31
$\lvert J_{E,1}\rvert$ [10^{-5}]	1,35	2,.21	4,98	8,86	13,84
$\lvert J_{E,2}\rvert$ [10^{-5}]	0,68	1,12	2,52	4,48	7,00

Die Tabellenwerte veranschaulichen wir noch in einer Graphik (Abb. 8.8).

b) Aus den Tabellenwerten und Abb. 8.8 wird ersichtlich, dass die Oberflächenneigung und damit der Windstau sich bei gleicher Windgeschwindigkeit etwa umgekehrt proportional zur Wassertiefe verhalten. Dabei besitzen tiefere Wasserstände einen größeren Windstau als höhere bei gleicher Windgeschwindigkeit. Es ist damit einfacher Flachwasser durch Wind aufzustauen. Der Tabellenwert ergibt $J_{E,1} = 13{,}84 \cdot 10^{-5}$. Auf einer Länge von $l = 1000$ m erhält man mittels $J_E = \frac{\Delta h}{l}$ einen Windstau von $\Delta h = l \cdot J_E = 1000 \cdot 13{,}84 \cdot 10^{-5} = 13{,}84$ cm.

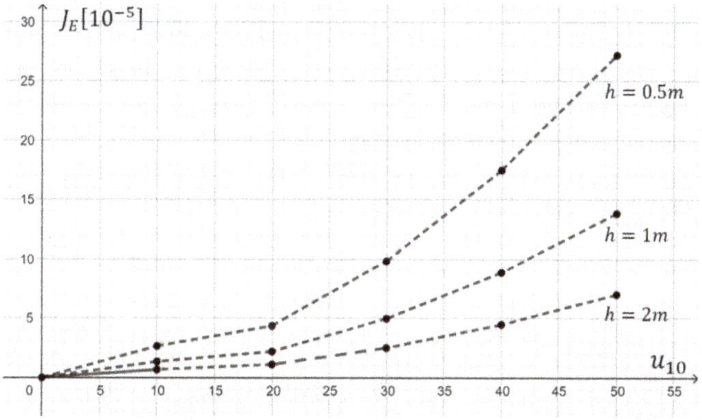

Abb. 8.8: Graph von (8.6.7).

Beispiel 3. Bei einem Seehafen ragt die Ufermauer senkrecht über der horizontalen Sohle auf. Entlang einer Strecke von $l = 1$ km von einem Punkt auf dem See bis hin zur Böschung weht ein Wind mit der Geschwindigkeit $u_{10} = 50\ \frac{m}{s}$ über die Wasseroberfläche senkrecht zur Böschung. Man misst dadurch einen Windstau von $\Delta h = 7$ cm. Es gilt $k = 5$ cm und die Stoffwerte sind $\rho_L = 1{,}21\ \frac{kg}{m^3} \rho_W = 10^3\ \frac{kg}{m^3}$.

a) Bestimmen Sie die Oberflächenneigung J_E.

b) Wie tief ist das Wasser im Angriffspunkt des Windes und an der Böschung?

Lösung.

a) Aus $J_E = \frac{\Delta h}{l}$ folgt $J_E = \frac{0{,}07}{1000} = 7 \cdot 10^{-5}$.

b) Mit (8.6.7) erhält man

$$5 \cdot 10^{-5} = \frac{1{,}21 \cdot 0{,}513 \cdot 10^{-3}}{1000 \cdot 9{,}81} \cdot 50^2 \cdot \frac{1}{h} \cdot \left\{1 - \frac{h - \frac{1}{600}}{h \cdot [\ln(600h) - 1] + \frac{1}{600}}\right\}$$

und daraus $h = 1{,}94$ m im Angriffspunkt und $h = 2{,}01$ m an der Böschung.

8.7 Das Querprofil der Geschwindigkeit

Bisher haben wir mit stationären Gerinnegeschwindigkeiten $\overline{u}$ gearbeitet, die über den gesamten Gerinnequerschnitt A gemittelt waren. Über die Messung des Durchflusses $\dot{Q}$ kann $\overline{u}$ aus $\dot{Q} = A\overline{u}$ bestimmt werden. Das bedeutet, dass es sich bei $\overline{u}$ eigentlich um eine zeitlich, tiefen- und eine breitengemittelte Geschwindigkeit handelt. Die Gleichung (8.1.10) beinhaltet beispielsweise eine zweifach gemittelte Geschwindigkeit nach Nikuradse. Im Wasserwesen ist es wichtig, die Strömungsverhältnisse quer zu einem Fluss zu kennen, um die Stellen mit starker Strömung von denjenigen mit kleinen Fließgeschwindigkeiten zu unterscheiden.

Für ein sehr breites Gerinne mit niedrigem Wasserstand und horizontaler Sohle kann man von einem über der gesamten Breite einheitlichen logarithmischen Profil und somit einer nahezu konstanten tiefengemittelten Geschwindigkeit ausgehen. Der Einfluss der Uferränder kann dabei vernachlässigt werden. Wird das Gerinne schmaler, dann entstehen Effekte, die wir anschließend erklären.

Es soll nun untersucht werden, welchen Einfluss die Gerinnebreite b und die Form der Sohle auf die Größe der tiefengemittelten Geschwindigkeit $\overline{\overline{u}}$ besitzt.

Herleitung von (8.7.1)–(8.7.3)

Dazu betrachten wir eine Strömung in x-Richtung. Mit y bezeichnen wir die Tiefenkoordinate und z entspricht der Breitenkoordinate von einem Ufer aus gemessen.

Bilanz: Für eine Impulsbilanz beachten wir, dass die Form der Sohle entlang der Gerinnebreite eine Änderung der Wassertiefe $h(z)$ mit sich bringt. Deswegen muss die Bilanz an einem differenziellen quaderförmigen Volumen der Länge l, der Tiefe $h(z)$ und der Breite Δz durchgeführt werden (Abb. 8.9).

Die zeitliche Änderung des Impulses setzt sich aus dem ein- und austretenden Impulsstrom, der antreibenden Gewichts- bzw. Windkraft, der bremsenden Reibungskraft an der Sohle sowie der viskosen Schubspannungskraft F_R zusammen. Man erhält eine ähnliche Bilanz wie in Kap. 8.4:

$$\frac{dI}{dt} = \dot{I}_{\text{ein}} - \dot{I}_{\text{aus}} + F_G \cdot J_E - \tau_B \cdot A_{\text{Boden}} + F_R + \tau_L \cdot A_{\text{Oberfläche}}. \qquad (8.7.1)$$

Einschränkung: Im Weitern sei keine Windströmung vorhanden.

Ein parallel zur Strömung verlaufender Wind hätte zwar einen Einfluss auf die Höhe des Querprofils, nicht aber auf die Form des Querprofils selber. Ein eventuell quer zur Gerinneströmung wehender Wind würde nur bei sehr niedrigem Wasserstand einen Windstau verursachen. Nach dem Newton'schen Spannungsansatz gilt

$$F_R = \tau_R \cdot A_{\text{Seitenfläche}} = \rho_W \overline{\nu}_t \frac{d\overline{\overline{u}}}{dz} \cdot l \cdot h(z).$$

Am ausgewählten Volumenelement greifen nebst den beiden Spannungen noch links und rechts jeweils eine Kraft an, sodass folgt:

$$F_R = l \cdot \left[h(z) \cdot F_{R,z+\Delta z} - h(z) \cdot F_{R,z}\right] = l \cdot \left[h(z) \cdot \rho_W \overline{\nu}_t \left.\frac{d\overline{\overline{u}}}{dz}\right|_{z+\Delta z} - h(z) \cdot \rho_W \overline{\nu}_t \left.\frac{d\overline{\overline{u}}}{dz}\right|_{z+\Delta z}\right].$$

Dies entspricht dem Diffusionsterm in der Navier-Stokes-Gleichung aus Kap. 3. Die Wirbelviskosität muss dabei als Folge der tiefengemittelten Geschwindigkeit ebenfalls über die Tiefe gemittelt werden. Weiter ist die totale Ableitung gerechtfertigt, weil die Geschwindigkeit tiefengemittelt ist und man annimmt, dass die Sohle entlang der Strömungsrichtung konstant bleibt.

Einschränkung: Es interessiert nur eine stationäre Strömung bei Normalabfluss.

In diesem Fall geht (8.7.1) nacheinander über in:

$$\begin{aligned} &\rho_W \cdot \Delta z \cdot l \cdot h(z) \cdot g \cdot J_S - \tau_B \cdot \Delta z \cdot l \\ &\quad + l \cdot \left[h(z) \cdot \rho_W \overline{\nu}_t \left.\frac{d\overline{\overline{u}}}{dz}\right|_{z+\Delta z} - h(z) \cdot \rho_W \overline{\nu}_t \left.\frac{d\overline{\overline{u}}}{dz}\right|_{z+\Delta z}\right] = 0, \\ g \cdot J_S - \frac{\tau_B}{\rho_W \cdot h(z)} &+ \frac{1}{h(z)}\left(\frac{h(z) \cdot \overline{\nu}_t \left.\frac{d\overline{\overline{u}}}{dz}\right|_{z+\Delta z} - h(z) \cdot \overline{\nu}_t \left.\frac{d\overline{\overline{u}}}{dz}\right|_{z+\Delta z}}{\Delta z}\right) = 0 \quad \text{und} \\ &g \cdot J_S - \frac{\tau_B}{\rho_W \cdot h(z)} + \frac{1}{h(z)} \cdot \frac{d}{dz}\left[h(z) \cdot \overline{\nu}_t \frac{d\overline{\overline{u}}}{dz}\right] = 0. \end{aligned}$$

Ersetzt man die Wirbelviskosität gemäß (8.1.9), dann erhält man

$$g \cdot J_S - \frac{\tau_B}{\rho_W \cdot h(z)} + \frac{\kappa u_*}{6 \cdot h(z)} \cdot \frac{d}{dz}\left[h^2(z) \cdot \frac{d\overline{\overline{u}}}{dz}\right] = 0.$$

Nach der Produktregel folgt

$$g \cdot J_S - \frac{\tau_B}{\rho_W \cdot h(z)} + \frac{\kappa u_*}{6 \cdot h(z)} \cdot \left[2h(z) \cdot \frac{dh}{dz} \cdot \frac{d\overline{\overline{u}}}{dz} + h^2(z) \cdot \frac{d^2\overline{\overline{u}}}{dz^2}\right] = 0.$$

Daraus ergibt sich

$$\frac{6}{\kappa u_*}\left[\frac{g\cdot J_S}{h(z)}-\frac{\tau_B}{\rho_W\cdot h^2(z)}\right]+\frac{2}{h(z)}\cdot\frac{dh}{dz}\cdot\frac{d\bar{\bar{u}}}{dz}+\frac{d^2\bar{\bar{u}}}{dz^2}=0.$$

In einem letzten Schritt ersetzen wir sowohl u_* als auch τ_B mithilfe von (8.1.10). Es folgt

$$\frac{d^2\bar{\bar{u}}}{dz^2}=\frac{6\cdot\ln[\frac{12\cdot h(z)}{k}]}{\kappa^2\cdot\bar{\bar{u}}}\left\{-\frac{g\cdot J_S}{h(z)}+\frac{\kappa^2}{[\ln(\frac{12\cdot h(z)}{k})]^2}\cdot\frac{\bar{\bar{u}}^2}{h^2(z)}\right\}-\frac{2}{h(z)}\cdot\frac{dh}{dz}\cdot\frac{d\bar{\bar{u}}}{dz}$$

und schließlich

$$\frac{d^2\bar{\bar{u}}}{dz^2}=-\frac{6\cdot g\cdot J_S\cdot\ln[\frac{12\cdot h(z)}{k}]}{\kappa^2\cdot h(z)\cdot\bar{\bar{u}}}+\frac{6}{\ln[\frac{12\cdot h(z)}{k}]}\cdot\frac{\bar{\bar{u}}}{h^2(z)}-\frac{2}{h(z)}\cdot\frac{dh}{dz}\cdot\frac{d\bar{\bar{u}}}{dz}. \qquad (8.7.2)$$

Die Wassertiefe $h(z)$ wird dabei positiv von der Wasseroberfläche aus abgetragen.

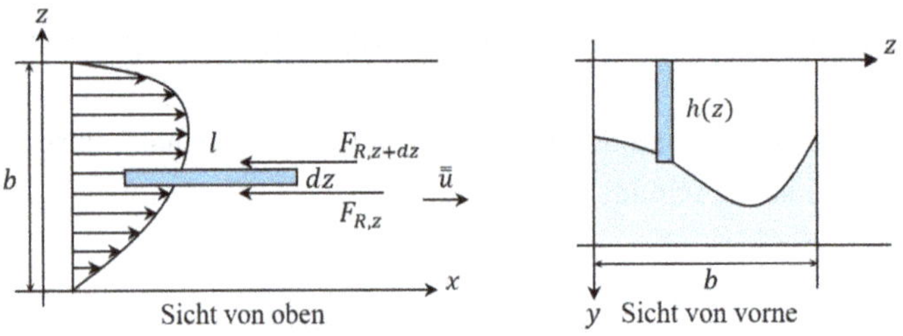

Abb. 8.9: Skizzen zum Querprofil.

Die Gleichung (8.7.2) gilt für genügend breite Gerinne, das heißt etwa für

$$b \geq 5h. \qquad (8.7.3)$$

Wird dieser Wert unterschritten, dann kann der Einfluss der Schubspannung an den Uferwänden auf das Strömungsprofil nicht mehr vernachlässigt werden. Die von den Wänden ausgehenden Sekundärströmungen überlagern sich mit der Hauptströmung. Dies hat zur Folge, dass Fluidteilchen mit niedriger Geschwindigkeit sowohl von der Wand als auch von der Sohle herkommend der Strömung über die gesamte Gerinnehöhe beigemischt werden. Für breite Gerinne ragen die Sekundärströmungen nicht weit genug in die Gerinneströmung hinein, aber für $b < 5h$ bewirkt diese Durchmischung, dass die maximale Geschwindigkeit nicht mehr auf der Wasseroberfläche, sondern etwa bei $\frac{4}{5}h$ erreicht wird. Wichtiger für die Grenzen der Anwendbarkeit von (8.7.2) ist, dass das logarithmische Profil lediglich noch in Sohlnähe gültig bleibt. Das der Gleichung

(8.7.2) zugrunde liegende Modell wäre für schmale Gerinne somit in mehrfacher Hinsicht falsch. Erstens fußt die Tiefenmittelung auf einem über die gesamte Wassertiefe gültigen logarithmischen Profil und zweitens enthält die gemittelte Wirbelviskosität lediglich die Änderung der mittleren Geschwindigkeit mit der Höhe $\frac{\partial \overline{\overline{u}}}{\partial y}$. Im neuen Modell müssten zumindest die Gradienten $\frac{\partial \overline{\overline{u}}}{\partial z}$, $\frac{\partial \overline{\overline{w}}}{\partial z}$ und $\frac{\partial \overline{\overline{w}}}{\partial y}$ miteinbezogen werden, wenn w die Querströmung bezeichnet.

Einschränkung: Wir beschränken uns im Weitern auf Gerinne mit der Bedingung (8.7.3).

Für die folgenden Simulationen wählen wir $k = 2\,\text{cm}$ und $J_S = 0{,}0001$. Für eine kompaktere Schreibweise verwenden wir $f := \overline{\overline{u}}, f' := \frac{d\overline{\overline{u}}}{dz}$ und $f'' := \frac{d^2\overline{\overline{u}}}{dz^2}$. An den Ufern ist die Geschwindigkeit null: $f(0) = 0, f(b) = 0$. Die DG (8.7.2) enthält aber auch die Zunahme der Geschwindigkeit im Startpunkt. Da diese unbekannt ist, muss man in der Simulation so lange Werte für $f'(0)$ einsetzen, bis die zweite Randbedingung $f(b) = 0$ erreicht wird. Damit ist auch geklärt, wie die Breite des Gerinnes in der Simulation Eingang findet.

Die folgenden zwei Beispiele sind anspruchsvoll und werden ausnahmsweise nicht als Aufgabe formuliert.

Beispiel 1. Als Erstes nehmen wir ein rechteckiges Gerinne mit konstanter Wassertiefe $h = 1\,\text{m}$ und einer Breite von $b = 5\,\text{m};\ 6{,}25\,\text{m};\ 7{,}5\,\text{m};\ 8{,}75\,\text{m};\ 10\,\text{m}$. Damit ist die Bedingung (8.7.3) erfüllt. Die Sohle ist horizontal ohne irgendwelche Erhebungen und es gilt $\frac{dh}{dz} = 0$. Die Gleichung (8.7.2) reduziert sich dann für unser Beispiel zu

$$f'' = -\frac{6 \cdot 9{,}81 \cdot 0{,}0001 \cdot \ln(600)}{0{,}16 \cdot f} + \frac{6}{\ln(600)} \cdot f$$

oder zu

$$f'' = -\frac{0{,}235}{f} + 0{,}938 \cdot f. \tag{8.7.4}$$

Zur numerischen Lösung setzen wir $y_1 := f, y_2 := f'$ und erhalten das folgende DG-System: $y_1' = y_2$ und

$$y_2' = -\frac{0{,}235}{y_1} + 0{,}938 \cdot y_1.$$

Als Schrittlänge wählen wir $dx = 0{,}01$. Die Anfangsbedingung ist $f(0) = y_1(0) = 0$.

Die Gleichung (8.7.4) besitzt aber eine Singularität für $f(0) = 0$, sodass wir mit $f(0) = 0{,}001$ starten ($f(0) = 0{,}001$ liefert dann zwar etwas andere Startwerte für $f'(0)$, aber die Profile sind nicht zu unterscheiden. Ein Start mit $f(0) = 0$ wäre nicht weiter schlimm: die Punkte der Folge oszillieren, aber die Simulation zeigt denselben Verlauf). Das zugehörige Programm kann im Wesentlichen demjenigen der Blasius-DG (4.3.8) entnommen werden. Es erhält die Gestalt:

```
Define DG(n)
Prgm
xa:= {x1i}
ya:= {y1i}
x1i:= 0
y1i:= 0.0001
y2i:= f'(0)
For i,1,n
x1i:= x1i + 0.01
y1i:= y1i + 0.01· y2i
y2i:= y2i + (−0,235/y1 + 0,938 · y1i) · 0.01
xa:= augment(xa,{x1i})
ya:= augment(ya,{y1i})
End For
Disp xa, ya
End Prgm
```

Wie schon gesagt, wird der Wert von $f'(0)$ so lange angepasst, bis die Geschwindigkeit für die entsprechende Breite wieder auf den Wert null absinkt. Nach einigen Versuchen erhält man $f_5'(0) = 1{,}29925$, $f_{6,25}'(0) = 1{,}29961$, $f_{7,5}'(0) = 1{,}29967$, $f_{8,75}'(0) = 1{,}2996815$ und $f_{10}'(0) = 1{,}29968354$. Die entsprechenden fünf Geschwindigkeitsprofile sind in Abb. 8.10 festgehalten.

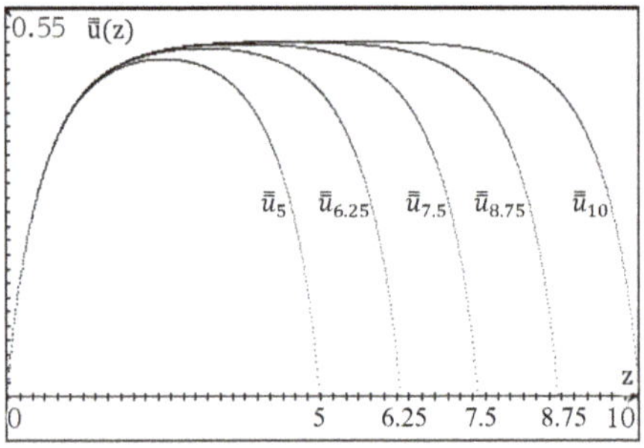

Abb. 8.10: Simulation von (8.7.4).

Bei einer großen Gerinnebreite besitzt das Profil etwa die Form einer rechteckigen Wanne. Es erinnert an das 1/7-Profil. In diesem Fall sind Gerinnequerschnitt und die Form des Geschwindigkeitsprofils in etwa ähnlich. Bei abnehmender Breite wird das Profil allmählich zu einer Parabel zusammengestaucht. Die nahe gelegene gegenüberliegende Wand hemmt die Ausbildung der maximalen Geschwindigkeit. Man kann festhalten, dass für große Breiten und kleine Wassertiefen die Form des Querprofils praktisch nur von der Sohlform beeinflusst wird.

Beispiel 2. Nun nehmen wir eine Sohlenform, die von der Horizontalen abweicht. Der Verlauf ist durch

$$h_{10}(z) = 1{,}5 - \frac{3[10-3z]^3 \cdot [80-9z]}{160000}$$

gegeben. Wieder tragen wir die Höhe positiv ab. Wir betrachten drei Wasserstände wie in Abb. 8.11 dargestellt. Beim Höchstwasserstand erhält man eine Gerinnebreite an der Wasseroberfläche von $b = 10$ m und mit fallender Wassertiefe $b = 9{,}349$ m resp. $b = 8{,}449$ m. Die Bedingung (8.7.3) ist auch in diesem Fall erfüllt.

Damit die Simulation immer im Ursprung des Koordinatensystems startet, werden die Funktionen, welche die Sohlform beschreiben, um die entsprechenden Vektoren verschoben. Das erzeugt die Funktionen

$$h_{9,349}(z) = 1 - \frac{3[10-3(z+0{,}379)]^3 \cdot [80-9(z+0{,}379)]}{160000} \quad \text{und}$$
$$h_{8,449}(z) = 0{,}5 - \frac{3[10-3(z+0{,}934)]^3 \cdot [80-9(z+0{,}934)]}{160000}.$$

Die Indizes bezeichnen die Gerinnebreite an der Wasseroberfläche.

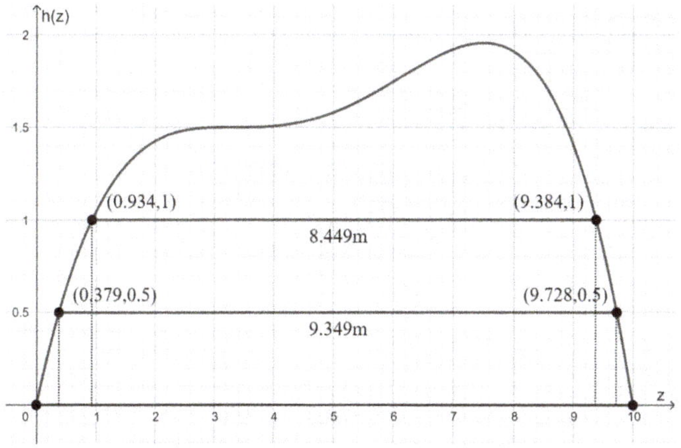

Abb. 8.11: Skizze zu Beispiel 2.

Die zur Simulation verwendete DG ist diejenige von (8.7.2) mit dem entsprechenden $h(z)$. Wir benötigen noch

$$\frac{dh}{dz} = \frac{81 \cdot (10-3z)^2 \cdot (15-2z)}{80000}$$

und im Programm entspricht $z = 0{,}01 \cdot i$.

Das gesamte Programm bleibt bis auf den Befehl

$$\mathrm{y2i} := \mathrm{y2i} + \left(-\frac{6 \cdot 9{,}81 \cdot 0{,}0001 \cdot \ln[600 \cdot \mathrm{h(z)}]}{0{,}16 \cdot \mathrm{h(z)} \cdot \mathrm{y1i}} + \frac{6}{\ln[600 \cdot \mathrm{h(z)}]} \cdot \frac{\mathrm{y1i}}{\mathrm{h^2(z)}} - \frac{2}{\mathrm{h(z)}} \cdot \frac{\mathrm{dh}}{\mathrm{dz}} \cdot \mathrm{y2i} \right) \cdot 0{,}01$$

identisch mit dem Obigen. In diesem Fall erzeugen sowohl $h(0)$ als auch $f(0)$ eine Singularität. Man könnte $h(z)$ etwas höher ansetzen, was nicht zwingend notwendig ist. Es sei lediglich wie anhin $f(0) = 0{,}001$. Nach vielen Versuchen ergeben sich die Startsteigungen $f'_{8,449}(0) = 0{,}7209719436556$, $f'_{9,349}(0) = 1{,}044575124$, $f'_{10}(0) = 11.0976$ und die in Abb. 8.12 festgehaltenen drei Geschwindigkeitsprofile.

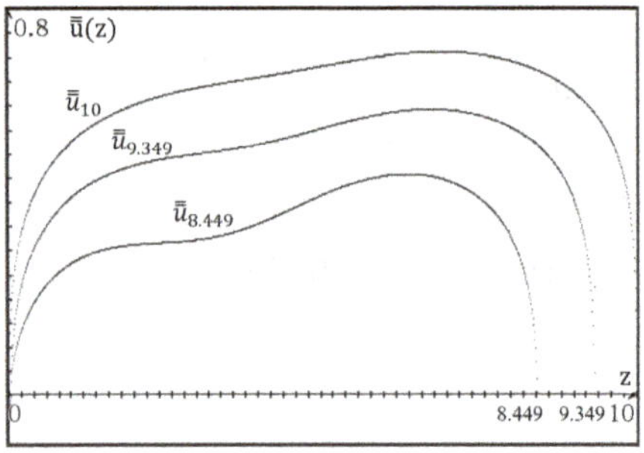

Abb. 8.12: Simulation von (8.7.2).

Man erkennt, dass bei niedrigem Wasserstand das Geschwindigkeitsprofil das Sohlprofil näherungsweise abbildet. Die Geschwindigkeitsverteilung ist damit noch stark von der Sohlform geprägt. Mit ansteigendem Wasser sinkt dieser Einfluss.

Anhang: Umwandlung der Navier-Stokes-Gleichung in Zylinderkoordinaten

Beweis. Wir zerlegen die gesamte Rechnung in vier Schritte. Zuerst bestimmen wir den Druckgradienten von (3.2), dann die Kontinuitätsgleichung, weiter die substantielle Beschleunigung und schließlich die Dissipation.

I. Der Druckgradient in Zylinderkoordinaten

Die Umrechnung des Koordinatensystems von kartesischen Koordinaten (x, y) mit $x = r \cdot \cos\theta, y = r \cdot \sin\theta, r = \sqrt{x^2 + y^2}$ und $\theta = \arctan(\frac{y}{x})$ in polare Koordinaten (r, θ) hatten wir schon im 5. Band angegeben. Das kartesische Koordinatensystem wird einfach um den Winkel θ im Uhrzeigersinn gedreht. Es gilt:

$$\boldsymbol{e}_r = \cos\theta \cdot \boldsymbol{e}_x + \sin\theta \cdot \boldsymbol{e}_y, \quad \boldsymbol{e}_\theta = -\sin\theta \cdot \boldsymbol{e}_x + \cos\theta \cdot \boldsymbol{e}_y$$

oder umgekehrt:

$$\boldsymbol{e}_x = \cos\theta \cdot \boldsymbol{e}_r - \sin\theta \cdot \boldsymbol{e}_\theta, \quad \boldsymbol{e}_y = \sin\theta \cdot \boldsymbol{e}_r + \cos\theta \cdot \boldsymbol{e}_\theta. \tag{A1}$$

Nehmen wir irgendeinen Vektor $\boldsymbol{v} = (v_x, v_y)$ in kartesischen Koordinaten, dann ist

$$\begin{aligned}\boldsymbol{v} &= v_x\boldsymbol{e}_x + v_y\boldsymbol{e}_y = v_x(\cos\theta\boldsymbol{e}_r - \sin\theta\boldsymbol{e}_\theta) + v_y(\sin\theta\boldsymbol{e}_r + \cos\theta\boldsymbol{e}_\theta)\\ &= (v_x\cos\theta + v_y\sin\theta)\boldsymbol{e}_r + (v_x\sin\theta + v_y\cos\theta)\boldsymbol{e}_\theta = v_r\boldsymbol{e}_r + v_\theta\boldsymbol{e}_\theta.\end{aligned}$$

Daraus folgt umgekehrt

$$v_x = v_r\cos\theta - v_\theta\sin\theta \quad \text{und} \quad v_y = v_r\sin\theta + v_\theta\cos\theta. \tag{A2}$$

Man kann die Komponenten des Druckgradienten einzeln oder direkt als Vektor bestimmen. Dazu rechnet man den Nabla-Operator $\nabla = (\frac{\partial}{\partial x}, \frac{\partial}{\partial y})$ um. Man erhält:

$$\begin{aligned}\nabla &= \boldsymbol{e}_x\frac{\partial}{\partial x} + \boldsymbol{e}_y\frac{\partial}{\partial y} = \boldsymbol{e}_x\left[\frac{\partial}{\partial r}\cdot\frac{\partial r}{\partial x} + \frac{\partial}{\partial\theta}\cdot\frac{\partial\theta}{\partial x}\right] + \boldsymbol{e}_y\left[\frac{\partial}{\partial r}\cdot\frac{\partial r}{\partial y} + \frac{\partial}{\partial\theta}\cdot\frac{\partial\theta}{\partial y}\right]\\ &= \boldsymbol{e}_x\left[\frac{\partial}{\partial r}\cdot\cos\theta + \frac{\partial}{\partial\theta}\cdot\left(-\frac{\sin\theta}{r}\right)\right] + \boldsymbol{e}_y\left[\frac{\partial}{\partial r}\cdot\sin\theta + \frac{\partial}{\partial\theta}\cdot\frac{\cos\theta}{r}\right].\end{aligned}$$

Mithilfe von (A1) wird daraus

$$\begin{aligned}&= (\cos\theta\cdot\boldsymbol{e}_r - \sin\theta\cdot\boldsymbol{e}_\theta)\left[\frac{\partial}{\partial r}\cdot\cos\theta + \frac{\partial}{\partial\theta}\cdot\left(-\frac{\sin\theta}{r}\right)\right]\\ &\quad + (\sin\theta\cdot\boldsymbol{e}_r + \cos\theta\cdot\boldsymbol{e}_\theta)\left[\frac{\partial}{\partial r}\cdot\sin\theta + \frac{\partial}{\partial\theta}\cdot\frac{\cos\theta}{r}\right]\end{aligned}$$

https://doi.org/10.1515/9783111345871-009

$$\begin{aligned}&= \boldsymbol{e}_r \frac{\partial}{\partial r}\cos^2\theta - \boldsymbol{e}_r \frac{\partial}{\partial \theta}\cdot\frac{\sin\theta\cos\theta}{r} - \boldsymbol{e}_\theta \frac{\partial}{\partial r}\sin\theta\cos\theta + \boldsymbol{e}_\theta \frac{\partial}{\partial\theta}\cdot\frac{\sin^2\theta}{r}\\ &\quad + \boldsymbol{e}_r \frac{\partial}{\partial r}\sin^2\theta + \boldsymbol{e}_r \frac{\partial}{\partial \theta}\cdot\frac{\sin\theta\cos\theta}{r} + \boldsymbol{e}_\theta \frac{\partial}{\partial r}\sin\theta\cos\theta + \boldsymbol{e}_\theta \frac{\partial}{\partial\theta}\cdot\frac{\cos^2\theta}{r}\\ &= \boldsymbol{e}_r \frac{\partial}{\partial r} + \boldsymbol{e}_\theta \frac{\partial}{\partial\theta}\cdot\frac{1}{r}. \qquad \text{(A3)}\end{aligned}$$

Angewandt auf den Druck p ergibt sich der Gradient:

$$\nabla p = \operatorname{grad} p(r,\theta) = \left(\frac{\partial p}{\partial r}, \frac{1}{r}\cdot\frac{\partial p}{\partial\theta}\right).$$

In Zylinderkoordinaten wird der Gradient einfach um eine z-Richtung zu

$$\operatorname{grad} p(r,\theta,z) = \left(\frac{\partial p}{\partial r}, \frac{1}{r}\cdot\frac{\partial p}{\partial\theta}, \frac{\partial p}{\partial z}\right)$$

erweitert.

II. Die Kontinuitätsgleichung in Zylinderkoordinaten

Nun wenden wir uns der Divergenz zu. Diese entsteht durch Anwendung des Nabla-Operators auf ein Vektorfeld, in unserem Fall das Geschwindigkeitsfeld.

$$\nabla\boldsymbol{u} = \operatorname{div}\boldsymbol{u} = \operatorname{div}(u_x, u_y) = \frac{du_x}{dx} + \frac{du_y}{dy}.$$

Wir bestimmen einzeln:

$$\begin{aligned}\frac{\partial u_x}{\partial x} &= \frac{\partial u_x}{\partial r}\cdot\frac{\partial r}{\partial x} + \frac{\partial u_x}{\partial\theta}\cdot\frac{\partial\theta}{\partial x} = \frac{\partial u_x}{\partial r}\cdot\cos\theta + \frac{\partial u_x}{\partial\theta}\cdot\left(-\frac{\sin\theta}{r}\right) \quad \text{und}\\ \frac{\partial u_y}{\partial y} &= \frac{\partial u_y}{\partial r}\cdot\frac{\partial r}{\partial y} + \frac{\partial u_y}{\partial\theta}\cdot\frac{\partial\theta}{\partial y} = \frac{\partial u_y}{\partial r}\cdot\sin\theta + \frac{\partial u_y}{\partial\theta}\cdot\frac{\cos\theta}{r}.\end{aligned}$$

Zusammen erhalten wir:

$$\frac{\partial u_x}{\partial x} + \frac{\partial u_y}{\partial y} = \left[\frac{\partial}{\partial r}\cdot\cos\theta + \frac{\partial}{\partial\theta}\cdot\left(-\frac{\sin\theta}{r}\right)\right]u_x + \left[\frac{\partial}{\partial r}\cdot\sin\theta + \frac{\partial}{\partial\theta}\cdot\frac{\cos\theta}{r}\right]u_y$$

und nach (A2)

$$\begin{aligned}\frac{\partial u_x}{\partial x} + \frac{\partial u_y}{\partial y} &= \left[\cos\theta\cdot\frac{\partial}{\partial r} - \frac{\sin\theta}{r}\cdot\frac{\partial}{\partial\theta}\right](u_r\cos\theta - u_\theta\sin\theta)\\ &\quad + \left[\sin\theta\cdot\frac{\partial}{\partial r} + \frac{\cos\theta}{r}\cdot\frac{\partial}{\partial\theta}\right](u_r\sin\theta + u_\theta\cos\theta)\\ &= \frac{\partial u_r}{\partial r}\cos^2\theta - \frac{\partial u_\theta}{\partial r}\sin\theta\cos\theta - \frac{\sin\theta\cos\theta}{r}\frac{\partial u_r}{\partial\theta} + \frac{\sin^2\theta}{r}u_r\end{aligned}$$

$$+\frac{\sin^2\theta}{r}\cdot\frac{\partial u_\theta}{\partial\theta}+\frac{\sin\theta\cos\theta}{r}u_\theta+\frac{\partial u_r}{\partial r}\sin^2\theta+\frac{\partial u_\theta}{\partial r}\sin\theta\cos\theta$$
$$+\frac{\sin\theta\cos\theta}{r}\frac{\partial u_r}{\partial\theta}+\frac{\cos^2\theta}{r}u_r+\frac{\cos^2\theta}{r}\cdot\frac{\partial u_\theta}{\partial\theta}-\frac{\sin\theta\cos\theta}{r}u_\theta$$
$$=\frac{\partial u_r}{\partial r}+\frac{u_r}{r}+\frac{1}{r}\cdot\frac{\partial u_\theta}{\partial\theta}.$$

Damit schreibt sich die Kontinuitätsgleichung in Zylinderkoordinaten als

$$\frac{1}{r}\cdot\frac{\partial(ru_r)}{\partial r}+\frac{1}{r}\cdot\frac{\partial u_\theta}{\partial\theta}+\frac{\partial u_z}{\partial z}=0.$$

III. Die substantielle Beschleunigung in Zylinderkoordinaten

Das Polarsystem unterscheidet sich vom kartesischen System dahingehend, dass bei einer Drehung das ganze Koordinatensystem mitdreht, denn die Richtungsvektoren $\boldsymbol{e}_r = \cos\theta\cdot\boldsymbol{e}_x+\sin\theta\cdot\boldsymbol{e}_y$ und $\boldsymbol{e}_\theta = -\sin\theta\cdot\boldsymbol{e}_x+\cos\theta\cdot\boldsymbol{e}_y$ sind winkelabhängig. Folglich kann man sie ableiten. Dabei ist offensichtlich $\frac{d\boldsymbol{e}_r}{dr}=\frac{d\boldsymbol{e}_\theta}{dr}=0$, aber

$$\frac{d\boldsymbol{e}_r}{d\theta}=-\sin\theta\cdot\boldsymbol{e}_x+\cos\theta\cdot\boldsymbol{e}_y=\boldsymbol{e}_\theta\quad\text{und}\quad\frac{d\boldsymbol{e}_\theta}{d\theta}=-\cos\theta\cdot\boldsymbol{e}_x-\sin\theta\cdot\boldsymbol{e}_y=-\boldsymbol{e}_r.\qquad\text{(A4)}$$

Dies ist zwar formal klar, aber nicht sehr einleuchtend. Deswegen betrachten wir dazu Abb. A1. Da man die Vektoren $\boldsymbol{e}_r$ und $\boldsymbol{e}_\theta$ im Raum verschieben kann, setzen wir ihre Anfangspunkte in einen beliebigen Bahnpunkt P.

Aus der Skizze erkennt man, dass $\Delta\boldsymbol{e}_r$ parallel zu $\boldsymbol{e}_\theta$ und $\boldsymbol{e}_r$ parallel zu $\Delta\boldsymbol{e}_\theta$ ist. Da $\Delta\theta$ sehr klein ist, kann man $\Delta\theta\approx\tan\theta$ setzen und erhält sowohl $\Delta\theta=\frac{|\Delta\boldsymbol{e}_r|}{|\boldsymbol{e}_r|}$ als auch $\Delta\theta=\frac{|\Delta\boldsymbol{e}_\theta|}{|\boldsymbol{e}_\theta|}$.

Da $|\boldsymbol{e}_r|=|\boldsymbol{e}_\theta|=1$, folgt $|\Delta\boldsymbol{e}_r|=\Delta\theta\cdot|\boldsymbol{e}_r|=\Delta\theta\cdot|\boldsymbol{e}_\theta|$ und entsprechend $|\Delta\boldsymbol{e}_\theta|=\Delta\theta\cdot|\boldsymbol{e}_\theta|=\Delta\theta\cdot|\boldsymbol{e}_r|$.

Die eben genannte Parallelität führt zu $\Delta\boldsymbol{e}_r=\Delta\theta\cdot\boldsymbol{e}_\theta$ und $\Delta\boldsymbol{e}_\theta=-\Delta\theta\cdot\boldsymbol{e}_r$.

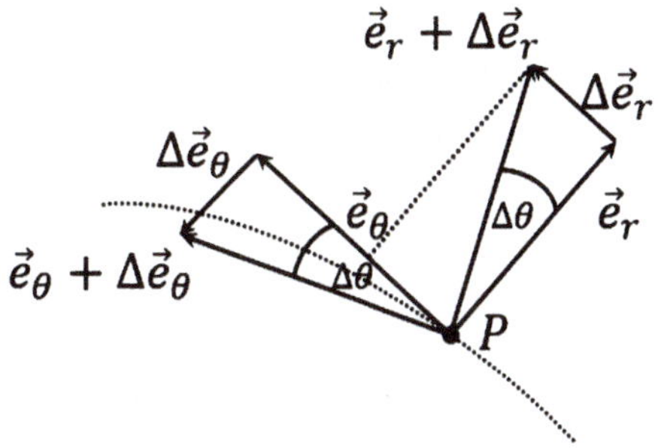

Abb. A1: Skizze zur Herleitung der Navier-Stokes-Gleichung.

Als Nächstes soll die örtliche und konvektive Änderung des Geschwindigkeitsfeldes, kurz die substantielle Beschleunigung

$$\frac{D\boldsymbol{u}}{Dt} = \frac{\partial \boldsymbol{u}}{\partial t} + \frac{\partial \boldsymbol{u}}{\partial r} \cdot \frac{\partial r}{\partial t} + \frac{\partial \boldsymbol{u}}{\partial \theta} \cdot \frac{\partial \theta}{\partial t} + \frac{\partial \boldsymbol{u}}{\partial z} \cdot \frac{\partial z}{\partial t}$$

berechnet werden.

In Zylinderkoordinaten schreibt sich die örtliche Beschleunigung als

$$\frac{\partial \boldsymbol{u}}{\partial t} = \frac{\partial}{\partial x}(u_r \boldsymbol{e}_r + u_\theta \boldsymbol{e}_\theta + u_z \boldsymbol{e}_z).$$

Sie wird zu einem bestimmten Zeitpunkt gebildet, was bedeutet, dass die Einheitsvektoren zeitunabhängig sind und man erhält schlicht

$$\frac{\partial \boldsymbol{u}}{\partial t} = \frac{\partial u_r}{\partial t}\boldsymbol{e}_r + \frac{\partial u_\theta}{\partial t}\boldsymbol{e}_\theta + \frac{\partial u_z}{\partial t}\boldsymbol{e}_z.$$

Als Vorbereitung für die konvektiven Änderungen benötigen wir noch die Geschwindigkeiten $u_r = \frac{dr}{dt}$, $u_z = \frac{dz}{dt}$ und $u_\theta = r\frac{d\theta}{dt}$. Die letzte Gleichung folgt aus der Tatsache, dass die Bahngeschwindigkeit u_θ das r-fache der Winkelgeschwindigkeit $\frac{d\theta}{dt} = \omega$ ist.

Wir bestimmen die drei Produkte einzeln unter Beachtung von (A4):

$$\begin{aligned}
\frac{dr}{dt} \cdot \frac{\partial \boldsymbol{u}}{\partial r} &= u_r \frac{\partial}{\partial r}[u_r \boldsymbol{e}_r + u_\theta \boldsymbol{e}_\theta + u_z \boldsymbol{e}_z] \\
&= u_r \left[\frac{\partial u_r}{\partial r}\boldsymbol{e}_r + u_r \frac{\partial \boldsymbol{e}_r}{\partial r} + \frac{\partial u_\theta}{\partial r}\boldsymbol{e}_\theta + u_\theta \frac{\partial \boldsymbol{e}_\theta}{\partial r} + \frac{\partial u_z}{\partial r}\boldsymbol{e}_z + u_z \frac{\partial \boldsymbol{e}_z}{\partial r}\right] \\
&= u_r \left[\frac{\partial u_r}{\partial r}\boldsymbol{e}_r + \frac{\partial u_\theta}{\partial r}\boldsymbol{e}_\theta + \frac{\partial u_z}{\partial r}\boldsymbol{e}_z\right], \\
\frac{d\theta}{dt} \cdot \frac{\partial \boldsymbol{u}}{\partial \theta} &= \frac{u_\theta}{r} \cdot \frac{\partial}{\partial \theta}[u_r \boldsymbol{e}_r + u_\theta \boldsymbol{e}_\theta + u_z \boldsymbol{e}_z] \\
&= \frac{u_\theta}{r}\left[\frac{\partial u_r}{\partial \theta}\boldsymbol{e}_r + u_r \frac{\partial \boldsymbol{e}_r}{\partial \theta} + \frac{\partial u_\theta}{\partial \theta}\boldsymbol{e}_\theta + u_\theta \frac{\partial \boldsymbol{e}_\theta}{\partial \theta} + \frac{\partial u_z}{\partial \theta}\boldsymbol{e}_z + u_z \frac{\partial \boldsymbol{e}_z}{\partial \theta}\right] \\
&= \frac{u_\theta}{r}\left[\frac{\partial u_r}{\partial \theta}\boldsymbol{e}_r + u_r \boldsymbol{e}_\theta + \frac{\partial u_\theta}{\partial \theta}\boldsymbol{e}_\theta + u_\theta(-\boldsymbol{e}_r) + \frac{\partial u_z}{\partial \theta}\boldsymbol{e}_z\right] \\
&= \frac{u_\theta}{r}\left[\left(\frac{\partial u_r}{\partial \theta} - u_\theta\right)\boldsymbol{e}_r + \left(u_r + \frac{\partial u_\theta}{\partial \theta}\right)\boldsymbol{e}_\theta + \frac{\partial u_z}{\partial \theta}\boldsymbol{e}_z\right] \quad \text{und} \\
\frac{dz}{dt} \cdot \frac{\partial \boldsymbol{u}}{\partial z} &= u_z \frac{\partial}{\partial z}[u_r \boldsymbol{e}_r + u_\theta \boldsymbol{e}_\theta + u_z \boldsymbol{e}_z] \\
&= u_z \left[\frac{\partial u_r}{\partial z}\boldsymbol{e}_r + u_z \frac{\partial \boldsymbol{e}_r}{\partial z} + \frac{\partial u_\theta}{\partial z}\boldsymbol{e}_\theta + u_\theta \frac{\partial \boldsymbol{e}_\theta}{\partial z} + \frac{\partial u_z}{\partial z}\boldsymbol{e}_z + u_z \frac{\partial \boldsymbol{e}_z}{\partial z}\right] \\
&= u_z \left[\frac{\partial u_r}{\partial z}\boldsymbol{e}_r + \frac{\partial u_\theta}{\partial z}\boldsymbol{e}_\theta + \frac{\partial u_z}{\partial z}\boldsymbol{e}_z\right].
\end{aligned}$$

Nach Einheitsvektoren geordnet ergibt sich insgesamt die substantielle Beschleunigung zu

$$\frac{D\boldsymbol{u}}{Dt} = \left[\frac{\partial u_r}{\partial t} + u_r\frac{\partial u_r}{\partial r} + \frac{u_\theta}{r}\cdot\frac{\partial u_r}{\partial\theta} - \frac{u_\theta^2}{r} + u_z\frac{\partial u_r}{\partial z}\right]\boldsymbol{e}_r$$
$$+ \left[\frac{\partial u_\theta}{\partial t} + u_r\frac{\partial u_\theta}{\partial r} + \frac{u_\theta}{r}\cdot\frac{\partial u_\theta}{\partial\theta} + \frac{u_r u_\theta}{r} + u_z\frac{\partial u_\theta}{\partial z}\right]\boldsymbol{e}_\theta$$
$$+ \left[\frac{\partial u_z}{\partial t} + u_r\frac{\partial u_z}{\partial r} + \frac{u_\theta}{r}\cdot\frac{\partial u_z}{\partial\theta} + u_z\frac{\partial u_z}{\partial z}\right]\boldsymbol{e}_z.$$

IV. Der Dissipationsterm in Zylinderkoordinaten

Zur Berechnung von $\Delta\boldsymbol{u}$ muss zuerst der Laplace-Operator Δ in Zylinderkoordinaten vorliegen. Da $\Delta = \nabla\cdot\nabla$ gilt, müssen wir den Nabla-Operator von (A3) einfach um die z-Komponente erweitern und danach skalar mit sich selber multiplizieren. Damit können wir die ganzen trigonometrischen Ausdrücke umgehen.

$$\Delta = \left(\boldsymbol{e}_r\frac{\partial}{\partial r} + \boldsymbol{e}_\theta\frac{1}{r}\cdot\frac{\partial}{\partial\theta} + \boldsymbol{e}_z\frac{\partial}{\partial z}\right)\left(\boldsymbol{e}_r\frac{\partial}{\partial r} + \boldsymbol{e}_\theta\frac{1}{r}\cdot\frac{\partial}{\partial\theta} + \boldsymbol{e}_z\frac{\partial}{\partial z}\right)$$
$$= \boldsymbol{e}_r\frac{\partial\boldsymbol{e}_r}{\partial r}\cdot\frac{\partial}{\partial r} + \boldsymbol{e}_r\boldsymbol{e}_r\frac{\partial^2}{\partial r^2} + \boldsymbol{e}_r\frac{\partial\boldsymbol{e}_\theta}{\partial r}\cdot\frac{1}{r}\cdot\frac{\partial}{\partial\theta} + \boldsymbol{e}_r\boldsymbol{e}_\theta\left(-\frac{1}{r^2}\right)\cdot\frac{\partial}{\partial\theta} + \boldsymbol{e}_r\boldsymbol{e}_\theta\frac{1}{r}\cdot\frac{\partial^2}{\partial r\partial\theta}$$
$$+ \boldsymbol{e}_r\frac{\partial\boldsymbol{e}_z}{\partial r}\cdot\frac{\partial}{\partial z} + \boldsymbol{e}_r\boldsymbol{e}_z\frac{\partial^2}{\partial r\partial z} + \boldsymbol{e}_\theta\frac{1}{r}\cdot\frac{\partial\boldsymbol{e}_r}{\partial\theta}\cdot\frac{\partial}{\partial r} + \boldsymbol{e}_r\boldsymbol{e}_\theta\frac{1}{r}\cdot\frac{\partial^2}{\partial r\partial\theta} + \boldsymbol{e}_\theta\frac{1}{r^2}\cdot\frac{\partial\boldsymbol{e}_\theta}{\partial\theta}\cdot\frac{\partial}{\partial\theta}$$
$$+ \boldsymbol{e}_\theta\boldsymbol{e}_\theta\frac{1}{r}\cdot\frac{\partial}{\partial\theta}\left(\frac{1}{r}\right)\cdot\frac{\partial}{\partial\theta} + \boldsymbol{e}_\theta\boldsymbol{e}_\theta\frac{1}{r^2}\cdot\frac{\partial^2}{\partial\theta^2} + \boldsymbol{e}_\theta\frac{1}{r}\cdot\frac{\partial\boldsymbol{e}_z}{\partial\theta}\cdot\frac{\partial}{\partial z} + \boldsymbol{e}_\theta\boldsymbol{e}_z\frac{1}{r}\cdot\frac{\partial^2}{\partial\theta\partial z}$$
$$+ \boldsymbol{e}_z\frac{\partial\boldsymbol{e}_r}{\partial z}\cdot\frac{\partial}{\partial r} + \boldsymbol{e}_r\boldsymbol{e}_z\frac{\partial^2}{\partial r\partial z} + \boldsymbol{e}_z\frac{\partial\boldsymbol{e}_\theta}{\partial z}\cdot\frac{1}{r}\cdot\frac{\partial}{\partial\theta} + \boldsymbol{e}_z\boldsymbol{e}_\theta\frac{\partial}{\partial z}\left(\frac{1}{r}\right)\cdot\frac{\partial}{\partial\theta} + \boldsymbol{e}_z\boldsymbol{e}_\theta\frac{1}{r}\cdot\frac{\partial^2}{\partial\theta\partial z}$$
$$+ \boldsymbol{e}_z\frac{\partial\boldsymbol{e}_z}{\partial z}\cdot\frac{\partial}{\partial z} + \boldsymbol{e}_z\boldsymbol{e}_z\frac{\partial^2}{\partial z^2}.$$

Mit (A4), $\boldsymbol{e}_r\boldsymbol{e}_r = \boldsymbol{e}_\theta\boldsymbol{e}_\theta = \boldsymbol{e}_z\boldsymbol{e}_z = 1$, $\boldsymbol{e}_r\boldsymbol{e}_\theta = \boldsymbol{e}_r\boldsymbol{e}_z = \boldsymbol{e}_\theta\boldsymbol{e}_z = 0$ und

$$\frac{\partial\boldsymbol{e}_r}{\partial r} = \frac{\partial\boldsymbol{e}_\theta}{\partial r} = \frac{\partial\boldsymbol{e}_z}{\partial r} = \frac{\partial\boldsymbol{e}_z}{\partial r} = \frac{\partial\boldsymbol{e}_z}{\partial\theta} = \frac{\partial\boldsymbol{e}_z}{\partial z} = 0$$

reduziert sich der Laplace-Operator zu

$$\Delta = \frac{\partial^2}{\partial r^2} + \boldsymbol{e}_\theta\boldsymbol{e}_\theta\frac{1}{r}\cdot\frac{\partial}{\partial r} - \boldsymbol{e}_\theta\boldsymbol{e}_r\frac{1}{r^2}\cdot\frac{\partial}{\partial\theta} + \frac{1}{r^2}\cdot\frac{\partial^2}{\partial\theta^2} + \frac{\partial^2}{\partial z^2}$$

und man erhält

$$\Delta = \frac{\partial^2}{\partial r^2} + \frac{1}{r}\cdot\frac{\partial}{\partial r} + \frac{1}{r^2}\cdot\frac{\partial^2}{\partial\theta^2} + \frac{\partial^2}{\partial z^2}.$$

Nun wird der Operator auf einen Vektor in Zylinderkoordinaten angewendet. Es gilt demnach

$$\Delta \boldsymbol{u} = \left(\frac{\partial^2}{\partial r^2} + \frac{1}{r} \cdot \frac{\partial}{\partial r} + \frac{1}{r^2} \cdot \frac{\partial^2}{\partial \theta^2} + \frac{\partial^2}{\partial z^2} \right)(u_r \boldsymbol{e}_r + u_\theta \boldsymbol{e}_\theta + u_z \boldsymbol{e}_z)$$

zu ermitteln.

Dazu berechnen wir zuerst einzeln die ersten Ableitungen:

$$\begin{aligned}
\frac{\partial}{\partial r}(u_r \boldsymbol{e}_r + u_\theta \boldsymbol{e}_\theta + u_z \boldsymbol{e}_z) &= \frac{\partial u_r}{\partial r}\boldsymbol{e}_r + u_r \frac{\partial \boldsymbol{e}_r}{\partial r} + \frac{\partial u_\theta}{\partial r}\boldsymbol{e}_\theta + u_\theta \frac{\partial \boldsymbol{e}_\theta}{\partial r} + \frac{\partial u_z}{\partial r}\boldsymbol{e}_z + u_z \frac{\partial \boldsymbol{e}_z}{\partial r} \\
&= \frac{\partial u_r}{\partial r}\boldsymbol{e}_r + \frac{\partial u_\theta}{\partial r}\boldsymbol{e}_\theta + \frac{\partial u_z}{\partial r}\boldsymbol{e}_z, \\
\frac{\partial}{\partial \theta}(u_r \boldsymbol{e}_r + u_\theta \boldsymbol{e}_\theta + u_z \boldsymbol{e}_z) &= \frac{\partial u_r}{\partial \theta}\boldsymbol{e}_r + u_r \frac{\partial \boldsymbol{e}_r}{\partial \theta} + \frac{\partial u_\theta}{\partial \theta}\boldsymbol{e}_\theta + u_\theta \frac{\partial \boldsymbol{e}_\theta}{\partial \theta} + \frac{\partial u_z}{\partial \theta}\boldsymbol{e}_z + u_z \frac{\partial \boldsymbol{e}_z}{\partial \theta} \\
&= \frac{\partial u_r}{\partial \theta}\boldsymbol{e}_r + u_r \boldsymbol{e}_\theta + \frac{\partial u_\theta}{\partial \theta}\boldsymbol{e}_\theta + u_\theta(-\boldsymbol{e}_r) + \frac{\partial u_z}{\partial \theta}\boldsymbol{e}_z \\
&= \left(\frac{\partial u_r}{\partial \theta} - u_\theta \right)\boldsymbol{e}_r + \left(u_r + \frac{\partial u_\theta}{\partial \theta} \right)\boldsymbol{e}_\theta + \frac{\partial u_z}{\partial \theta}\boldsymbol{e}_z \quad \text{und} \\
\frac{\partial}{\partial z}(u_r \boldsymbol{e}_r + u_\theta \boldsymbol{e}_\theta + u_z \boldsymbol{e}_z) &= \frac{\partial u_r}{\partial z}\boldsymbol{e}_r + u_r \frac{\partial \boldsymbol{e}_r}{\partial z} + \frac{\partial u_\theta}{\partial z}\boldsymbol{e}_\theta + u_\theta \frac{\partial \boldsymbol{e}_\theta}{\partial z} + \frac{\partial u_z}{\partial z}\boldsymbol{e}_z + u_z \frac{\partial \boldsymbol{e}_z}{\partial z} \\
&= \frac{\partial u_r}{\partial z}\boldsymbol{e}_r + \frac{\partial u_\theta}{\partial z}\boldsymbol{e}_\theta + \frac{\partial u_z}{\partial z}\boldsymbol{e}_z.
\end{aligned}$$

Es folgen die zweiten Ableitungen:

$$\begin{aligned}
\frac{\partial^2}{\partial r^2}(u_r \boldsymbol{e}_r + u_\theta \boldsymbol{e}_\theta + u_z \boldsymbol{e}_z) &= \frac{\partial^2 u_r}{\partial r^2}\boldsymbol{e}_r + \frac{\partial^2 u_\theta}{\partial r^2}\boldsymbol{e}_\theta + \frac{\partial^2 u_z}{\partial r^2}\boldsymbol{e}_z, \\
\frac{\partial^2}{\partial \theta^2}(u_r \boldsymbol{e}_r + u_\theta \boldsymbol{e}_\theta + u_z \boldsymbol{e}_z) &= \left(\frac{\partial^2 u_r}{\partial \theta^2} - \frac{\partial u_\theta}{\partial \theta} \right)\boldsymbol{e}_r + \left(\frac{\partial u_r}{\partial \theta} - u_\theta \right)\frac{\partial \boldsymbol{e}_r}{\partial \theta} + \left(\frac{\partial u_r}{\partial \theta} + \frac{\partial^2 u_\theta}{\partial \theta^2} \right)\boldsymbol{e}_\theta \\
&\quad + \left(u_r + \frac{\partial u_\theta}{\partial \theta} \right)\frac{\partial \boldsymbol{e}_\theta}{\partial \theta} + \frac{\partial^2 u_z}{\partial \theta^2}\boldsymbol{e}_z \\
&= \left(\frac{\partial^2 u_r}{\partial \theta^2} - \frac{\partial u_\theta}{\partial \theta} \right)\boldsymbol{e}_r + \left(\frac{\partial u_r}{\partial \theta} - u_\theta \right)\boldsymbol{e}_\theta + \left(\frac{\partial u_r}{\partial \theta} + \frac{\partial^2 u_\theta}{\partial \theta^2} \right)\boldsymbol{e}_\theta \\
&\quad + \left(u_r + \frac{\partial u_\theta}{\partial \theta} \right)(-\boldsymbol{e}_r) + \frac{\partial^2 u_z}{\partial \theta^2}\boldsymbol{e}_z \\
&= \left(\frac{\partial^2 u_r}{\partial \theta^2} - u_r - 2\frac{\partial u_\theta}{\partial \theta} \right)\boldsymbol{e}_r + \left(2\frac{\partial u_r}{\partial \theta} - u_\theta + \frac{\partial^2 u_\theta}{\partial \theta^2} \right)\boldsymbol{e}_\theta + \frac{\partial^2 u_z}{\partial \theta^2}\boldsymbol{e}_z
\end{aligned}$$

und

$$\frac{\partial^2}{\partial z^2}(u_r \boldsymbol{e}_r + u_\theta \boldsymbol{e}_\theta + u_z \boldsymbol{e}_z) = \frac{\partial^2 u_r}{\partial z^2}\boldsymbol{e}_r + \frac{\partial^2 u_\theta}{\partial z^2}\boldsymbol{e}_\theta + \frac{\partial^2 u_z}{\partial z^2}\boldsymbol{e}_z.$$

Insgesamt erhalten wir

$$\begin{aligned}
\Delta \boldsymbol{u} &= \frac{\partial^2 u_r}{\partial r^2}\boldsymbol{e}_r + \frac{\partial^2 u_\theta}{\partial r^2}\boldsymbol{e}_\theta + \frac{\partial^2 u_z}{\partial r^2}\boldsymbol{e}_z + \frac{1}{r}\cdot\left(\frac{\partial u_r}{\partial r}\boldsymbol{e}_r + \frac{\partial u_\theta}{\partial r}\boldsymbol{e}_\theta + \frac{\partial u_z}{\partial r}\boldsymbol{e}_z\right)\\
&+ \frac{1}{r^2}\cdot\left[\left(\frac{\partial^2 u_r}{\partial \theta^2} - u_r - 2\frac{\partial u_\theta}{\partial \theta}\right)\boldsymbol{e}_r + \left(2\frac{\partial u_r}{\partial \theta} - u_\theta + \frac{\partial^2 u_\theta}{\partial \theta^2}\right)\boldsymbol{e}_\theta + \frac{\partial^2 u_z}{\partial \theta^2}\boldsymbol{e}_z\right]\\
&+ \frac{\partial^2 u_r}{\partial z^2}\boldsymbol{e}_r + \frac{\partial^2 u_\theta}{\partial z^2}\boldsymbol{e}_\theta + \frac{\partial^2 u_z}{\partial z^2}\boldsymbol{e}_z\\
&= \left[\frac{\partial^2 u_r}{\partial r^2} + \frac{1}{r}\cdot\frac{\partial u_r}{\partial r} + \frac{1}{r^2}\cdot\frac{\partial^2 u_r}{\partial \theta^2} - \frac{u_r}{r^2} - \frac{2}{r^2}\cdot\frac{\partial u_\theta}{\partial \theta} + \frac{\partial^2 u_r}{\partial z^2}\right]\boldsymbol{e}_r\\
&+ \left[\frac{\partial^2 u_\theta}{\partial r^2} + \frac{1}{r}\cdot\frac{\partial u_\theta}{\partial r} + \frac{1}{r^2}\cdot\frac{\partial^2 u_\theta}{\partial \theta^2} - \frac{u_\theta}{r^2} + \frac{2}{r^2}\cdot\frac{\partial u_r}{\partial \theta} + \frac{\partial^2 u_\theta}{\partial z^2}\right]\boldsymbol{e}_\theta\\
&+ \left[\frac{\partial^2 u_z}{\partial r^2} + \frac{1}{r}\cdot\frac{\partial u_z}{\partial r} + \frac{1}{r^2}\cdot\frac{\partial^2 u_z}{\partial \theta^2} + \frac{\partial^2 u_z}{\partial z^2}\right]\boldsymbol{e}_z.
\end{aligned}$$

Damit ist alles bewiesen und es ergibt sich endlich:

$$\rho\begin{pmatrix}
\frac{\partial u_r}{\partial t} + u_r\cdot\frac{\partial u_r}{\partial r} + \frac{u_\theta}{r}\cdot\frac{\partial u_r}{\partial \theta} - \frac{u_\theta^2}{r} + u_z\cdot\frac{\partial u_r}{\partial z}\\
\frac{\partial u_\theta}{\partial t} + u_r\cdot\frac{\partial u_\theta}{\partial r} + \frac{u_\theta}{r}\cdot\frac{\partial u_\theta}{\partial \theta} + \frac{u_r u_\theta}{r} + u_z\cdot\frac{\partial u_\theta}{\partial z}\\
\frac{\partial z}{\partial t} + u_r\cdot\frac{\partial u_z}{\partial r} + \frac{u_\theta}{r}\cdot\frac{\partial u_z}{\partial \theta} + u_z\cdot\frac{\partial u_z}{\partial z}
\end{pmatrix} + \begin{pmatrix}
\frac{\partial p}{\partial r}\\
\frac{1}{r}\cdot\frac{dp}{d\theta}\\
\frac{\partial p}{\partial z}
\end{pmatrix}$$

$$-\rho\begin{pmatrix} g_r\\ g_\theta\\ g_z\end{pmatrix} - \eta\begin{pmatrix}
\frac{1}{r}\cdot\frac{\partial}{\partial r}(r\cdot\frac{\partial u_r}{\partial r}) + \frac{1}{r^2}\cdot\frac{\partial^2 u_r}{\partial \theta^2} - \frac{u_r}{r^2} - \frac{2}{r^2}\cdot\frac{\partial u_\theta}{\partial \theta} + \frac{\partial^2 u_r}{\partial z^2}\\
\frac{1}{r}\cdot\frac{\partial}{\partial r}(r\cdot\frac{\partial u_\theta}{\partial r}) + \frac{1}{r^2}\cdot\frac{\partial^2 u_\theta}{\partial \theta^2} - \frac{u_\theta}{r^2} + \frac{2}{r^2}\cdot\frac{\partial u_r}{\partial \theta} + \frac{\partial^2 u_\theta}{\partial z^2}\\
\frac{1}{r}\cdot\frac{\partial}{\partial r}(r\cdot\frac{\partial u_z}{\partial r}) + \frac{1}{r^2}\cdot\frac{\partial^2 u_z}{\partial \theta^2} + \frac{\partial^2 u_z}{\partial z^2}
\end{pmatrix} = 0. \quad \text{q. e. d.}$$

Weiterführende Literatur

F. Buchner. Berechnung von turbulenten Plattengrenzschichten mittels algebraischem Turbulenzmodell. Diplomarbeit. Universität Wien, März 2001.

B. Eck. *Technische Strömungslehre*. Springer, 2. Auflage, 1944. ISBN 978-3-662-05457-4.

E. R. G. Eckert. *Einführung in den Wärme- und Stoffaustausch*. Springer, 3. Auflage, 1966. ISBN 978-3-642-86494-0.

R. Fitzpatrick. Fluid Mechanics. Vorlesungsskript. University of Texas at Austin, 2016.

K. Gersten. *Einführung in die Strömungsmechanik*. Springer, 2. Auflage, 1981. ISBN 978-3-528-03344-6.

H. Herwig. *Wärmeübertragung A–Z*. Springer, 2000. ISBN 978-3-642-63106-1.

H. Herwig. *Strömungsmechanik*. Vieweg und Teubner, 2008. ISBN 978-3-8348-0334-4.

M. Hölling. *Asymptotische Analyse von turbulenten Strömungen bei hohen Rayleigh-Zahlen*. Dissertation. Cuvillier Verlag Göttingen, 2006. ISBN 3-86727-015-5.

M. Kargl. Turbulenzen. Vorlesungsskript, Universität Regensburg, 5. Februar 2010.

W. Kaufmann. *Hydro- und Aeromechanik*. Springer, 1954. 978-3-642-52918-4.

M. Köhler. Development and Implementation of a Method for Solving the Laminar Boundary Layer Equations in Airfoil Flows. Master Thesis, Universität Darmstadt, August 2011.

S. Krüger. *Instationäre Grenzschichteffekte an Tragflügelprofilen*. TUHH, 1992. ISBN 3-89220-529-9.

A. Malcherek. Hydrodynamik für Bauingenieure, Version 6.3. Universität der Bundeswehr München, 2004.

A. Malcherek. Vorlesungsvideos auf youtube: Fließgewässer 10, Seegang 1–4, Turbulenz 2–11, Universität der Bundeswehr München, 2015–2019.

R. Marek und K. Nitsche. *Praxis der Wärmeübertragung*. Hanser, 5. Auflage, 2019. ISBN 978-3-446-46124-6.

G. P. Merker. *Konvektive Wärmeübertragung*. Springer, 1987. ISBN 13:978-3-642-82890-4.

G. P. Merker und C. Baumgarten. *Fluid- und Wärmetransport Strömungslehre*. Teubner, 2000. ISBN 3-519-06385-9.

F. K. Moore. Theory of Laminar Flows, Princeton Legacy Library. Oxford University, L. C. Card 62-9129, 1964.

J. N. Newman. *Marine Hydrodynamics*. MIT Press, Institute of Technology Massachusetts, 2017. ISBN 9780262534826.

H. Oertel Jr. *Prandtl-Füher durch die Strömungslehre*. Vieweg, 10. Auflage, 2001. ISBN 978-3-322-94255-5.

H. Oertel Jr., M. Böhle und Ulrich Dohrmann. *Strömungsmechanik*. Vieweg&Teubner, 5. Auflage, 2009. ISBN 978-3-8348-0483-9.

T. Papanastasiou, G.Georgiou and A. Alexandrou. Viscous Fluid Flow. CRC Press, Boca Raton, 1999.

R. Pischinger, M. Kell und Theodor Sams. *Thermodynamik der Verbrennungskraftmaschine*. Springer, 3. Auflage, 2009. ISBN 978-3211-99276-0.

S. Rill. Aerodynamik des Flugzeugs. Vorlesungsskript, Hochschule Bremen, 1996.

H. Schlichting und K. Gersten. *Grenzschicht-Theorie*. Springer, 9. Auflage, 1997. ISBN 978-3-662-07555-5.

H. Schlichting und E. Truckenbrodt. *Aerodynamik des Flugzeuges*. Springer, 3. Auflage, 2001. ISBN 978-3-642-63148-1.

W. Schröder. *Fluidmechanik*. Band 16, Mainz Verlagshaus Aachen, 2000, ISBN 978-3-95886-221-0.

W. Schroeder. Strömungs- und Temperaturgrenzschichten. Vorlesungsskript. Universität Aachen, Sommersemester 2019.

H. E. Siekmann. *Strömungslehre für den Maschinenbau*. Springer, 2001. ISBN 978-3-540-42041-5.

H. Sigloch. *Technische Fluidmechanik*. Springer, 5.Auflage, 2005. ISBN 3-540-22008-9.

J. H. Spurk. *Strömungslehre*. Springer, 4. Auflage, 1996. 978-3-540-61308-4.

J. H. Spurk und N. Aksel. *Strömungslehre*. Springer, 7. Auflage, 2007. ISBN 10-3-540-38439-1.

E. Truckenbrodt. *Fluidmechanik, Band 2*. Springer, 4. Auflage, 2009. ISBN 978-3-540-79023-5.

K. Wieghardt. *Theoretische Strömungslehre*. Universitätsverlag Göttingen, 2. Auflage, 2005. ISBN 3-938616-33-4.

https://doi.org/10.1515/9783111345871-010

K. Wilde. *Wärme- und Stoffübergang in Strömungen*. Dr. Dietrich Steinkopff Verlag, Darmstadt, 2. Auflage 1978. ISBN 13:978-3-642-72335-3.

Stichwortverzeichnis

https://doi.org/10.1515/9783111345871-011

www.ingramcontent.com/pod-product-compliance
Lightning Source LLC
Chambersburg PA
CBHW061339210326
41598CB00035B/5823